高等学校"十二五"精品规划教材

流体力学泵与风机

主 编 杨 春 高红斌
副主编 郭 欢 贾志斌 张华君

中国水利水电出版社
www.waterpub.com.cn

内 容 提 要

本书分为流体力学和泵与风机两部分，以基本理论为基础，工程应用为目的，力求以简洁清晰的分析取代复杂的理论推导，以具体实用的实例提高工程实践能力。主要内容包括流体及其物理性质，流体静力学，流体运动学和动力学基础，黏性流体的管内流动，孔口、管嘴、管路流动与气体射流，不可压缩黏性流体的外部流动，泵与风机的基本参数与分类，常见叶片式泵与风机的主要结构，叶片式泵与风机的理论基础，泵与风机的运行调节。每章均附有例题、小结、习题以供选用。

本书可作为高等院校热能与动力工程、火电厂集控运行、建筑环境与设备、环境工程、供热通风及相近专业的教材，也可供相关专业工程技术人员培训使用。

图书在版编目（CIP）数据

流体力学泵与风机/杨春，高红斌主编．—北京：中国水利水电出版社，2011.8（2024.1 重印）
高等学校"十二五"精品规划教材
ISBN 978-7-5084-8674-1

Ⅰ.①流… Ⅱ.①杨… ②高… Ⅲ.①流体力学—高等学校—教材②泵—高等学校—教材③鼓风机—高等学校—教材 Ⅳ.①035②TH3

中国版本图书馆 CIP 数据核字（2011）第 170672 号

书　　名	高等学校"十二五"精品规划教材 **流体力学泵与风机**
作　　者	主编　杨春 高红斌　　副主编　郭欢 贾志斌 张华君
出版发行	中国水利水电出版社 （北京市海淀区玉渊潭南路 1 号 D 座　100038） 网址：www.waterpub.com.cn E-mail：sales@mwr.gov.cn 电话：（010）68545888（营销中心）
经　　售	北京科水图书销售有限公司 电话：（010）68545874、63202643 全国各地新华书店和相关出版物销售网点
排　　版	中国水利水电出版社微机排版中心
印　　刷	北京印匠彩色印刷有限公司
规　　格	184mm×260mm　16 开本　16.25 印张　386 千字
版　　次	2011 年 8 月第 1 版　2024 年 1 月第 5 次印刷
印　　数	8001—9000 册
定　　价	**48.00** 元

前　言

本教材是中国水利水电出版社高等学校“十二五”精品规划教材之一。“流体力学泵与风机”是一门重要的专业基础课程，该课程的目的是为学习专业课以及从事技术工作提供必要的基础理论和实践技能。

高等教育的发展对人才的教育培养提出新的要求，科学技术的进步也为许多工程领域提出新的课题。流体力学泵与风机教材建设适应不断发展的新形势，在专业内容中融入素质教育内容。中国制造要向中国创造转变，增强学生的创新意识，同时培养爱国情怀和工匠精神，增强社会责任感。

本教材共十章，分为上、下两篇，上篇为流体力学，下篇为泵与风机。其中第一章至第六章为流体力学基本知识，第七章至第十章为泵与风机基本原理、设备结构、运行调节、理论及其应用。本教材在编写上力求满足工程应用型专业的教学要求，内容的选取和组织体现以实用为目的，以必需、够用为度，尽量删繁就简，理论联系实际，注意与专业课的衔接。本着培养学生自主学习、探索和应用知识的能力、创新能力，培养学生敬业精神和节能意识，实现知识传授、能力培养和价值引领的有机统一。为便于学生更好地掌握知识体系的重点内容，在每章开头都有知识目标和能力目标的说明。另外各章均附本章小结及习题，具有针对性，以利于学生复习、巩固所学的理论知识，培养学生运用基本理论解决实际问题的能力。

本教材由山西大学工程学院杨春和高红斌主编，其中杨春编写绪论、第三章、第六章，高红斌编写第二章、第四章、第七章；山西建筑职业技术学院郭欢编写第五章、第九章；太原理工大学贾志斌编写第一章；太原科技大学张华君编写第八章、第十章。

由于编者水平有限，本教材中难免存在不足和错误之处，恳请读者和专家批评指正。

编者

2011年5月

前　言

目 录

绪　论

第一节　流体力学的任务和发展概况

一、流体力学的研究内容

流体力学是以流体为研究对象，研究流体平衡、运动规律及应用的学科，是力学的一个重要分支。流体是气体和液体的总称，在人们的生活和生产活动中随时随地都可遇到流体，所以流体力学是与人类日常生活和生产事业密切相关的。大气和水是最常见的两种流体，大气包围着整个地球，地球表面的70%是水面。大气运动、海水运动乃至地球深处熔浆的流动都是流体力学的研究内容，而且随着生产的需要与科学的发展在不断地更新、深化和扩大。

流体力学既包含自然科学的基础理论，又涉及工程技术科学方面的应用。流体力学基础理论从流体作用力的角度可分为三部分：静力学、运动学、动力学。静力学主要研究在外力作用下，流体平衡条件及压强分布规律；运动学主要研究在给定条件下流体运动的特征和规律；动力学研究在外力作用下流体有压、无压流动及绕流时的运动规律，分析其速度分布、压强分布、能量损失以及流体与固体间的相互作用力。流体力学的研究范畴是将流体流动作为宏观机械运动进行研究，而不是研究流体的微观分子运动，因而在流体动力学部分主要研究流体的质量守恒、动量守恒和能量守恒及转换等基本规律。

二、流体力学在各个领域的应用

流体力学作为一门专业基础课程，是一门应用性很广的学科，在实际工程技术中流体力学都有着广泛的应用。目前，已经很难找出一个技术部门与流体力学没有或多或少的联系。无论是水利工程、动力工程、航天工程，还是化学工程、机械工程等方面都涉及到流体力学问题。例如：①由于在各种热能动力和许多机械设备中采用水、汽、空气、油、烟气等流体作为工作介质，因此，只有掌握了流体的基本运动规律才能真正了解这些设备的功能和运行规律；②水利工程的建设，河流的治理及利用，水库、大型水利枢纽的设计与建造，洪峰预报，环境污染预报，河流泥沙的预测（例如黄河的泥沙）都与流体力学紧密相联；③气象科学中的天气预报也绝对离不开流体力学，天文学中，有研究组成星云的气状物质运动的宇宙流体力学；④在工业部门，石油化工、冶金、土建甚至于像粮食加工、面粉输运都离不开流体力学；⑤在医学部门，又出现了一门新的科学——生物流体力学（这是一门边缘科学），研究人体内血液的流动，研制人工心脏等都要根据流体力学的基本原理；⑥近年来发展的磁流体力学等。就某种意义而言，也正是在流体力学的研究工作不断取得成就的前提下，才促进了这些领域的大力发展。

三、流体力学的发展历史

流体力学同其他自然科学一样，也是人类为了满足自身生活和生产的需要，经过长期的生产实践和科学研究才逐渐发展成为自然科学的一个重要分支的。

流体力学的发展在时间上可以追溯到很久以前，尤其是我国水利事业的历史十分悠久。4000多年前的"大禹治水"，就已认识到治水必须顺水之性，应引导疏通；公元前256～前210年三大水利工程都江堰、郑国渠、灵渠，表明当时对明渠水流和堰流的认识都已经达到了相当高的水平，尤其是都江堰，为世界著名治水工程的历史典范，颂扬至今。大约与此同时，古罗马人建成了大规模的供水管道系统等。

第一个对流体力学学科的形成作出贡献的是古希腊的阿基米德，他建立了包括物理浮力定律和浮体稳定性在内的液体平衡理论，奠定了流体静力学的基础。直到15世纪，意大利达·芬奇的著作才谈到水波、管流、水力机械、鸟的飞翔原理等问题；17世纪，帕斯卡阐明了静止流体中压力的概念。但流体力学尤其是流体动力学作为一门严密的科学，却是随经典力学建立了速度、加速度、力、流场等概念，以及质量、动量、能量三个守恒定律的奠定之后才逐步形成的。

17世纪，力学奠基人牛顿研究了在流体中运动的物体所受到的阻力，得到阻力与流体密度、物体迎流截面积以及运动速度的平方成正比的关系。他针对黏性流体运动时的内摩擦力也提出了牛顿黏性定律。但是，牛顿还没有建立起流体动力学的理论基础，他提出的许多力学模型和结论同实际情形还有较大的差别。之后，法国的皮托发明了测量流速的皮托管；达朗贝尔对运河中船只的阻力进行了许多实验工作，证实了阻力同物体运动速度之间的平方关系；瑞士的欧拉采用了连续介质的概念，把静力学中压力的概念推广到运动流体中，建立了欧拉方程，正确地用微分方程组描述了无黏流体的运动；伯努利从经典力学的能量守恒出发，研究供水管道中水的流动，精心地安排了实验并加以分析，得到了流体定常运动下的流速、压力、管道高程之间的关系——伯努利方程。欧拉方程和伯努利方程的建立，是流体动力学作为一个分支学科建立的标志，从此开始了用微分方程和实验测量进行流体运动定量研究的阶段。

1822年，纳维建立了黏性流体的基本运动方程；1845年，斯托克斯又以更合理的基础导出了这个方程，这组方程就是沿用至今的纳维-斯托克斯方程（简称N－S方程）。普朗特学派于1904～1921年逐步将N－S方程做了简化，从推理、数学论证和实验测量等各个角度，建立了边界层理论，能实际计算简单情形下，边界层内流动状态和流体同固体间的黏性力，同时普朗克又提出了许多新概念，并广泛地应用到飞机和汽轮机的设计中。

20世纪初，飞机的出现极大地促进了空气动力学的发展。航空事业的发展，期望能够揭示飞行器周围的压力分布、飞行器的受力状况和阻力等问题，这就促进了流体力学在实验和理论分析方面的发展。20世纪40年代以后，由于喷气推进和火箭技术的应用，飞行器速度超过声速，进而实现了航天飞行，使气体高速流动的研究进展迅速，形成了气体动力学等分支学科。从20世纪60年代起，流体力学开始了流体力学和其他学科的互相交叉渗透，形成新的交叉学科或边缘学科，流体力学不断地得到了完善与提高。

第二节　泵与风机在国民经济中的作用和地位

一、泵与风机的作用

泵与风机是能将原动机（电动机、汽轮机等）的机械能转换成被输送流体的压力势能和动能的流体机械，如图0-1所示。如果输送的流体是液体，则称为泵；输送的流体为气体，则称为风机。泵与风机是日常生活中及工程实际上用途非常广泛的流体机械。从学科角度来看，则是流体力学的应用和发展。

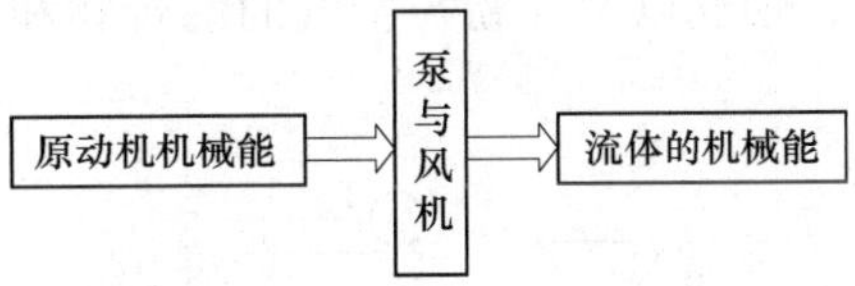

图0-1　泵与风机能量转化示意图

二、泵与风机在国民经济建设中的地位

随着现代工业的蓬勃发展，泵与风机作为通用机械而广泛应用于它们在国民经济的各个部门。在采矿、冶金、电力、石油、化工、市政以及农业等部门中，用到各种形式的泵与风机。据统计，泵与风机耗电约占全国总用电量的百分比逐步从原30%增至40%。由此可见，泵与风机在我国国民经济建设中数量之多、应用之广及地位之重。

例如，在农业生产中，农田的灌溉与排涝；在工业生产中，矿山的坑道用泵排除矿内的积水，用风机排除矿山坑道产生的瓦斯气体；在石油、化工部门中，使用大量的多种类型的泵输送有腐蚀性的化工原料和成品，向地层注水；在冶金工业中，各种冶炼炉的鼓风以及气体和液体的输送；其他工业和人们日常生活中的采暖、通风、空调等都应用到泵与风机。

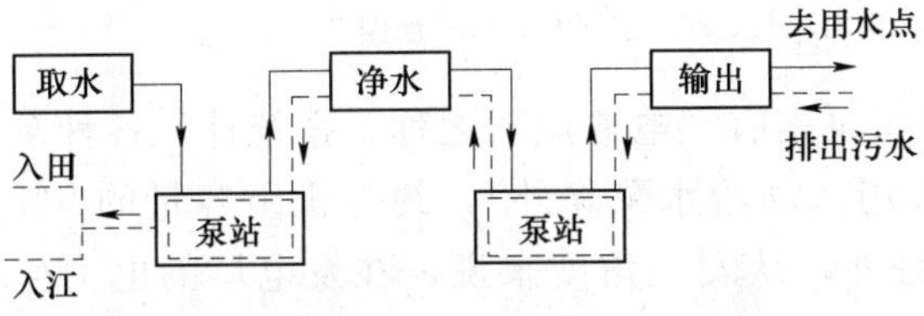

图0-2　城市给水排水系统基本流程

在市政建设中，水泵是给水排水工程必要的组成部分，是给水排水系统正常运转的枢纽。如图0-2所示，在给水系统中，原水由取水泵站从水源取水并输送到水厂，净化后再由加压泵站输送到室外管网，对于高层建筑还需要水泵进一步加压。在排水系统中，水泵站也是保证系统正常运转的必要枢纽。城市排出的污水或废水，经排水管渠系统汇集后流入集水井，需要用水泵站抽送到污水处理厂，处理后的废水有时需要用水泵站排入水体。从用电量角度看，城市给水中95%～98%是用来维持水泵的运转，一般城镇水厂中制水成本的40%～70%是水泵消耗的电费。

在火力发电厂中，泵与风机是实现动力循环的重要组成部分，是重要的辅机之一。其电能的生产是依靠汽（气）、水、油等流体介质在泵与风机同其他热力设备用管道连接组成的系统（如热力系统和一些辅助生产系统）中流动，进而安全经济地实现热功的转换，为发电机提供足够的机械能，实现机械能与电能间的转换。在热力发电厂中，泵与风机起着全厂水、气输送的作用。图0-3是火力发电厂的系统简图，由此可看出，向锅炉送水有给水泵；向汽轮机凝汽器送冷却水有循环水泵；排送凝汽器中凝结水有凝结水泵；排送热力系统中各处输水有输水泵；为了补充管路系统的汽水损失，又设有补给水泵；排除锅炉燃烧后的灰渣设有灰渣泵和冲灰渣水泵；另外，还要供给汽轮机各轴承润滑用油的润滑油泵；供各水泵、风机轴承冷却用水的工业水泵等。此外，炉膛燃烧需要煤粉和空气，为此设有排粉风机、送风机，为排除锅炉燃烧后的烟气，设有引风机。由上述泵与风机中不难看出，用泵输送的介质有给水、凝结水、冷却水、润滑油等；用风机输送的介质有空气、烟气以及煤粉与空气的混合物和水与灰渣的混合物等。

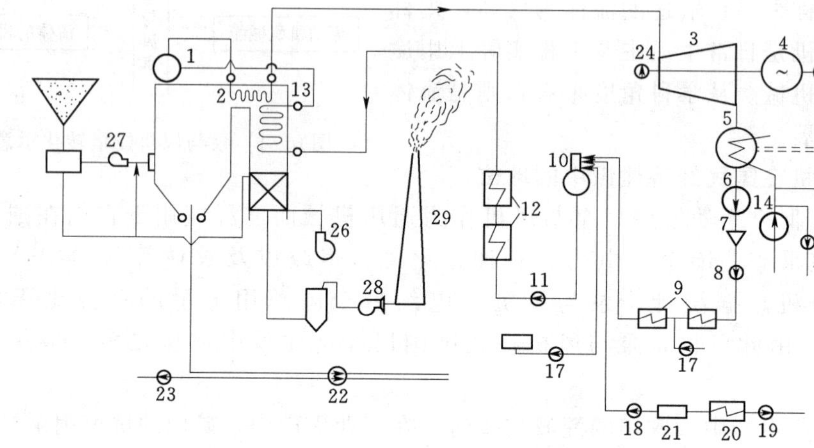

图 0－3　火力发电厂系统简图

1—锅炉汽包；2—过热器；3—汽轮机；4—发电机；5—凝汽器；6—凝结水泵；7—除盐装置；8—升压泵；9—低压加热器；10—除氧器；11—锅炉给水泵；12—高压加热器；13—省煤器；14—循环水泵；15—射水抽气器；16—射水泵；17—输水泵；18—补给水泵；19—生水泵；20—生水预热器；21—化学水处理设备；22—灰渣泵；23—冲灰水泵；24—液压泵；25—工业水泵；26—送风机；27—排粉风机；28—引风机；29—烟囱

泵与风机是电厂的耗电大户，特别是给水泵素有“电老虎”之称。据统计，各种泵与风机的耗电量约占厂用电的 70％～80％（采用汽动给水泵除外），约为机组容量的 5％～10％；其中泵约占 50％，风机约占 30％。另外，从安全角度来说，在发电厂的电力生产过程中，由于泵与风机发生故障而引起停机、停炉，发不出电的例子很多，并由此造成巨大的经济损失。实践证明，提高泵和风机的安全可靠性是尤为重要的。如有两台循环水泵的汽轮机，其中一台循环水泵发生故障，汽轮发电机就要降低出力。又如现代的大型锅炉，容量大、汽包的水容积相对较小，如果锅炉给水泵发生故障而中断给水，则汽包在极短的时间内“干锅”迫使停炉，甚至停机。因此，泵与风机的安全经济运行是与电厂的安全经济运行密切相关的。

三、泵与风机的历史发展

泵与风机的快速发展始于 18 世纪，由于蒸汽机的发明和采矿、钢铁工业的需要，出现了一种比较完善的以蒸汽机为动力的往复式泵与风机。之后又发明了离心式和轴流式泵与风机。与此同时欧拉和儒可夫斯基分别研究出叶片式泵与风机的基本方程式和升力公式，为泵与风机的设计提供了理论依据。到 19 世纪末，由于电动机的发明，泵与风机在工农业生产中得到了广泛的应用。

随着科学技术的不断进步，泵与风机正向着大容量、高转速、高效率及自动化等方向发展。但从我国泵与风机的目前使用情况来看，仍存在设备陈旧、调节方式相对落后等问题，所以提高泵与风机的技术指标，节约能耗，提高其运行的经济性和可靠性，则无疑是我们学习这门课程的主要目的和任务。

上篇

流/体/力/学

第一章 流体及其物理性质

知识目标：

- 掌握流体的定义、特征、主要物理性质
- 掌握连续性介质、不可压缩流体、理想流体三个假设物理模型的概念和意义
- 了解表面张力和毛细现象的成因
- 理解黏性的成因及影响因素和作用在流体上的力的种类及特点

能力目标：

- 能够运用牛顿内摩擦定律进行简单的工程计算

本章主要讲述流体的定义、特征和主要的物理性质及作用在流体上的力。流体的易流动性决定了它与固体的明显区别。流体的可压缩性和黏性是流体常用的物理性质，也是研究流体其他物理量的基础。牛顿内摩擦定律给出了牛顿流体中相关参数的计算方法，也是后续内容中的必备基础知识。

第一节 流体的定义和连续介质模型

一、流体的定义和特征

一般常将液体和气体统称为流体，因为相对于固体而言，它们具有共同的特征——易流动性。固体在外力（拉力、压力、剪切力）作用下能够产生一定的变形，变形程度随外力的变化而变化，但变形一般随着外力的消失而恢复。而流体可以承受很大的压力，但往往几乎不能承受拉力，更不能承受剪切力。因此从力学来定义，流体是一种受任何微小剪切力都会发生连续变形的物质，直到不存在剪切力为止。当剪切力停止作用时，流体也不会作任何恢复变形。因此，一般情况下流体没有固定的形状，而且在一定条件下流体内部可形成各种各样的复杂结构。

流体和固体在流动性上的差异是由于分子间的作用力不同造成的。在相同体积的固体和流体中，固体所含的分子数目最多，液体次之，气体最少。因此固体分子彼此间的吸引力最大，分子只能在固定的区域内做热运动；而液体和气体分子间的距离就大得多，分子间的作用力也小得多，分子运动强烈，从而决定了流体具有流动性和不能保持一定形状的特性。

液体和气体虽然都是流体，但其性质亦有很多差别。在相同外界条件下，气体分子与液体分子大小差异不大，但是气体分子之间的间距比液体大的多。例如在0℃、1个标准大气压下，气体的平均分子距约为3.3×10^{-9}m，而其分子平均直径约为2.5×10^{-10}m，分子距比分子平均直径超过10倍。因此气体分子间作用力非常小，不足以相互间的约束，无规则的热运动比较剧烈，使得气体流动性大，没有一定形状，也没有一定的体积，故它总是能均匀

充满容纳它的容器，并且不形成自由表面。同时，因为间距比较大，所以气体可以表现出很大的可压缩性。而液体的分子间距较小，彼此的吸引力较大，使得液体的分子之间有一定的约束力。因此液体具有一定的体积；因为具有流动性，它的形状取决于容器的形状，当容器的容积大于液体的体积时，液体只占据容器体积的一部分，不能充满容器；在重力的作用下，液体总是只保持一个自由表面（液面）；当对液体加压时，只要分子距稍有缩小，分子间的斥力就会增大以抵抗外压力，所以，液体的分子距很难缩小，即液体不易被压缩。

二、流体的连续介质模型

如上所述，从微观角度来看，流体也是由大量分子组成的，这些分子总是不停地的做杂乱无章的运动，并且分子之间必定存在着间隙。因此，流体实际上并非是连续充满空间的物质。但是一般流体力学只研究由大量分子组成的流体的宏观机械运动，并不研究个别分子的微观运动，即研究的实际尺寸要比分子间距大很多。虽然单个分子的运动是杂乱无章的，但随着分子数目的增多，统计平均的运动还是有规律的，因此流体力学中所研究的流体的宏观运动特征亦是大量分子的平均行为。为了研究方便，引入流体微元的概念，即将实际的由分子组成的结构用一种假象的流体模型——流体微元来代替。流体微元是流体中宏观尺寸非常小而微观尺寸又足够大的任意一个物理实体，简单说就是“宏观无穷小，微观无穷大”。因此在流体微元中包含了无数的流体分子，具有一定的体积和质量，由足够数量的分子组成，连续充满它所占据的空间，彼此间无任何间隙。所以，不考虑分子之间的间隙，宏观的流体就可以认为是由无数连续分布的流体微元所组成的连续介质，这就是流体的连续性假设。

连续介质假设模型是对物质分子结构的宏观数学抽象，就像认为一个几何图像是由若干段线段组成，而不去考虑组成每条线段的点之间的间距一样。这样，就不再去研究流体分子的运动，而是去研究模型化了的连续流体介质。研究对象的转变，可以将描述流体流动的一系列参数，如压强、速度、加速度、密度等在绝大多数情况下看成是连续分布的。从而可以把它们看做是坐标和时间的连续可微函数，从而可以引用连续函数的解析方法等数学工具来研究流体的平衡和运动规律。整个流体力学研究的飞速发展与引入连续介质模型是密切相关的，而从所建立的流体力学基本理论与实际工程应用结果来看，引入连续介质模型是完全合理的，也是完全必要的。

需要注意，并不是在所有的场合都可以把流体当做是连续介质，在某些特殊流动的研究中，它并不适用。当所研究的实际尺寸与分子的自由行程为相同或接近的数量级时，就不能应用连续介质模型假设了。例如，火箭在空气稀薄的高空中飞行的计算，就必须从微观着手进行研究，此时大气就不能作为连续介质来处理。本书所讨论的流体全部都可以使用连续介质模型。

第二节　流体的主要物理性质

一、流体的密度

（一）流体的密度

流体同其他物体一样，具有质量、密度及惯性。流体的密度是流体的重要属性之一。

流体的密度以单位体积流体中所具有的质量来表示，它表征了流体在空间的密集程度，以符号 ρ 来表示。取包围空间某点的微元体积 ΔV，其中所含流体质量为 Δm。比值 $\Delta m/\Delta V$ 即为 ΔV 中的平均密度；若令 $\Delta V\to 0$，即为当地该点的流体密度，即

$$\rho=\lim_{\Delta V\to 0}\frac{\Delta m}{\Delta V} \tag{1-1}$$

如果空间各点处密度均相同，则其密度为

$$\rho=\frac{m}{V} \tag{1-2}$$

式中：ρ 为流体的密度，kg/m^3；m 为流体的质量，kg；V 为流体的体积，m^3。

表 1－1 列出了一些常用液体在标准大气压强下的物理性质，表 1－2 列出了一些常用气体在标准大气压强和 20℃下的物理性质。

在工程中，还常常使用一个概念——重度，它是指单位体积流体的重量，用 γ 来表示。对于均质流体，其重度为

$$\gamma=\frac{G}{V} \tag{1-3}$$

表 1－1　在标准大气压下常用液体的物理性质

液体种类	温度 t(℃)	密度 ρ(kg/m^3)	相对密度 d	动力黏度 μ($\times10^4$Pa·s)
纯水	20	998	1.00	10.1
海水	20	1026	1.03	10.6
20%盐水	20	1149	1.15	—
乙醇	20	798	0.79	11.6
苯	20	895	0.90	6.5
四氯化碳	20	1588	1.59	9.7
氟利昂-12	20	1335	1.34	—
甘油	20	1258	1.26	14900
汽油	20	678	0.68	2.9
煤油	20	808	0.81	19.2
原油	20	850—958	0.85—0.93	72
润滑油	20	918	0.92	—
氢	−257	72	0.072	0.21
氧	−195	1206	1.21	2.8
水银	20	13555	13.58	15.6

表 1－2　在标准大气压和 20℃常用气体性质

气　体	密度 ρ(kg/m^3)	动力黏度 μ ($\times10^4$Pa·s)	气体常数 R[J/(kg·K)]
空气	1.205	1.80	287
二氧化碳	1.84	1.48	188
一氧化碳	1.16	1.82	297
氦	0.166	1.97	2077
氢	0.0839	0.90	4120
氮	1.16	1.76	297
氧	1.33	2.00	260
甲烷	0.668	1.34	520
饱和水蒸气	0.747	1.01	462

（二）流体的相对密度

相对密度是指均质流体的密度与4℃纯水的密度的比值，用符号 d 表示，即

$$d=\frac{\rho}{\rho_w} \tag{1-4}$$

式中：ρ_w 为4℃时纯水的密度，kg/m^3；d 为相对密度，无量纲。

二、流体的膨胀性和压缩性

（一）流体的膨胀性

在一定压强下，流体的体积随温度升高而增大的性质称为流体的膨胀性。膨胀量的大小可以用体胀系数来衡量。体胀系数的定义为：当压强不变时流体每变化单位温度，单位体积流体的变化量，以符号 α_K 标记。即

$$\alpha_K=\frac{1}{dT}\frac{dV}{V} \tag{1-5}$$

式中：α_K 为流体的体胀系数，K^{-1}；V 和 dV 分别为流体膨胀前体积和膨胀体积，m^3；dT 为流体温度的变化值，K。一般情况下流体的体积随温度的升高而增大，故 dV 与 dT 同号，流体的体积膨胀系数 α_K 为正值。液体的体胀系数很小，在常温下水的体胀系数仅为万分之几。在一定的大气压下水的体胀系数与温度的关系如表1-3所示。

表1-3　水的体胀系数

压力 ($\times10^5$Pa)	温度（K）				
	274～283	283～293	313～323	333～343	363～373
0.981	0.14×10^{-4}	1.50×10^{-4}	4.22×10^{-4}	5.56×10^{-4}	7.19×10^{-4}
98.1	0.43×10^{-4}	1.65×10^{-4}	4.22×10^{-4}	5.48×10^{-4}	7.04×10^{-4}
196.2	0.72×10^{-4}	1.83×10^{-4}	4.26×10^{-4}	5.39×10^{-4}	

（二）流体的压缩性

在一定的温度下，流体的体积随压强增大而缩小的性质称为流体的压缩性。流体压缩性的大小通常用体积压缩系数表示，以符号 κ 来标记。体积压缩系数的定义为：当流体保持温度不变，单位压强增量引起单位流体体积的相对缩小量，即

$$\kappa=-\frac{1}{dp}\frac{dV}{V} \tag{1-6}$$

式中：κ 为体积压缩系数，1/Pa；dp 为流体压强变化量，Pa；V 为压强为 p 时的流体体积，m^3；dV 为压强增加 dp 时流体体积的变化量，m^3。

由于压强增加时，流体的体积减小，因此当 dp 为正值时，dV 总是负值，反之亦然。故在上式中加个负号，以使体积压缩系数 κ 恒为正值。式（1-6）表明，对于同样的压强变化，κ 值大的流体，体积变化率大，即容易压缩；而 κ 值小的物体，不容易压缩。由此可见，κ 值标志着流体的可压缩性的大小。表1-4列出了0℃水在不同压强下的 κ 值。

表1-4　0℃水在不同压强下的 κ 值

压强 p($\times10^5$Pa)	4.9	9.8	19.6	39.2	78.4
κ ($\times10^{-9}m^2/N$)	0.539	0.537	0.531	0.523	0.515

由表 1-4 可以看出，水的可压缩性是很小的，压强每增加一个大气压，其体积变化不到万分之一。工程中常用的其他工作液体，如液压油、机械油等，其可压缩性也都很小。

工程中，常将流体的体积压缩系数 κ 的倒数称为流体的体积弹性模量，以符号 E 来标记，即

$$E=\frac{1}{\kappa} \tag{1-7}$$

气体的压缩性与膨胀性要比液体明显的多，这是由于气体的密度会随着温度和压强的改变将发生显著的变化。对于完全气体，其间的关系可以用状态方程表示，即

$$pv=mRT \tag{1-8}$$

从上式可见，气体的体积与温度及压力的关系非常密切，因此气体的体胀系数与压缩系数比液体大得多。

在工程上，不同压强和温度下气体的密度可按下式计算：

$$\rho=\rho_0\frac{273}{273+T}\frac{p}{101325} \tag{1-9}$$

式中：ρ_0 为标准状态（0℃、101325Pa）下某种气体的密度，如空气的 $\rho_0=1.293\mathrm{kg/m^3}$、烟气的 $\rho_0=1.34\mathrm{kg/m^3}$；$\rho$ 为在温度 T（℃）、压强 $p(\mathrm{N/m^2})$ 时，某种气体的密度。

（三）可压缩流体和不可压缩流体

任何流体的密度都会随着压强和温度的变化而变化，即对于流体而言其膨胀系数和压缩性系数一般都不为 0，但在一般工程计算中，往往可以忽略其膨胀性和可压缩性的影响，认为流体的密度是一个常数。即可以把 $\mathrm{d}\rho/\mathrm{d}T=0$ 且 $\mathrm{d}\rho/\mathrm{d}p=0$ 来处理的流体称为不可压缩流体，而把密度为常数的流体称为不可压均质流体。而把需要考虑密度随温度和压强变化的流体称为可压缩流体。

如前所述，一般液体的膨胀性与压缩性不太明显，而气体的膨胀性和压缩性比较大，但是“液体不可压，气体可压”不是绝对的，要视具体情况而定。例如，研究管道中水击和水下爆炸时，水的压强变化较大，而且变化过程非常迅速，这时水的密度变化就不可忽略，只有考虑其可压缩性才能得出合理的结论。又如，在锅炉尾部烟道和通风管道中，气体在整个流动过程中，压强和温度的变化都很小，其密度变化很小，可作为不可压缩流体处理。再如，当气体对物体流动的相对速度比声速要小得多时，气体的密度变化也很小，可以近似地看成是常数，也可当做不可压缩流体处理，其结果也是足够精确地。在以后的研究中将会看到，按不可压缩流体来处理低速气体流动问题，可使研究工作大为简化。

三、流体的黏性和牛顿内摩擦定律

（一）流体黏性的概念

由流体的力学特点可知，静止流体不能承受剪切力，即在任何微小剪切力的持续作用下，流体要发生连续不断地变形。然而，在相同的剪切力作用下不同种类的流体变形程度是不一样的，换言之想要不同的流体有相同的变形程度需要的力是不同的。流体的黏性就是表征其抵抗剪切变形的能力，它是流体的一种属性，即只要是流体必定会有黏性。

（二）牛顿内摩擦定律

图 1-1 为两块水平放置的平行平板，间距为 h，两平板间充满某种液体。使上板以

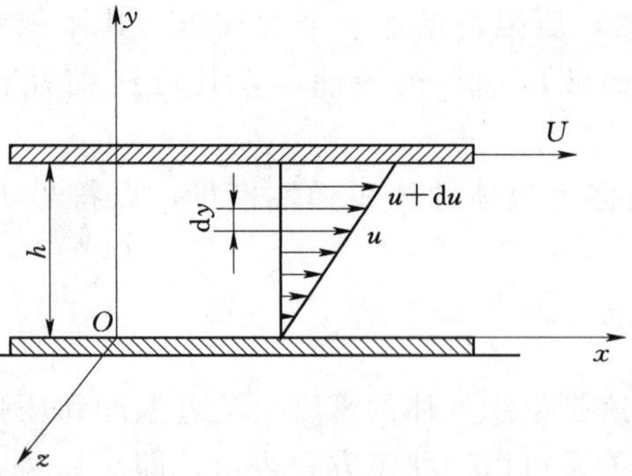

图 1-1

速度 U 向右运动，下板保持不动。由于液体与板之间存在附着力，故紧邻于上板的一薄层流体必以 U 的速度随上板一同向右运动。而紧邻于下板的一薄层流体则依然附着于下板静止不动。两板间的流体作平行于平板的流动，可以看成是许多无限薄层的流体作平行运动，如图 1-1 所示。由于各流层速度不同，流层间就有相对运动，从而产生内摩擦力（黏性力）。

经过大量的实验证明，流体内摩擦力 F 的大小与上板的速度梯度 $\frac{du}{dy}$ 成正比，与上板和流体的接触面积 A 成正比，即

$$F \propto A\frac{du}{dy} \tag{1-10}$$

写成等式为

$$F = \mu A\frac{du}{dy} \tag{1-11}$$

流层间单位面积上的内摩擦力称为切向应力 τ，即

$$\tau = \mu\frac{du}{dy} \tag{1-12}$$

式中：F 为内摩擦力，N；A 为接触面积，m^2；$\frac{du}{dy}$ 为速度梯度，1/s；μ 为与流体性质有关的系数，称为动力黏度，Pa·s，表示流体抵抗变形的能力。

式（1-11）和式（1-12）所表示的关系称为牛顿内摩擦定律。可见，流体内摩擦力的大小与流体的速度梯度和接触面积大小成正比，并且与流体的性质，即黏性有关。在流体力学的研究中，若切应力与速度梯度呈线性关系，即服从牛顿内摩擦定律的流体，称为牛顿流体。而把凡切应力与速度梯度间不存在线性关系，即不服从牛顿内摩擦定律的流体，称为非牛顿流体，如牙膏、纸浆、泥浆、油漆等。本书所研究的流体仅限牛顿流体。

由式（1-11）可以看出，当 $\frac{du}{dy}=0$ 即流体处于静止状态或匀速等速运动时，显然 $F=0$，亦即当流体薄层之间或流体微团之间没有相对速度差时，流体之中不存在内摩擦力，但此时流体有黏性，只不过此时流体的黏性作用表现不出来。

在实际工程计算中，还常用动力黏度 μ 和流体的密度 ρ 的比值来度量流体的黏度，称为运动黏度，用符号 ν 表示，m^2/s，即

$$\nu = \frac{\mu}{\rho} \tag{1-13}$$

水和空气的在不同温度时的动力黏度见表 1-5 和表 1-6。部分常用的气体和液体的动力黏度和运动黏度随温度的变化规律如图 1-2 和图 1-3 所示。

表 1-5　　水的黏温变化值

温　度（℃）	μ（×10³Pa·s）	ν（×10⁶m²/s）	温　度（℃）	μ（×10³Pa·s）	ν（×10⁶m²/s）
0	1.792	1.792	40	0.656	0.661
5	1.519	1.519	45	0.599	0.605
10	1.308	1.308	50	0.549	0.556
15	1.140	1.141	60	0.469	0.477
20	1.005	1.007	70	0.406	0.415
25	0.894	0.897	80	0.357	0.367
30	0.801	0.804	90	0.317	0.328
35	0.723	0.727	100	0.284	0.296

表 1-6　　空气的黏温变化值

温　度（℃）	μ（×10⁶Pa·s）	ν（×10⁶m²/s）	温　度（℃）	μ（×10⁶Pa·s）	ν（×10⁶m²/s）
0	17.09	13.00	260	28.06	42.40
20	18.08	15.00	280	28.77	45.10
40	19.04	16.90	300	29.46	48.10
60	19.97	18.80	320	30.14	50.70
80	20.88	20.90	340	30.80	53.50
100	21.75	23.00	360	31.46	56.50
120	22.60	25.20	380	32.10	59.50
140	23.44	27.40	400	32.77	62.50
160	24.25	29.80	420	33.40	65.60
180	25.05	32.20	440	34.02	68.80
200	25.82	34.60	460	34.63	72.00
220	26.58	37.10	480	35.23	75.20
240	27.33	39.70	500	35.83	78.50

（三）黏性的影响因素

由表1-5、表1-6、图1-2和图1-3可以明显看出，流体的黏性会随温度的改变而改变，但液体和气体的黏性随温度的变化而变化的规律是不同的。液体的黏性随温度升高而减小，气体的黏性随温度升高而增大。造成液体和气体的黏性随温度不同变化的原因是由于构成它们黏性的主要因素不同。分子间的吸引力是构成液体黏性的主要因素，温度升高，分子间的吸引力减小，液体的黏性降低；构成气体黏性的主要因素是气体分子作不规则热运动时，在不同速度分子层间所进行的动量交换。温度越高，气体分子热运动越强烈动量交换就越频繁，气体的黏性也就越大。另外，流体黏性还与压强有关，在通常的压强下，压强对流体的黏性影响很小，可忽略不计。在高压下，流体（包括气体和液体）的黏性随压强升高而增大，因为压强增大时液体分子间距变小引力变大，气体受压分子的运动加速、动量交换更加剧烈。

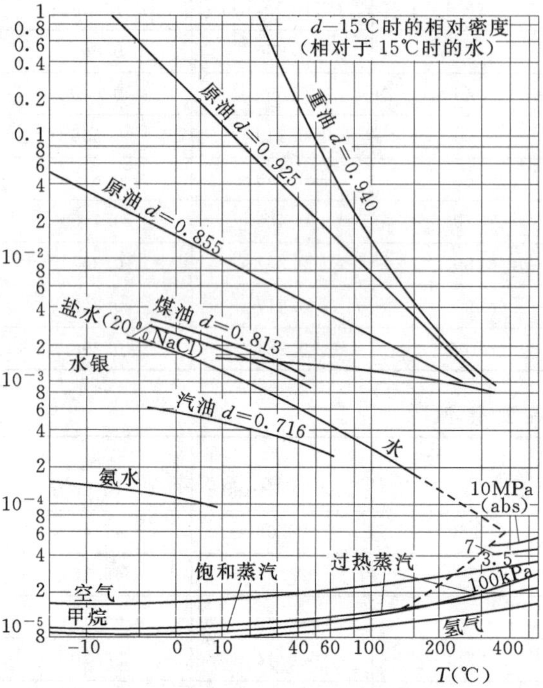

图 1－2　常见流体的动力黏度（一）

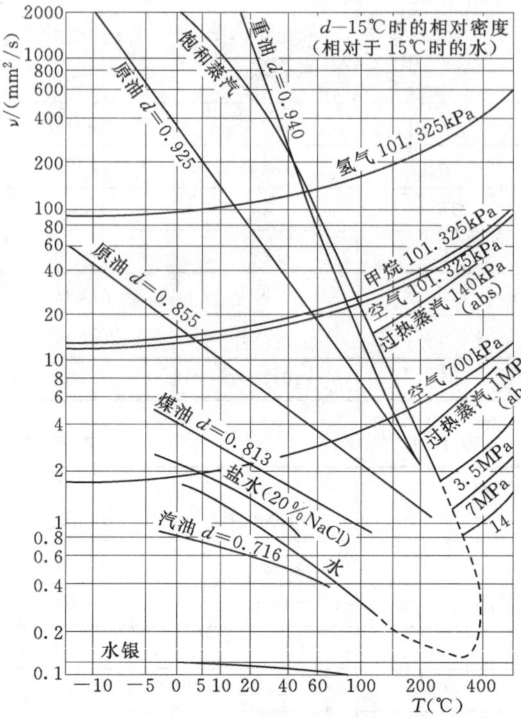

图 1－3　常见流体的运动黏度（二）

（四）理想流体

综上，一切实际流体都具有黏性，但在实际工程和某些理论的研究中，有时可以不考虑黏性的影响，即内摩擦的作用对这些场合的影响并不显著，或小到可以忽略不计的程度。因此在流体力学中，提出了一种假想的没有黏性的流体，称为理想流体。当然，理想流体并不存在，只是一种假想的物理模型。在实际流体的黏性作用表现不出来的场合，如在静止流体中或匀等速直线流动时，可以当理想流体来处理。另外，气体的黏性比液体小得多，在某些情况下，也可把气体简化为理想流体。

在很多时候，想直接求得黏性流体流动的精确解是很困难的。对某些黏性不起主要作用的问题，可以先不计黏性的影响，使问题的分析大为简化，从而有利于掌握流体流动的基本规律。至于黏性的影响，则可根据试验引进必要的修正系数，对由理想流体得出的流动规律加以修正。

（五）黏度的测量

流体的黏度不能直接测量，一般是通过测量与其有关的其他物理量来计算它们的数值的。现介绍工业黏度计中常采用的恩格勒（Engler）黏度计测量黏度的原理。其测定结果为恩氏度，用°E 表示，其结构见图 1－4 所示。测定实验方法如下先用木制针阀将锥形短管的通道关闭，把 $220cm^3$ 的蒸馏水注入贮液罐 1，开启水箱 2 中的电加热器，加热水箱中的水，以便加热贮液罐中的蒸馏水，使其温度达到 20℃，并保持不变；然后迅速提起针阀，使蒸馏水经锥形通道泄入长颈瓶 4 至容积为 $200cm^3$，记录所需的时间 t；然后用同样的程序测定待测液体流出 200cm^3 所需的时间 t'（待测液体的温度应为给定的温度）。待测液体在给定温度下的恩氏度为

$$°E=t'/t \tag{1-14}$$

$$\nu=0.0731°E-0.0631°E \tag{1-15}$$

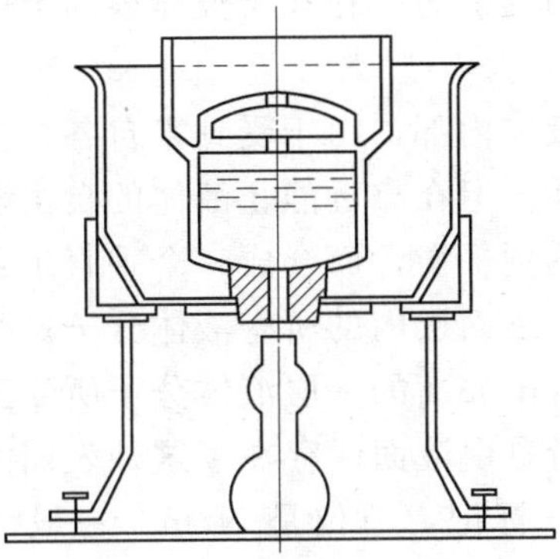

图 1-4 恩格勒黏度计原理

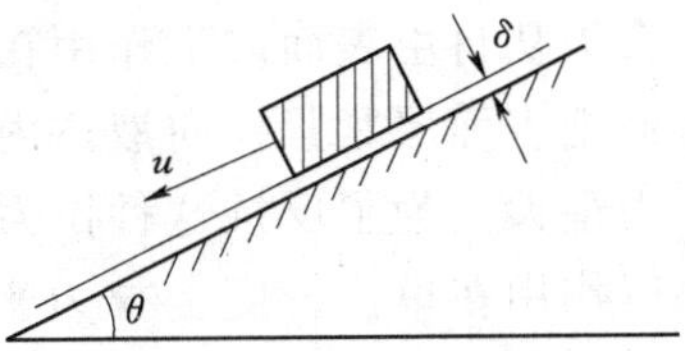

图 1-5 木块等速下滑

【例 1-1】 如图 1-5 所示，一底面积为 40cm×50cm 的木块，重力 30N，沿涂有润滑油的斜面向下作等速运动，木块运动速度 u=1m/s，油层厚度 1mm，斜坡角 30°，求油的动力黏度。

解： 因为木板与斜面间的间隙很小，故设间隙内流体的速度为线性分布，故

$$\frac{du}{dy}\approx\frac{u}{\delta}$$

木块重量沿斜坡分力与内摩擦力 F 平衡时，等速下滑

$$mg\sin\theta=F=\mu A\frac{u}{\delta}$$

$$\mu=\frac{mg\sin\theta}{A\dfrac{u}{\delta}}=\frac{30\times\sin30°}{0.4\times0.5\times\dfrac{1}{0.001}}=0.075(\text{Pa}\cdot\text{s})$$

【例 1-2】 长度 L=1m，直径 d=200mm 水平放置的圆柱体，置于内径 D=206mm 的圆管中以 u=2m/s 的速度移动，已知间隙中油液的相对密度为 d=0.92，运动黏度 ν=5.61×$10^{-4}$$m^2$/s，求所需拉力 F 为多少？

解： 间隙中油的密度为：

$$\rho=\rho_{H_2O}d=1000\times0.92=920(\text{kg/m}^3)$$

动力黏度：

$$\mu=\rho\nu=920\times5.6\times10^{-4}=0.5152(\text{Pa}\cdot\text{s})$$

由于间隙很小，速度可认为是线性分布，由牛顿内摩擦定律可得

$$F=\mu A\frac{u-0}{\dfrac{D-d}{2}}=0.5152\times3.14\times0.2\times1\times\frac{2}{\dfrac{206-200}{2}}\times10^3=215.6\ (\text{N})$$

四、表面张力和毛细现象

（一）表面张力

当液体与其他的不相溶物体接触时，分界面上液体表层的分子受到两侧分子的引力不同，在合引力的作用下，液体表面仿佛是一张拉紧的弹性膜。例如空气中的雨滴呈球状，液体的自由液面等。从宏观上看，这种由于分子间的引力，存在于液体表面上的拉力称为液体的表面张力。

以自由液面为例来分析表面张力的形成。在液体内部，由于受到来自各个方向分子的吸引力，其综合作用的结果是互相抵消，合力为零。但在靠近静止液体的自由表面的薄层内，每个液体分子与周围分子之间的吸引力不能达到平衡，而合成一个垂直于自由表面的合力。这个合力从自由表面向下作用在该分子上，表面层内的所有液体分子均受有向下的吸引力，从而把表面层紧紧拉向液体内部。处于自由表面的一层液体分子所受到的指向液体内部的合力最大。为了反抗这种拉力的作用，沿自由液面便存在了这种表面张力。表面张力的大小以作用在单位长度上拉力来表示，以 σ 标记，单位是 N/m。一般情况下表面张力的数值是很小的，在计算中可以不予考虑。只有当流体自由表面的边界尺寸非常小，如很细的玻璃管，很狭的缝隙等时，表面张力的影响才明显，才考虑。表 1-7 中给出了在一个标准大气压下，水和空气接触的表面张力 σ 随温度的变化值。

表 1-7　　水的表面张力 σ（1 个标准大气压）

温　度（℃）	表面张力 σ（N/m）	温　度（℃）	表面张力 σ（N/m）	温　度（℃）	表面张力 σ（N/m）
0	0.0756	25	0.0720	60	0.0662
5	0.0749	30	0.0712	70	0.0644
10	0.0742	35	0.0704	80	0.0626
15	0.0735	40	0.0696	90	0.0608
20	0.0728	50	0.0679	100	0.0589

由于表面张力的存在，使得分界面两侧产生压强差 Δp，其大小为

$$\Delta p=\sigma\left(\frac{1}{R_1}+\frac{1}{R_2}\right) \tag{1-16}$$

式中：R_1、R_2 为分界面的曲率半径。

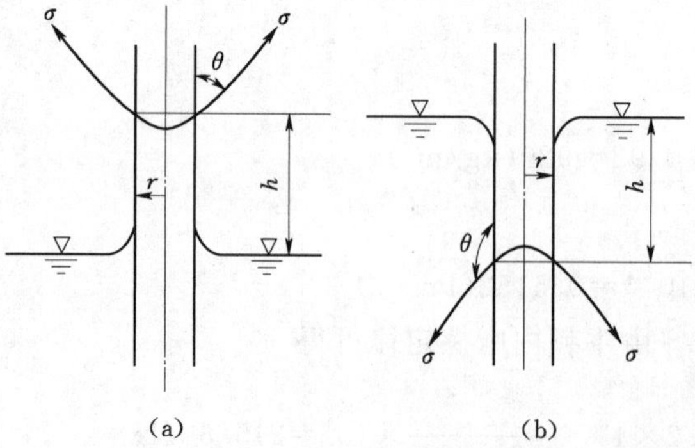

图 1-6　毛细现象

（二）毛细现象

把直径很小两端开口的细管插入液体中时，若液体分子之间的吸引力小于液体与固体之间的分子间的吸引力，则液体将在管内上升到一定的高度，管内的液面向上弯曲形成凹面。如图 1-6（a）所示。反之，若液体分子之间的吸引力大于液体与固体之间的分子间的吸引力，则液体将在管内下降到一定高度，管内的液体表面呈凸面，如图 1-6（b）

所示。这种由于表面张力的作用使得管内液体出现升高或下降的现象，称为毛细现象。

液体在细管中上升或下降的高度与表面张力以及液体的性质有关，可由下式求得

$$h=\frac{4\sigma\cos\theta}{\rho g d} \tag{1-17}$$

式中：θ 为液面与管壁的接触交角，它与液、气的种类以及管壁材料有关；d 为管的直径；ρ 为液体密度；σ 为表面张力。

对于工程中常用的测压管，毛细现象往往造成较大的误差。一般情况下，当测压管以水为介质时管径应大于 14mm，采用水银为介质时管径应大于 10mm。

第三节 作用在流体上的力

作用在流体上的力可以分为两大类：表面力和质量力。

一、表面力

表面力是指作用在所研究流体表面上并与表面积大小成正比的力。表面力一定是通过接触才能产生，即一定要有接触面的存在。

在流体力学研究中，常常从流体中取出一个分离体作为研究对象。表面力也就是周围的物体直接作用在所研究流体上的作用力。这个表面可以是真实存在的，也可以是为解决问题所假想的。表面力可以是液体与液体、液体与气体、液体与固体壁面、气体与气体或气体与固体壁面间的作用力。表面力与作用面积成正比，单位面积上的表面力称为应力。对流体受力分析时，常将作用在流体上的应力分为切向应力和法向应力。对于静止流体不能承受切向应力，故在静止情况下表面力只有法向力作用；流体几乎不能承受拉力，所以静止流体中的法向力只能沿着流体的内法线方向。

二、质量力

质量力也称体积力，是指作用于流体某体积内的每个质点（或微团）上且与该体积内流体的质量成正比的力。当该流体为均质流体时，质量力与流体的体积成正比。

处于地球的重力场中的流体中每个质点都受到重力作用，这种力就是最常见的一种质量力。作匀速圆周运动的流体所受到的离心力与流体质点的质量成正比，也属于质量力。再如，带电流体所受到的静电力以及有电流通过的流体所受到的电磁力也是质量力。

质量力的大小以作用在单位质量流体上的质量力，即单位质量力 $\vec{f}$ 来度量。在重力场中，对应于单位质量力的重力数值上就等于重力加速度 g。

在直角坐标系中，若质量力在各坐标轴上投影分别为 f_x、f_y、f_z，则单位质量力 $\vec{f}$ 可以表示为

$$\vec{f}=f_x\vec{i}+f_y\vec{j}+f_z\vec{k} \tag{1-18}$$

单位质量力及其在各个坐标轴的分量的单位为 m/s^2，与加速度的单位相同。质量力是通过某种力场作用在整个流体的体积上的，与接触或者不接触无关。

本　章　小　节

流体是易流动性的物质，它们受到任何微小剪切力都会发生连续变形。流体常用到的物理性质有密度、可压缩性、膨胀性以及黏度等。黏性是表征流体抵抗剪切变形的能力，是流体的一种属性，但黏性大小会随着温度和压力的变化而变化，可以用运动黏度和动力黏度来度量。后续内容中所涉及的流体都是牛顿流体，即服从牛顿内摩擦定律。为了研究流体，提出了连续性假设、不可压缩流体假设和理想流体假设。对流体受力分析时，不仅要考虑质量力还要考虑到表面力。

习　题

1-1　某量筒中装有体积为 $1000cm^3$ 的某种液体，其质量为 2.3kg，试求其密度和相对密度。

1-2　求绝对压力为 $2\times10^5 N/m^2$，温度为 35℃的空气的密度。

1-3　空气从绝对压力 $10^5 N/m^2$ 和温度为 30℃的压缩到绝对压力为 $4\times10^5 N/m^2$ 温度为 60℃，求体积变化了多少？

1-4　当压强增量为 $20000N/m^2$ 时，某种液体的密度增长 0.02%，试求流体的体积压缩系数。

1-5　采暖系统在顶部设置一个膨胀水箱（图 1-7），系统内的水在温度升高时可以自由膨胀进入水箱，若系统内水的总体积为 $15m^3$，温度改变的最大值为 55℃，水的体胀系数 $\alpha_K=5\times10^{-4}K^{-1}$，问膨胀水箱最小应有多大体积？

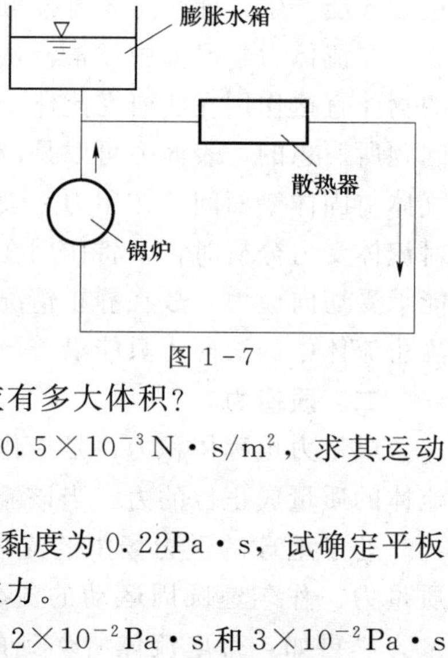

图 1-7

1-6　某种 $1m^3$ 的液体重量为 8.95kN，动力黏度为 $0.5\times10^{-3}N\cdot s/m^2$，求其运动黏度系数。

1-7　充满某种液体的两平行平板间距 2mm，液体的黏度为 0.22Pa·s，试确定平板间面积为 $0.5m^2$ 的薄平板以 0.25m/s 速度运动时需要的拉力。

1-8　如图 1-8 所示，两平行平板间充满黏度分别为 $2\times10^{-2}Pa\cdot s$ 和 $3\times10^{-2}Pa\cdot s$ 的两种互不相混的液体，厚度分别为 1cm 和 3cm。若上板面积为 $1m^2$ 以速度 $V=2m/s$ 匀速运动、下板固定，试求所需拉力大小。

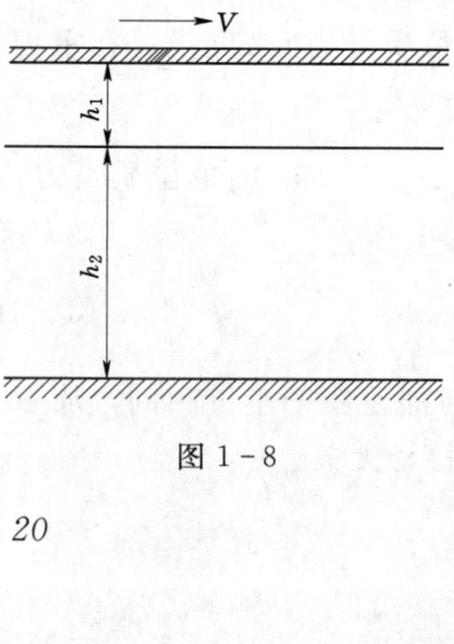

图 1-8

1-9　两个圆筒同心地套在一起，其长度为 1m，内筒直径为 400mm，外径直径为 406mm，两筒间充满密度为 $860kg/m^3$、运动黏性系数 $\nu=0.260\times10^{-4}m^2/s$ 的液体，外筒固定，内筒以角速度 $\omega=10rad/s$ 转动，求转动时所需要的转矩。

1-10　计算 20℃纯水在内径为 0.6mm 的干净玻璃内上升的毛细高度，如果管径为 2mm 时，上升高度又是多少？

第二章 流体静力学

知识目标：

- 掌握流体静压强的定义及特征、液体平衡时的压强分布特点
- 了解常用的液柱式测压计的种类与原理
- 理解流体平衡方程式的意义、受压平面的压力中心与形心的关系、压力体的意义

能力目标：

- 能够运用流体平衡方程式计算流体中的压强和压强差
- 能够计算平面上的流体总压力和压力中心的位置
- 能够计算曲面上的流体总压力

流体静力学研究流体处于平衡状态时的规律及其在工程中的应用。这里所指的平衡包括绝对平衡和相对平衡两种。当流体相对于地球无相对运动时，称为重力场中的绝对静止（或平衡）；当流体相对运动容器无相对运动时，称为相对静止（或相对平衡）。

当流体处于绝对或相对静止时，各流体质点间均不存在相对运动，流体表现不出黏性作用，因此本章得出的结论无论对于理想流体还是实际流体都是适用的。

第一节 流体静压强及其特性

流体内部或流体与固体边壁所存在的单位面积上的法向作用力称为流体的压强，如果此流体是处于静止状态的，则此压强称为流体静压强，用符号 p 表示，单位为 Pa。

流体静压强具有以下两个基本性质：

（1）流体静压强的方向垂直于作用面，并指向内其法线方向。

这一特性可以用反证法来解释。如果静压强的方向与作用面不垂直，则由此压强在该作用面上产生的力就可以分解出切向力，有切向力流体就会产生变形，这与流体处于静止状态相矛盾。另外由流体特性可知，流体不能承受拉应力，所以静压强只能是法向的并指向内法向方向。

（2）静止流体中任意一点流体压强的大小与作用面的方位无关，即任一点上各方向的流体静压强都相同。

为证明这一点，在静止流体中取出直角边长各为 dx，dy，dz 的微小四面体 $OABC$，如图 2-1 所示。

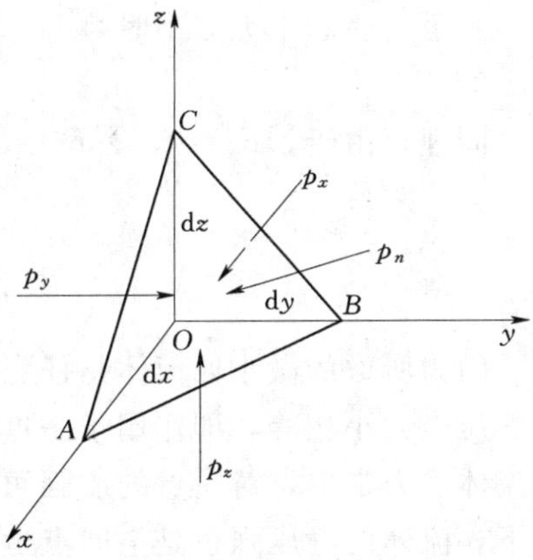

图 2-1 静止流体中的微小四面体

首先分析表面力。若作用在$\triangle BOC$，$\triangle OAC$，$\triangle AOB$，$\triangle ABC$四个平面上的流体静压强分别以p_x，p_y，p_z和p_n来表示，由于所取的是微小四面体，所以可以认为各作用面上的静压强p_x，p_y，p_z和p_n为对应面上的压强平均值。作用在各面上的流体总压力为：

$$\mathrm{d}F_{px}=\frac{1}{2}p_x\mathrm{d}y\mathrm{d}z$$

$$\mathrm{d}F_{py}=\frac{1}{2}p_y\mathrm{d}z\mathrm{d}x$$

$$\mathrm{d}F_{pz}=\frac{1}{2}p_z\mathrm{d}x\mathrm{d}y$$

$$\mathrm{d}F_{pn}=p_n\Delta ABC$$

现在分析质量力。所研究四面体的体积为$\frac{1}{6}\mathrm{d}x\mathrm{d}y\mathrm{d}z$，设流体密度为$\rho$，则该四面体的质量为$\mathrm{d}m=\frac{1}{6}\rho\mathrm{d}x\mathrm{d}y\mathrm{d}z$，质量力在各坐标轴上的分量为：

$$\mathrm{d}F_{mX}=\frac{1}{6}\rho\mathrm{d}x\mathrm{d}y\mathrm{d}z f_x$$

$$\mathrm{d}F_{my}=\frac{1}{6}\rho\mathrm{d}x\mathrm{d}y\mathrm{d}z f_y$$

$$\mathrm{d}F_{mz}=\frac{1}{6}\rho\mathrm{d}x\mathrm{d}y\mathrm{d}z f_Z$$

因为微小四面体处于平衡状态，于是可以写出在x轴方向上的力的平衡方程式为

$$\sum F_x=0$$

即
$$p_x\times\frac{1}{2}\mathrm{d}y\mathrm{d}z-p_n\triangle ABC\cos(p_n,x)+f_x\rho\times\frac{1}{6}\mathrm{d}x\mathrm{d}y\mathrm{d}z=0$$

由于
$$\triangle ABC\cos(p_n,x)=\frac{1}{2}\mathrm{d}y\mathrm{d}z$$

即有
$$\frac{1}{2}\mathrm{d}y\mathrm{d}z(p_x-p_n)+f_x\rho\times\frac{1}{6}\mathrm{d}x\mathrm{d}y\mathrm{d}z=0$$

即
$$p_x-p_n+f_x\rho\times\frac{1}{3}\mathrm{d}x=0$$

当微元体趋于无穷小时，$\mathrm{d}x$是无穷小量，质量力项可以略去，因此得

$$p_x=p_n$$

同理，由于$\sum F_y=0$，$\sum F_z=0$，可得

$$p_y=p_n$$

$$p_z=p_n$$

故有
$$p_x=p_y=p_z=p_n \tag{2-1}$$

因为所取的微小四面体是任意选取的，故可以得出结论：从各个方向作用于一点的流体静压强大小相等，即作用于一点上的静压强大小与其作用面在空间的方位无关。所以，在流体静力学中，对一点的压强可以直接写成p而不必表明方向。在流体的连续介质模型下，流体的静压强也是空间点坐标的连续函数，即

$$p=f(x,y,z) \tag{2-2}$$

第二节　流体的平衡方程式

一、流体平衡微分方程式

在静止流体中任取一边长为 dx、dy、dz 的微元正方体流体微团，如图 2-2 所示。

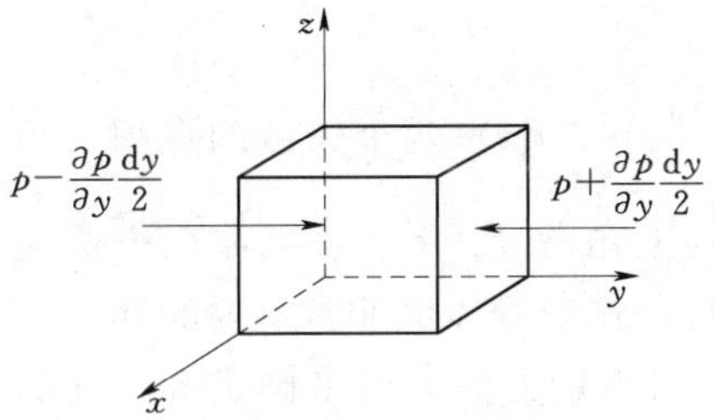

图 2-2　静止流体中的微元立方体

设微元体中心的压强值为 p，p 为空间连续函数，则压强沿 x、y、z 三个方向的变化率为$\frac{\partial p}{\partial x}$、$\frac{\partial p}{\partial y}$、$\frac{\partial p}{\partial z}$；由泰勒级数可知，$p$ 在立方体左右两侧面上的压强分别为 $p-\frac{\partial p}{\partial x}\frac{dx}{2}$和 $p+\frac{\partial p}{\partial x}\frac{dx}{2}$（略去二阶无穷小项后）。设单位质量力沿 x 轴方向的分力为 f_x。

在 x 轴方向上列力的平衡方程

$$\left(p-\frac{\partial p}{\partial x}\frac{dx}{2}\right)dydz-\left(p+\frac{\partial p}{\partial x}\frac{dx}{2}\right)dydz+f_x\rho dxdydz=0$$

整理得

$$f_x-\frac{1}{\rho}\frac{\partial p}{\partial x}=0 \tag{2-3a}$$

同理可得

$$f_y-\frac{1}{\rho}\frac{\partial p}{\partial y}=0 \tag{2-3b}$$

$$f_z-\frac{1}{\rho}\frac{\partial p}{\partial z}=0 \tag{2-3c}$$

写成矢量形式

$$\vec{f}-\frac{1}{\rho}\nabla p=0 \tag{2-4}$$

该方程称为流体平衡微分方程式。该方程是欧拉（Euler）于 1755 年首先推导出来的，所以又称为欧拉平衡微分方程。该方程的物理意义是：在静止流体中，作用在某单位质量流体的质量力与静压强的合力相平衡。在推导这个方程中，前提条件只有流体处于静止状态，而其他参数均未作任何限制，所以该方程适用范围是：处于平衡状态的一切不可压均质流体。该方程是流体静力学其他方程的基础，所以欧拉方程式在流体静力学中占有很重要的地位。

二、压力差公式

将式（2-3a）、式（2-3b）、式（2-3c）两边分别乘以 dx、dy、dz，然后左右分别相加，得

$$\rho(f_x dx+f_y dy+f_z dz)=\frac{\partial p}{\partial x}dx+\frac{\partial p}{\partial y}dy+\frac{\partial p}{\partial z}dz$$

上式等号右端是压强函数 $p=p(x, y, z)$ 的全微分式，即

$$dp=\frac{\partial p}{\partial x}dx+\frac{\partial p}{\partial y}dy+\frac{\partial p}{\partial z}dz \tag{2-5}$$

则

$$dp=\rho(f_x dx+f_y dy+f_z dz) \tag{2-6}$$

式（2-6）称为压力差公式。它表示在密度为 ρ 的流体中，空间点沿单位质量力的方

向变化分别为 dx、dy、dz 时，流体的压强变化量 dp 的值为 $\rho(f_x dx + f_y dy + f dz)$。

三、等压面

在平衡流体中，压强相等的各点所组成的面称等压面。因为在等压面上 p 为常数，即

$$dp = 0 \tag{2-7}$$

由式（2-6）可得

$$f_x dx + f_y dy + f_z dz = 0 \tag{2-8}$$

方程的左端表示的是矢量 $\vec{f}$ 与矢量 $d\vec{s}$（其分量为 dx、dy、dz）两个矢量的点积。因为两个矢量的数量积等于零，则必须 $\vec{f}$ 和 $d\vec{s}$ 互相垂直，其夹角等于 90°。可见，在平衡流体中，通过每一质点的等压面必与该点所受的质量力相垂直，这是等压面非常重要的性质。

由等压面的这一特性，可以根据作用在流体质点上的质量力的方向来确定等压面的形状。例如，对于只受重力作用的静止流体，因为质量力也就是重力的方向，总是铅直向下的，所以其等压面必是水平面。

第三节　重力作用下的流体平衡

在实际工程中，经常遇到作用在流体上的质量力只有重力的情况。本节就来分析质量力只有重力作用时的静止流体中压强分布规律特点——流体静力学基本方程式。

一、流体静力学基本方程式

当作用在流体上的质量力只有重力时，建立如图 2-3 所示的坐标系，可得

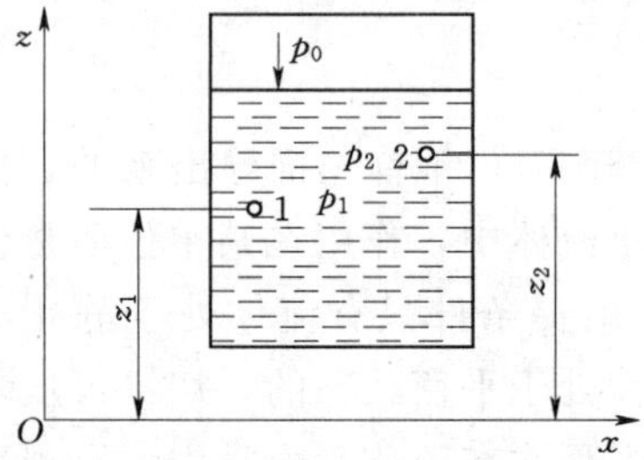

图 2-3　绝对静止液体

$$f_x = 0,\ f_y = 0,\ f_z = -g$$

代入式（2-6）可得

$$dp = -\rho g dz$$

对均质不可压缩流体密度为常数，作不定积分得

$$z + \frac{p}{\rho g} = C \tag{2-9}$$

式中：C 为积分常数，由边界条件确定。

这就是流体静力学基本方程式。该方程适用条件是：不可压均质流体在重力作用下处于静止状态。若在静止液体中任取两点 1 和 2，如图 2-3 所示，如 1 点的坐标为 z_1，压强为 p_1，2 点的坐标为 z_2，压强为 p_2，则可把式（2-9）写成另一表达式，即

$$z_1 + \frac{p_1}{\rho g} = z_2 + \frac{p_2}{\rho g} \tag{2-10a}$$

图 2-3 中 1 点和 2 点是任意取的，如果在液体中取再任取 3、4、5、…、n，则可以得

$$z_1 + \frac{p_1}{\rho g} = z_2 + \frac{p_2}{\rho g} = z_3 + \frac{p_3}{\rho g} = \cdots = z_n + \frac{p_n}{\rho g} \tag{2-10b}$$

式（2-10）也是流体静力学基本方程的不同表示形式。为了进一步理解流体静力学

基本方程式，现在来讨论流体静力学基本方程的物理意义和几何意义。

1. 物理意义

方程的第一项 $z=\frac{mgz}{mg}$，表示单位重量流体具有的重力势能，称为位势能。位势能的大小是相对而言的，它与所取的基准面有关。

方程的第二项 $\frac{p}{\rho g}=\frac{pV}{\rho gV}=\frac{pV}{mg}=h_p$，表示单位重量流体具有的压力能，称为压强势能。

流体中，某点的位势能和压强势能之和称为总势能。可见，流体静力学基本方程的物理意义可以表述为：在重力作用下的连续不可压均质静止流体中，各点的单位重量流体的总势能（位势能＋压强势能）保持不变。如图 2－4 所示，a 点的能量由重力势能 z 和压力势能 h_p 两部分构成。

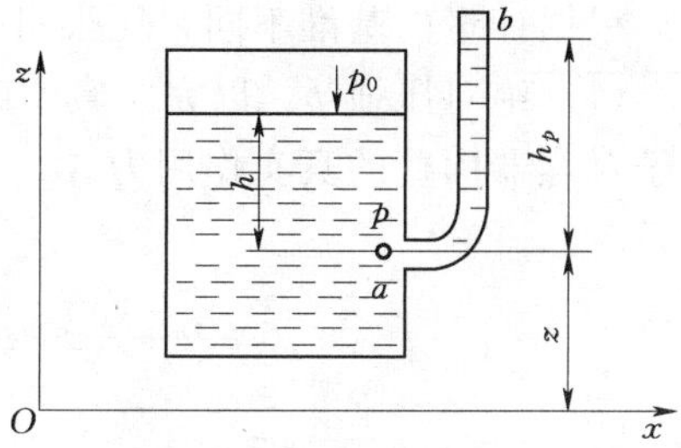

图 2－4　静力学方程物理意义

2. 几何意义

单位重量流体所具有的能量也可以用液柱高度来表示，称为水头。

方程的第一项 z 称为位置水头，表示某点所在位置到基准面的高度。

方程的第二项 $\frac{p}{\rho g}$ 称为压强水头，表示压强作用下在测压管中测得的高度，即压力能可以支持的液柱高度。

流体中，某点的位置水头与压强水头的和称静水头，也称测压管水头。可见，流体静力学基本方程的几何意义可以表述为：在重力作用下的连续均质不可压缩静止流体中，各点的静水头保持不变，即静水头线为水平线。

二、压强分布规律

如图 2－4 所示，自由液面上压强为 p_0，对某距离自由液面为 h 液面下点的 a 列静力学基本方程式

$$z+\frac{p}{\rho g}=(z+h)+\frac{p_0}{\rho g}$$

整理得

$$p=p_0+\rho gh \tag{2-11}$$

此方程是计算有自由液面的静止流体内部任意一点静压强的公式。它是流体静力学基本方程的又一表达式，在计算压强分布时更加方便和实用。

由式（2－11）可以看出：

（1）在绝对静止的液体中，静压强随深度 h 按直线规律变化。

（2）在绝对静止的液体中，处于同一深度的各点的静压强相等，即任一水平面都是等压面。

（3）在绝对静止的液体中，任意一点的静压强由两部分构成：一部分是自由液面上的压强 p_0；另一部分是该点到自由液面的液柱重力产生的压强 ρgh。

三、重力作用下的液体等压面

等压面在计算液体静压强时常常用到。在质量力仅有重力时的液体中，常见到的等压

面有以下 3 种：

（1）液体与气体的分界面。

（2）两种互不掺混的液体的分界面。

（3）同种液体能够互相连通位于同一高度处。

四、压强的计量

根据计量的基准不同，压强可分为绝对压强和计示压强。关系图见图 2－5。

（1）绝对压强 p。以完全真空时的绝对零压强为基准的压强计量值。绝对压强是流体分子对容器内壁的真实作用力。

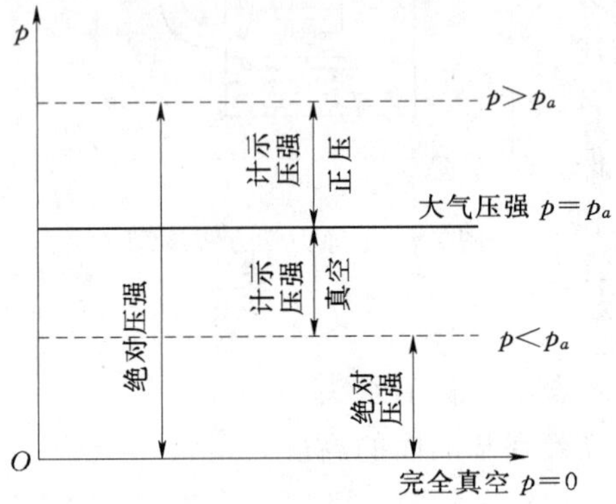

图 2－5　压强关系图

（2）计示压强。即指以当地大气压强为基准计量的压强值，又称相对压强，它是可以直接用压力表测量出来的压强，所以又称为表压。可见，计示压强是某点绝对压强与大气压强的差值。绝对压强与大气压强的值都一定为正值，如果绝对压强的值大于大气压强的绝对值，此时的计示压强称为正压，用 p_e 来表示

$$p_e = p - p_a \tag{2-12}$$

如果绝对压强的值小于大气压强的绝对值，此时的示压强称为真空或负压，用 p_v 来表示

$$p_v = p_a - p \tag{2-13}$$

可见，真空或负压的值也是正值。如以液柱高度表示，则

$$h_v = \frac{p_v}{\rho g} = \frac{p_a - p}{\rho g} \tag{2-14}$$

式中：h_v 称为真空高度。

在工程中，例如汽轮机凝汽器中的真空，常用当地大气压强的百分数来表示，即

$$B = \frac{p_v}{p_a} \times 100\% = \left(1 - \frac{p}{p_a}\right) \times 100\% \tag{2-15}$$

式中：B 通常称为真空度。

流体静压强的计量单位有许多种，为了便于换算，将常遇到的几种压强单位及其换算系数列于表 2－1 中。

表 2－1　压强的单位及其换算表

帕 (Pa)	工程大气压 (kgf/cm^2)	标准大气压 (atm)	巴 (bar)	米水柱 (mH_2O)	毫米汞柱 (mmHg)	磅力/英寸² (lbf/in^2)
1	0.102×10^{-4}	0.0987×10^{-4}	0.100×10^{-4}	1.02×10^{-4}	75.03×10^{-4}	1.45×10^{-4}
9.8×10^4	1	0.968	0.981	10	735.6	14.22
10.13×10^4	1.033	1	1.013	10.33	760	14.69
10.00×10^4	1.02	0.987	1	10.2	750.2	14.50
0.686×10^4	0.07	0.068	0.0686	0.703	51.71	1

第四节　液柱式测压计

测量流体压强的常用仪器有金属式、电测式和液柱式3种。金属式即金属压强表（工程上常称为金属压力表），它的原理是利用压强使金属元件变形，流体压强越大作用在金属元件上的作用力就越大，则其变形程度就越大，此变形程度就表示了流体的压强，由此得到流体的压强（计示压强）。电测式压强表（工程上常称为电测压力表）是通过传感器将压强转化为电阻、电流或电压等物理量，由这些量的大小来得知流体压强的值。液柱式测压计的测量原理则是以流体静力学基本方程为依据的，利用液柱高度或液柱高度差来测量流体的静压强或压强差。下面介绍几种常见的液柱式测压计。

一、单管测压管

单管测压管简称测压管，如图2-6所示，它是在测点直接开孔，通过测得的压出高度表示正压的大小。测压管是一种最简单的液柱式测压计。为了减少毛细现象所造成的误差，测压管的内径不能小于10mm。测量时，将测压管的下端与装有液体的容器连接，上端开口与大气相通。

图2-6（a）中A点压强（相对压强）

$$p_g=\rho gh$$

图2-6（b）中容器内压强（真空值）

$$p_v=\rho gh$$

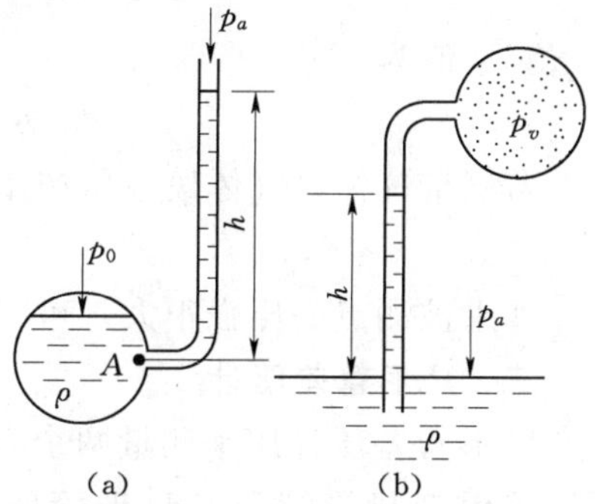

图2-6　单管测压管

测压管比较简单，因为一个大气压只能产生约10m高的水柱压强，显然不能用于测量高压，所以其量程较小。另外，测压管只能测量正压液体的压强，不能测量气体的正压压强。

二、U形管测压计

U形管测压计如图2-7和图2-8所示。测量较小的压强时，管内常用的工作介质是水或酒精；测量较大压强时，管内常用的工作介质是水银或其他密度较大的液体。应注意，所使用的工作介质与被测流体一定是不可相溶的流体。U形管测压计的测量范围比

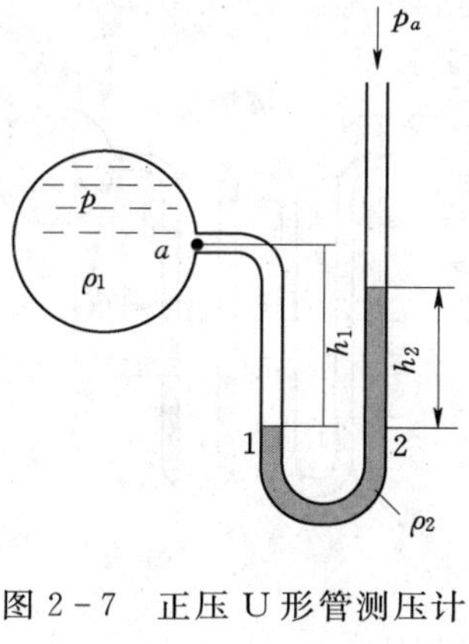

图2-7　正压U形管测压计

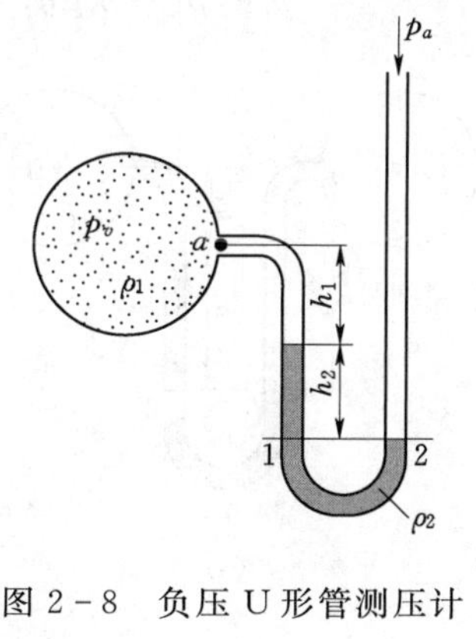

图2-8　负压U形管测压计

单管测压计要大，而且针对液体测点，其各种状态都可适用。

在图 2-7 中，设 a 点压强为 p，则 1 点的压强

$$p_{1x}=p_x+\rho_1 g h_1$$

2 点的相对压强

$$p_{2e}=\rho_2 g h_2$$

2 点的绝对压强

$$p_2=p_a+\rho_2 g h_2$$

由重力作用下等压面的特点可知，1—2 面为等压面，即 $p_1=p_2$，由此可得被测 a 点的绝对压强为

$$p=p_a+\rho_2 g h_2-\rho_1 g h_1$$

相对压强为

$$p_e=\rho_2 g h_2-\rho_1 g h_1$$

同样的方法可以求得图 2-8 中，被测 a 点的绝对压强为

$$p=p_a-\rho_2 g h_2-\rho_1 g h_1$$

真空值为

$$p_v=p_a-p=\rho_1 g h_1+\rho_2 g h_2$$

若测量气体，气体段柱所产生的压强可忽略，此时

$$p_v=p_a-p=\rho_2 g h_2$$

如果被测点的压强很大，可以采用双 U 管和三 U 管来测量。

三、U 形管差压计

U 形管差压计用来测量两个容器或同一容器不同位置两点的压强差。如果压差较大，可以采用双 U 形管和三 U 形管来增大量程。

在图 2-9（a）中，由等压面特性可得

$$p_A+\rho_1 g h_1-\rho_2 g h-\rho_1 g h_2=p_B$$

移项后得到 A、B 两点的压强差

$$p_A-p_B=\rho_2 g h+\rho_1 g h_2-\rho_1 g h_1$$

在图 2-9（b）中，B 容器中为气体。利用等压面的特性可解得容器 A 顶部的压强与容器 B 中的压强差为

$$p_e-p_B=\rho_3 g h_1+\rho_3 g h_3-\rho_2 g h_2-\rho_1 g(h+h_1)$$

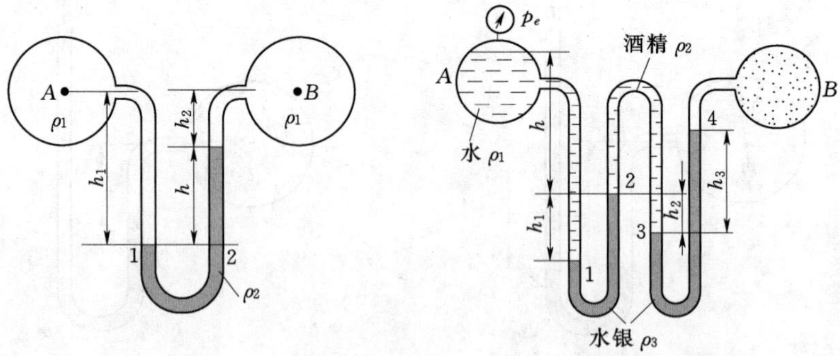

（a）　　（b）

图 2-9　U 形管差压计

四、微压计

当被测压强变化很小或者被测两处的压强差很小时，应用上述的差压计误差可能会比较大或者结果不明显。为提高测量精度，工程中常使用一种适合测量微小压强的微压计。微压计种类很多，但原理基本相同，现以如图 2-10 所示的倾斜管微压计来说明其工作原理。在一个直径为 D 的较大杯子内盛密度为 ρ 的液体，杯子上安装一个可以调整倾斜角度的细玻璃管，其直径为 d。

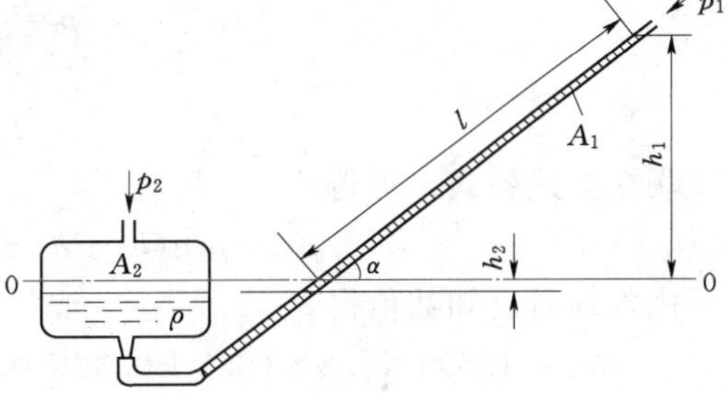

图 2-10　倾斜管微压计

在测压前，需要将微压计的两端通大气，此时杯中液面和倾斜管中液体的液面在同一高度 0—0 水平面上。当测量未知压强分别为 p_1 与 p_2 的气体压差时，将压强大 p_2 的连接杯端测压口，压强小的 p_1 连接倾斜玻璃管出口端，则测得的压强差为在被测气体的压力作用下，杯中液面下降 h_2，倾斜管中的液面上升了长度 l，其上升高度为 h_1。

根据杯中减少的体积等于倾斜管中上升的体积关系可得

$$h_2\frac{\pi}{4}D^2=l\frac{\pi}{4}d^2$$

所以

$$h_2=l\frac{d^2}{D^2}$$

根据静压强平衡方程有

$$p_2-p_1=\rho g(h_1+h_2)$$

而

$$h_1=l\sin\alpha$$

故

$$p_2-p_1=\rho g\left(l\sin\alpha+l\frac{d^2}{D^2}\right)=\rho gl\left(\sin\alpha+\frac{d^2}{D^2}\right) \tag{2-16}$$

令

$$\rho g\left(\sin\alpha+\frac{d^2}{D^2}\right)=K \tag{2-17}$$

$$p_2-p_1=Kl \tag{2-18}$$

对应确定的 D、d 和 ρg，K 仅是倾斜角 α 的函数，改变倾斜角可以得到不同的 K 值。一般设有 0.2、0.3、0.4、0.6、0.8 五个挡位，刻在微压计支架上，供液压时选用。

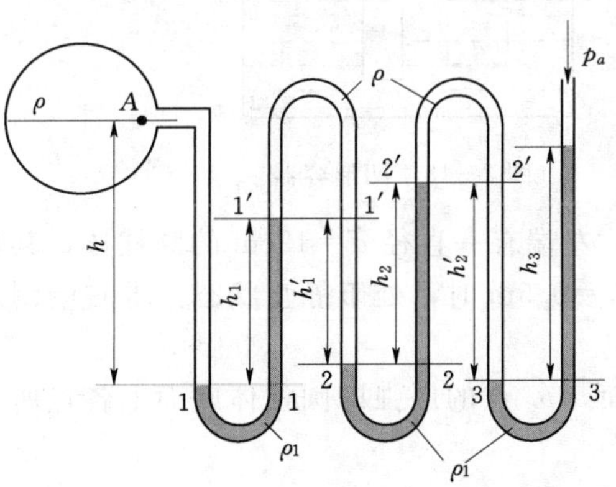

图 2-11　三 U 形测压管

【例 2-1】 求如图 2-11 所示的三 U 形测压管测量某容器 A 中水的相对压强。已知：$\rho=1000\text{kg/m}^3$，$\rho_1=13600\text{kg/m}^3$，$h=500\text{mm}$，$h_1=300\text{mm}$，$h'_1=280\text{mm}$，$h_2=320\text{mm}$，$h'_2=340\text{mm}$，$h_3=400\text{mm}$。

解： 同种液体能够互相连通位于同一高度处是等压面，如图中 1—1，1′—1′，2—2，2′—2′和 3—3 都是等压面。对图中各等压面依次应用式（2-11）可得：

$$p_{Ae}=p_1-\rho gh$$
$$p_1=p_1'+\rho_1 gh_1$$
$$p_1'=p_2-\rho gh_1'$$
$$p_2=p_2'+\rho_1 gh_2$$
$$p_2'=p_3-\rho gh_2'$$
$$p_3=\rho_1 gh_3$$

联立上述各式，可得

$$p_{Ae}=\rho_1 g(h_1+h_2+h_3)-\rho g(h+h_1'+h_2')$$

代入题目已知数值得：

$$p_{Ae}=13600\times9.8\times(0.3+0.32+0.4)-1000\times9.8\times(0.5+0.28+0.34)$$
$$=1.25\times10^5(\text{Pa})$$

【例 2-2】 如图 2-12 所示为倒装 U 形差压计，油的密度 $\rho=860\text{kg/m}^3$，$h_1=1.65\text{m}$，$h_2=1.52\text{m}$，$h_3=0.5\text{m}$，求被测容器中的压差 p_A-p_B 的值。

解：对图中液面分析可知，1—2 面为等压面，由重力作用下的流体平衡方程可得

$$p_1=p_3-\rho gh_2$$
$$p_3=p_A-\rho_{水} gh_1$$
$$p_2=p_4-\rho_{水} gh_2$$
$$p_4=p_B-\rho_{水} g(h_1-h_3)$$

联立上述各式，可得

$$p_A-p_B=\rho gh_2-\rho_{水} g(h_2-h_3)$$

代入题目已知数值得：

$$p_A-p_B=860\times9.8\times1.52-1000\times9.8\times(1.52-0.5)=2814(\text{Pa})$$

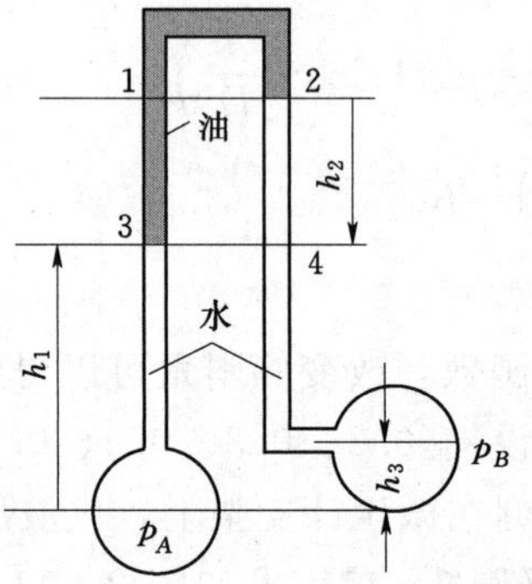

图 2-12　倒装 U 形差压计

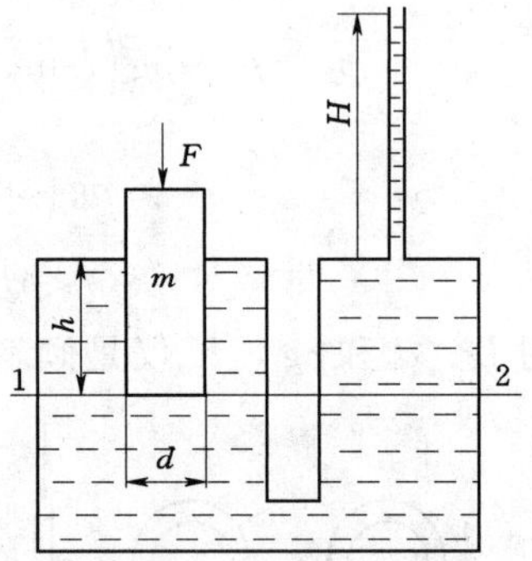

图 2-13　凹形容器

【例 2-3】 如图 2-13 所示的凹形容器中，左端有一直径 $d=12\text{cm}$ 的圆柱体，其质量 $m=5\text{kg}$，在力 $F=100\text{N}$ 的作用下，当淹深 $h=0.5\text{m}$ 时，处于静止状态，求右端测压管中水柱的高度 H。

解：对图中液面分析可知，1—2 面为等压面，p_1 点的压强即圆柱体底面上各点所受的压强为：

$$p_1=\frac{F+mg}{\pi d^2/4}=\frac{100+5\times9.806}{3.14\times0.12^2/4}=13184.3\ (\text{Pa})$$

由重力作用下的流体平衡方程可得 p_2 点的压强：

$$p_2=\rho g(H+h)$$

因为

$$p_1=p_2$$

可解得

$$H=\frac{p_1}{\rho g}-h=\frac{13184.3}{1000\times 9.806}-0.5=0.84(\mathrm{m})$$

第五节　平面上的静水总压力

流体的压强是单位面积上的压力，但是许多工程中常需要确定静止液体作用在其总表面上的总压力的大小、方向和位置。例如闸门、插板、水箱、油罐、压力容器的设备。由于静止在液体中不存在切向应力，所以全部力都垂直于淹没物体的表面。本节将介绍受压面是平面时的总压力，即平面上的静水总压力。

为不失一般性，假设静止液体中有一块任意形状的平面与水平成 θ 角，如图 2-14 所示，其面积为 A，液面压强上为 p_0。

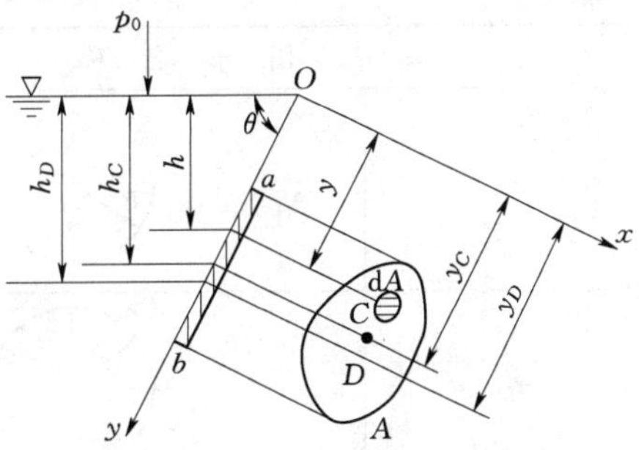

图 2-14　倾斜平面上液体的总压力

一、总压力的大小

在所研究平面上取一微元面积 $\mathrm{d}A$，其到自由液面的深度为 h，该面积元上的压强可以看成定值，其受力为

$$\mathrm{d}F=\rho gh\mathrm{d}A$$

积分上式可得平面上的总作用力：

$$F=\iint_A \mathrm{d}F=\rho g\sin\theta\iint_A y\,\mathrm{d}A=\rho g\sin\theta y_C A \qquad (2-19)$$

式中：$\iint_A y\,\mathrm{d}A=y_C A$ 是整个淹没平面面积 A 对 Ox 轴的面积矩。y_C 为受压平面 A 的形心 C 到 Ox 轴的距离，称为形心 y 坐标。

如果用 h_C 表示形心的垂直深度，称为形心淹深，那么 $h_C=y_C\sin\theta$，则

$$F=\rho g\sin\theta y_C A=\rho g h_C A \qquad (2-20)$$

这就是任意平面所受到的液体的总静压力。如果保持平面形心的淹深不变，改变平面的倾斜角度，则静止液体作用在该平面的总压力值不变。液体作用在平面上的总压力大小等于某一假想体积的液体重力，该假想体积是以平面面积为底，以平面形心的淹深为高的柱体。同时，由式（2-20）可见，当被压平面的大小及位置和形心淹深不变时，所受总压力的大小就不变，而与平面上液体量的多少无关，这种性质称为静水奇象。

二、总压力的作用点

淹没在静止液体的平面上总压力的作用点，即总压力作用线与平面的交点，称为压力中心。当平面力系具有合力时，合力对力系作用面内任一点的矩，等于各分力对同一点之矩的代数和。在图 2-14 中，作用在微元面积上的总压力 $\mathrm{d}F=\rho g y\sin\theta\mathrm{d}A$ 对 Ox 轴的力矩为

$$y\mathrm{d}F=\rho g\sin\theta y^2\mathrm{d}A$$

如果用 y_D 表示 Oy 轴上 O 点到压力中心的距离，则按合力矩定理有

$$y_D F = \rho g \sin\theta \iint_A y^2 \mathrm{d}A = \rho g \sin\theta I_x$$

式中：$I_x = \iint_A y^2 \mathrm{d}A$ 为平面面积 A 对 Ox 轴的惯性矩。

上式除以式（2－19），得

$$y_D = \frac{I_x}{y_C A} \tag{2-21}$$

由惯性矩的平行移轴定理得

$$I_x = I_{Cx} + y_C^2 A$$

式中：I_{Cx} 为平面绕通过自身形心且平行于 Ox 轴的坐标轴的惯性矩。

常用平面的形心位置和惯性矩计算公式见表 2－2。

表 2－2　　几种常见图形的形心和惯性矩

图形名称		y_C	I_C
半圆	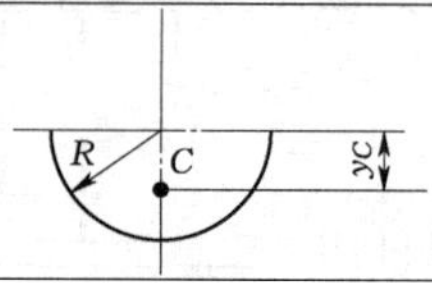	$\frac{4R}{3\pi}$	$\frac{(9x^2-64)\ R^4}{72\pi}$
圆	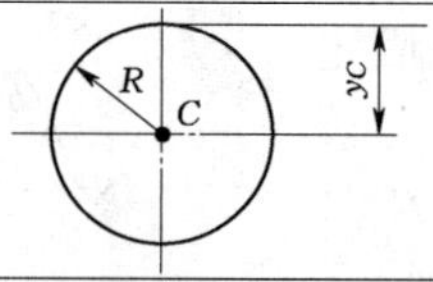	R	$\frac{\pi R^4}{4}$
圆环	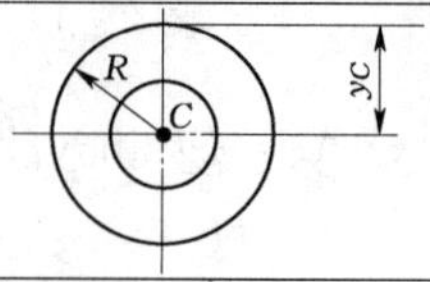	R	$\frac{\pi(R^4-r^4)}{4}$
矩形	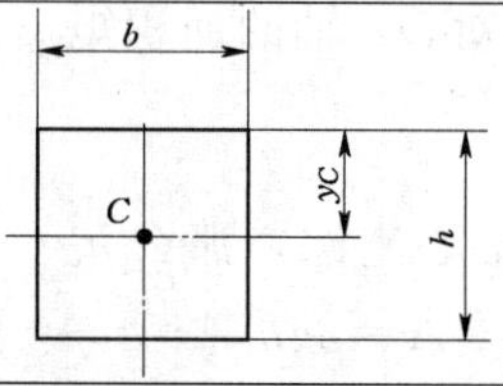	$\frac{h}{2}$	$\frac{bh^3}{12}$
等边梯形	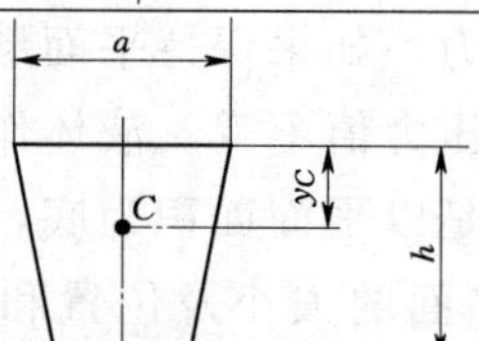	$\frac{h(a+2b)}{3(a+b)}$	$\frac{h^2(a^2+4ab+b^2)}{36(a+b)}$
三角形	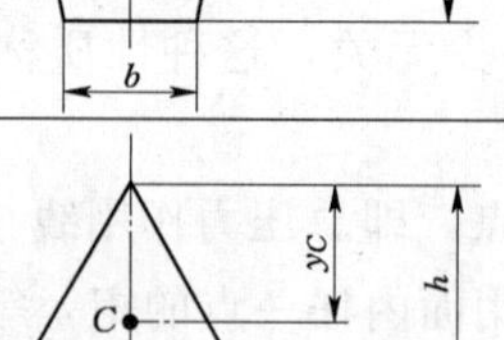	$\frac{2h}{3}$	$\frac{bh^3}{36}$

因此，式（2-21）可以写成

$$y_D=y_C+\frac{I_{Cx}}{y_CA} \tag{2-22}$$

由式（2-22）可见，压力作用点与形心间在 y 方向的距离为

$$e=y_D-y_C=\frac{I_{Cx}}{y_CA} \tag{2-23}$$

可见，压力作用中心一般位于平面的几何中心之下。但是两点之间的距离并不是一个常数，随着形心淹深 h_C 的增加，y_C 增加，所以这个距离会减小。即随着深度的增加，压力作用点越来越接近形心。

同样，可以求得压力中心的 x 坐标：

$$x_D=x_C+\frac{I_{Cy}}{y_CA} \tag{2-24}$$

【例 2-4】 如图 2-15 所示，一平板闸门倾角 α 为 45°，宽度 $b=1$m，左侧水深 $H_1=9$m，右侧水深 $H_2=5$m，求作用在闸门上的静水压力大小及作用位置。

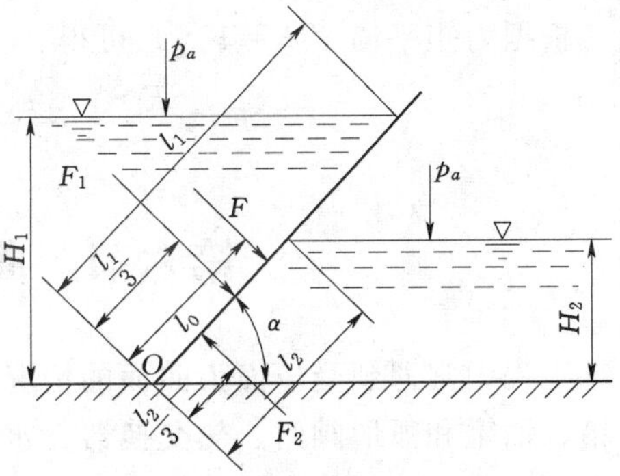

图 2-15　两面受静水压力的闸门

解： 作用在闸门上的作用力 F 等于左侧液体对闸门的作用力 F_1 与右侧液体对闸门的作用力 F_2 之差，即

$$F=F_1-F_2$$

因为：$h_{C1}=\dfrac{H_1}{2}$，$A_1=bl_1=b\dfrac{H_1}{\sin\alpha}$；$h_{C2}=\dfrac{H_2}{2}$，$A_2=bl_2=b\dfrac{H_2}{\sin\alpha}$

所以：$F=\rho gh_{C1}A_1-\rho gh_{C2}A_2=\dfrac{\rho gbH_2{}^2}{2\sin\alpha}-\dfrac{\rho gbH_2{}^2}{2\sin\alpha}$

$$F=\frac{9807\times1\times9^2}{2\sin45°}-\frac{9807\times1\times5^2}{2\sin45°}=561702-173364=388338(\text{N})$$

矩形平面压力中心为

$$y_D=y_C+\frac{I_{Cx}}{y_CA}=\frac{l}{2}+\frac{\frac{1}{12}bl^3}{\frac{l}{2}bl}=\frac{2}{3}l$$

由合力力矩等于各分力力矩之和，所以通过 O 点垂直于图面的轴取矩，得

$$Fl_0=F_1\frac{l_1}{3}-F_2\frac{l_2}{3}=F_1\frac{H_1}{3\sin\alpha}-F_2\frac{H_2}{3\sin\alpha}$$

$$l_0=\frac{F_1H_1-F_2H_2}{3F\sin\alpha}=\frac{561702\times9-173364}{3\times388338\times0.707}=5.927(\text{m})$$

【例 2-5】 如图 2-16 所示，AB 为竖直安装的排水阀，可绕 A 点旋转，闸门高 2m，宽 1m，闸门顶点 A 点距离自由液面的距离为 1m。求为了平衡闸门 AB，必须施加于 B 点的水平力 F_B 是多少？

解： 闸门的形心淹深

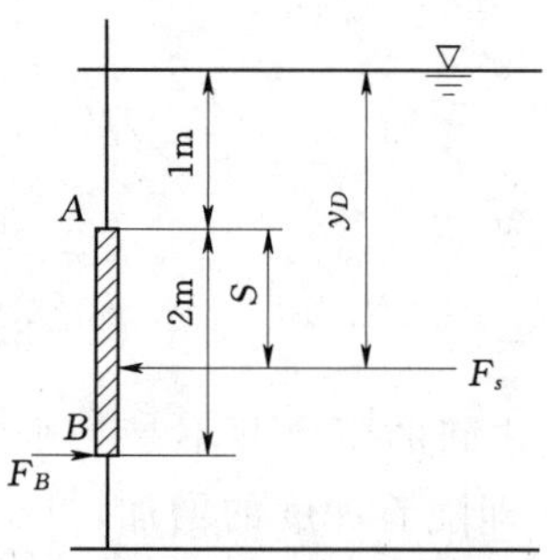

图 2-16 竖直安装的排水阀

$$h_C=1+2\times\frac{1}{2}=2(\text{m})$$

水闸右边所受的静水总压力为

$$F_s=\rho g h_C A=1000\times 9.81\times 2\times 2\times 1=39240(\text{N})$$

F_s 的作用点位置（距液面距离）为

$$y_D=y_C+\frac{I_{Cx}}{y_C A}$$

其中通过形心轴的惯性矩为 $I_{Cx}=bh^3/12$，所以

$$y_D=h_C+\frac{\frac{1}{12}bh^3}{h_C bh}=2+\frac{\frac{1}{12}\times 2^2}{2}=2.17(\text{m})$$

根据力矩平衡 $F_B h=F_s S$，可得

$$F_B=\frac{F_s S}{h}=\frac{39240\times(2.17-1)}{2}=22955(\text{N})$$

第六节 曲面上的流体总压力

工程中常遇到受压面为曲面的情况，如水池壁面、水塔柱面、电厂锅炉汽包、除氧器水箱、油罐和弧形阀门、热交换器、水壶壁面等。由于静止液体作用在曲面上各点的压强方向都垂直于曲面各点的切线方向，所以这就决定了曲面上所受到的流体压力是个空间复杂的力体系。但是工程中，一般的曲面都是规则图形，其中柱面形的是最多的，本节将以柱面上的压力为例来说明曲面上流体压力计算的方法。

如图 2-17 所示，一表面积为 A 的圆柱形开口容器中某一部分曲面 ab 上各点承受液体静止压强，在 ab 上取一窄条面积 $\mathrm{d}A$，设 $\mathrm{d}A$ 上所受的压力为 $\mathrm{d}F$，若 $\mathrm{d}A$ 距离自由液面的距离为 h，则

$$\mathrm{d}F=\rho g h \mathrm{d}A$$

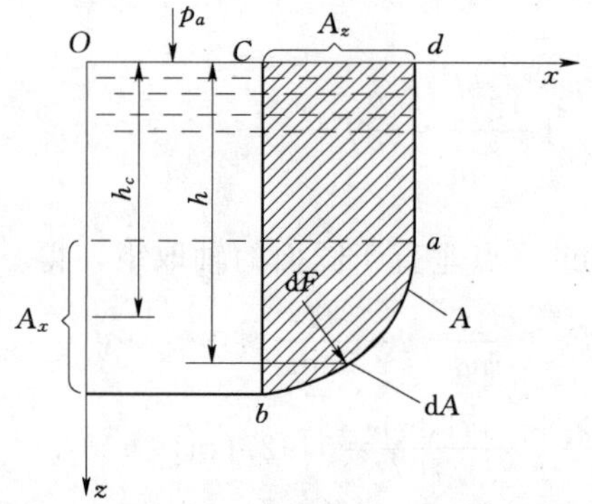

图 2-17 曲面受力分析图

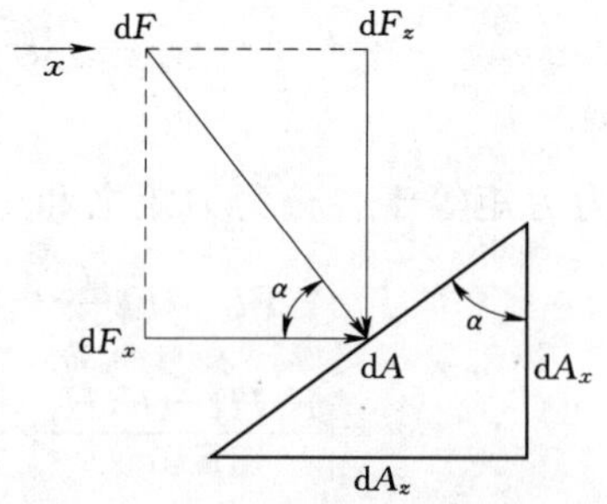

图 2-18 微元面积受力分析图

一、总压力的确定

将此微元所受力分解为水平方向受力和竖直方向受力，如图 2-18 所示。

水平方向微元受力 $dF_x=\rho gh\mathrm{d}A\cos\alpha$

竖直方向微元受力 $dF_z=\rho gh\mathrm{d}A\sin\alpha$

因此，水平方向分力

$$F_x=\rho g\iint_A h\,\mathrm{d}A\cos\alpha=\rho g\iint_A h\,\mathrm{d}A_x=\rho gh_C A_x \tag{2-25}$$

式中：$\iint_A h\,\mathrm{d}A_x=h_C A_x$，可见曲面上所受流体总压力的水平方向分力就等于曲面在水平方向即铅直投影面上投影面积 A_x 上的受力。

竖直方向分力

$$F_z=\rho g\iint_A h\,\mathrm{d}A\sin\alpha=\rho g\iint_A h\,\mathrm{d}A_z=\rho gV_p \tag{2-26}$$

式中：$\iint_A h\,\mathrm{d}A_z=V_p$，称为压力体，即曲面 ab 上液柱体积 $abcd$（图 2-17 中斜线部分的面积代表的空间），可见曲面上所受流体总压力的竖直方向分力等于压力体内液体的重量。

可得，曲面所受合力 $$F=\sqrt{F_x^2+F_z^2} \tag{2-27}$$

受力方向 $$\tan\theta=\frac{F_x}{F_z} \tag{2-28}$$

总压力的作用线通过 O 点 F_x 和 F_z 与作用线的交点。总压力作用线与曲面的交点就是总压力在曲面上的作用点，即压力中心。

二、关于压力体

压力体 V_p 是从积分式 $\int h\mathrm{d}A_z$ 得到的一个体积，它是个纯数学概念，与这个体积内是否充满液体无关。

图 2-19（a）中曲面上部有流体存在，曲面受到向下的静压力作用，所示压力体叫实压力体或正压力体。

图 2-19（b）中曲面上部无流体存在，曲面受到向上的静压力作用，所示压力体叫虚压力体或负压力体。

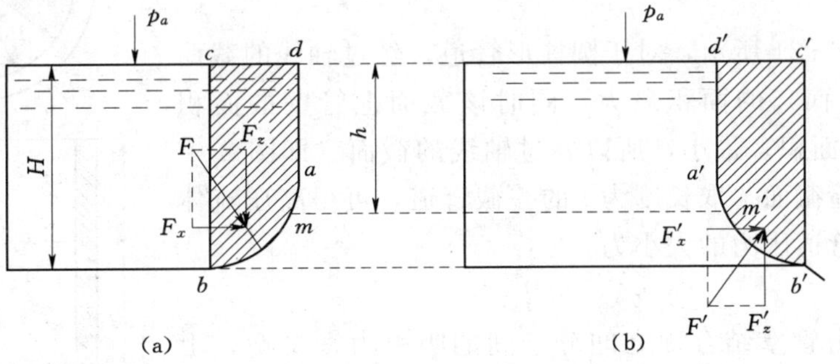

图 2-19 实压力体与虚压力体

三、阿基米德浮力原理

现在讨论两种特殊情况的曲面压力问题：物体全部浸入水（液体）中和物体漂浮于水

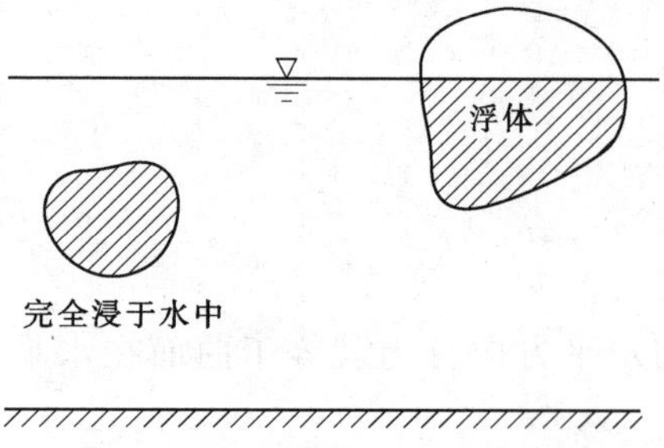

图 2-20　物体全部浸没和漂浮状态

（液体）面之上，如图 2-20 所示。

先研究水平分力 $F_x=\rho g h_c A_x$，需要确定求出铅直投影面积 A_x。当物体全部浸入水中时，受压曲面是物体表面的封闭曲面，没有受压曲面的边界线，铅直投影面积为零。当物体漂浮于液面上时，受压曲面虽不封闭，但受压曲面边界线在同一水平面上，所以，铅直投影面积也为零。因此，这两种情况下水平分压力均为零。

再研究竖直分力力 $F_z=\rho g V_p$，需要确定压力体。当物体全部浸入水中时，此时的压力体是物体表面（封闭曲面）所包围的体积。当物体漂浮于液面上时，此时的压力体，是两个面封闭的体积，它的底面是受压曲面，而物体与液面的交面为顶面，即物体浸入液体部分的体积。因此，这两种情况下的压力体均为物体浸入液体的体积，也就是物体排开液体的体积，且为负压力体。所以，$F_z=\rho g V_{排}$，就是物体排开液体的重量，这就是阿基米德浮力原理。

由此可见，作用于全部浸入液体中的物体和漂浮于液面之上的物体，液体对其作用力只有铅直向上的压力，即浮力。浮力作用点称浮心，即排开液体的重心。对于均质液体而言，浮心就是排开液体体积的形心。

在液体中的物体同时还会受到一个是竖直向下的重力 G，根据重力 G 与浮力 F_z 的大小，物体在液体中可能有下列三种情况：

（1）重力大于浮力，则物体下沉至底，称为沉体。

（2）重力等于浮力，则物体可在任一水深处维持平衡，称为潜体。

（3）重力小于浮力，则物体浮出液体表面，直至液面下部分所排开的液体重力等于物体重量为止，称为浮体。

【例 2-6】 如图 2-21 所示，管道中流有压力为 p_0 的高压流体，为了适应流量的需要现设计出管道的内径应为 D，若选用许用拉应力为 $[\sigma]$ 的管道，试求管道能够正常工作的壁厚条件。

解： 如图 2-21 所示，对于圆柱形管道，经过轴线的截面（即剖面 A—A 面）的面积最大，同时该截面上管壁的面积（俯视图中阴影面积）最小，所以经过轴线的截面（即图 2 中俯视图）是危险截面。取长度为 l 的一截管道，可得高压流体对所取截面的管道压力的大小为

$$P=pA=pDl$$

这一压力需要由管壁结合面之间分子间的吸引力来平衡，由图可知所取管壁结合面（俯视图中阴影面）的面积：

$$A_e=2el$$

所以两接合面间的吸引力

$$T=2el[\sigma]$$

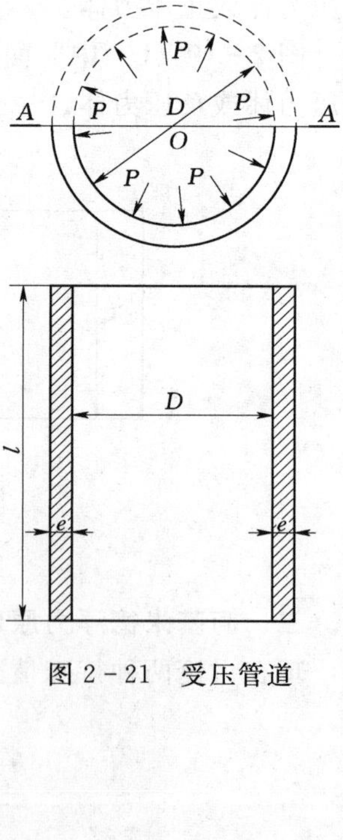

图 2-21　受压管道

为了使管壁不发生胀裂必须要求管道的承压能力大于实际载荷大小，即

$$P \leqslant T$$

将上两式带入可得：

$$pD \leqslant 2e[\sigma]$$

即，管道正常工作的壁厚条件

$$e \geqslant \frac{pD}{2[\sigma]}$$

【例 2-7】 如图 2-22 所示，水平放置的圆柱体左侧是水，且水面与圆柱体最高部分平齐，而右侧与斜面之间与大气相通。求水施加到单位长度圆柱体上的水平分力和垂直分力。

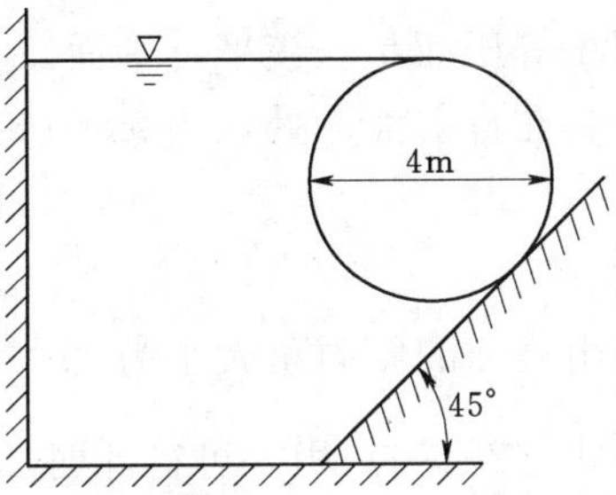

图 2-22　例 2-7 示意图

解： 圆柱体表面所研究部分在铅直投影面上的投影面积为

$$A_x = [4 - 2 \times (1 - \cos 45°)] \times 1 = 3.41(\text{m}^2)$$

压力体的体积为

$$V_p = \left[\frac{225°}{360°}\pi \times 2^2 + \frac{1}{2} \times (2\sin 45°)^2 + 2\sin 45° \times 2\right] \times 1 = 11.68(\text{m}^3)$$

因此，水平分力为

$$F_x = \rho g h_c A_x = 9.81 \times 1000 \times \left(\frac{1}{2} \times 3.41\right) \times 3.41 = 57.03(\text{kN})$$

垂直分力为

$$F_z = \rho g V_p = 9.81 \times 1000 \times 11.68 = 114.58(\text{kN})$$

第七节　液体的相对平衡理论

生活中经常遇到盛有液体的容器与容器一起做相对地球的运动，但是其中的液体与容器却没有相对运动，如把坐标系取在运动的容器上，则液体对此坐标系处于静止平衡状态。这种静止平衡状态的液体称为相对静止液体。本节将研究以下两种情况的相对平衡。

一、等加速直线运动容器中液体的相对平衡

如图 2-23 所示，装有某种液体的容器随小车向右以加速度 a 作等加速度直线运动。容器内的液体处于相对平衡状态，现把坐标系建在容器上的自由液面处，如图 2-23 所示。

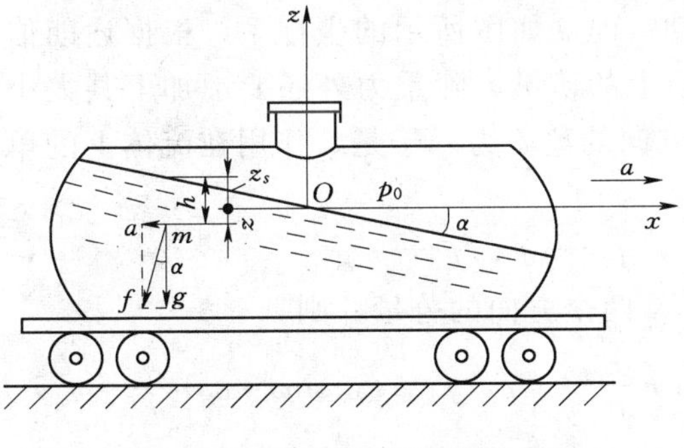

图 2-23　等加速直线运动的容器

根据达朗伯原理，质量为 m 的物体所受到的惯性力的大小为 ma，单位质量力就是 a，因此需要在流体上虚加一个与车的加速度方向相反且大小为 a 的加速度。可见，处于相对运动中的流体所受到的单位质量力为

$$f_y=0,\ f_z=-g,\ f_x=-a$$

将单位质量力带入压力差公式

$$\mathrm{d}p=\rho(f_x\mathrm{d}x+f_y\mathrm{d}y+f_z\mathrm{d}z)$$

得

$$\mathrm{d}p=\rho(-a\mathrm{d}x-g\mathrm{d}z) \tag{2-29}$$

令 $\mathrm{d}p=0$，得等压面微分方程为

$$a\mathrm{d}x+g\mathrm{d}z=0$$

积分上式得

$$ax+gz=C \tag{2-30}$$

可见等压面是一簇平行平面。

在自由液面处，当 $x=0$ 时，$z=0$，可得积分常数 $C=0$，故自由液面的方程为

$$ax+gz_s=0 \text{ 或 } z_s=-\frac{a}{g}x \tag{2-31}$$

自由液面的倾斜角大小为

$$\tan\alpha=\frac{a}{g} \tag{2-32}$$

将式（2-29）积分可得此时压强分布函数为

$$p=-\rho(ax+gz)+C \tag{2-33}$$

带入边界条件：$x=0$，$z=0$，$C=p_0$，得

$$p=p_0-\rho(ax+gz) \tag{2-34}$$

式（2-34）为等加速度直线运动容器中液体的压强分布规律，可见此时压强是 x 和 z 的函数。

将自由表面方程 $x=-\frac{g}{a}z_s$ 代入得

$$p=p_0+\rho g(z_s-z)=p_0+\rho gh$$

由此结果可知，等加速度直线运动容器中液体的压强分布规律在形式上与只受重力作用的静止流体的压强分布公式完全相同，即液体内任一点的静压强等于液面上的压强 p_0 加上液体的重度与该点淹深的乘积。从本质上说，某方向上压强的分布规律都是由这个方向上所受到的质量力的性质所决定的，因此处于等加速度直线运动容器中液体的等压面同样垂直于单位质量力的方向，即 a 与 g 的合力方向。

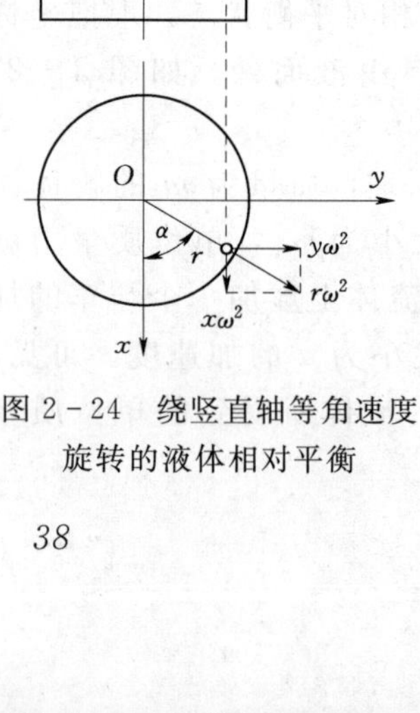

图 2-24　绕竖直轴等角速度旋转的液体相对平衡

二、等角速度旋转容器中的液体相对平衡

如图 2-24 所示，液体与其容器一起以角速度 ω 绕容器轴做等角速度旋转运动。建立如图所示的坐标系，根据达朗伯原理，作用在流体质点上的质量力除重力外还要虚加上其大小为 $mr\omega^2$、方向为离心方向的离心力。于是，作用在流体上的单位质量力为

$$f_r=r\omega^2,\ f_z=-g$$

将离心力分解成 x、y 两个方向的分量，则

$$f_x=r\omega^2\cos\alpha=\omega^2 r\frac{x}{r}=\omega^2 x,\ f_y=r\omega^2\sin\alpha=\omega^2 r\frac{y}{r}=\omega^2 y$$

将上述质量力 f_x、f_y、f_z 的表达式带入压力差公式得

$$dp=\rho(\omega^2 x dx+\omega^2 y dy-g dz) \tag{2-35}$$

令 $dp=0$，得等压面微分方程为

$$\omega^2 x dx+\omega^2 y dy-g dz=0$$

积分上式得

$$\omega^2\frac{x^2}{2}+\omega^2\frac{y^2}{2}-gz=C \text{ 或 } \omega^2\frac{r^2}{2}-gz=C \tag{2-36}$$

式（2-36）为等角速度旋转容器中的液体相对平衡的等压面方程。可见，等压面是一簇绕 z 轴的旋转抛物面。

在自由表面上，$r=0$，$z=0$，得 $c=0$，故自由液面的方程为

$$z_s=\frac{\omega^2 r^2}{2g} \tag{2-37}$$

将式（2-35）积分得

$$p=\rho\left(\omega^2\frac{x^2}{2}+\omega^2\frac{y^2}{2}-gz\right)+C \text{ 或 } p=\rho\left(\frac{\omega^2 r^2}{2}-gz\right)+C$$

利用边界条件确定积分常数。当 $r=0$，$z=0$，$p=p_0$，得 $c=p_0$，带入上式得

$$p=p_0+\rho g\left(\frac{\omega^2 r^2}{2g}-z\right) \tag{2-38}$$

式（2-38）为等角速度旋转容器中相对平衡的液体的压强分布公式。可见，在同一竖直坐标 z 处，流体静压强沿径向与半径的平方成正比。

将自由液面的方程 $z_s=\frac{\omega^2 r^2}{2g}$ 代入式（2-38）可得：

$$p=p_0+\rho g\ (z_s-z)$$

$$p=p_0+\rho g h$$

可见，与等加速度直线运动容器中液体的压强分布规律以及只受重力作用的静止流体的压强分布公式形式相同，等角速度旋转容器中相对平衡的液体中内任一点的静压强也等于液面上的压强 p_0 加上液体的重度与该点淹深的乘积。

现分析下面两种特殊情况的旋转问题：

（1）盛满液体的圆柱形容器，容器顶盖封闭中心开孔，见图 2-25。

中心开孔与大气直接相通，所以中心孔处的压强为外界大气压强 p_0，此时由边界条件 $r=0$，$z=0$ 时，$p=p_0$，可得此时的压强分布规律为

$$p=p_0+\rho g(z_s-z)$$

将坐标原点定在顶端中心孔处，$z=0$，此时可得顶盖上的相对压强分布为

$$p-p_0=\rho g z_s=\rho g\frac{\omega^2 R^2}{2g}$$

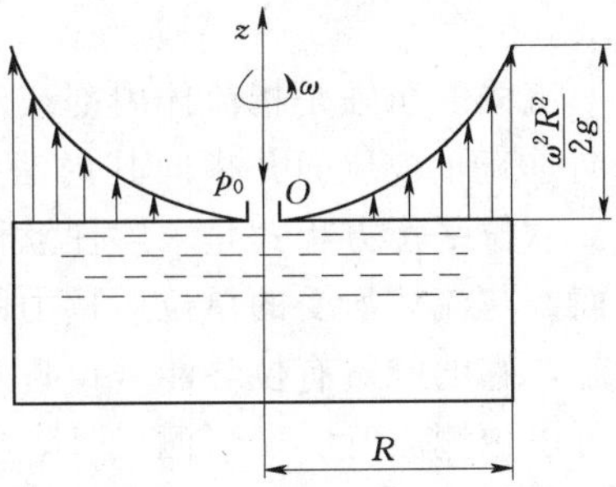

图 2-25 顶盖中心开孔

通过中心孔的等压面形状就代表了各点的压强分布。也就是说整个液面都处于正压状态，中间压强最小为零，边缘压强最大。那么整个顶盖受到的是向上的流体静压力作用。

(2) 盛满液体的圆柱形容器，顶盖中心封闭边缘开孔情况，见图 2-26。

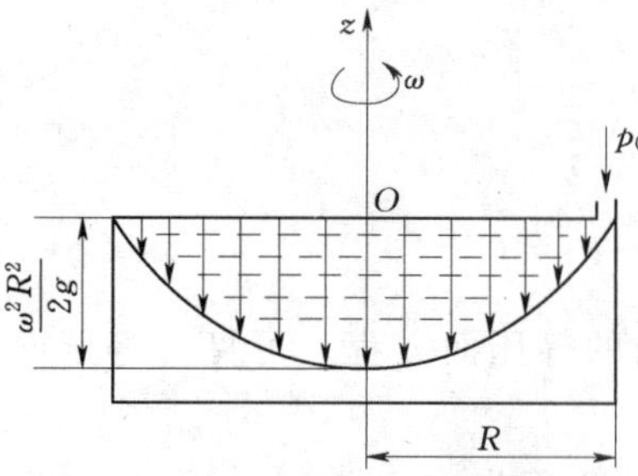

图 2-26 顶盖边缘开孔

边缘开孔与大气直接相通，所以边缘孔处的压强为外界大气压强 p_0，此时由边界条件 $r=R$，$z=0$ 时，$p=p_0$，可得此时的压强分布规律为

$$p=p_0-\rho g\left[\frac{\omega^2}{2g}(R^2-r^2)+z\right]$$

将坐标原点定在顶端中心孔处，$z=0$，此时可得顶盖上的负压分布为

$$p_0-p=\rho\frac{\omega^2}{2}(R^2-r^2)$$

也就是说整个液面都处于真空状态，中间压强最小，边缘压强最大，相对压强为零。整个顶盖受到的是向下的压力。

【例 2-8】 有一半径为 20cm 的圆桶容器，盛满水，中心开孔，边缘密封，如图 2-25 所示。当容器以 300r/min 的转速旋转时，求作用于盖板螺栓上的拉力。

解： 在顶盖半径为 r 处，取一圆环，面积为 $dA=2\pi r dr$，该处的压强值为该点对应产生的压强：

$$p=\rho g z_s=\rho g\frac{\omega^2 r^2}{2g}$$

整个圆盘所受压力为：

$$F=\int p dA=\int_0^R\frac{\rho\omega^2 r^2}{2}2\pi r dr=\pi\rho\omega^2\int_0^R r^3 dr=\frac{\pi\rho\omega^2}{4}R^4$$

将已知条件代入

$$F=\frac{3.14\times1000\times\left(\frac{300\times2\times3.14}{60}\right)^2}{4}\times0.2^4=1238(\text{N})$$

此力即为螺栓上所受的拉力。

本 章 小 节

流体的压强是指流体内部或流体与固体边壁所存在的单位面积上的法向作用力，它的方向垂直于被压面并指向其内法线方向，但对于空间点上的压强大小无论哪个方向都相同。欧拉平衡方程式是求解任意情况下压强分布规律的基础，但无论哪种情况下流体的等压面都与流体所受的单位质量力的方向垂直。重力作用下的流体平衡是最常见的液体平衡状态，它的能量有位势能（位置水头）和压强势能（压强水头）组成，此时的压强及压强差可以用测压管、U 形测压计、差压计、微压计等液柱式测压计和金属压力表等来测量，而测得的结果一般为计示压强。如果与流体接触的面为平面，可以用形心处的压强与被压面的面积的乘积来计算平面所受压力的大小，而压力中心与平面的惯性矩、面积大小、形状及位置有关。如果与流体接触的面为曲面，可以通过求解水平方向的分力和竖直方向的分力来求得，水平方向的分力就等于曲面在水平方向即铅直投影面上投影面积 A_x 上的受力，竖直方向分力等于压力体内液体的重量。

习　　题

2-1　试求水的自由液面下 10m 深处的绝对压强和计示压强。

2-2　用真空压力表测得某处的计示压强为 4000Pa，试求该处的海拔高度。已知该处空气密度 $\rho_a = 1.28\text{kg/m}^3$。

2-3　如图 2-27 所示，密闭容器中盛有相对密度为 1.25 的液体，如果管中水银升高 34cm，求在液面以下 53cm 深度处 A 点的计示压强。

2-4　如图 2-28 所示，水柜 A 上安装有一多管式压力计，若 $H=4\text{m}$，$h_1=1.1\text{m}$，$h_2=0.9\text{m}$，$h_3=1.3\text{m}$，$h_4=1\text{m}$，水柜水面上为空气，试问安在水柜顶部的压力计 M 的读数为多少？

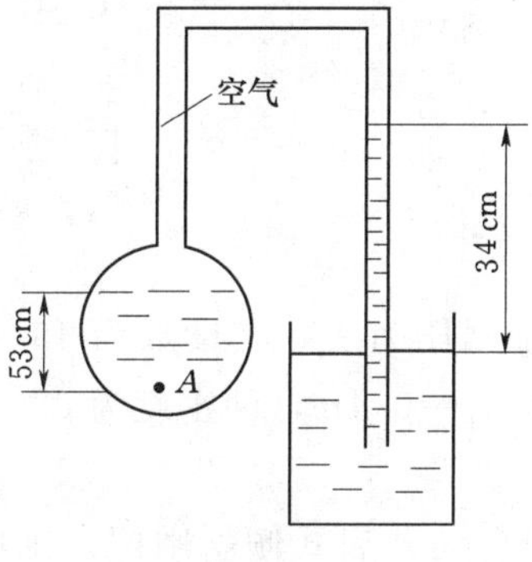

图 2-27

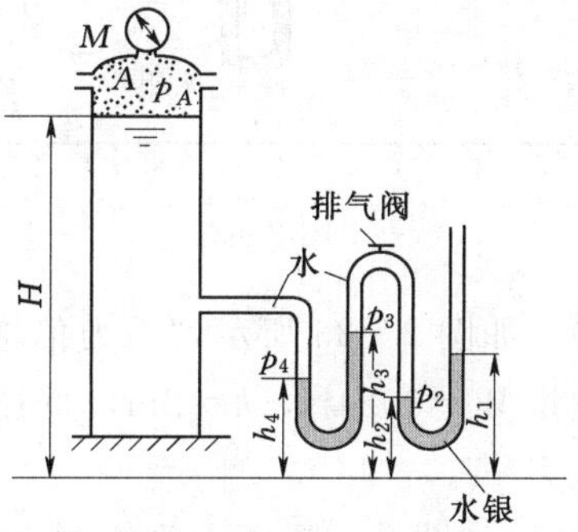

图 2-28

2-5　如图 2-29 所示，在一高架水管 A 引出测压口，分别接有 U 形管水银测压计 B 和 C。两测压计高度差 $H=18\text{m}$，$h_1=915\text{mm}$。求：h_2 的高度。

2-6　如图 2-30 所示为锅炉的烟囱。已知烟囱高 $H=30\text{m}$，烟气平均温度为 300℃，对应的烟气密度为 0.445kg/m^3，空气密度为 1.29kg/m^3。求此烟囱能产生的通风力（即用于克服流动阻力的压差）。

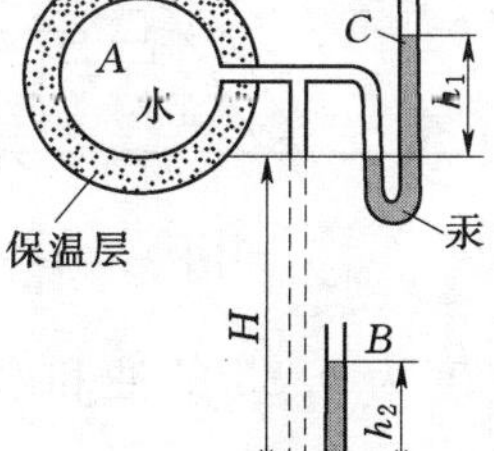

图 2-29

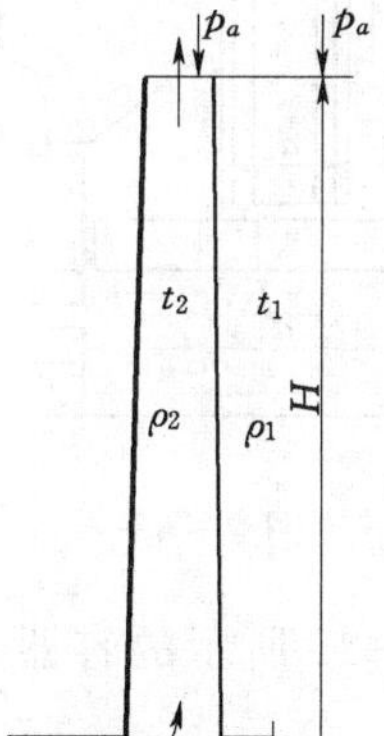

图 2-30

2-7　用U形管测压计测定管 A 和管 B 的压强差，如图2-31所示。如果管 A 中的压强是 2.744×10^5Pa，管 B 中的压强是 1.372×10^5Pa，试确定U形管测压计的读数 h 值。

2-8　如图2-32所示加热炉出钢口炉门开启机构，开启炉门时，由气缸上端导入压缩空气；关闭炉闭时，由气缸下端导入压缩空气，若压缩空气的压力为2个大气压，炉门重550N，配重为250N，求活塞面积应为多少，摩擦不计。

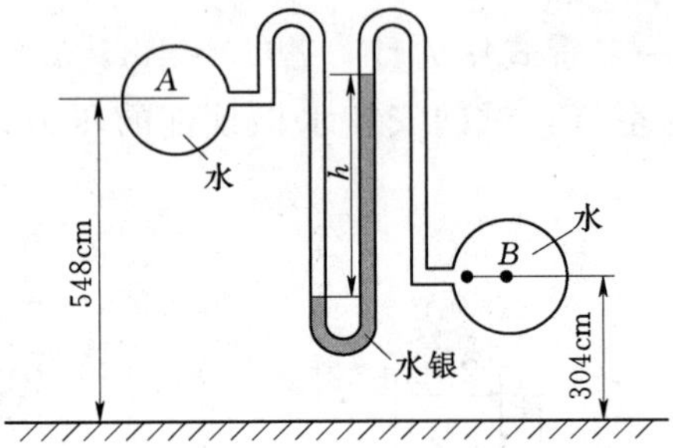

图2-31

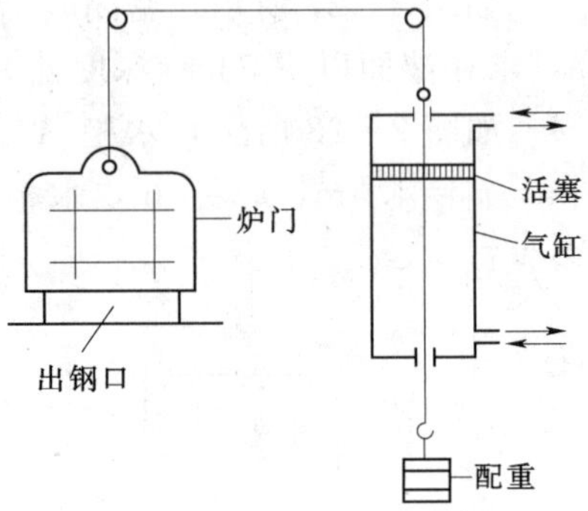

图2-32

2-9　如图2-33所示，液力倍增器下端连一金属压力表，其读数为 45.13×10^4Pa，若活塞重量 $W=3924$N，$h=2$m，直径比 $d_1/d_2=4$，$d_1=0.4$m，油密度为 0.9g/mm^3，试求输出压力 p_2。

2-10　如图2-34所示为绕固定铰链 O 旋转的自动开启式倾斜闸门，闸门和水平面的夹角为60°。当闸门一侧水位 $H=2$m，另一侧水位 $h=0.4$m时，闸门自动开启，试求铰链至闸门下端的距离 x。

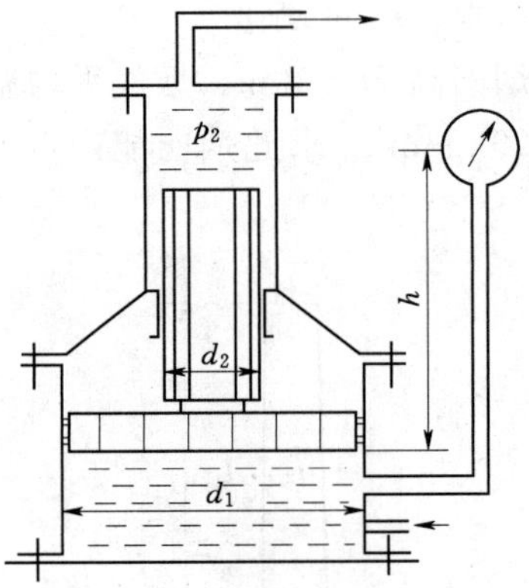

图2-33

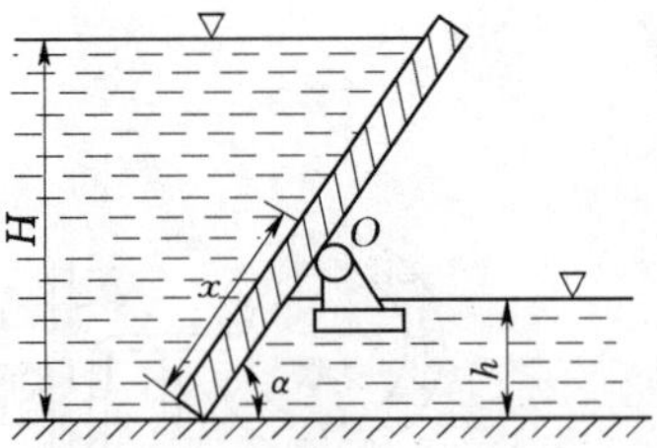

图2-34

2-11　如图2-35所示的容器，内装相对密度为0.83的油和水，宽为2m，计算侧面 BC 的总压力大小。

2-12　如图2-36所示，金属的矩形平板闸门，宽1m，由两根工字钢横梁支撑。闸门高 $h=3$m，容器中水面与闸门顶齐平，如要求两横梁所受的力相等，两工字钢的位置

y_1、y_2 应为多少？

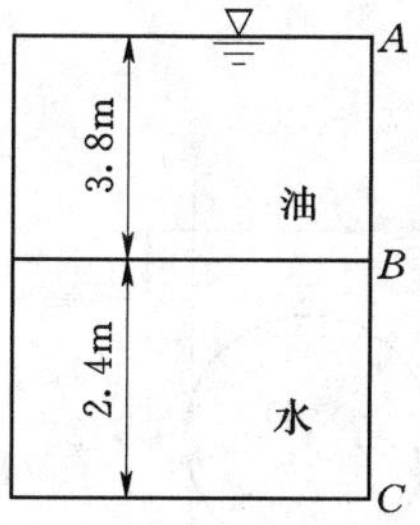

图 2-35

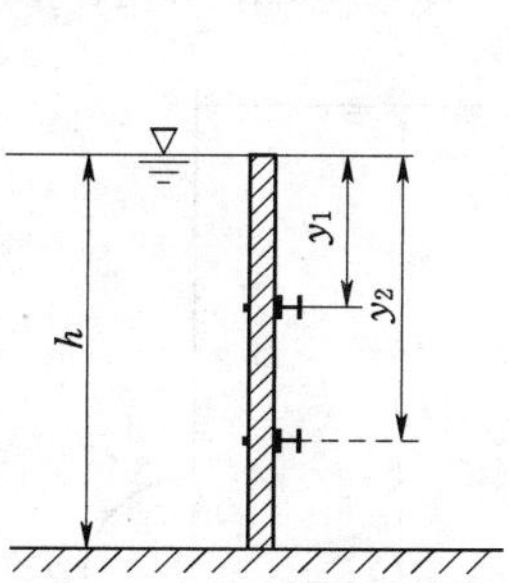

图 2-36

2-13 如图 2-37 所示，图中表示一用水泥建筑的水坝的侧面剖视图，坝长与图面垂直。设坝长为 30m，坝高为 4m，坝后水深 3m，建筑所用水泥材料每立方米重 2000kg。

(1) 如果坝的重量为水对坝水平作用力的 10 倍，求 x 的大小。

(2) 对经过 O 点的边线的倾覆转矩来说，坝是否稳固？

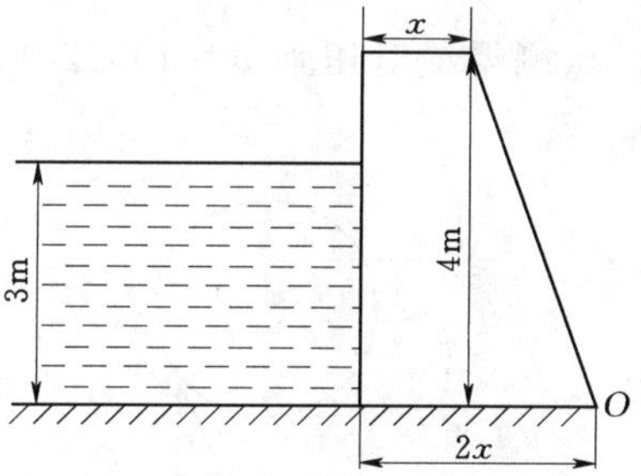

图 2-37

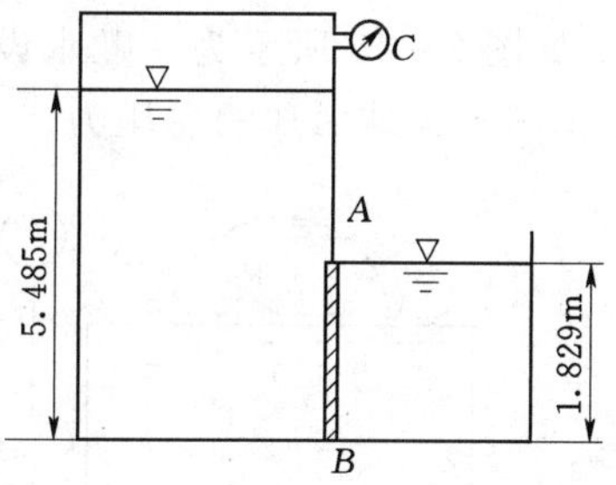

图 2-38

2-14 如图 2-38 所示，闸门 AB 宽为 1.829m，用铰链接合于 A 处。闸门左侧箱中是水，右侧箱中是相对密度为 0.75 的油。真空压强表 C 的读数是 1.49×10^4Pa。为了平衡闸门 AB，必须施加于 B 点的水平力是多少？

2-15 如图 2-39 所示，有一圆柱扇形闸门，已知 $H=5$m，$\alpha=60°$，闸门宽 $B=10$m，求作用于曲面 ab 上的总压力。

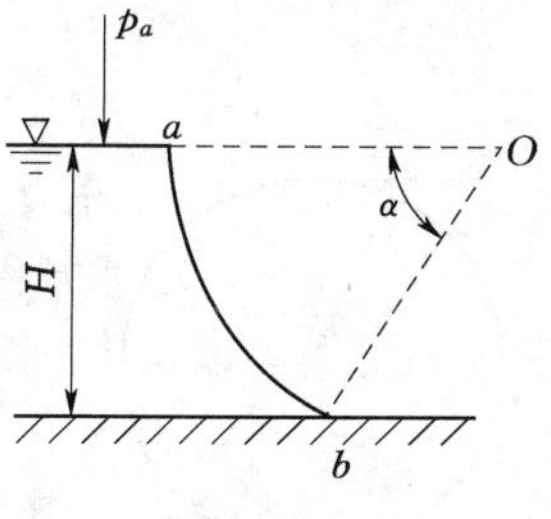

图 2-39

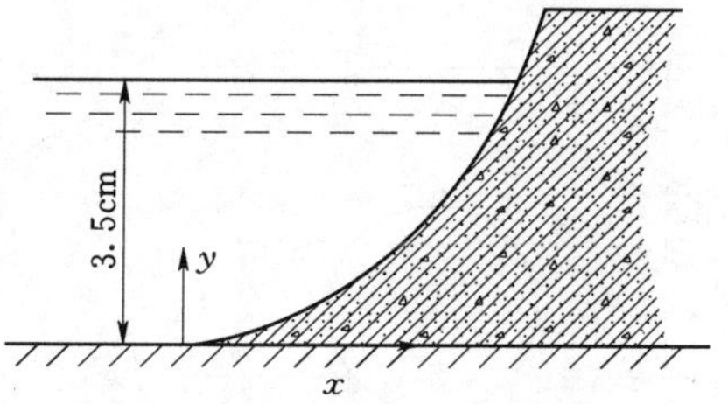

图 2-40

2-16 如图 2-40 所示，水坝坝面的曲线方程为 $y=x^3$，水深为 3.5m，求每单位长的坝面上所受水的总作用力大小。

2-17 如图 2-41 所示，曲面形状为 3/4 的圆柱面，其半径 $R=1.0$m，宽度 $b=$

1.5m，位于水面以下 $h=2.4$m 深处。试求：曲面 $abcd$ 所受的静水总压力。

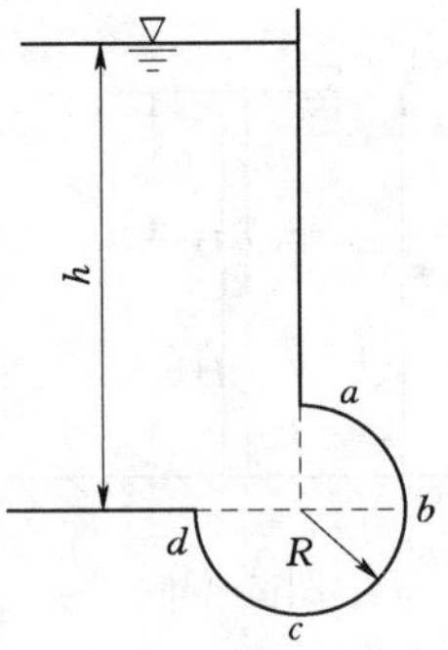

图 2-41

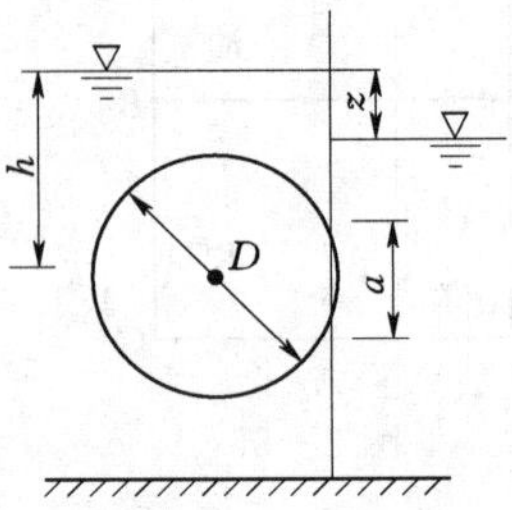

图 2-42

2-18　某竖直隔板上开有矩形孔口，如图 2-42 所示，高 $a=1.0$m、宽 $b=3$m。直径 $D=2$m 的圆柱筒将其堵塞。隔板两侧充水，$h=2$m，$z=0.6$m。求作用于该圆柱筒的静水总压力。

2-19　如图 2-43 所示为一贮水设备，在 C 点测得绝对压强 $p=196120$Pa，$h=2$m，$R=1$m，求作用于半球 AB 的总压力。

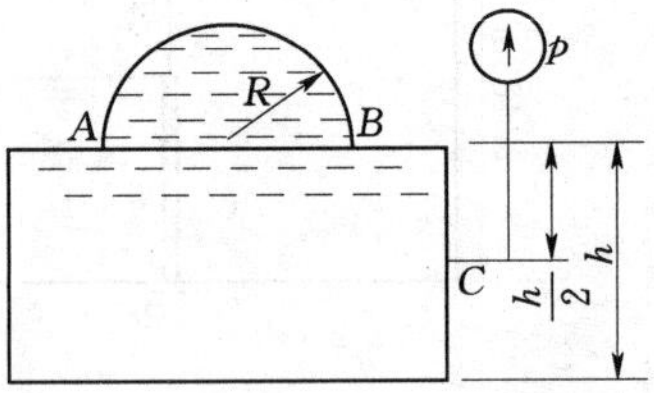

图 2-43

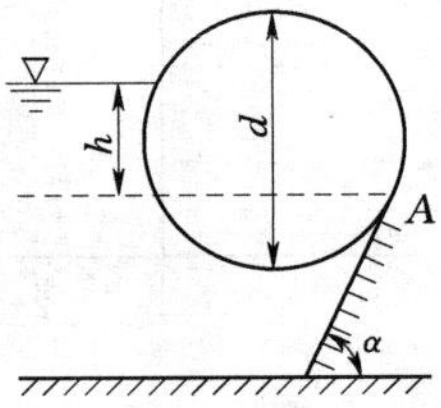

图 2-44

2-20　如图 2-44 所示为二维圆柱体，直径 $d=2$m，水平放置在 $\alpha=60°$的斜平壁上。左侧盛水，圆柱与斜面的接触点 A 的淹深 $h=1$m。试求此圆柱单位长柱面上所受总压力 F 的大小。

2-21　如图 2-45 所示，直径 $d=5$cm 的圆孔上放着直径为 8cm 的球，孔距离自由液面的距离 $H=20$cm。试求该球面受到的液体总压力 F。

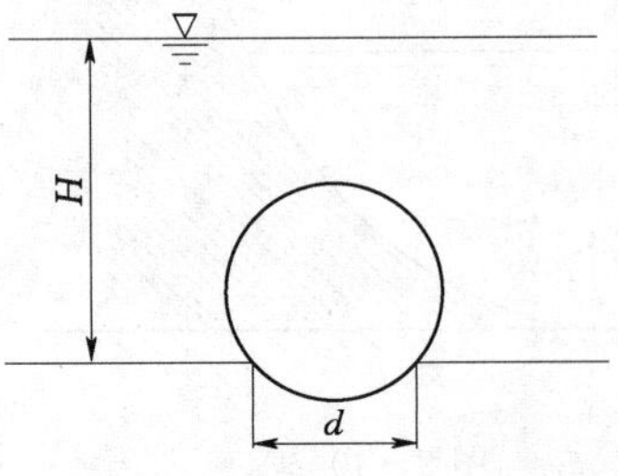

图 2-45

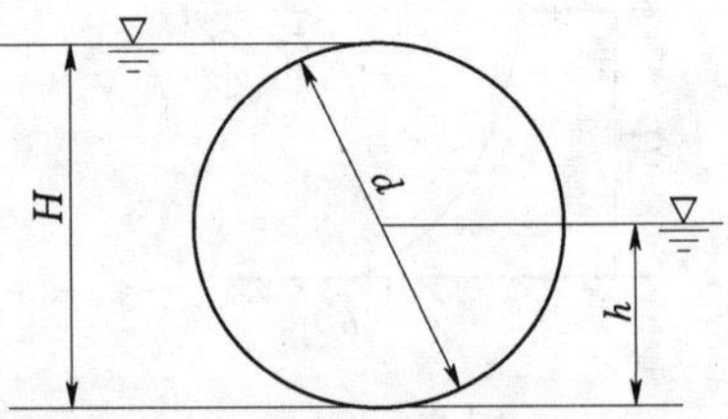

图 2-46

2-22　如图 2-46 所示，试确定下面四种情况下作用于单位长度圆柱形堤上的总压力及其与垂直方向的夹角。

（1）$H=d$，$h=0$；

（2）$H=d/2$，$h=0$；

（3）$H=d$，$h=d/2$；

（4）$H=d/2$，$h=d/2$。

2-23　为测定运动物体的加速度，可在物体上安装一如图 2-47 所示的 U 形管随物体一起运动。若在物体运动时测得两支管的液位差 $h=5\text{cm}$，若两支管间距 $l=30\text{cm}$，问此时物体运动的加速度 a 是多少？

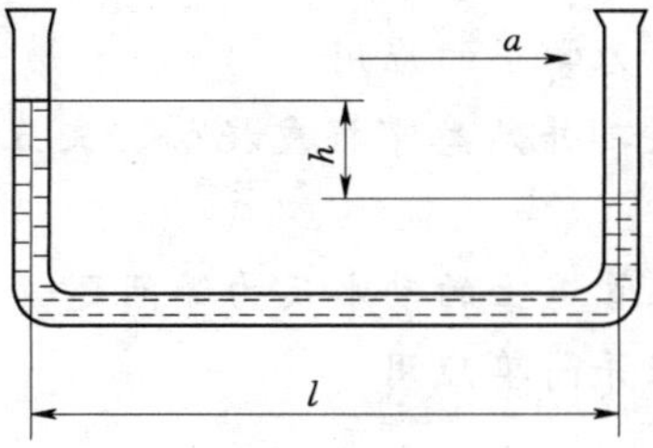

图 2-47

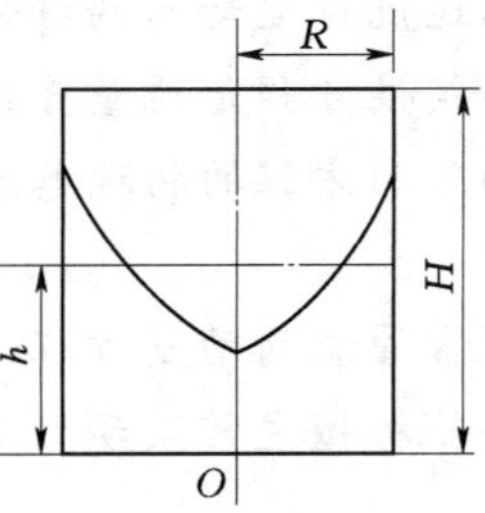

图 2-48

2-24　如图 2-48 所示，半径为 R 圆筒形容器的高度 H 很高，装水高度为 h，现以角速度 ω 绕垂直轴作等角速旋转，试求超过多少转数时可露出筒底。

2-25　如图 2-49 所示，已知 $H=1.8\text{m}$，$D=0.9\text{m}$，$h=1.35\text{m}$，求：

（1）刚好无溢出时的最大转速。

（2）转速 $\omega=61\text{rad/s}$ 时，底部中心和底部边缘处的压强。

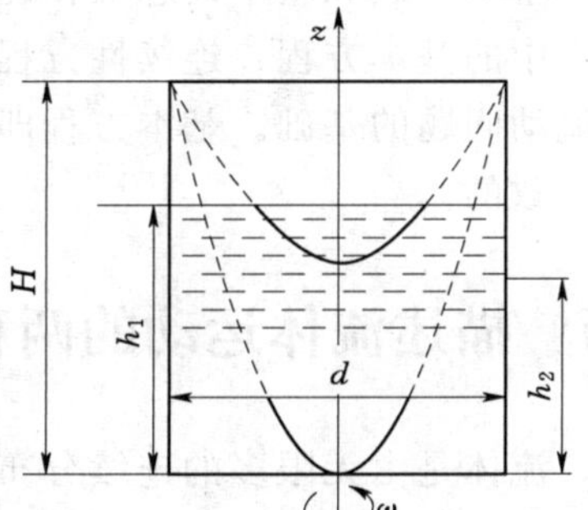

图 2-49

第三章　流体运动学和动力学基础

知识目标：

- 掌握描述流体运动的两种方法和基本概念
- 理解连续性方程是质量守恒定律在流体力学中的应用
- 掌握伯努利方程的物理意义和几何意义，并熟悉掌握皮托管、文丘里流量计的工作原理
- 掌握定常管流的动量方程，求解作用在管道上的动水反力等问题
- 理解涡轮机械定常流动动量矩基本方程并简单应用

能力目标：

- 掌握应用一维定常管流的连续性方程的计算
- 能熟练应用伯努利方程分析有关流动问题，并结合连续性方程，求解一维流动的流速和压强

流体运动学研究流体的运动规律，如速度、加速度等运动参数的变化规律。流体动力学研究流体在外力作用下的运动规律，即流体的运动参数与所受力之间的关系。本章首先介绍研究流体运动学和动力学的基本方法和基本概念，在此基础上，把古典力学的普遍原理应用于流体，建立流体动力学中的基本方程：连续性方程、动量方程、动量矩方程和能量方程，这些方程是分析流体流动问题的基础。基本方程即可用积分形式表示，也可用微分形式表示，两者在本质上是一致的。

第一节　描述流体运动的两种方法

根据流体的连续介质假设，流体是由无限多的连续分布的流体质点所组成，流体的运动一般都是在固体壁面所限制的空间内外进行的。例如，室内空气的流动、室外大气的绕流、管道中水和蒸汽或煤气的流动等，都是在建筑物的墙壁、管道的管壁等固体壁面所限制的空间内外进行的。因此，流体在流动过程中将连续地占据这些空间。我们把流体流动所占据的全部空间称为流场。流体力学的主要任务就是研究流场中流体的运动规律。

流体力学中，由于着眼点的不同，研究流体运动的方法有两种：拉格朗日法和欧拉法。

一、拉格朗日法

拉格朗日法是将整个流体的运动看做是多个单一流体质点运动的总和。其着眼于描述单个质点在运动时的位置、速度、压力及其他流动参量随时间的变化规律，然后把全部质点的运动情况综合起来，得到整个流体的运动。拉格朗日法实质上是利用质点系动力学来

研究连续介质的运动。通过建立流体质点的运动方程来描述所有流体质点的运动特性，如流体质点的运动轨迹、速度和加速度等。

由于拉格朗日法描述单个质点沿其轨迹的运动，而流体又是由无数质点组成的，这就需要设法标明所描述的是哪个质点的运动。例如，选取在某一初始时刻 t_0 各个质点的位置坐标 a、b、c 来作为它们的标记。不同的质点在 t_0 时必然占有各自不同的位置，因此，把 a、b、c 作为变数就能代表所有的流体质点。同时，每个流体质点在运动过程中的空间位置都是随时间 t 在不断变化。所以，在直角坐标系中流体质点的轨迹方程可表示为

$$\left.\begin{aligned} x&=x(a,b,c,t)\\ y&=y(a,b,c,t)\\ z&=z(a,b,c,t)\end{aligned}\right\} \tag{3-1}$$

当给定 a、b、c 时，此式代表给定的流体质点的运动轨迹；当给定 t 时，上式代表 t 时刻各流体质点所处的位置。将式（3-1）对时间求导，可得到某个流体质点的速度为

$$\left.\begin{aligned} v_x&=\frac{\mathrm{d}x}{\mathrm{d}t}=\frac{\partial x(a,b,c,t)}{\partial t}\\ v_y&=\frac{\mathrm{d}y}{\mathrm{d}t}=\frac{\partial y(a,b,c,t)}{\partial t}\\ v_z&=\frac{\mathrm{d}z}{\mathrm{d}t}=\frac{\partial z(a,b,c,t)}{\partial t}\end{aligned}\right\} \tag{3-2}$$

同理可得质点加速度为

$$\left.\begin{aligned} a_x&=\frac{\mathrm{d}^2x}{\mathrm{d}t^2}=\frac{\partial^2 x(a,b,c,t)}{\partial t^2}\\ a_y&=\frac{\mathrm{d}^2y}{\mathrm{d}t^2}=\frac{\partial^2 y(a,b,c,t)}{\partial t^2}\\ a_z&=\frac{\mathrm{d}^2z}{\mathrm{d}t^2}=\frac{\partial^2 z(a,b,c,t)}{\partial t^2}\end{aligned}\right\} \tag{3-3}$$

同样，流体质点的其他运动参数如密度、压强、温度等也可以类似地表示为 a、b、c 和 t 的函数。在流体动力学的计算和研究中，除个别问题外，实际上很少应用拉格朗日方法，原因是针对整个流体质点系，数学上求解困难极大。

二、欧拉法

欧拉法是以流体运动的空间作为研究对象，即着眼于整个流场的状态。研究某一时刻位于各不同空间点上流体质点的速度、压力、密度及其他流动参量的分布，然后把各个不同时刻的流体运动情况综合起来，从而得到整个流体的运动。实质上，欧拉法是研究表征流场内流体流动特征的各物理量的场——向量场和标量场，如速度场、压力场和密度场等。可以这么理解，与拉格朗日法着眼于个别流体质点运动的研究（即“跟踪”流体质点）不同，欧拉法着眼于流场中每一空间位置（即空间点上“站岗”）。

一般情况下，同一时刻不同空间点上流动参量是不同的，因此，流动参量是空间点的坐标（x，y，z）的函数，而在不同时刻同一空间点上流动参量也是不同的，因而，流动参量也是时间 t 的函数。如

$$\left.\begin{aligned} v_x&=v_x(x,y,z,t)\\ v_y&=v_y(x,y,z,t)\\ v_z&=v_z(x,y,z,t)\end{aligned}\right\}\tag{3-4}$$

$$p=p(x,y,z,t)\tag{3-5}$$

$$\rho=\rho(x,y,z,t)\tag{3-6}$$

$$T=T(x,y,z,t)\tag{3-7}$$

那么，流体质点的加速度在欧拉方法中如何表示呢？式（3-4）是欧拉法的三个速度分量的表达式，分别对时间求导数，便可得到三个加速度分量的表达式。但是，应该注意到，这些速度是坐标和时间的函数，而且运动质点的坐标也是随时间变化的，即坐标变量 x、y、z 本身也是 t 的函数，因此，必须按照复合函数的求导法则去推求加速度。加速度的 x 方向分量为

$$a_x=\frac{\mathrm{d}v_x}{\mathrm{d}t}=\frac{\partial v_x}{\partial t}+\frac{\partial v_x}{\partial x}\frac{\mathrm{d}x}{\mathrm{d}t}+\frac{\partial v_x}{\partial y}\frac{\mathrm{d}y}{\mathrm{d}t}+\frac{\partial v_x}{\partial z}\frac{\mathrm{d}z}{\mathrm{d}t}$$

又由于运动质点的坐标对时间的导数等于该质点的速度分量，故有

$$\left.\begin{aligned} a_x&=\frac{\partial v_x}{\partial t}+v_x\frac{\partial v_x}{\partial x}+v_y\frac{\partial v_x}{\partial y}+v_z\frac{\partial v_x}{\partial z}\\ a_y&=\frac{\partial v_y}{\partial t}+v_x\frac{\partial v_y}{\partial x}+v_y\frac{\partial v_y}{\partial y}+v_z\frac{\partial v_y}{\partial z}\\ a_z&=\frac{\partial v_z}{\partial t}+v_x\frac{\partial v_z}{\partial x}+v_y\frac{\partial v_z}{\partial y}+v_z\frac{\partial v_z}{\partial z}\end{aligned}\right\}\tag{3-8}$$

如用加速度矢量$\vec{a}$和速度$\vec{v}$来表示，则有

$$\vec{a}=\frac{\partial\vec{v}}{\partial t}+(\vec{v}\cdot\nabla)\vec{v}$$

式中：$\nabla=\frac{\partial}{\partial x}\vec{i}+\frac{\partial}{\partial y}\vec{j}+\frac{\partial}{\partial z}\vec{k}$为矢量微分算子。

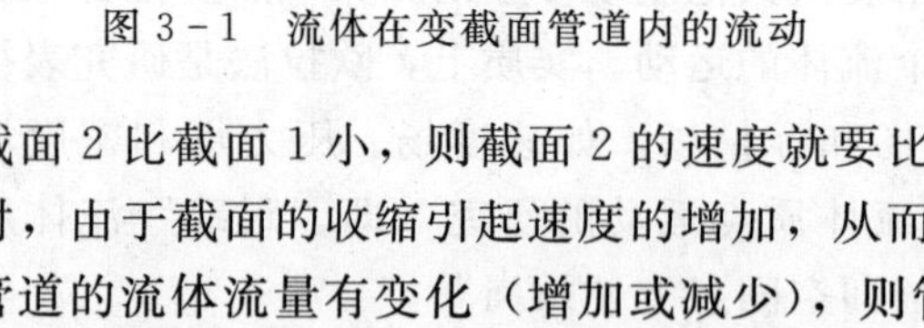

图 3-1　流体在变截面管道内的流动

由此可见，用欧拉法来描述流体的运动时，加速度由两部分组成：第一部分是$\frac{\partial\vec{v}}{\partial t}$项，它表示在一固定点上流体质点的速度变化率，称为当地加速度；第二部分是（$\vec{v}\cdot\nabla$）$\vec{v}$项，它表示流体质点所在空间位置的变化所引起的速度变化率，称为迁移加速度。如图 3-1 所示，不可压缩流体流过一个变截面管道，截面 2 比截面 1 小，则截面 2 的速度就要比截面 1 的速度大。当流体质点从 1 点流到 2 点时，由于截面的收缩引起速度的增加，从而产生了迁移加速度；如果在某一段时间内流进管道的流体流量有变化（增加或减少），则管中每一点上流体质点的速度将相应发生变化（增大或减少），从而产生了当地加速度。

同理，用欧拉法求流体质点其他物理量（如密度、温度、压强）的时间变化率的通式为

$$\frac{\mathrm{d}}{\mathrm{d}t}=\frac{\partial}{\partial t}+(\vec{v}\cdot\nabla) \tag{3-9}$$

式中：$\frac{\mathrm{d}}{\mathrm{d}t}$为全导数；$\frac{\partial}{\partial t}$为当地导数；$\vec{v}\cdot\nabla$为迁移导数。

例如，密度的随体导数为

$$\frac{\mathrm{d}\rho}{\mathrm{d}t}=\frac{\partial\rho}{\partial t}+v_x\frac{\partial\rho}{\partial x}+v_y\frac{\partial\rho}{\partial y}+v_z\frac{\partial\rho}{\partial z}$$

或

$$\frac{\mathrm{d}\rho}{\mathrm{d}t}=\frac{\partial\rho}{\partial t}+(\vec{v}\cdot\nabla)\rho$$

第二节　描述流体运动的几个基本概念

在上一节中了解了研究流体的两种方法，在此基础上将介绍流体运动的一些相关概念。

一、恒定流动和非恒定流动

当流场中的流体在流动时，若流体质点的流动参数不随时间 t 而变化，而只是位置坐标（x，y，z）的函数，这种流动被称为恒定流动或定常流动。图 3－2 所示为一贮液容器，在其侧壁开一小孔，液体从小孔向外泄出。如果设法使容器内的液面高度保持不变（如连续往容器内注入一定量的液体），那么所观察到的从孔口泄出的泄流轨迹也是不变的。这说明孔口处的流速以及泄流内部各空间点的流速不随时间变化，即为恒定流动。但在泄流内部不同位置的流体质点的流速却是不同的。

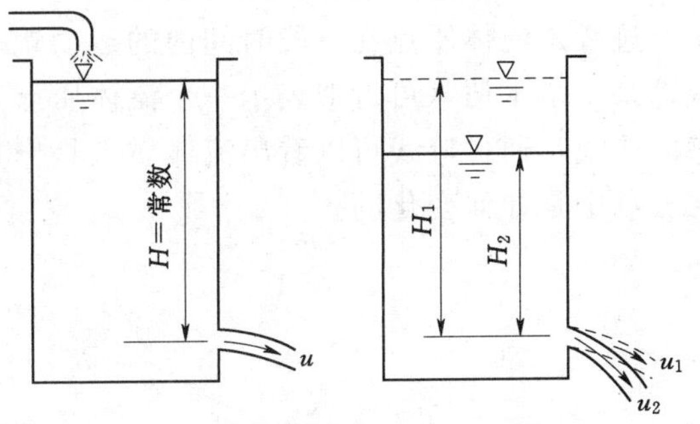

图 3－2　恒定流动和非恒定流动

如果不再往容器里添加液体，显然，随着液体从小孔向外泄流，容器内液面不断下降。这时可观察到，从小孔流出来的泄流轨迹从初始状态逐渐向下弯曲。这说明，泄流内部流速的大小和方向随时间而变化。这种流动参量随时间变化的流动称为非恒定流动或非定常流动。

非恒定流动是普遍的。但如果我们观察的时间比较长，其流动参量的变化平均值趋于稳定，或者流体的流动参量随时间的变化非常缓慢，且在较短的时间内研究这种流动时，都可以近似地认为它们是恒定流动或作为恒定流动来处理。这样做，方法比较简便，而且能满足工程上的实际需要。仍以孔口泄流为例，设容器的直径很大，出流小孔很小，则液面下降十分缓慢，泄流轨迹变化也很慢。在较短时间间隔内研究这种流动时，可近似地认为它是恒定流动。

二、一维、二维与三维流动

一般的流动都是在三维空间内的流动，流动参量是三个坐标的函数。例如在直角坐标系中，如果速度、压强等参量是 x、y、z 三个坐标的函数，在流体力学中便称这种流动为三维流动。如自然环境中风或水的流动等都属三维流场内的流动。依此类推，流动参量是两个坐标的函数的流动，称为二维流动；是一个坐标的函数的运动，称为一维流动。显然，坐标变量数目越少，问题越简单。因此，在流体力学的研究和实际工程技术中，在保证一定精确度的条件下，如有可能，往往根据具体问题的性质把其简化为二维甚至一维流动来求近似解。

例如图 3－3 表示一变截面圆管内的黏性流体的流动，液体质点的速度既是半径 r 的函数，又是沿轴线距离 x 的函数，即 $v_x=f(r,\ x)$。很明显这是二维流动问题，但在工程上常常将其简化为一维流动问题。简化的办法是，在每个截面上取速度的平均值；图 3－3 中 v_{xa} 便是截面平均值。于是 $v_x=f(x)$ 简化成了一维流动问题。

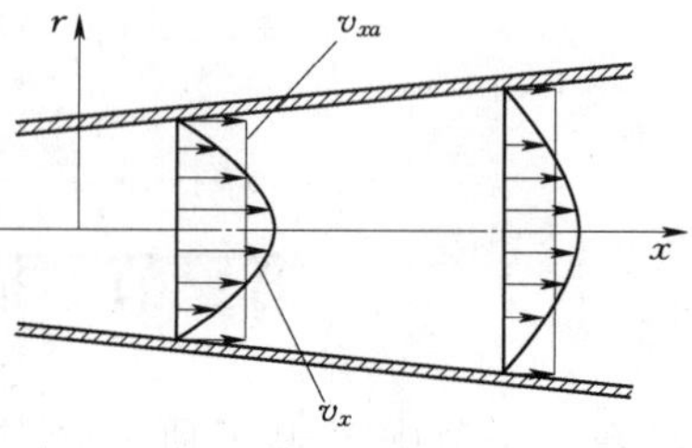

图 3－3　管内流动速度分布图

三、迹线与流线

为形象描述流体的运动状态，可以通过某一流体质点在一时间段内或者某一瞬时众多流体质点流动参量的关系曲线来表示。

迹线是流体质点在一段时间内的运动轨迹线，如在水流中撒入细微的碎木屑，然后去跟踪某一个木屑（可近似表示一个流体质点），便可看到就它的运动轨迹，也就是流体质点的迹线。通过迹线可以看出流体质点是作直线运动、还是作曲线运动的，它的运动途径在流场中是如何变化的。

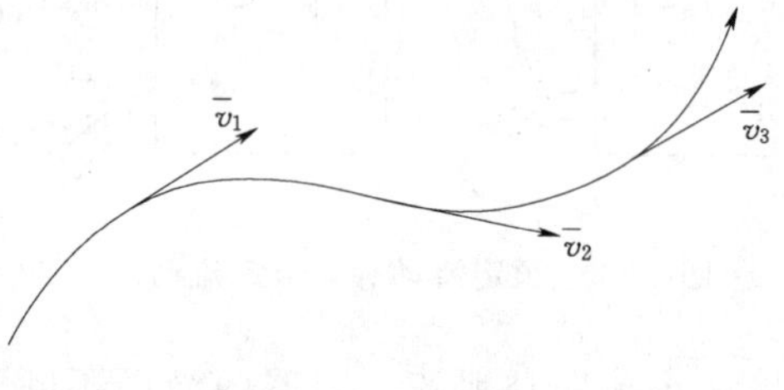

图 3－4　流线的定义

流线也能形象地描绘出流场内的流动状态。流线是流场中某一瞬时的空间曲线，该曲线上每一点的切线方向与位于同一点的流体质点速度方向一致，如图 3－4 所示。例如撒入水流中的许多碎木屑，可以认为流体的运动与木屑的运动一致，用快速照相机在极短的曝光时间内拍摄的水流中木屑连接成的曲线就是流线，它直接显示出流场内的流动形态。可见，流线是欧拉法对流动的描绘，迹线是拉格朗日法对流动的描绘。由于流体中大多数问题都采用欧拉法研究流体运动，因此本书侧重研究流线。

由于通过流场中的每一点都可以绘一条流线，所以，流线将布满整个流场。任意某点流速的方向就是流线在该点的切线方向。而流速的大小则可以由流线的疏密反映出来，流线密集的地方流速大，稀疏的地方流速小。

在恒定流动中，流线在空间的位置和形状都不随时间而变化。在非恒定流动中，流线在空间的位置和形状是随时间而变化的。所以在恒定流动时，流线和迹线相重合。在非恒定流动中，流线和迹线不重合。另外，流线之间不能相交（驻点除外），也不能是折线，因为流场内任一固定点在同一瞬时只能有一个速度向量。流线只能是一条光滑的曲线或直线。

现推导流线的微分方程式，设流线上某点 $M(x、y、z)$ 处的速度为$\vec{v}$，它在坐标轴上的投影为 v_x、v_y、v_z，通过 M 点处流线上的一微元线段为 $d\vec{s}$，其投影分别为 dx、dy、dz。根据流线的定义，M 点的速度$\vec{v}$必与 M 点的切线相重合，根据矢量分析，前者的三个轴向分量 v_x、v_y、v_z 必然与后者的三个轴向分量 dx、dy、dz 成比例，于是有

$$\frac{dx}{v_x}=\frac{dy}{v_y}=\frac{dz}{v_z} \tag{3-10}$$

式（3－10）就是直角坐标系下的流线微分方程式。

四、流管、流束和总流

在流场内作一个本身不是流线的封闭曲线，在这样的封闭曲线上各点的流线所构成的管状表面称之为流管，如图 3－5 所示，流管内部的流体称为流束。

因为流管是由流线构成的，所以它具有流线的一切特性。即流管上各点的流速方向都与流管的表面相切，流体质点不能穿过流管流进或流出。由此可见，流管内的流束就像在真实的管子内流动一样。在恒定流动的情况下，流管或流束的形状是不随时间而变化的。在非恒定流动中，将随时间改变其形状和位置。

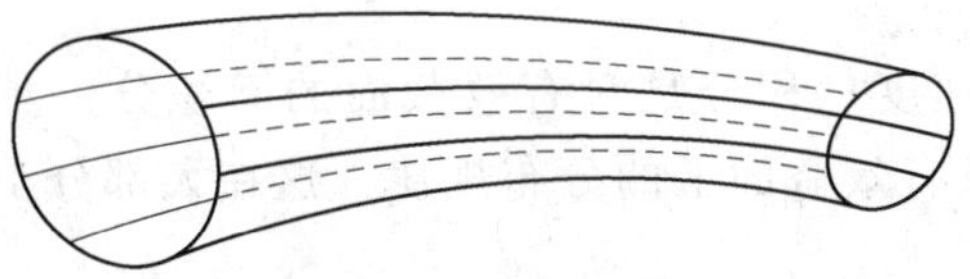

图 3－5　流管和流束

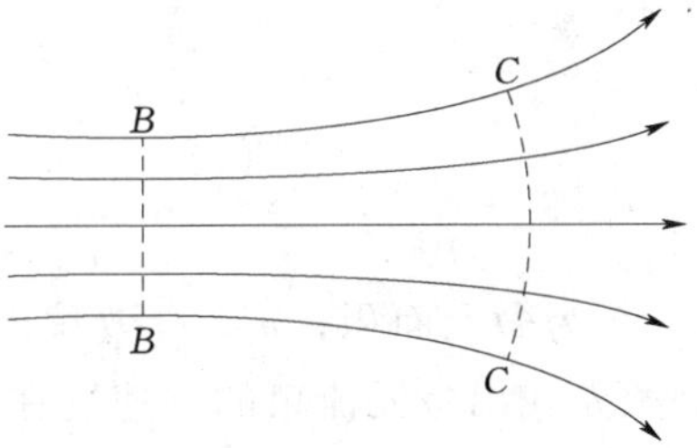

图 3－6　有效截面示意图

在流束中与各流线相垂直的横截面称为流束的有效截面（或过流截面）。流线互相平行时，有效截面为平面；流线不平行时，其有效截面为曲面，如图 3－6 所示。有效截面面积为无限小的流束或流管，称为微元流束或微元流管，也就是流线。对于微元流束，其有效截面上各点的速度可以认为是相同的。

无数微元流束的总和称为总流。在自然界和工程实际问题中，如流体在管道或渠道中的流动都可看作总流。根据总流的边界情况，可以把总流流动分为有压流、无压流、射流三类。有压流动中总流的全部边界受固体边界的约束，即流体充满流道，如压力水管中的流动。无压流动中总流边界的一部分受固体边界约束，另一部分与气体接触，形成自由液面，如明渠中的流动。射流中总流的全部边界均无固体边界约束，如喷嘴出口的流动。

五、均匀流与非均匀流、缓变流与急变流

对于不可压缩流体，当流线皆为平行直线时的流动称为均匀流；否则，称为非均匀流。均匀流同一流线上各质点的速度相等，因此，其迁移加速度为零。

实际工程中流体的流动大多数都不是均匀流，在非均匀流中，按流线沿流程变化的缓急程度又可分为缓变流和急变流。流束内流线间的夹角很小、流线曲率半径大的近乎平行直线的流动称为缓变流（又称渐变流），不符合上述条件的流动称为急变流。例如，流体在直管道中的流动为缓变流，不符合上述条件的流动为急变流，如图 3－7 所示。

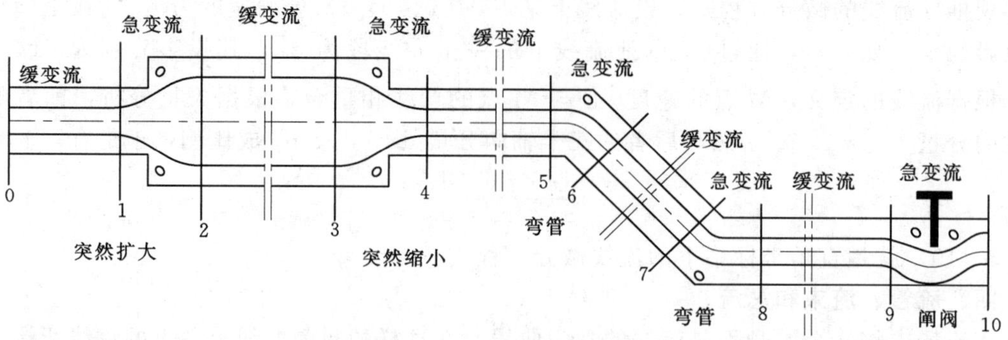

图 3-7　缓变流与急变流

六、流量与平均流速

单位时间内通过有效截面的流体量，称为流量。流体的数量可以用体积、质量来计量，因此流量又分为体积流量（m^3/s）、质量流量（kg/s），并分别用 q_V 和 q_m 来表示。则通过流管中有效截面的体积流量和质量流量分别为

$$q_V = \iint_A v \mathrm{d}A \tag{3-11}$$

$$q_m = \iint_A \rho v \mathrm{d}A \tag{3-12}$$

式中：$\mathrm{d}A$ 为微元面积；v 为有效截面各点的速度；积分是对有效截面的面积分。具体计算时必须先找出微元流束的 v 速度在整个流束有效截面上的分布规律，这在大部分工程问题中是不能用解析法来确定的。

在工程计算中为了方便起见，引入平均流速的概念，并用符号 V 来表示。平均流速指流经有效截面的体积流量除以有效截面积而得到的商，即

$$V = \frac{q_V}{A} \tag{3-13}$$

可见，平均流速是一个假想的流速，即假定在有效截面上各点都以相同的平均流速流过，这时通过该有效截面上的体积流量仍与各点以真实流速流动时所得到的体积流量相同。

七、系统与控制体

在分析流体运动时，可选定一定质量的流体作为研究的对象，这就是系统，即系统是包含确定不变的流体质点的集合。系统的边界则是分隔系统与外界的界面。在流动过程中，系统边界的形状和所围体积的大小，可以随时间变化。系统与外界无质量的交换，但可以有力的相互作用及能量（热和功）交换。

为了研究问题方便，在流场中，可选取某一固定不变的空间区域，该体积称为控制体。控制体是空间点的集合。控制体的边界面，称为控制面。它是封闭曲面，一经选定，相对一定的坐标系，其位置和形状不再变化。而占据控制体的流体质点随时间是在不断地更换的，即在控制面上可以进行质量交换。同时，在控制面上也可受到控制体以外流体或固体施加在控制体内流体上的力及能量交换。

以某一班同学在某教室来打个比方，假定每个同学看做一个流体质点，则这个班全体同学可看做一个系统，而教室则可看做控制体。

第三节　流体流动的连续性方程

我们认为流体是连续介质，它在流动时连续地充满整个流场。连续性方程是质量守恒定律在流体力学中的应用。

一、微分形式的连续方程

设在流场中任取一个微元平行六面体作为控制体，如图 3-8（a）所示，其边长分别为 dx、dy 和 dz。

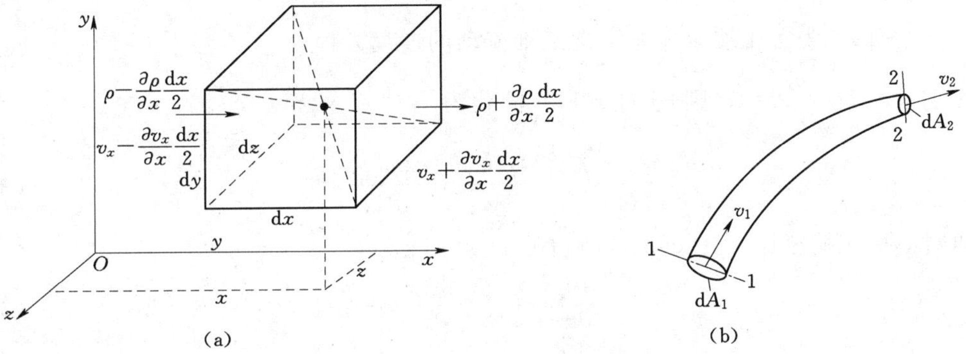

图 3-8　流体的连续流动
（a）流场中的微元平行六面体；（b）微元流束一维流动示意图

设该控制体形心的坐标为（x、y、z），经过形心的流体质点沿各坐标轴的速度分量为 v_x、v_y、v_z，密度为 ρ，且由于 v_x、v_y、v_z 和 ρ 都是坐标和时间的连续函数，可以把速度和密度根据泰勒级数展开式，略去高阶量。

先分析流体沿 x 轴方向的流动，在 dt 时间内，沿 x 轴方向流入控制体的流体质量为

$$\left(\rho-\frac{\partial\rho}{\partial x}\frac{dx}{2}\right)\left(v_x-\frac{\partial v_x}{\partial x}\frac{dx}{2}\right)dydzdt$$

沿 x 轴方向流出控制体体的流体质量为

$$\left(\rho+\frac{\partial\rho}{\partial x}\frac{dx}{2}\right)\left(v_x+\frac{\partial v_x}{\partial x}\frac{dx}{2}\right)dydzdt$$

则沿 x 轴方向净流出控制体的流体质量为流出质量与流入质量的差值：

$$\left(\rho\frac{\partial v_x}{\partial x}dx+v_x\frac{\partial\rho}{\partial x}dx\right)dydzdt=\frac{\partial(\rho v_x)}{\partial x}dxdydzdt$$

同理，在 dt 时间内，沿 y 轴方向、z 轴方向净流出质量为

$$\frac{\partial(\rho v_y)}{\partial y}dxdydzdt,\frac{\partial(\rho v_z)}{\partial z}dxdydzdt$$

可见，经过控制体流出的净流体质量为

$$\left[\frac{\partial}{\partial x}(\rho v_x)+\frac{\partial}{\partial y}(\rho v_y)+\frac{\partial}{\partial z}(\rho v_z)\right]\mathrm{d}x\mathrm{d}y\mathrm{d}z\mathrm{d}t$$

另一方面，微元控制体内由于密度变化，引起在时间流体质量的变化为

$$\left(\rho+\frac{\partial\rho}{\partial t}\mathrm{d}t\right)\mathrm{d}x\mathrm{d}y\mathrm{d}z-\rho\mathrm{d}x\mathrm{d}y\mathrm{d}z=\frac{\partial\rho}{\partial t}\mathrm{d}x\mathrm{d}y\mathrm{d}z\mathrm{d}t$$

流体为连续介质，根据质量守恒定律，$\mathrm{d}t$ 时间从控制体的总净流出质量等于同时间控制体内由于密度变化而减少的流入质量。即

$$\left[\frac{\partial}{\partial x}(\rho v_x)+\frac{\partial}{\partial y}(\rho v_y)+\frac{\partial}{\partial z}(\rho v_z)\right]\mathrm{d}x\mathrm{d}y\mathrm{d}z\mathrm{d}t=-\frac{\partial\rho}{\partial t}\mathrm{d}x\mathrm{d}y\mathrm{d}z\mathrm{d}t$$

化简得

$$\frac{\partial}{\partial x}(\rho v_x)+\frac{\partial}{\partial y}(\rho v_y)+\frac{\partial}{\partial z}(\rho v_z)+\frac{\partial\rho}{\partial t}=0 \tag{3-14}$$

式（3-14）为可压缩流体非定常三维流动的连续方程。

对定常流动，$\frac{\partial\rho}{\partial t}=0$，则式（3-14）简化为

$$\frac{\partial(\rho v_x)}{\partial x}+\frac{\partial(\rho v_y)}{\partial y}+\frac{\partial(\rho v_z)}{\partial z}=0 \tag{3-15}$$

而对不可压缩流体，$\rho=\mathrm{const}$，则有

$$\frac{\partial v_x}{\partial x}+\frac{\partial v_y}{\partial y}+\frac{\partial v_z}{\partial z}=0 \tag{3-16}$$

式（3-16）为不可压缩流体的三维连续性方程。它对于定常流动和非定常流动都适用。它常用来分析某不可压缩流体的流动是否连续，因为不满足连续性方程的流动是不存在的。

对不可压缩流体的二维流动，又可进一步简化为

$$\frac{\partial v_x}{\partial x}+\frac{\partial v_y}{\partial y}=0 \tag{3-17}$$

【例 3-1】 假设有一不可压缩流体三维流动，其速度分布规律为 $v_x=5(x+y^3)$，$v_y=3y+z^2$，$v_z=2x+4y+3z$。试分析该流动是否连续。

解： 根据式$\frac{\partial v_x}{\partial x}+\frac{\partial v_y}{\partial y}+\frac{\partial v_z}{\partial z}=0$来判断流动连续性

由于$\frac{\partial v_x}{\partial x}=5$，$\frac{\partial v_y}{\partial y}=3$，$\frac{\partial v_z}{\partial z}=3$，得

$$\frac{\partial v_x}{\partial x}+\frac{\partial v_y}{\partial y}+\frac{\partial v_z}{\partial z}=11\neq 0$$

故此流动不连续。

二、一维流动的连续方程

在工程及自然界中，经常遇到流体在某些周界所限定的空间内沿某一方向流动，即一维流动的问题，流动参数仅在一个方向上有显著的变化，在其他两个方向上的变化非常微小而忽略不计。

如图 3-8（b）所示，流体在管道中流动，任取一微元流束面积为 $\mathrm{d}A_1$ 和 $\mathrm{d}A_2$ 的两个

有效截面为研究对象，设 dA_1 的流速为 v_1，dA_2 的流速为 v_2，则 dt 时间内流入断面 1—1 的流体质量为 $\rho_1 dA_1 v_1 dt$，流出断面 2—2 的流体质量为 $\rho_2 dA_2 v_2 dt$，假定流体的运动是连续的、恒定的，又由流管的特性，流体质点不能穿过流管表面，因此根据质量守恒定律流入 1—1 断面的流体质量必等于流出 2—2 断面的流体质量。即

$$\rho_1 dA_1 v_1 dt = \rho_2 dA_2 v_2 dt$$

两端同除以 dt 得

$$\rho_1 dA_1 v_1 = \rho_2 dA_2 v_2$$

对总流有效截面 A_1、A_2 积分，则得总流连续性方程为

$$\iint_{A_1} \rho_1 v_1 dA_1 = \iint_{A_2} \rho_2 v_2 dA_2 = \iint_{A} \rho v dA = 常数 \tag{3-18}$$

式（3-18）为一维流动积分形式总流的连续性方程。设 V_1 和 V_2 是总流两个有效截面 1 和 2 上的平均流速，有效截面密度近似常量，则式（3-18）可写成

$$\rho_1 V_1 A_1 = \rho_2 V_2 A_2 = 常数 \tag{3-19}$$

对不可压缩流体由于 $\rho_1 = \rho_2$，则得：

$$V_1 A_1 = V_2 A_2 \tag{3-20}$$

式（3-20）表明，对不可压流体的一维定常流动，沿任意有效截面的体积流量不变。平均流速与有效截面面积成反比，即有效截面面积大的地方平均流速小，有效截面面积小的地方平均流速就大。

【例 3-2】 如图 3-9 所示，已知 0.6m 直径水管中的断面平均流速为 6m/s，求孔口断面和射流收缩断面上的平均流速。孔口直径 0.3m，射流收缩断面直径 0.24m。

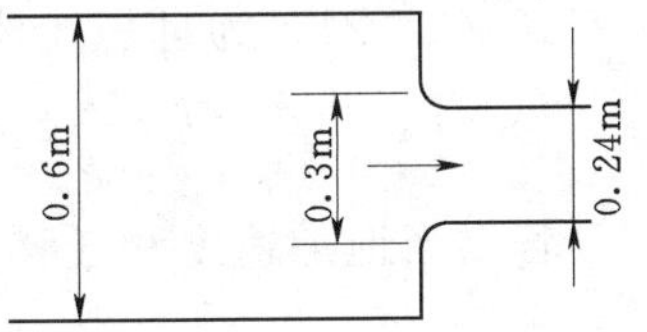

图 3-9　［例 3-2］图

解： 设水管、孔口和射流的过流断面面积、平均流速分为 A_1、A_1、A_3 和 V_1、V_2、V_3。由连续性方程可得

$$V_2 = V_1 \left(\frac{d_1}{d_2}\right)^2 = 6 \times \left(\frac{0.6}{0.3}\right)^2 = 24(\text{m/s})$$

$$V_3 = V_1 \left(\frac{d_1}{d_3}\right)^2 = 6 \times \left(\frac{0.6}{0.24}\right)^2 = 37.5(\text{m/s})$$

第四节　理想流体的运动微分方程

理想流体的运动微分方程是牛顿第二定律在流体力学上的具体应用。它建立了理想流体的密度、流速、压强和质量力之间的关系。

在流动的理想流体中，取出一边长为 dx、dy、dz 的平行六面体的流体微团作为研究对象，如图 3-10 所示，流体微团平均密度为 ρ。设微元六面体的形心坐标为 (x, y, z)，速度分量为 v_x、v_y、v_z，压强为 p。

由于是理想流体，故作用在流体微团上的外力只有压力和质量力。假设作用在微元六面体上的单位质量力的分量分别为 f_x、f_y 和 f_z。另外，由于各表面都是微元面积，所以各平面中心点上的压力可以作为各表面上的平均压力。

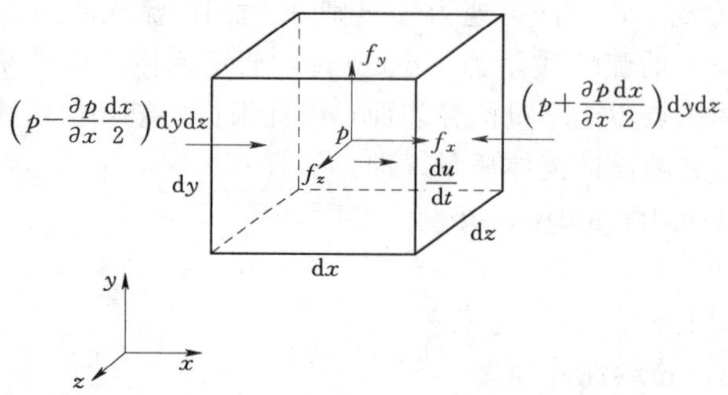

图 3-10　推导理想流体运动微分方程用图

先分析 x 方向的运动和受力情况，在垂直于 x 轴的左右两个平面上的压力分别等于

$\left(p-\frac{\partial p}{\partial x}\frac{dx}{2}\right)dydz$ 和 $\left(p+\frac{\partial p}{\partial x}\frac{dx}{2}\right)dydz$

作用在流体微团上的质量力在 x 轴方向的分量为 $f_x\rho dxdydz$。

又知流体微团的加速度在 x 轴上的投影为 $\frac{dv_x}{dt}$，则由牛顿第二定律 $\vec{F}=m\vec{a}$ 得

$$f_x\rho dxdydz+\left(p-\frac{\partial p}{\partial x}\frac{dx}{2}\right)dydz-\left(p+\frac{\partial p}{\partial x}\frac{dx}{2}\right)dydz=\rho dxdydz\frac{dv_x}{dt}$$

整理后，得

$$f_x-\frac{1}{\rho}\frac{\partial p}{\partial x}=\frac{dv_x}{dt}$$

同理

$$f_y-\frac{1}{\rho}\frac{\partial p}{\partial y}=\frac{dv_y}{dt}$$

$$f_z-\frac{1}{\rho}\frac{\partial p}{\partial z}=\frac{dv_z}{dt} \tag{3-21}$$

式（3-21）为理想流体的运动微分方程，又称欧拉运动微分方程。写成矢量形式为

$$\frac{d\vec{v}}{dt}=\vec{f}-\frac{1}{\rho}\mathrm{grad}p=(f_x\vec{i}+f_y\vec{j}+f_z\vec{k})-\frac{1}{\rho}\left(\frac{\partial p}{\partial x}\vec{i}+\frac{\partial p}{\partial y}\vec{j}+\frac{\partial p}{\partial z}\vec{k}\right) \tag{3-22}$$

若以当地加速度和迁移加速度表示各式右边的加速度，得

$$\begin{aligned}f_x-\frac{1}{\rho}\frac{\partial p}{\partial x}&=\frac{\partial v_x}{\partial t}+v_x\frac{\partial v_x}{\partial x}+v_y\frac{\partial v_x}{\partial y}+v_z\frac{\partial v_x}{\partial z}\\ f_y-\frac{1}{\rho}\frac{\partial p}{\partial y}&=\frac{\partial v_y}{\partial t}+v_x\frac{\partial v_y}{\partial x}+v_y\frac{\partial v_y}{\partial y}+v_z\frac{\partial v_y}{\partial z}\\ f_z-\frac{1}{\rho}\frac{\partial p}{\partial z}&=\frac{\partial v_z}{\partial t}+v_x\frac{\partial v_z}{\partial x}+v_z\frac{\partial v_z}{\partial y}+v_z\frac{\partial v_z}{\partial z}\end{aligned} \tag{3-23}$$

很显然，若流体处于静止状态，即 $v_x=v_y=v_z=0$，则欧拉运动微分方程变成欧拉平衡微分方程。对理想不可压缩流体的流动，一般有四个未知数 v_x、v_y、v_z 和 p，运动微分三个方程和不可压缩流体的连续性微分方程组成基本方程组，理论上可以求解。可见，欧拉运动微分方程和连续性微分方程奠定了理想流体动力学的理论基础。

第五节　理想流体微元流束的伯努利方程

一、理想流体微元流束的伯努利方程

理想流体的运动微分方程式（3-21）只有在特定条件下才能求解。

设流体微团沿流线的微小位移 ds 在三个坐标轴上的投影为 dx、dy 和 dz。现以式（3-21）中各式分别乘以 dx、dy 和 dz，然后相加，则可得到

$$(f_x\mathrm{d}x+f_y\mathrm{d}y+f_z\mathrm{d}z)-\frac{1}{\rho}\left(\frac{\partial p}{\partial x}\mathrm{d}x+\frac{\partial p}{\partial y}\mathrm{d}y+\frac{\partial p}{\partial z}\mathrm{d}z\right)=\frac{\mathrm{d}v_x}{\mathrm{d}t}\mathrm{d}x+\frac{\mathrm{d}v_y}{\mathrm{d}t}\mathrm{d}y+\frac{\mathrm{d}v_z}{\mathrm{d}t}\mathrm{d}z \quad (3-24)$$

在下列假定条件下对式（3-24）进行分析。

1. 不可压缩理想流体的定常流动

$$\rho=\mathrm{const},\frac{\partial p}{\partial x}\mathrm{d}x+\frac{\partial p}{\partial y}\mathrm{d}y+\frac{\partial p}{\partial z}\mathrm{d}z=\mathrm{d}p$$

则

$$\frac{1}{\rho}\left(\frac{\partial p}{\partial x}\mathrm{d}x+\frac{\partial p}{\partial y}\mathrm{d}y+\frac{\partial p}{\partial z}\mathrm{d}z\right)=\frac{1}{\rho}\mathrm{d}p=\mathrm{d}\left(\frac{p}{\rho}\right) \quad (\mathrm{a})$$

2. 质量力只有重力

$$f_x=0\ ,\ f_y=0,\ f_z=-g$$

则

$$f_x\mathrm{d}x+f_y\mathrm{d}y+f_z\mathrm{d}z=-g\mathrm{d}z \quad (\mathrm{b})$$

3. 沿同一微元流束（也就是沿流线）积分

定常流动时，流线与迹线重合，于是有

$$\mathrm{d}x=v_x\mathrm{d}t,\ \mathrm{d}y=v_y\mathrm{d}t,\ \mathrm{d}z=v_z\mathrm{d}t$$

$$\frac{\mathrm{d}v_x}{\mathrm{d}t}\mathrm{d}x+\frac{\mathrm{d}v_y}{\mathrm{d}t}\mathrm{d}y+\frac{\mathrm{d}v_z}{\mathrm{d}t}\mathrm{d}z=d\left(\frac{v_x^2+v_y^2+v_z^2}{2}\right)=\mathrm{d}\left(\frac{v^2}{2}\right) \quad (\mathrm{c})$$

将式（a）、式（b）、式（c）代入式（3-24）得

$$g\mathrm{d}z+\frac{1}{\rho}\mathrm{d}p+\frac{1}{2}\mathrm{d}v^2=0$$

并沿流线进行积分得

$$gz+\frac{p}{\rho}+\frac{v^2}{2}=\mathrm{const}\ 或\ z+\frac{p}{\rho g}+\frac{v^2}{2g}=\mathrm{const} \quad (3-25)$$

式（3-25）称为理想流体微元流束的伯努利方程。伯努利（D. Bernoulli）是瑞士物理学家和数学家，在理想流体运动微分方程建立之前，在1738年根据动能原理就已经提出了与式（3-25）相类似的公式。方程右边的常数对不同的流线有不同的值。推导该方程的引用条件就是方程的适用范围：理想不可压缩均质流体在重力作用下作定常流动，并沿同一流线（或微元流束）。

若1、2为同一条流线（或微元流束）上的任意两点，则式（3-25）也可写成

$$z_1+\frac{p_1}{\rho g}+\frac{v_1^2}{2g}=z_2+\frac{p_2}{\rho g}+\frac{{v_2}^2}{2g} \quad (3-26)$$

对静止流体，$v=0$，则简化为静力学基本方程

$$z+\frac{p}{\rho g}=\mathrm{const}$$

二、伯努利方程的物理意义和几何意义

1. 物理意义

理想流体微元流束的伯努利方程式（3-25）中，左端前两项的物理意义，在静力学中已有说明，即第一项 z 表示单位重量流体所具有的位势能；第二项$\frac{p}{\rho g}$表示单位重量流体的压强势能；而 $z+\frac{p}{\rho g}$则表示单位重量流体所具有的总势能；第三项$\frac{v^2}{2g}$为单位重量流体具有的动能。由物理学可知，质量为 m 的物体以速度 v 运动时，所具有的动能为$\frac{mv^2}{2}$，则

单位重量流体所具有的动能为$\frac{\frac{mv^2}{2}}{mg}=\frac{v^2}{2g}$。位势能、压强势能和动能三项之和为机械能。因此，伯努利方程的物理意义为：理想不可压缩流体在重力作用下作定常流动时，沿同一流线（或微元流束）上各点的单位重量流体所具有的位势能、压强势能和动能之和保持不变，即机械能是一常数，但位势能、压强势能和动能三种能量形式之间可以相互转换，可见伯努利方程是能量守恒定律在流体力学中的应用。在此要特别注意的是，应用方程时一定要看是否满足其假设条件。

2. 几何意义

由于三种不同的能量表现形式，其大小都可用液柱或气柱高度来表示，理想流体微元流束的伯努利方程的几何意义是不同能量形式的几何高度。三项都是长度的量纲，第一项z表示单位重量流体的位置水头；第二项$\frac{p}{\rho g}$表示单位重量流体的压强水头，前两项之和称为测压管水头；第三项$\frac{v^2}{2g}$表示单位重量流体的速度水头。位置水头、压强水头和速度水头之和称为总水头。可见伯努利方程的几何意义为：理想不可压缩流体在重力作用下作定常流动时，沿同一流线（或微元流束）上各点的单位重量流体所具有的位置水头、压强水头和速度水头之和保持不变，即总水头是一常数。总水头线（沿程各断面总水头的连线）为水平线。这是由于对理想的不可压缩流体而言，流动中没有能量损失。

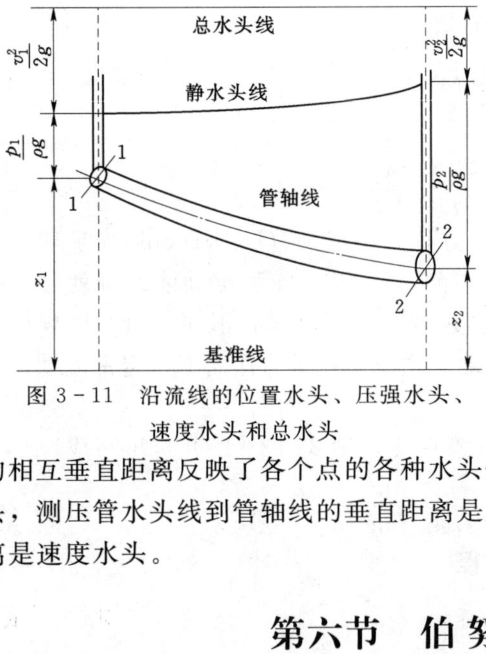

图 3－11　沿流线的位置水头、压强水头、速度水头和总水头

测压管水头线和总水头线有利于对能量转换有直观的认识。如图 3－11 所示，总水头线、测压管水头线、管轴线、基准线这四根线的相互垂直距离反映了各个点的各种水头值。管轴线到基准线的垂直距离是该点的位置水头，测压管水头线到管轴线的垂直距离是压强水头，而总水头线到测压管水头线的垂直距离是速度水头。

第六节　伯努利方程的应用

伯努利方程是古典流体动力学应用最广的基本方程，它确立了一维流动中动能和势能，流速与压强相互转换的普遍规律。在流体力学中有非常重要的理论分析意义，在生活及工程实际中都有广泛的应用。对于生活中的一些现象也可用伯努利方程来解释。比如一个简单的例子，拿两张轻薄的纸张，当向两张纸中间吹气时，纸张并不是被气吹开，相反却相吸，如图 3－12 所示。这是因为在同一水平面上，纸张中间气流速度增大，由伯努利方程知道，其

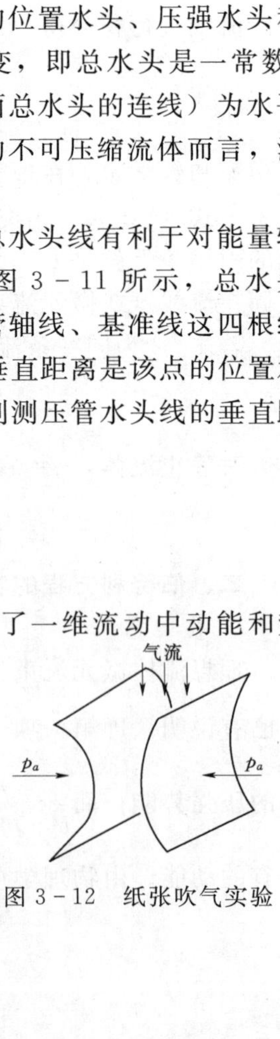

图 3－12　纸张吹气实验

压强必然降低，从而小于外界的大气压而造成的现象。生活中常用的喷雾器等的工作原理也可利用伯努利原理来说明。另外，航海规则中规定，两艘大船不能近距离同向航行，原因自然也应该很清楚了。

在工程中，伯努利方程广泛应用于管道中流体的流速、流量的测量和计算，下面介绍皮托管和文丘里流量计的测量原理。

一、皮托管

皮托管是广泛用于测量某管道中流体流速的测量仪表。皮托（Henri Pitot）在1773年用一根两端开口并弯成直角的玻璃管，测量了法国塞纳河的流速。这个弯成直角的玻璃管就是皮托管，如图3-13所示。

在被测流体管道某截面装一个测压管和一个皮托管，皮托管一端正对来流，一端垂直向上，此时皮托管内液柱比测压管内液柱高 h，这是因为流体流到皮托管入口 A 点受到阻滞，速度降为零，流体的动能转化为压强势能，形成驻点 A，A 处的压强 p_A 称为总压，而与 A 位于同一流线且在 A 上游的 B 点未受皮托管的影响，其压强与 A 点测压管测得的压强 p_B 相等，称为静压。管道内流速与压强的关系可应用伯努利方程来分析。取同一水平流线上的 B、A 两点列伯努利方程，则有

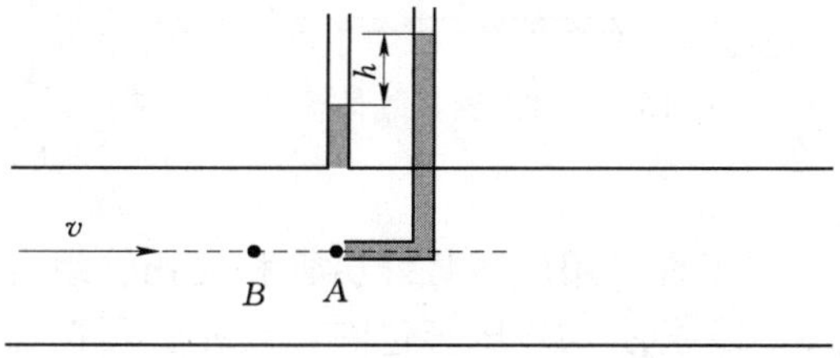

图3-13　皮托管测量管道流速

$$z_B+\frac{p_B}{\rho g}+\frac{v_B^2}{2g}=z_A+\frac{p_A}{\rho g}+\frac{v_A^2}{2g}$$

其中　$z_B=z_A$，$\frac{v_A^2}{2g}=0$

则
$$\frac{p_B}{\rho g}+\frac{v^2}{2g}=\frac{p_A}{\rho g}$$

$$v_B=\sqrt{2\,\frac{p_A-p_B}{\rho}}=\sqrt{2gh} \tag{3-27}$$

可见，对于流场中的一点，若其静压为 p，流速为 v，则当这点由流动状态变为滞止状态流速全部转化为压强时，其总压为 $p+\rho\frac{v^2}{2}$。只要测量出流体全压和静压的水头差值 h，就可以确定流体的流速 v，这就是皮托管的测速原理。实际工作中测定时，实际流速比式（3-27）理论计算出的有一定偏差，因此，实际流速为

$$v=\varphi\sqrt{2gh} \tag{3-28}$$

式中：φ 为流速修正系数，由实验确定，近似为1。

如果测定气体的流速，则把皮托管和静压管两根管子连接到U形差压计上，从差压计上的液面差来求得流速，如图3-14所示，由式（3-27）知

$$v_B=\sqrt{2\,\frac{p_A-p_B}{\rho}}$$

另外，由差压计可知

$$p_A-p_B=h_{液}\,g(\rho_{液}-\rho)$$

代入上式，则得

$$v_B=\sqrt{2g\frac{\rho_{液}-\rho}{\rho}h_{液}}=\sqrt{2gh_{液}\left(\frac{\rho_{液}}{\rho}-1\right)} \tag{3-29}$$

式中：$\rho_{液}$ 为差压计所用液体密度；ρ 为流动气体本身的密度。

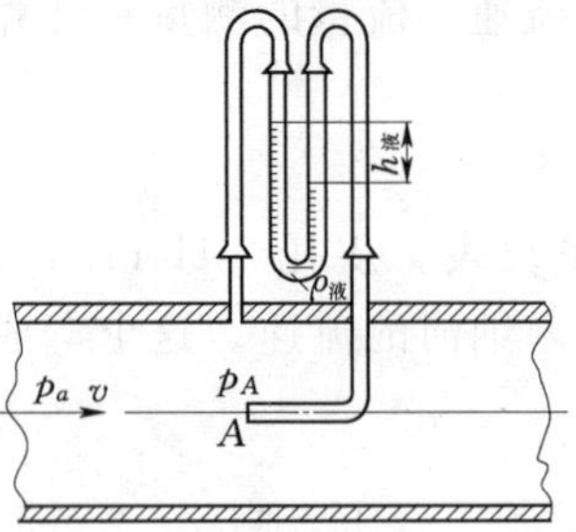

图 3-14　测量气体流速示意图

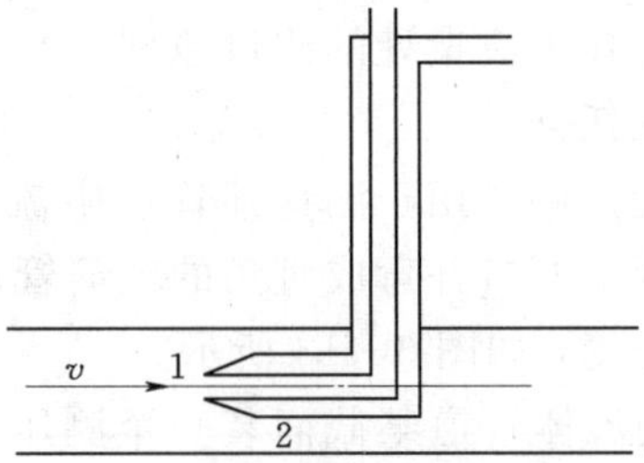

图 3-15　皮托静压管

1—总压测点；2—静压测点

在工程应用中多将静压管和皮托管组合成一件，称为皮托—静压管或动压管，示意如图 3-15 所示。静压管包围着皮托管，在驻点之后适当距离的外壁上沿圆周钻几个小孔作为静压测点，将静压孔的通路和皮托管的通路分别连接于差压计的两端，则差压计的指示为总压和静压的差值，从而求得测点的流速。

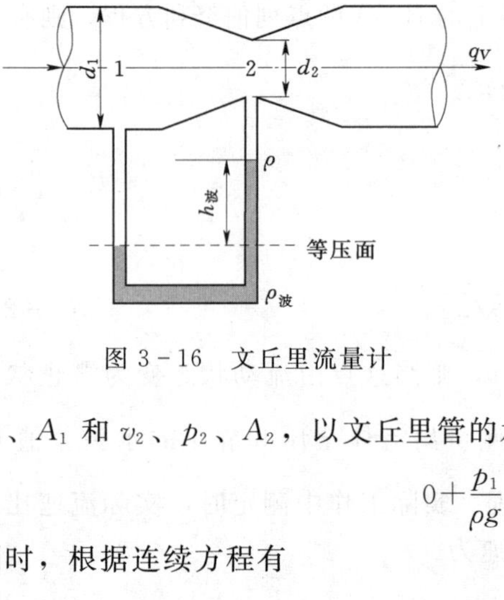

图 3-16　文丘里流量计

二、文丘里流量计

文丘里（Venturi）流量计经常用于测量管道中流体的流量，如图 3-16 所示，主要是由收缩段、喉部和扩张段三部分组成。其工作原理是利用收缩段，造成文丘里管前收缩段前的直管段 1 与喉部 2 之间的压强差，用 U 形管差压计测量出压强差，从而求出通过管道的流量。

取两截面 1、2 列伯努利方程，假设截面 1 和截面 2 上的流速、压力和截面面积分别是 v_1、p_1、A_1 和 v_2、p_2、A_2，以文丘里管的水平轴线所在水平面作为基准面，则有

$$0+\frac{p_1}{\rho g}+\frac{v_1^2}{2g}=0+\frac{p_2}{\rho g}+\frac{v_2^2}{2g}$$

同时，根据连续方程有

$$v_1=\frac{A_2}{A_1}v_2$$

于是从上两式可得流速为

$$v_2=\sqrt{\frac{2(p_1-p_2)}{\rho[1-(A_2/A_1)^2]}}$$

则通过管道的流量为

$$q_V=A_2\sqrt{\frac{2(p_1-p_2)}{\rho[1-(A_2/A_1)^2]}} \tag{3-30}$$

在实际应用中，考虑到实际流体具有黏性引起截面速度分布不均及能量损失，造成实际通过流量比理论流量略小，故引入修正系数 β，得

$$q_V=\beta A_2\sqrt{\frac{2(p_1-p_2)}{\rho[1-(A_2/A_1)^2]}} \tag{3-31a}$$

式中：β 由实验确定，一般为 0.98～0.99。

当用 U 形管压差计来测量压差 p_1-p_2 时，可知

$$p_1-p_2=(\rho_{液}-\rho)gh_{液}$$

这时，则得

$$q_V=\beta A_2V_2=\beta\frac{\pi}{4}d_2^2\sqrt{\frac{2g(\rho_{液}-\rho)h_{液}}{\rho[1-(A_2/A_1)^2]}} \tag{3-31b}$$

可见，若 $\rho_{液}$、ρ、A_2、A_1 已知，只要测量出 $h_{液}$，就可以确定流体的速度及流量。但文丘里流量计属于节流装置，必然带来一定的能量损失。除此之外，与此相类似的还有孔板流量计等。

三、利用伯努利方程分析问题的方法

伯努利方程是流体力学重要的基本方程之一，结合连续性方程，可以计算一维流动的流速和压强，在用此方程分析一维流动问题时，应掌握一些基本方法和步骤。

(1) 对流动进行初步分析，判断其是否满足伯努利方程的假设条件。一般当气流压力变化很小时，也可以和液体一样看成不可压缩的，比如在通风系统中，压力变化仅为绝对压力的百分之几，即可把气体看成是不可压缩的。但是当方程用于气体流动时，水头概念没有液体流动那样明确，一般把方程式 (3-26) 各项同乘以 ρg，转变为压强的因次，则改写为

$$\rho gz_1+p_1+\frac{\rho v_1^2}{2}=\rho gz_2+p_2+\frac{\rho v_2^2}{2} \tag{3-32}$$

在式 (3-32) 中，一般 p_1 和 p_2 应为绝对压强。与液体伯努利方程来比较，此时各项单位为压强，表示的是气体单位体积的位势能、压强势能和动能。

另外，对于逐渐变化的非定常流动（如排空容器），也可近似看做定常流动来应用伯努利方程。

(2) 选取合适的有效截面，使已知参数尽可能多。一般对于流体流入或流出大气的，有效截面可选在大气进出口截面，因为该有效截面的压强为大气压强。另外，对于流体流入或流出大容器自由液面的，有效截面可考虑选在大容器自由液面，在该液面处速度水头与其他两项能量之和相比，往往可以忽略不计而近似为零。

(3) 选择基准面，基准面原则上可以选在任何位置，但必须为水平面。如选择得当，可使解题大大简化，通常选在两断面中较低一断面的形心，这样就可以使一个断面的 z 值为零，而另一断面的 z 值为正值。

(4) 列伯努利方程求解流量时，常常结合连续性方程求解。伯努利方程的 p_1 和 p_2 应为同一度量单位，同为绝对压强或者相对压强。

【例 3-3】 如图 3-17 所示有一水平出流管，直径 $D=50$mm，管道收缩处的直径 $d=25$mm，差压计的读数 $\Delta h=300$mm，$h=1$mH_2O，差压计的工作液体为水银。当阻力损失不计时，试求：

(1) 收缩处的表压力。

(2) 管道中的流量。

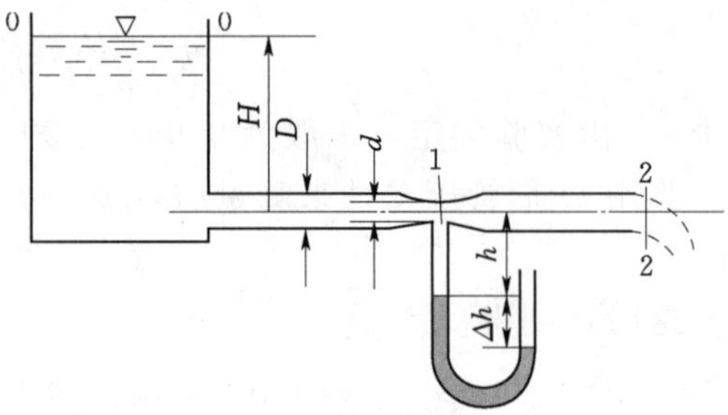

图 3-17

（3）水箱中水面的高度 H 为多少？

解：（1）由静力学基本方程得

$$p_1+\rho gh+\rho_m g\Delta h=0$$

所以

$$p_1=-\rho gh-\rho_m g\Delta h$$
$$=-1000\times9.81\times1-13600\times9.81\times0.3$$
$$=-4.98\times10^4(\mathrm{Pa})$$

（2）列收缩处 1 截面与管道出口 2 截面的伯努利方程

$$\frac{p_1}{\rho g}+\frac{v_1^2}{2g}=0+\frac{v_2{}^2}{2g}$$

又由连续方程 $v_1A_1=v_2A_2$ 得：

$$v_1=4v_2$$

两式联立求解得：

$$v_2=2.58\ (\mathrm{m/s})\qquad v_1=4\times2.58=10.32\ (\mathrm{m/s})$$

（3）列水池液面 0 截面和管道出口 2 截面的伯努利方程

$$H+0+0=0+0+\frac{v_2^2}{2g}$$

得
$$H=\frac{v_2^2}{2g}=\frac{2.58}{2\times2.98}=0.34\ (\mathrm{m})$$

第七节　定常流动的动量方程

前面讨论了连续性方程，欧拉运动方程和伯努利方程。这些方程可以用来解决许多实际问题，如确定管道截面积，计算流体的流速、流量和压力分布等。而在本节中将要讨论的动量方程则主要用于求解流体与固体间相互作用力的问题。

一、定常总流的动量方程

流体的动量方程是动量定律在流体力学中的具体应用。流体系统可以看成由众多流体质点组成的质点系，根据质点系动量定理，系统内的流体动量对时间的变化率，等于作用在系统上外力的矢量和，即

$$\sum\vec{F}=\frac{\mathrm{d}}{\mathrm{d}t}(m\vec{v})\qquad(3-33)$$

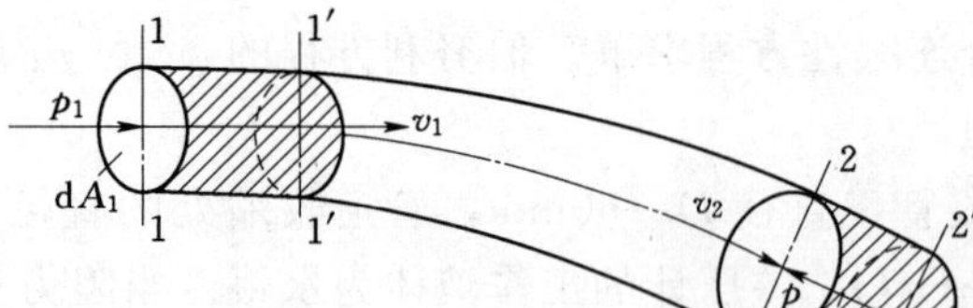

图 3-18　定常管流动量分析

设不可压缩流体在管内作定常流动，取管道壁面和两有效截面 1—1、2—2 为控制面，如图 3-18 所示，$\sum\vec{F}$为加在系统上外力的矢量和，由于管壁无流体进出，流体从 A_1 流入，从 A_2 流出。经过 dt 时间后从位置 1—2 流到 1′—2′。同时，流段的动量发生了变化，其变化等于流段分别在

1′—2′和 1—2 位置时的动量之差。由于定常流动，因此 1′—2 这部分流体的动量没有改变。所以在 dt 时间内流段的动量变化就等于 2—2′段的动量和 1—1′段的动量之差，则流体动量对时间的变化率为

$$\frac{\mathrm{d}}{\mathrm{d}t}(mv)=\frac{1}{\mathrm{d}t}(\rho q_{V2}\,\mathrm{d}t\,\vec{v}_2-\rho q_{V1}\,\mathrm{d}t\,\vec{v}_1)$$

由动量定律式（3-33）知

$$\rho q_{V2}\vec{v}_2-\rho q_{V1}\vec{v}_1=\sum\vec{F}$$

一般情况下，截面上的密度可近似常量，但其截面上的速度分布是不均匀的，虽然工程上一般可以用截面平均流速 V 来计算流体的动量，但是用平均流速计算出流体的动量比实际流体的实际动量小，需要引入动量修正系数 α_0 加以修正。于是可得

$$\rho q_{V2}\alpha_{02}\vec{V}_2-\rho q_{V1}\alpha_{01}\vec{V}_1=\sum\vec{F}$$

其中动量修正系数 α_0 是实际动量与按截面平均流速计算的流体动量的比值，即

$$\alpha_0=\frac{1}{A}\iint_A\left(\frac{v}{V}\right)^2\mathrm{d}A$$

α_0 的大小取决于断面流速分布的均匀程度，不均匀性越大 α_0 越大，在工业管道和明渠流动中，实验值为 1.02～1.05，为计算方便，在工程中常取 $\alpha_0=1$。

同时，由不可压流体一维流动总流的连续性方程，可知流过截面 1—1 的流量和流过截面 2—2 的流量相等，即 $q_{V1}=q_{V2}=q_V$。

于是，可得不可压缩流体定常流动的动量方程为

$$\rho q_V(\alpha_{02}\vec{V}_2-\alpha_{01}\vec{V}_1)\sum\vec{F} \tag{3-34}$$

其投影形式可写成：

$$\left.\begin{aligned}\rho q_V(\alpha_{02}V_{2x}-\alpha_{01}V_{1x})&=\sum F_x\\ \rho q_V(\alpha_{02}V_{2y}-\alpha_{01}V_{1y})&=\sum F_y\\ \rho q_V(\alpha_{02}V_{2z}-\alpha_{01}V_{1z})&=\sum F_z\end{aligned}\right\} \tag{3-34a}$$

上式适用于不可压缩流体的定常流动，不论是黏性流体，还是理想流体均适用。由于只涉及控制面上的流动参量，而不必考虑控制体内部的流动状态。

二、应用动量方程分析方法

定常总流的动量方程可用于求解作用在管道上的动水反力、水流对建筑物的作用力、射流对平面壁的冲击力等问题。应用动量方程时应注意以下问题：

（1）正确选择控制体，确定研究对象，流体流入与流出的截面应选在流线为平行直线的管段上（即缓变流截面）。

（2）建立坐标系，按坐标系的方向确定速度与外力的各速度分量的正负号，与坐标方向相同者取正号，反之取负号。

（3）所有作用在控制体上的外力应计算进去。包括：①作用在该控制体内所有流体质点的质量力；②作用在该控制体面上的所有表面力，需要注意的是，由于在选定的控制体范围内大气压的作用相互抵消，因此压力 p 常用相对压力来计算；③四周边界对水流的总作用力。若方向未知，可先假定方向，计算结果为正，则实际方向与假设方向相同，反

之则相反。

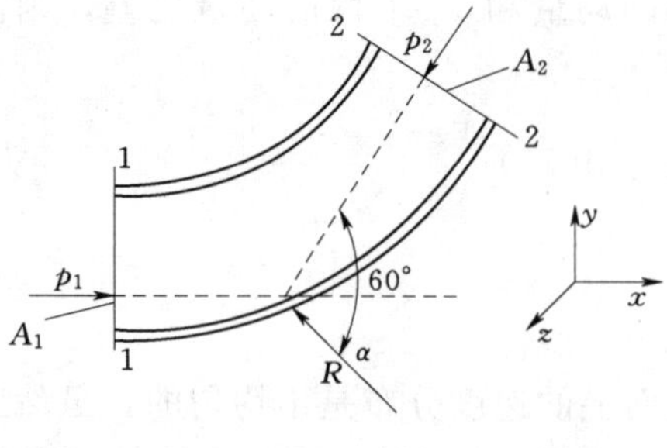

图 3-19

【例 3-4】 水平放置在混凝土支座上的直径 $d=100$mm 的 60°弯管，如图 3-19 所示，弯管前端 1—1 断面上压力表读数 $p_1=9807$Pa，管中流量 $q_V=0.04\text{m}^3/\text{s}$，不计水头损失。求水对弯管作用力 F 的大小。

解： 首先确定控制体，如图 3-19 所示，在弯管上下游取 1—1、2—2 断面，并以此二断面及断面间管壁为控制面，其包围的空间则为控制体。其次选择坐标系，坐标按图示方向设置。

1. 根据连续性方程可求得

$$v=\frac{q_V}{\frac{\pi}{4}d_1^2}=\frac{0.04\times 4}{\pi\times 0.1^2}=5(\text{m/s})$$

2. 取两截面 1—1、2—2 列伯努利方程：

$$z_1+\frac{p_1}{\rho g}+\frac{{v_1}^2}{2g}=z_2+\frac{p_2}{\rho g}+\frac{{v_2}^2}{2g}$$

由于管路水平，$z_1=z_2$，又 $v_1=v_2$，可得

$$p_2=p_1=9807(\text{Pa})$$

3. 对控制体内流体进行受力分析

本题弯管水平放置，显然不必考虑重力作用，对于表面力，只有进、出口控制面上的压力：

$$P_2=p_2A_2=9807\times\frac{\pi}{4}\times(0.1)^2=77.1(\text{kN})$$

方向垂直于断面 2，指向控制体内。

水流经弯管，动量发生变化，必然产生作用力 F。而 F 与管壁对水的反作用力 R 平衡。管道水平放置在 xoy 面上，R 方向先假定如图 3-19 所示，与 x 轴夹角为 α。

4. 列动量方程求解

x 轴方向

$$\sum F_x=P_1-P_2\cos60°-R\cos\alpha=\rho q_V(v_2\cos60°-v_1)$$

代入数据

$$77.1-77.1\times\cos60°-R\cos\alpha=1000\times 0.04\times(5\times\cos60°-5)$$

y 轴方向

$$\sum F_y=-P_2\sin60°+R\sin\alpha=\rho q_V(v_2\sin60°-0)$$

代入数据

$$-77.1\times\sin60°+R\sin\alpha=1000\times 0.04\times(5\times\sin60°-0)$$

求解得

$$R=272(\text{kN}),\ \alpha=60°$$

水流对弯管的作用力 F 与 R 大小相等，方向相反。

【例 3-5】 如图 3-20 所示，一平板闸门门宽 B 为 2m，当通过流量 q_V 为 $8m^3/s$ 时闸前水深 H 为 4m，闸孔后收缩断面水深 h_c 为 0.5m，求作用于平板闸门上的动水总压力(不计摩擦力)。

解： 应用动量方程解本题，取如图 3-20 所示的控制体，其中截面 1—1 应在闸门上游足够远处，以保证该处流线平直，该截面上的压强分布服从静压公式。而下游的截面 2—2 则选在最小过流截面上。并选择坐标系方向如图 3-20 所示。

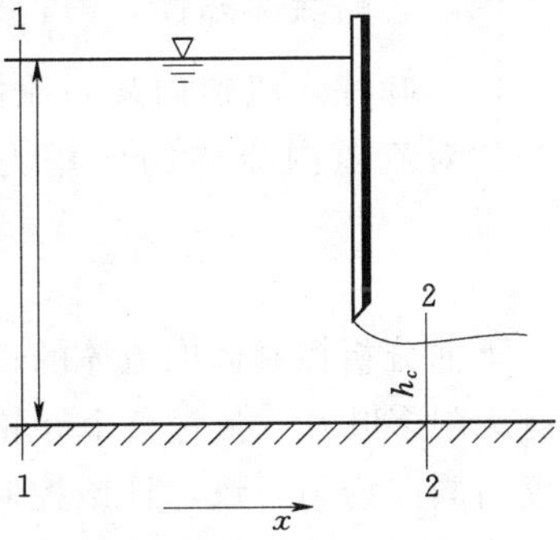

图 3-20

对控制体内流体进行受力分析：

控制体的截面 1—1 上的总压力为 $P_1=p_1A_1=\frac{1}{2}\rho gh_1Bh_1$，它是左方水体作用在控制面 1—1 上的力，方向从左到右。

同理，在控制面 2—2 上的总压力为 $P_2=p_2A_2=\frac{1}{2}\rho gh_2Bh_2$，它是右方水体作用在控制面 2—2 上的力，方向从右到左。

另外，设闸板对控制体的作用力的大小为 R，方向从右向左。

列动量方程式：

$$\frac{1}{2}\rho gh_1Bh_1-R-\frac{1}{2}\rho gh_2Bh_2=\rho q_V(v_2-v_1)$$

其中
$$v_1=\frac{q_V}{A_1}=\frac{8}{2\times4}=1(\text{m/s}),v_2=\frac{q_V}{A_2}=\frac{8}{2\times0.5}=8(\text{m/s})$$

将已知数据代入动量方程，得 $R=98.35$ (kN)

作用于平板闸门上的动水总压力 F 与 R 大小相等，方向相反。

第八节　定常流动的动量矩方程

流体的动量矩方程是质点系动量矩定律在流体力学中的具体应用。质点系动量矩定理可表述为：质点系对于任一固定点的动量矩对时间的导数，等于所有作用于点系的外力对于同一点的力矩之和。其数学表达式为

$$\frac{\mathrm{d}}{\mathrm{d}t}\sum\vec{r}_i\times m_i\vec{v}_i=\sum\vec{r}_i\times\vec{F}_i \qquad (3-35)$$

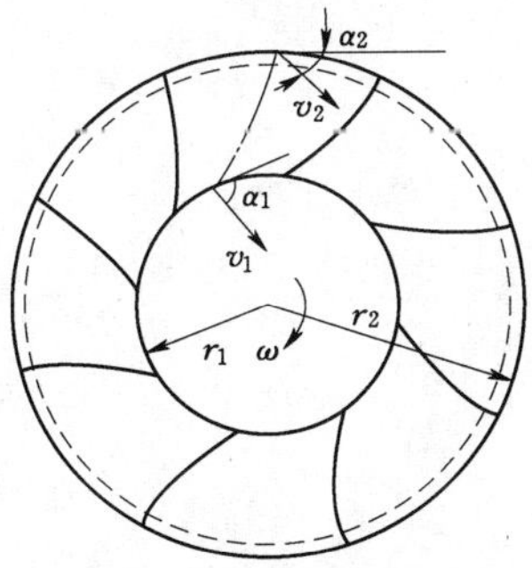

图 3-21　叶轮流道内流动

水流通过水泵等涡轮机械时，在叶片所形成的通道内水流与叶片之间有力的作用，受水流作用的转轮叶片本身又绕一固定轴转动，在分析这类流动时也需要了解水流的动量矩变化与外力矩之间的关系。下面来推导恒定流动时涡轮机械的基本方程，如图 3-21 所示为离心泵或风机的叶轮，流体自叶轮内圈流入，经流道从外圈流出。现取控制面为图 3-21 中虚线所示，则控制面包括叶轮的侧面轮盘和内外圆周流通

截面。

首先分析作用在控制体上的外力对转轴的力矩：

（1）由于对称性，作用在控制体内流体上的重力对转轴的力矩之和为零。

（2）忽略流体黏性，内、外圈边界上表面力只有径向，而其对转轴的力矩为零。

（3）叶片对流道内某一流体质点的作用力为$\vec{F}_i$，力矩为$\vec{r}_i\times\vec{F}_i$，其总和$\sum\vec{r}_i\times\vec{F}_i$，就是叶片对流道内流体的作用力对转轴这一点的力矩。其大小就是转轴传给叶轮的力矩M_d，即

$$M_d=\sum\vec{r}_i\times\vec{F}_i \tag{a}$$

下面分析控制体内流体的动量矩变化。密度为ρ的不可压缩流体在叶轮中流动，假设叶轮有无限多叶片，流过整个叶轮的流量q_V和角速度ω都不变，且流体在叶轮进口和出口的速度沿周向均匀一致，且该控制体内流体的动量矩不随时间变化，流道中的流动为恒定流动。取绝对坐标系作为参考坐标系，叶轮内外圈半径为r_1、r_2，流体在入口处绝对速度v_1，入流的方向与圆周切线方向成一夹角α_1，流体出口处绝对速度v_2，出流方向与圆周切线方向成夹角α_2，单位时间内进入叶轮液体的动量矩为流体在圆周切线方向上的动量乘以半径，即为$\rho q_V(v_1\cos\alpha_1 r_1)$。同理，单位时间内流出转轮的动量矩为$\rho q_V(v_2\cos\alpha_2 r_2)$，即

$$\sum\vec{r}_i\times\vec{F}_i=\rho q_V(r_2v_2\cos\alpha_2-r_1v_1\cos\alpha_1) \tag{b}$$

在上述条件下，将（a）、（b）代入动量矩方程式（3-35）得

$$M_d=\rho q_V(r_2v_2\cos\alpha_2-r_1v_1\cos\alpha_1) \tag{3-36}$$

这就是适用于涡轮机械定常流动的动量矩基本方程。

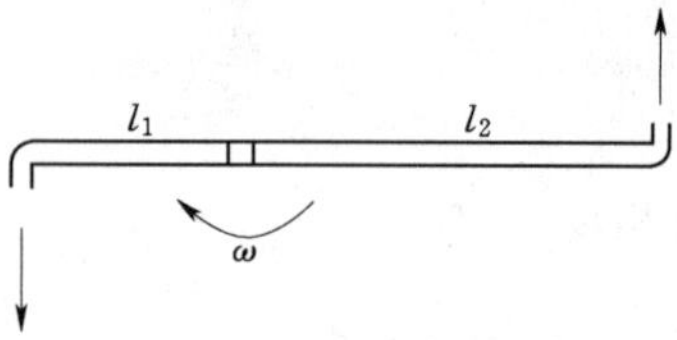

图 3-22

【例 3-6】 如图 3-22 所示，旋转式洒水器两臂长度不等，$l_1=1.2\text{m}$，$l_2=1.5\text{m}$，若喷口直径$d=25\text{mm}$，每个喷口的水流量为$q_V=3\times10^{-3}\text{m}^3/\text{s}$，不计摩擦，求洒水器转速。

解： 按照题意，没有外力作用于该系统，根据动量矩方程，流体的动量矩变化也应为零，则有

$$M_d=\rho q_V(v_1l_1+v_2l_2-0)=0$$

即

$$v_1l_1+v_2l_2=0$$

水流的绝对速度等于相对速度及牵连速度的矢量和。

本题中，相对速度和牵连速度反向，都与转臂垂直。则两个喷嘴水流的绝对速度为

$$v_1=\frac{q_V}{A}-\omega l_1,\quad v_2=\frac{q_V}{A}-\omega l_2$$

代入到上式，得

$$\omega=\frac{q_V}{A}\frac{l_1+l_2}{l_1^2+l_2^2}=4.472\ (\text{rad/s})$$

本 章 小 结

流体力学的主要任务就是研究流场中流体的运动规律。由于着眼点的不同，研究流体

运动的方法有拉格朗日法和欧拉法两种。拉格朗日法跟踪每一个质点，研究质点在整个运动过程中的运动规律。欧拉法是以流体运动的空间作为研究对象，研究不同质点通过固定空间点时的运动规律。

按照不同分类标准，流体可以分为恒定流动和非恒定流动，一维、二维与三维流动，均匀流与非均匀流，缓变流与急变流等。分析流体运动的相关概念包括迹线、流线、流管、流束、总流、流量、平均流速、系统与控制体等，很好地理解它们是后续学习流体基本方程的重要基础。

连续性方程是质量守恒定律在流体力学中的应用。对不可压流体的一维定常流动，沿任意有效截面的体积流量不变。伯努利方程是能量守恒的体现，确立了一维流动中动能和势能，流速与压强相互转换的普遍规律。在流体力学中有非常重要的理论分析意义，在生活及工程实际中都有广泛的应用，其中皮托管和文丘里流量计就是以伯努利方程为工作原理的。可以利用连续性方程和伯努利方程确定管道截面积，计算流体的流速、流量和压力分布等。流体的动量方程是动量定律在流体力学中的具体应用，定常流动的动量方程可用于求解作用在管道上的动水反力、水流对建筑物的作用力、射流对平面壁的冲击力等问题。动量方程是矢量方程，这一点在对实际问题进行计算分析时需要特别注意。流体的动量矩方程是质点系动量矩定律在流体力学中的具体应用，涡轮机械定常流动的动量矩基本方程可用于对泵与风机等涡轮机械的分析计算。

习　　题

3-1　不可压缩流体各流场的速度分布如下，试判断流动是否存在（连续）：

（1）$v_x=2x^2-xy+z^2$，$v_y=x^2-4xy+y^2$，$v_z=-2xy-yz+y^2$

（2）$v_x=4xy+y^2$，$v_y=6xy+3x$

（3）$v_x=2x^2+y^2$，$v_y=-4xy$

3-2　一不可压缩流体的流动，x 方向的速度分量 $v_x=ax^2+by$。z 方向的速度分量为零，设 y 方向的速度分量为 v_y，且 $y=0$ 时，$v_y=0$，求 y 方向的速度分量 v_y，设 a，b 为常数。

3-3　已知流体质点在坐标原点上的速度为零，且 x、y 方向的速度分量分别为 $v_x=5x$，$v_y=-3y$，问能构成不可压缩流体可能运动的 z 方向的速度分量 v_z 应该是什么？

3-4　有一输水管道，如图 3-23 所示。水自截面 1—1 流向截面 2—2。测得截面 1—1 的水流平均流速 $V_1=2\text{m/s}$，已知 $d_1=0.5\text{m}$，$d_2=1\text{m}$，试求截面 2—2 处的平均流速 V_2 为多少？

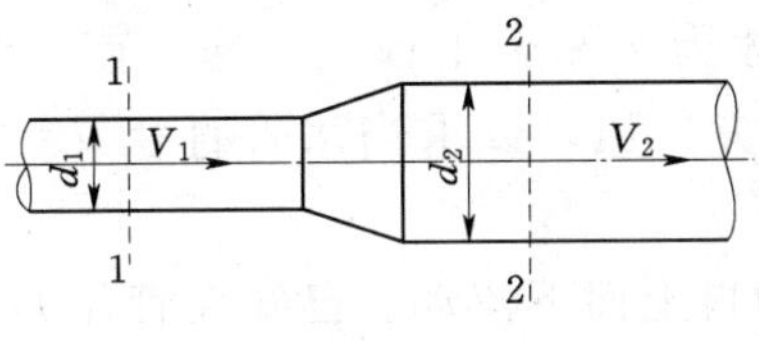

图 3-23

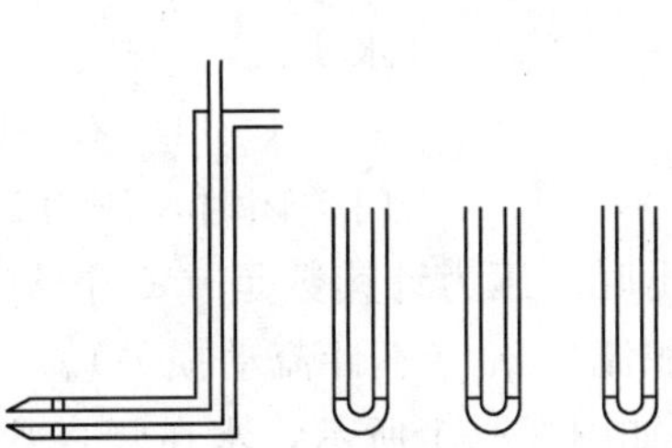
图 3-24

3－5　如图 3－24 将皮托管与 U 形管连接，要求表示出来流的静压、动压、全压。

3－6　用皮托管和静压管测量管道中水的流速，如图 3－25 所示。若 U 形管中的液体为四氧化碳，并测得液面差 $\Delta h=350\text{mm}$，试求管道中心的流速为多少？

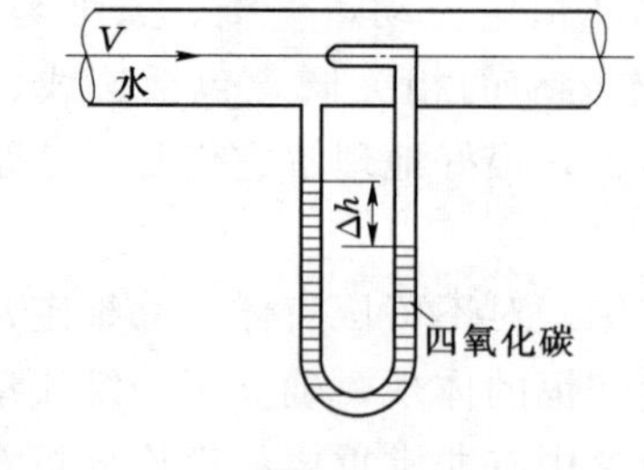

图 3－25

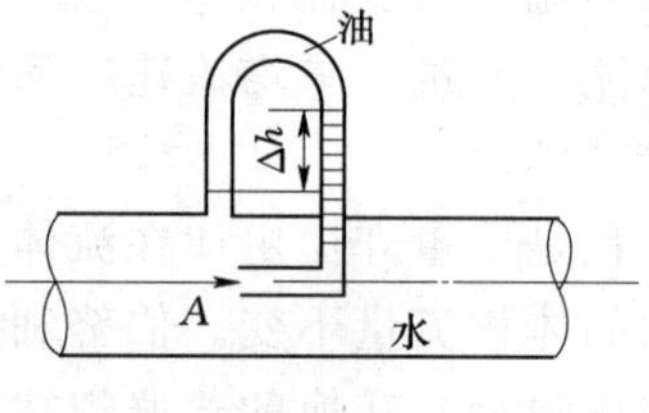

图 3－26

3－7　在管道上装一倒置 U 形管，如图 3－26 所示。上部为 $\rho=800\text{kg/m}^3$ 的油，用来测定水管中的 A 点流速。若读数 $\Delta h=300\text{mm}$，求管中流速。

3－8　如图 3－27 所示，在水平安装的文丘里流量计上，直接用水银差压计测出水管与喉部压差 Δh 为 20cm，已知水管直径 $d_1=15\text{cm}$，喉道直径 $d_2=10\text{cm}$，当不计水头损失时，求通过流量 q_V。

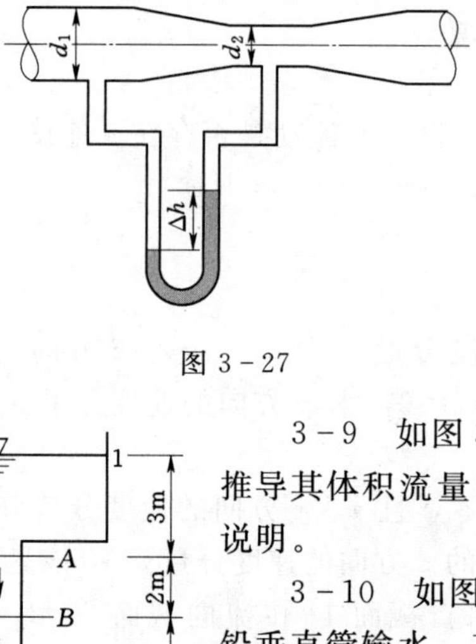

图 3－27

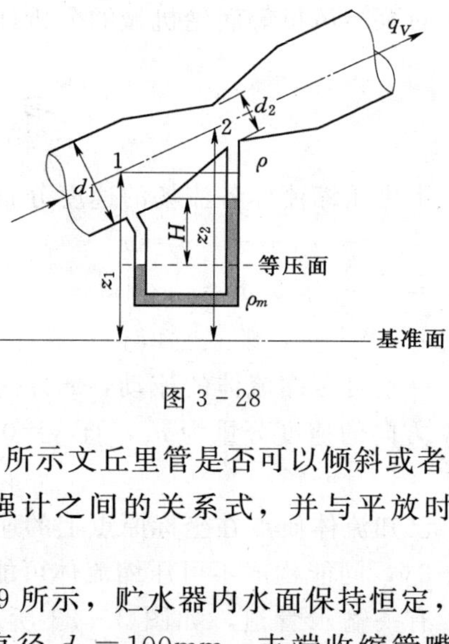

图 3－28

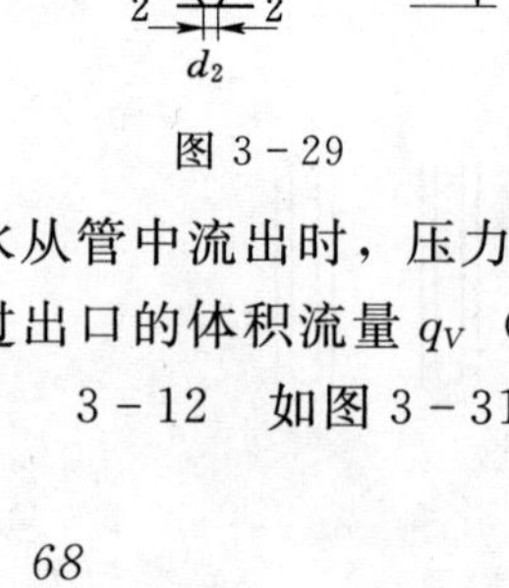

图 3－29

3－9　如图 3－28 所示文丘里管是否可以倾斜或者竖直放置，推导其体积流量与压强计之间的关系式，并与平放时进行比较说明。

3－10　如图 3－29 所示，贮水器内水面保持恒定，底部接一铅垂直管输水，直管直径 $d_1=100\text{mm}$，末端收缩管嘴出口直径 $d_2=50\text{mm}$，若不计水头损失，求直管中 A、B 两断面的压强水头。

3－11　有一贮水装置如图 3－30 所示，贮水池足够大，当阀门关闭时，压力计读数为 2.8 个工程大气压。而当将阀门全开，水从管中流出时，压力计读数是 0.6 个大工程大气压，试求当水管直径 $d=12\text{cm}$ 时，通过出口的体积流量 q_V（不计流动损失）。

3－12　如图 3－31 所示，水在竖直管道中自上而下流动。已知在管径 $D=0.3\text{m}$ 处的

流速为 2m/s，要使两压力表读数相同，渐缩管后的直径 d 应为多少？（阻力损失忽略不计）

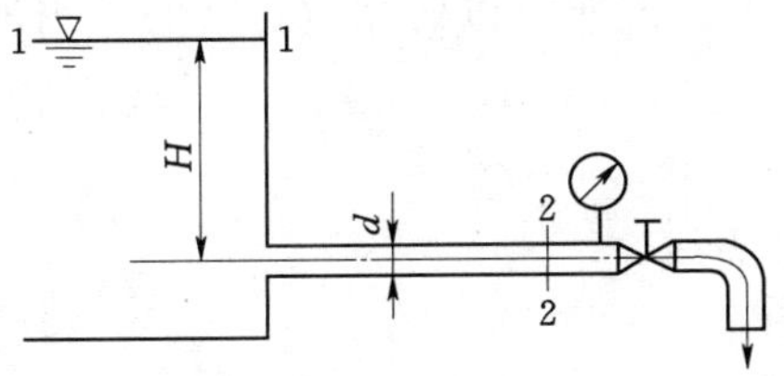

图 3-30

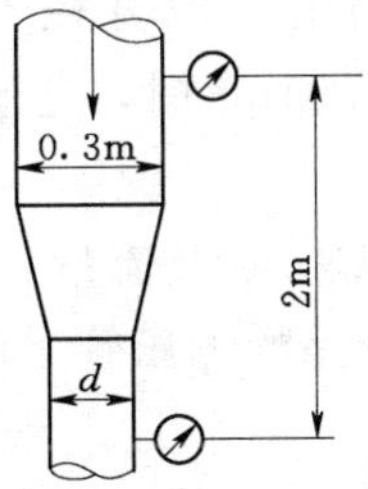

图 3-31

3-13　如图 3-32 所示，管中流量 $q_V=48m^3/h$，管道直径 $d=75mm$，要使图中两块压强表的读数相同，不计水头损失，收缩处的直径应为多少？

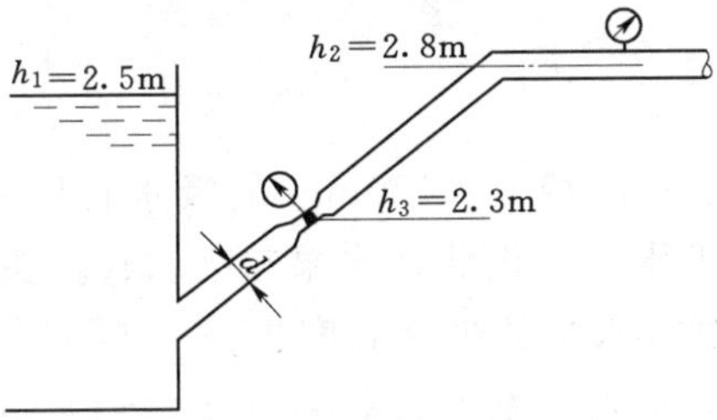

图 3-32

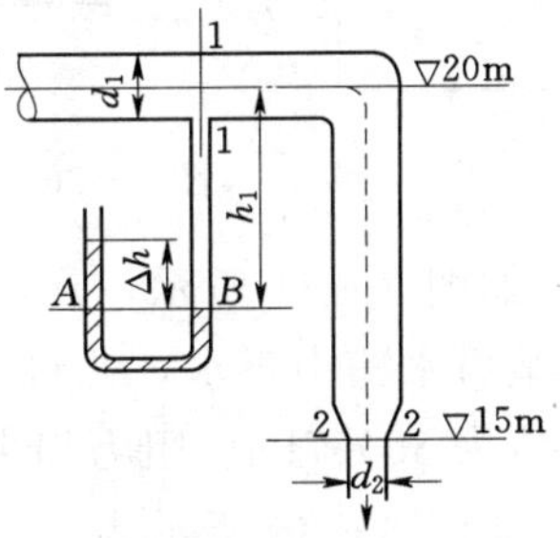

图 3-33

3-14　水流通过如图 3-33 所示管路流入大气，已知：U 形测压管中水银柱高差 $\Delta h=0.2m$，$h_1=0.72mH_2O$，管径 $d_1=0.1m$，管嘴出口直径 $d_2=0.05m$，不计管中水头损失，试求管中流量 q_V。

3-15　为将水库中水引至堤外灌溉，安装了一根直径 $d=15cm$ 的虹吸管（图 3-34），当不计水头损失时，问通过虹吸管的流量 q_V 为多少？在虹吸管顶部 s 点处的压强为多少？

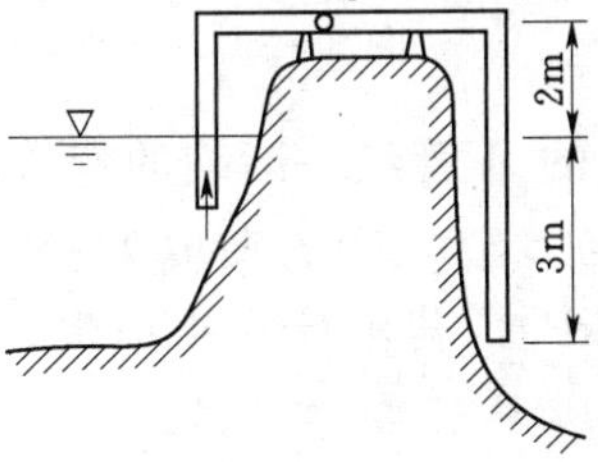

图 3-34

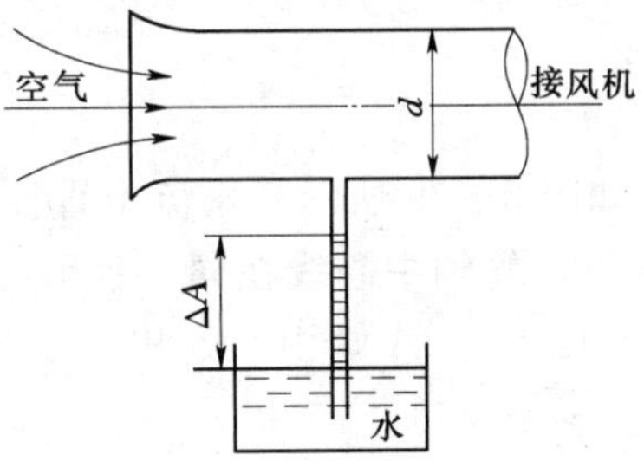

图 3-35

3-16　离心风机可采用集流器测量流量，如图 3-35 所示。已知风机吸入侧管道直径 $d=350mm$，插入水槽中的玻璃管上升高度 $\Delta h=100mm$，空气的密度 $\rho=1.2kg/m^3$，求空气流量。

3-17　从一水面保持恒定不变的水池中引出一管路，如图 3-36 所示，该管路末端流入大气，管路由三段直径不等的管道组成，其过水面积分别是 $A_1=0.05\text{m}^2$，$A_2=0.03\text{m}^2$，$A_3=0.04\text{m}^2$ 时，若水池容积很大，流速可以忽略（$v_0\approx0$），当不计管路的水头损失时，试求：

（1）出口流速 v_3 及流量 q_V。

（2）绘出管路的测压管水头线及总水头线。

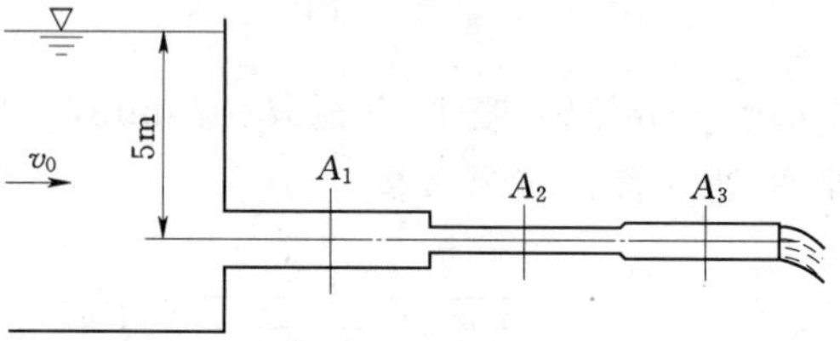

图 3-36

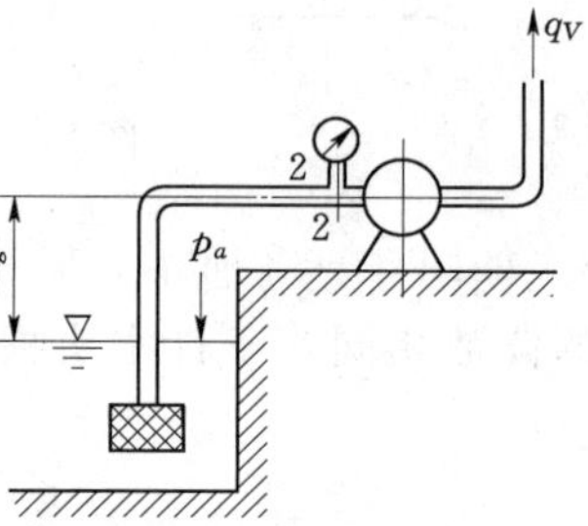

图 3-37

3-18　如图 3-37 所示，离心式水泵借一内径 $d=150\text{mm}$ 的吸水管以 $q_V=60\text{m}^3/\text{h}$ 的流量从一敞口水槽中吸水，并将水送至压力水箱。设装在水泵与吸水管接头上的真空计指示出负压值为 39997Pa。阻力损失不计，试求水泵的吸水高度 H_g。

3-19　如图 3-38 所示为一水电站压力水管的渐变段，直径 $D_1=1.5\text{m}$，$D_2=1\text{m}$，渐变段起点压强 $p_1=400\text{kPa}$（相对压强），流量 $q_V=1.8\text{m}^3/\text{s}$，若不计水头损失，求渐变段镇墩上所受的轴向推力为多少？

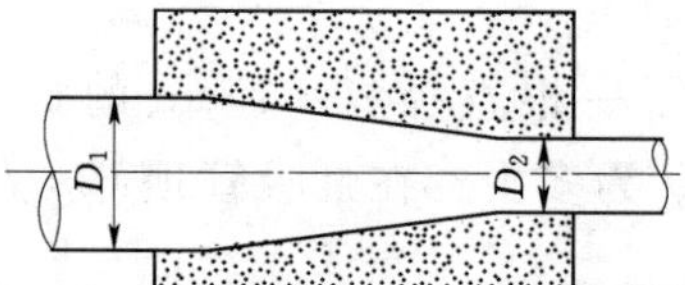

图 3-38

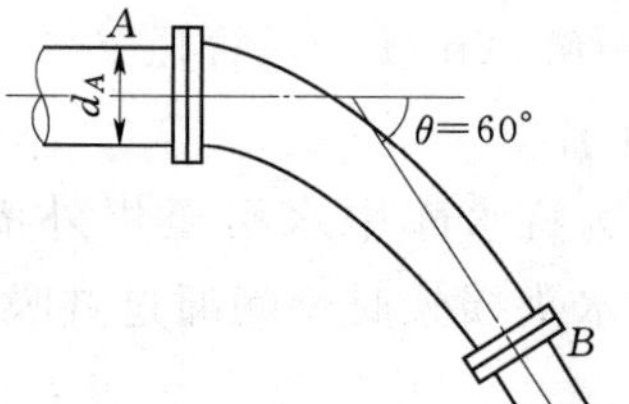

图 3-39

3-20　如图 3-39 所示，水流由直径 $d_A=20\text{cm}$ 的 A 管经一渐缩的弯管流入直径 $d_B=15\text{cm}$ 的 B 管，管轴中心线在同一水平面内，A 管与 B 管之间的夹角 $\theta=60°$，已知通过的流量 $q_V=0.1\text{m}^3/\text{s}$，$A$ 端中心处相对压强 $p_A=120\text{kPa}$，若不计水头损失，求水流对弯管的作用力。

3-21　一拦河滚水坝，如图 3-40 所示，当通过流量 $q_V=40\text{m}^3/\text{s}$ 时，坝上游水深 $H=10\text{m}$，坝后收缩断面处水深 $h_c=0.5\text{m}$，已知坝长 $L=7\text{m}$，求水流对坝体的水平总作用力。

3-22　如图 3-41 所示，水垂直地射击一固定平板，已知射流速度 $v=6.3\text{m/s}$，射流直径为 50mm，求水对平板的作用力。

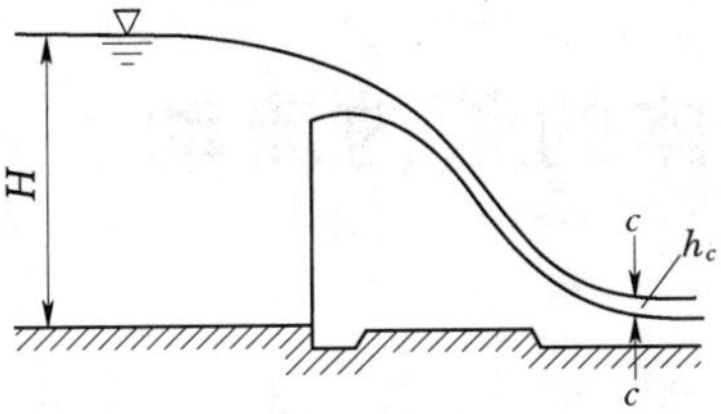

图 3-40

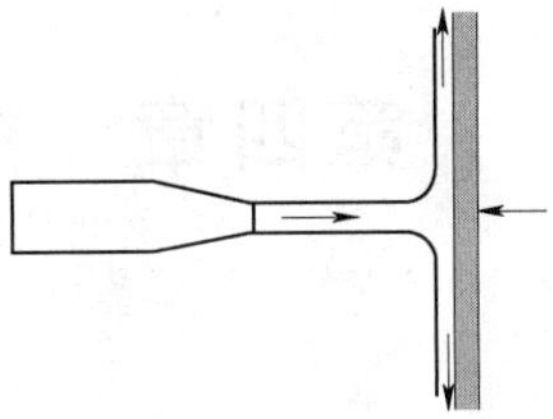

图 3-41

3-23　一四通叉管如图 3-42 所示，其轴线均位于同一水平面内，两端输入流量 $q_{V1}=0.2\text{m}^3/\text{s}$，$q_{V3}=0.1\text{m}^3/\text{s}$，相应断面动水压强 $p_1=20\text{kPa}$，$p_3=15\text{kPa}$，两侧叉管直接喷入大气，已知各管管径 $d_1=0.3\text{m}$，$d_3=0.2\text{m}$，$d_2=0.15\text{m}$，$\theta=30°$。试求交叉处，水流对管壁的作用力（忽略摩擦力不计）。

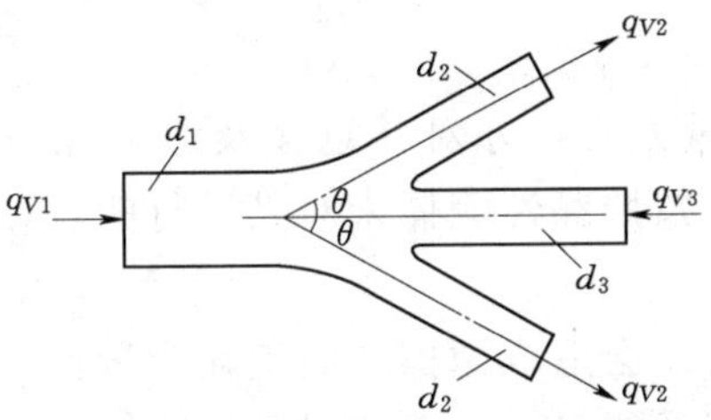

图 3-42

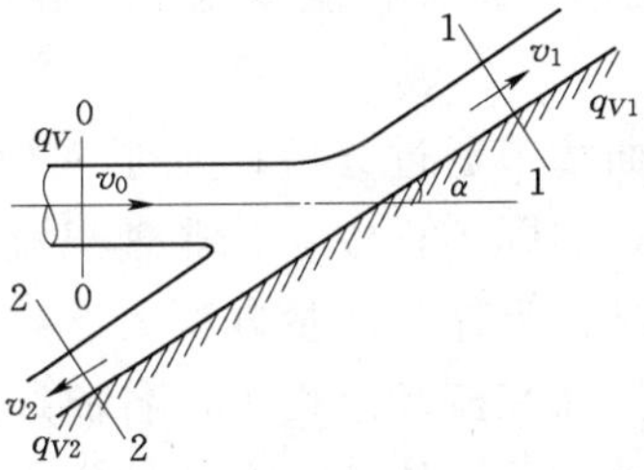

图 3-43

3-24　如图 3-43 所示，设有一股自喷嘴以速度 v_0 喷射出来的水流，冲击在一个与水流方向成 α 角的固定平面壁上，当水流冲击到平面壁后，分成两股水流流出冲击区，若不计重量（流动在一个水平面上），并忽略水流沿平面壁流动时的摩阻力，试推证沿着射流方向施加于平面壁上的压力 $F_p=\rho q_V v_0 \sin\alpha$，并求出 q_{V1} 与 q_{V2} 各为多少？

3-25　如图 3-44 所示，水泵叶轮的内径 $d_1=20\text{cm}$，外径 $d_2=40\text{cm}$，叶片宽度 $b=4\text{cm}$，水在叶轮入口处沿径向流入，在出口处与径向成 30°角的方向流出，质量流量 $q_m=81.58\text{kg/s}$。试求水在叶轮入口与出口处的流速 v_1 与 v_2。

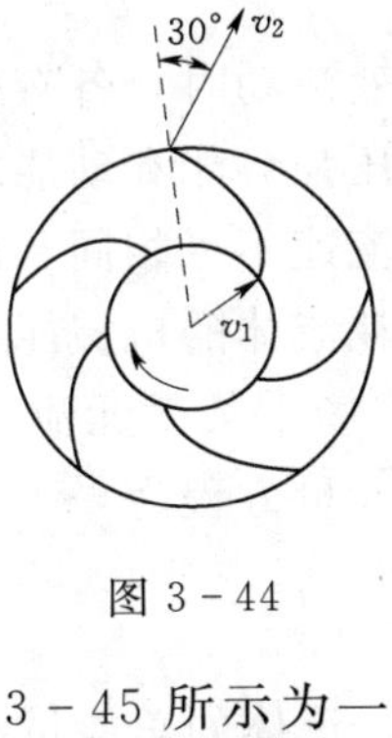

图 3-44

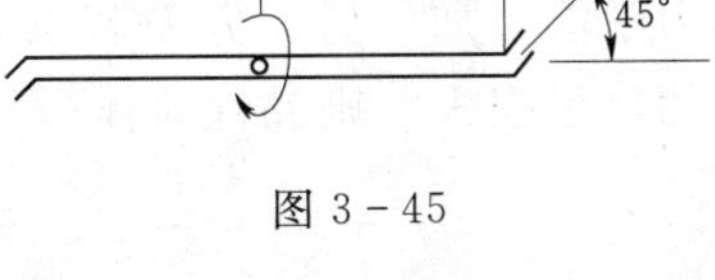

图 3-45

3-26　如图 3-45 所示为一有对称臂的洒水器，设总体积流量为 $5.6\times10^{-4}\text{m}^3/\text{s}$，喷嘴面积为 0.93cm^2。不计摩擦。求它的角速度 ω。如不让它转动，应施加多大扭矩。

第四章　黏性流体的管内流动

知识目标：

- 掌握流体流动损失的种类与原因；水头线的概念与特点；层流与紊流的流动特点；沿程阻力和局部阻力系数的确定
- 了解尼古拉兹实验的实验方法
- 理解各种情况下的黏性流体能量方程；减小流动损失的方法

能力目标：

- 能够运用黏性流体能量方程进行简单的工程计算

在前面章节通过分析得到了理想流体的能量方程，并对其意义及适用范围进行了阐述，然而在实际工程中，并非理想流体，而是要按照黏性流体来对其进行能量计算，因此需要建立黏性流体的能量方程。

黏性流体在流动过程中，各流线之间因速度差会造成摩擦从而消耗能量；当流体在急变流处流动时，流体也会在此处发生碰撞从而消耗能量。本章将对黏性流体在流动过程中的流动损失进行分析，包括其种类、成因及计算方法，同时对常见的圆管流动的特性进行详述。本章是工程中阻力计算、管网计算、管道水力计算、液体压力计算及流体机械设备能量计算的重要基础和依据。

第一节　管内流动的能量损失

在实际工程中，流体都是有黏性的，并且流动经常处于急变流，为了对其在流动过程中的能量或水头准确计算，首先需要确定黏性流体的能量方程。

一、黏性流体微元流束的能量方程

当不可压缩理想流体在重力作用下做定常均匀或缓变流动时，各有效截面上的速度是个定值，流束上各点的单位重量流体所具有的位势能、压强势能和动能之和保持不变。而对于实际的黏性流体，一方面在有效截面上各个地方的流速不尽相同，该速度的差异必将会形成流体内部的切向应力或内摩擦力，此摩擦力将消耗流体的机械能，并转化为流体的热能，使流体的热力学能增加；另一方面若以 h'_w 表示流场中某微元流束自截面 1 流动到截面 2 的单位重量的能量损失，则黏性流体微元流束的能量方程为

$$z_1+\frac{p_1}{\rho g}+\frac{v_1^2}{2g}=z_2+\frac{p_2}{\rho g}+\frac{v_2^2}{2g}+h'_w \tag{4-1}$$

从式（4－1）可见，实际流体在没有能量输入的情况下，流体的总能量沿流动方向不断减小，该减小的值 h'_w 称为水头损失。

二、黏性流体总流的能量方程

对于定常流动的缓变流，要么流线几乎平行，要么转弯处曲率半径很大，如果流线几乎平行则其速度几乎不变，如果转弯处曲率半径很大则其离心力可以忽略不计，因此在定常流动的缓变流中可以不考虑其惯性力，因此缓变流中的流体微团只受重力和压强的作用，于是在缓变流的有效截面的压强分布与重力作用下的静压强分布规律一样，即在同一有效截面上各点的 $z+\dfrac{p}{\rho g}=C$。

微元流束有效截面上各点的速度是一样的，但是对于总流在每个有效截面上的速度是不同的，而总流又是无数微元流束之和，因此把微元流束能量方程在两断面范围内积分，就可以得到定常流动的黏性流体总流的总能量方程：

$$\int_{q_{V1}}\left(z_1+\frac{p_1}{\rho g}+\frac{{v_1}^2}{2g}\right)\rho g\,\mathrm{d}q_V=\int_{q_{V2}}\left(z_2+\frac{p_2}{\rho g}+\frac{{v_2}^2}{2g}\right)\rho g\,\mathrm{d}q_V+\int_{q_{V1-2}}h'_w\rho g\,\mathrm{d}q_V \tag{4-2}$$

如果不存在分流与合流，此时 $q_{V1}=q_{V2}=q_{V1-2}$；同时，在缓变流同一有效截面上各点的 $z+\dfrac{p}{\rho g}=C$，此时 $z_1+\dfrac{p_1}{\rho g}=C_1$、$z_2+\dfrac{p_2}{\rho g}=C_2$。所以，若把两断面选择在缓变流的两个有效截面上，上式可变为

$$\begin{aligned}&\left(z_1+\frac{p_1}{\rho g}\right)\int_{q_V}\rho g\,\mathrm{d}q_V+\int_{q_V}\frac{{v_1}^2}{2g}\rho g\,\mathrm{d}q_V\\&=\left(z_2+\frac{p_2}{\rho g}\right)\int_{q_V}\rho g\,\mathrm{d}q_V+\int_{q_V}\frac{{v_2}^2}{2g}\rho g\,\mathrm{d}q_V+\int_{q_V}h'_w\rho g\,\mathrm{d}q_V\end{aligned} \tag{4-3}$$

对于不可压缩流体，以 $\int_{q_V}\rho g\,\mathrm{d}q_V=\rho g q_V$ 通除式（4-3），可得如下总流单位重量的能量方程

$$\left(z_1+\frac{p_1}{\rho g}\right)+\frac{1}{q_V}\int_{q_V}\frac{{v_1}^2}{2g}\mathrm{d}q_V=\left(z_2+\frac{p_2}{\rho g}\right)+\frac{1}{q_V}\int_{q_V}\frac{{v_2}^2}{2g}\mathrm{d}q_V+\frac{1}{q_V}\int_{q_V}h'_w\,\mathrm{d}q_V \tag{4-4}$$

用有效截面上的平均流速 V 代替实际流速 v，则上式中的平均单位重量流体的动能项可改写为

$$\frac{1}{q_V}\int_{q_V}\frac{v^2}{2g}\mathrm{d}q_V=\frac{1}{AV}\iint_A\frac{v^2}{2g}v\,\mathrm{d}A=\frac{1}{A}\iint_A\left(\frac{v}{V}\right)^3\frac{V^2}{2g}\mathrm{d}A=\alpha\frac{V^2}{2g} \tag{4-5}$$

其中

$$\alpha=\frac{1}{A}\iint_A\left(\frac{v}{V}\right)^3\mathrm{d}A \tag{4-6}$$

式中：α 为总流的动能修正系数。

若以 h_w 表示总流从有效截面 1 到有效截面 2 之间的平均单位重量流体的能量损失，即

$$h_w=\frac{1}{q_V}\int_{q_V}h'_w\,\mathrm{d}q_V \tag{4-7}$$

将式（4-5）和式（4-7）代入式（4-4）中得总流单位重量流体的能量方程或黏性流体的伯努利方程：

$$z_1+\frac{p_1}{\rho g}+\alpha_1\frac{{V_1}^2}{2g}=z_2+\frac{p_2}{\rho g}+\alpha_2\frac{V_2^2}{2g}+h_w \tag{4-8}$$

式中：z_1、z_2 与 p_1、p_2 意为选定的1、2缓变流断面同一点上相对于选定基准面的高度与同一选定点的相对或绝对压强，对于管中流动常取有效截面上轴线处的相对高度与压强；V_1、V_2 为相应断面的平均流速，常由式 $V=\frac{q_v}{A}$ 来求取；α_1、α_2 为相应断面的动能修正系数，与流体的流动状态有直接关系，在实际工业管道中其值一般取1；h_w 为总流从有效截面1流至有效截面2时的平均单位重量流体的能量损失。

从式（4－8）的得出过程可以得知其适用条件为：不可压缩黏性流体在重力作用下作定常流动的任意两个缓变流的有效截面，两个有效截面之间没有能量的输入与输出，与两个有效截面之间是否为缓变流无关。

三、有能量输入和输出时的黏性流体能量方程

在实际工程中经常需要用泵或风机来给管道中的流体做功以增大流体的动能或压力能，或者在流场中加了水轮机、汽轮机或马达以把流体的动能或压力能转变为输出设备的机械能。如图4－1所示，如果流体从管道中的有效截面1流至有效截面2时，中间加入了一个扬程为 H_i 的泵，即泵传递给流体的平均单位重量的能量为 H_i，则有效截面2上单位重量流体的能量比原来增加了 H_i，于是此时的能量方程应变为

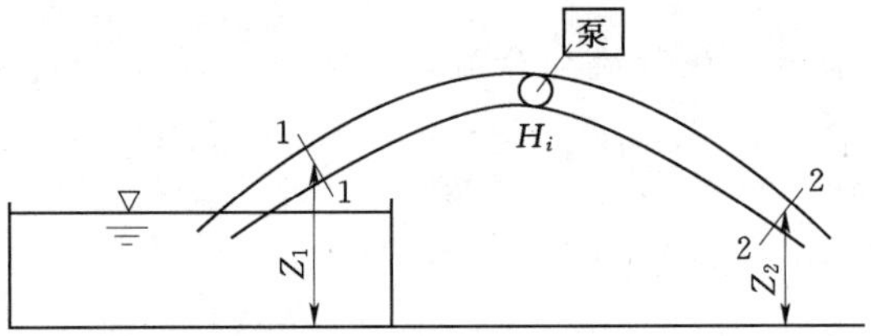

图4－1　水泵吸水系统

$$z_1+\frac{p_1}{\rho g}+\alpha_1\frac{V_1^{\ 2}}{2g}+H_i=z_2+\frac{p_2}{\rho g}+\alpha_2\frac{V_2^{\ 2}}{2g}+h_w \tag{4-9}$$

式（4－9）是实际工程中确定或选择泵的扬程或风机的全压的计算依据之一。如果流体从管道中的有效截面1流至有效截面2时，中间接入了一个水轮机，平均单位重量流体给水轮机做功为 H_0，则有效截面2上单位重量流体的能量比原来减少了 H_0，则此时的能量方程应变为

$$z_1+\frac{p_1}{\rho g}+\alpha_1\frac{V_1^{\ 2}}{2g}=z_2+\frac{p_2}{\rho g}+\alpha_2\frac{V_2^{\ 2}}{2g}+H_0+h_w \tag{4-10}$$

四、分流与合流时黏性流体的能量方程

如图4－2中分流所示为例，流体从管道1分流成管道2与管道3，其流量满足 $q_{v_1}=q_{v_2}+q_{v_3}$，那能量方程该怎么建立呢？为减小分流岔口处的影响，取远离分岔处的管道的有效截面1、2、3，对于黏性流体的能量方程中的每一项都代表单位重量流体具有的能量或能量损失，也就是说是流体最小单位的能量，不能对其进行加以分割，因此无论流向截面2还是流向截面3的流体在截面1上具有的单位重量的平均能量都一样，其能量都是 $z_1+\frac{p_1}{\rho g}+\frac{V_1^2}{2g}$，只不过流到每个分路的能量损失不同而以，并且分到每路的能量损失也是用单位重量流体的能量损失

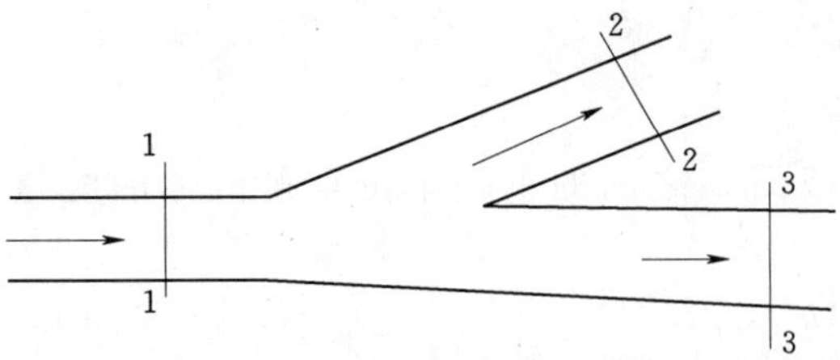

图4－2　分流流动

来表示的，若以 h_{w1-2} 来表示从有效截面 1 流至有效截面 2 时的平均单位重量流体的能量损失，以 h_{w1-3} 来表示从有效截面 1 流至有效截面 3 时的平均单位重量流体的能量损失，则从有效截面 1 流至 2 时的能量方程为

$$z_1+\frac{p_1}{\rho g}+\alpha_1\frac{V_1^2}{2g}=z_2+\frac{p_2}{\rho g}+\alpha_2\frac{V_2^2}{2g}+h_{w1-2} \tag{4-11}$$

而从有效截面 1 流至 3 时的能量方程为

$$z_1+\frac{p_1}{\rho g}+\alpha_1\frac{V_1^2}{2g}=z_3+\frac{p_3}{\rho g}+\alpha_3\frac{V_3^2}{2g}+h_{w1-3} \tag{4-12}$$

合流时与分流时能量方程的建立过程相同，不再详述。

五、黏性流体的总水头线

如图 4-3 所示，黏性流体在流动过程中，为了克服流动阻力，在没有能量输入的情况下，总流的实际总水头线总是沿流线方向逐渐降低，即总机械能总是减小。

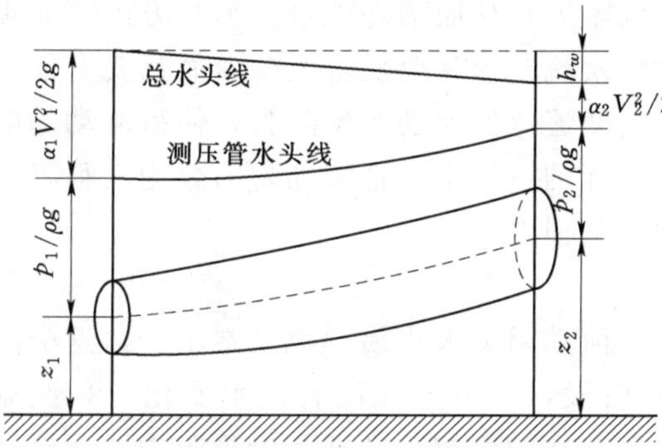

图 4-3　黏性流体总水头线

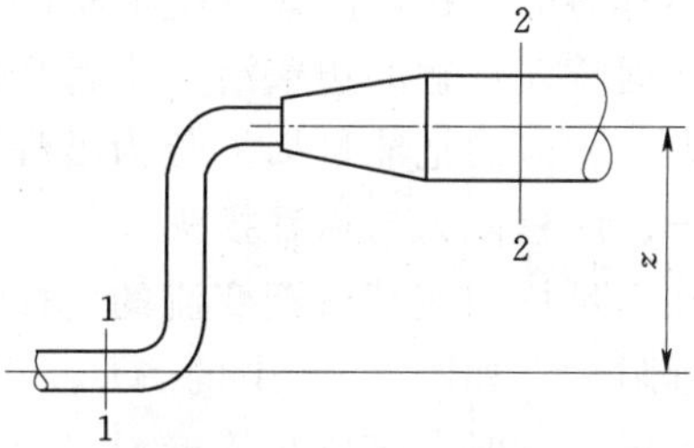

图 4-4　转弯变径管

【例 4-1】 水流过一段转弯变径管，如图 4-4 所示，已知小管径 $d_1=300\text{mm}$，截面压力 $p_1=80\text{kPa}$，大管径 $d_2=500\text{mm}$，压力 $p_2=50\text{kPa}$，流速 $V_2=2\text{m/s}$，两截面中心高度差 $z=1\text{m}$，试判断管中水流方向，并计算水流经过此段管道的水头损失。

解： 由连续性方程

$$V_1A_1=V_2A_2$$

可得液体在截面 1 的平均流速

$$V_1=\frac{V_2A_2}{A_1}=\frac{2\times\frac{0.5^2\pi}{4}}{\frac{0.3^2\pi}{4}}=5.6(\text{m/s})$$

取截面 1 的轴线所在水平面为基准面，截面 1 上单位重量流体具有的能量：

$$E_1=\frac{p_1}{\rho g}+\frac{V_1^2}{2g}=\frac{80000}{1000\times 9.806}+\frac{5.6^2}{2\times 9.806}=9.8(\text{m})$$

截面 2 上单位重量流体具有的能量：

$$E_2=\frac{p_2}{\rho g}+\frac{V_2^2}{2g}+z=\frac{50000}{1000\times 9.806}+\frac{2^2}{2\times 9.806}+1=6.3(\text{m})$$

因为 $$E_1>E_2$$

所以水流方向为由截面 1 到截面 2。

其水头损失

$$h_w=\left(z_1+\frac{p_1}{\rho g}+\frac{V_1^2}{2g}\right)-\left(z_2+\frac{p_2}{\rho g}+\frac{V_2^2}{2g}\right)=E_1-E_2=3.5\ (\mathrm{m})$$

第二节 流动阻力和流动损失

在实际生活和工程流动设计及计算中，流体都是具有黏性存在的。当实际流体在固体壁面流动时，由于黏性的存在，流体与固体边壁的相对速度为零，而因为流动的存在，在远离边壁的区域要以一定的速度向前流动。如果管壁处于静止状态，此时在管道内的流体流动速度必然存在从管壁的零速度到远离管壁速度增大的变化过程。由牛顿内摩擦定律可知，对于这种流速分布不均匀的实际黏性流体，在流动的垂直方向上存在的速度梯度，在相对运动着的流层间必定存在切向应力，形成阻力，从而消耗能量。另一方面，如果固体边壁在某处突然发生了形状变化，则流动状态及流线形状要发生改变，而只要有任何变化则总会有力的存在，因此管壁形状的变化也会使流体的流动产生阻力，使得流动的能量损失。根据流体接触的边壁沿程是否变化，在实际的工程中，把流动阻力分为沿程阻力和局部阻力，相应的把能量损失分为沿程损失和局部损失。

一、沿程阻力与沿程损失

在满足均匀流动或渐变流的管段边壁上，流动阻力大小沿程也基本不变，这类阻力称为沿程阻力。如图 4－5 中的 AB、CD、EF 管段，管道直径没有发生变化，黏性流体在此管道中流动时，流体与管壁面以及流体之间存在的摩擦力，即为沿程阻力。而流体流动克服沿程阻力而损失的能量，就称为沿程损失。由此可见造成流体沿程损失的根源是流体的黏性。沿程损失是发生在均匀流或缓变流的整个流程中的能量损失，它的大小与流过的管道长度成正比，因此又常把沿程损失称为长度损失。而单位长度的沿程损失又代表了管道相对阻力的大小，所以又把单位长度的沿程损失称为水力坡度，用 J 来表示。

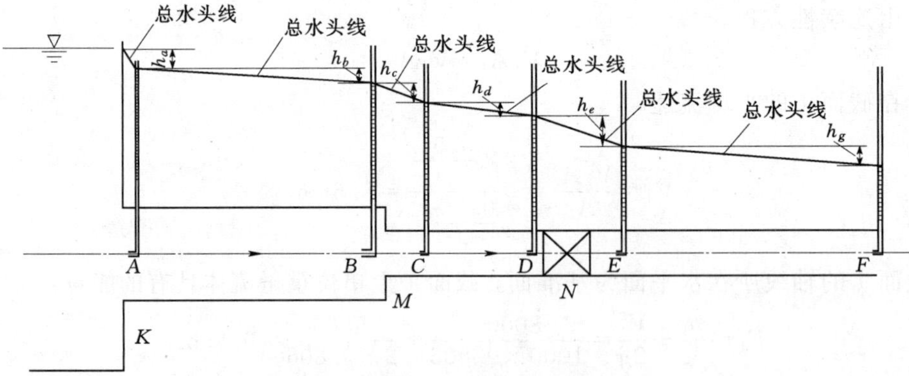

图 4－5 流动阻力示意图

单位重量流体的沿程损失称为沿程水头损失，以 h_f 表示，其单位为 m；对于气体，工程中常用单位体积流体的沿程损失来表示其能量损失，又称为沿程压强损失，以 Δp_f

表示，其单位为 Pa，$\Delta p_f=\rho g h_f$。

在管道流动中的沿程损失，与流体的流动状态及管道的尺寸有着密切关系，可用达西-威斯巴赫（Darcy - Weisbach）公式求得

$$h_f=\lambda\frac{l}{d}\frac{V^2}{2g} \tag{4-13a}$$

相应的

$$\Delta p_f=\lambda\frac{l}{d}\frac{\rho V^2}{2} \tag{4-13b}$$

式中：λ 为沿程阻力系数，无量纲，与雷诺数和管壁粗糙度有关的变量，将在本章第六节详述；l 为管道长度，m；d 为管道内径，m；V 为有效截面的平均流速，m/s。

如图 4-5 中的 h_b、h_d、h_g 即是流体在个管段内的沿程损失。

二、局部阻力与局部损失

在产生急变流的管段处，流动状态和流线都会发生急剧变化，如图 4-5 中的管道入口处、管道突然缩小处、阀门处，流体流经这些局部装置或突变边界处时流速将重新分布，由于流体质点与质点及与局部装置之间发生碰撞、产生漩涡，使流体的流动受到阻碍，由于这种阻碍是发生在局部的急变流动区段，所以称为局部阻力。流体为克服局部阻力而损失的能量，称为局部损失。

单位重量流体的局部损失称为局部水头损失，以 h_j 表示，其单位为 m；对于气体，工程中常用单位体积流体的局部损失来表示其能量损失，单位体积流体的局部损失又称为局部压强损失，以 Δp_j 表示，其单位为 Pa，$\Delta p_j=\rho g h_j$。

在管道流动中局部损失可用下式求得：

$$h_j=\zeta\frac{V^2}{2g} \tag{4-14a}$$

$$\Delta p_j=\zeta\frac{\rho V^2}{2} \tag{4-14b}$$

式中：ζ 为局部阻力系数，无量纲，与管道边壁形状变化或局部装置特性有关，其值可由实验确定，将在本章第七节详述。

如图 4-5 中的 h_a、h_c、h_e 即是流体在个管段内的沿程损失。

三、总阻力和总能量损失

在工程实际中，绝大多数管道系统是由许多等直管段和一些管道附件连接在一起所组成的，如图 4-5 所示，所以在一个管道系统中，既有沿程损失又有局部损失。把沿程阻力和局部阻力二者之和称为总阻力，沿程损失和局部损失二者之和称为总能量损失。即把沿程阻力和局部阻力二者之和称为总阻力，而总能量损失应等于首尾相连的各段沿程损失和局部损失的总和，即

$$h_w=\sum h_f+\sum h_j \tag{4-15a}$$

$$\Delta p_w=\rho g h_w=\sum\Delta p_f+\sum\Delta p_j \tag{4-15b}$$

如图 4-5 中：

$$\sum h_f=h_b+h_d+h_g$$

$$\sum h_j=h_a+h_c+h_e$$

所以
$$h_w=\sum h_f+\sum h_j=h_a+h_b+h_c+h_d+h_e+h_g$$
$$\Delta p_w=\rho g h_w=\sum \Delta p_f+\sum \Delta p_j=\rho g(h_a+h_b+h_c+h_d+h_e+h_g)$$

第三节　黏性流体的两种流动状态

英国物理学家雷诺（Reynolds）在1883发表的论著中，不仅通过实验肯定了流体具有层流和紊流两种流动状态，而且测定了流动中的能量损失与这两种流动状态的关系。

一、雷诺实验

雷诺实验的装置如图4-6所示。当管2中的水流速度较低时，如拧开颜色水瓶下的阀门，便可看到一条明确的细小的着色流束，此流束不与周围的水相混，如图4-7（a）所示。如果细管5的出口移至管2进口的其他位置，看到的仍然是一条明晰的细小的着色流束。由此可以判断，管2内的整个流场呈一簇互相平行的流线，这种流动状态称为层流（或片流）。当管2内的流速逐渐增大时，开始阶段着色流束仍呈清晰的细线，流动状态仍没有发生变化。当流速增大到一定数值时，着色流束振荡。处于不稳定状态，如图4-7（b）所示。如果流速再稍增加，振荡的流束便会突然破裂，着色流束在进口段的一定距离内消失，而与周围的流体相混，颜色扩散至整个玻璃管内，如图4-7（c）所示。这时流体质点作复杂的无规则的运动。这种流动状态称为紊流（或湍流）。由层流过渡到紊流的速度极限值称为上临界速度，以V_c'表示之。继续增大流速，将进一步增加流动的紊乱程度。

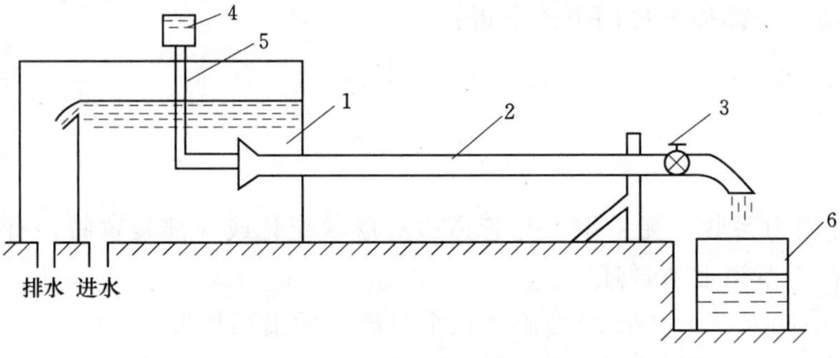

图4-6　雷诺实验装置

1—水箱；2—玻璃管；3—阀门；4—颜色水瓶；5—细管；6—量筒

如果实验反过来进行，管内流速自高于上临界的速度逐渐降低，则会发现，当流速降低到比上临界速度V_c'更低的，称为下临界速度的V_c时，处于紊流状态的流动便会稳定地转变为层流状态，着色流束重新成为一条明晰的细小的直线。

由雷诺实验可以看出，黏性流体存在两种流动状态——层流与紊流。当流速超过上临界速度V_c'时，层流转变为紊流；当流速低于下临界速度V_c时，紊流转变为层流；当流速介于上、下临界速度之间时，流体的流动状态可能是层流也可以是紊流，与实验的起始状态及有无扰动等因素有关。另外，在相同的玻璃管径下用不同的液体进行实验，所测得的临界流速也不同，黏性大的液体临界流速也大；若用相同的液体在不同玻璃管径下进行实验，所测得的临界流速也不同，管径大的临界流速反而小。

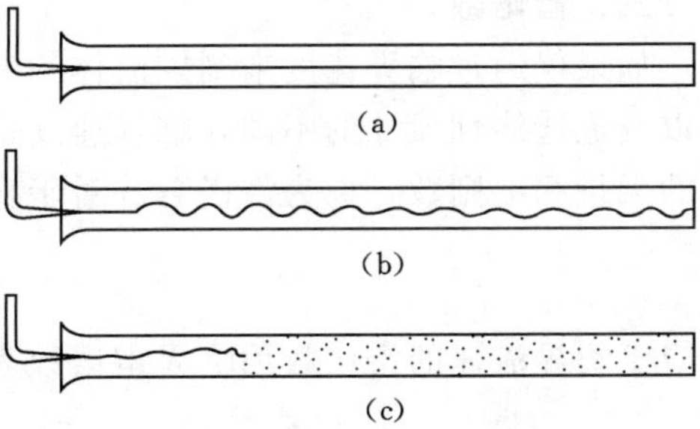

图 4-7　雷诺实验显示的流动状态

(a) 层流；(b) 层流及紊流的过渡状态；(c) 紊流

二、流动状态与沿程损失的关系

雷诺曾经用图 4-8 (a) 所示的简单装置测定了沿程损失 h_f 随平均流速 V 变化的规律。从而看出沿程损失与流动状态之间的关系。当流速由低到高升高时，实验点沿 $OABCD$ 线移动；当流速由高到低降低时，实验点沿 $DCAO$ 线移动，见图 4-8 (b)。如果用对数坐标整理上述实验结果，便可得到如图 4-8 (c) 所示的对应的直线变化。对数坐标上的直线方程式为

$$\lg h_f = \lg k + m \lg V$$

即

$$h_f = kV^m$$

式中：k 为系数；m 为指数，均由实验确定。

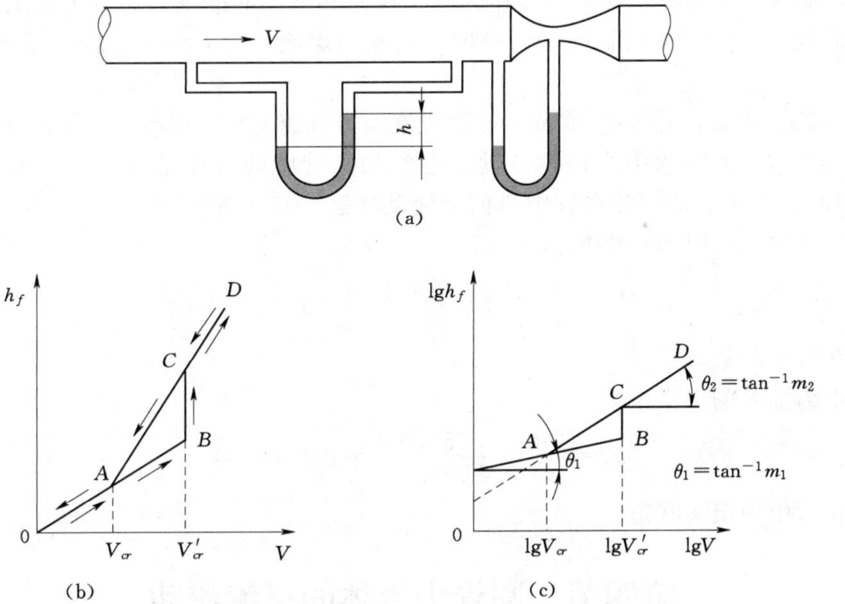

图 4-8　测定沿程损失的装置，沿程损失与流速的关系示意

实验指出：

(1) 当 $V < V_c$ 时，$m_1 = 1$，即层流中的沿程损失 h_f 与平均流速 V 的一次方成正比。

(2) 当 $V > V'_c$ 时，$m_2 = 1.75 \sim 2$，即紊流中的沿程损失与平均流速 V 的 $1.75 \sim 2$ 次方成正比。

可见，沿程损失与流动状态有关。因此，要计算各种流体通道的沿程损失，必须先判别流体的流动状态。

三、雷诺数

如果仅通过临界速度来判别流体的流动状态是很不方便的，因为随着流体的黏度、密度以及流道线性尺寸的不同，临界速度也不同。雷诺通过大量实验归纳出判别流体流动状态的无量纲准则数，称为雷诺数。对于直径为 d 的圆截面管道雷诺数 Re 可以表示为

$$Re=\frac{Vd}{\nu} \tag{4-16}$$

对应于临界流速的雷诺数用临界雷诺数表示：

$$Re_c=\frac{V_c d}{\nu} \tag{4-17a}$$

$$Re_c'=\frac{V_c' d}{\nu} \tag{4-17b}$$

实验结果指出，不论流体的性质和管径如何变化，下临界雷诺数 $Re_c=2320$，上临界雷诺数可达 $Re_c'=13800$，甚至更高些。上临界雷诺数与实验的环境条件和流动的起始状态有关。当 $Re<Re_c$ 时，流动为层流；当 $Re>Re_c'$时，流动为紊流；当 $Re_c<Re<Re_c'$时，可能是层流，也可能是紊流，处于极不稳定的状态。这时，即使小心实验，可以保持层流，但只要稍有扰动，层流瞬即被破坏而转变为紊流。因此，上临界雷诺数在工程上没有实用意义，通常把下临界雷诺数 Re_c 作为判别层流和紊流的准则，而且工程上一般取圆管的临界雷诺数 $Re_c=2000$。当 $Re\leqslant 2000$ 时，流动为层流；当 $Re>2000$ 时，即认为流动是紊流。

【例 4-2】 水在内径 $d=200\text{mm}$ 的管中流动，流速 $V=0.25\text{m/s}$，水的运动黏度 $\nu=1\times10^{-6}\text{m}^2/\text{s}$。求，水在管中为何种流动状态？如果管中的流体是油，流速不变，其运动黏度为 $\nu=31\times10^{-6}$。请问油在管中是何种流动状态？

解：当管中为水时的雷诺数：

$$Re=\frac{Vd}{\nu}=\frac{0.25\times0.2}{1\times10^{-6}}=5\times10^4>2000$$

所以，水在管中为紊流状态。

当管中为油时的雷诺数：

$$Re=\frac{Vd}{\nu}=\frac{0.25\times0.2}{31\times10^{-6}}=1610<2000$$

所以，油在管中为层流状态。

第四节　圆管中流体的层流流动

黏性流体在圆形管道中作层流流动时，流体质点沿流动方向只有轴向运动；由于黏性的作用，在管壁上流体质点的流速等于零，而至圆管的中心流速达到最大值，因此其速度分布是轴对称的；因为层流时黏性力占主要地位，所以管道中流体的质量对其流动性能的影响很小。本节主要讲述均质不可压流体在等直径圆管中作定常层流流动时，其有效截面上切应力和流速的分布、流量和层流时沿程阻力系数理论值等规律。

一、沿程损失与切向应力的基本方程式

由上节内容可知，流体的黏性是造成流体沿程损失的根源，同时倘若管壁处于静止状

态，管道内的流体流动速度必然存在从管壁的零速度到远离管壁速度增大的变化过程，由牛顿内摩擦定律可知，在流动的垂直方向上必然存在速度梯度，在相对运动着的流层间必定存在切向应力。为此，首先需要求解沿程损失与切向应力大小之间关系的方程式。流体在某段与水平面成 θ 角、半径为 R 的等径直管中作定常层流流动，在其中沿轴向、以管轴线为轴，取一半径为 r，长度为 l 的流段为研究对象，如图 4-9 所示。对该研究对象受力分析可知：其所受的表面力有 1—1 面上的压力 $P_1=p_1A$、2—2 面上的压力 $P_2=p_2A$、侧面上与流动方向相反的总摩擦力 $F_f=2\pi rl\tau$，其所受的质量力只有重力 $G=\rho gAl$。由于流体在该流段内作定常、均匀流动，故其所受合外力为 0，据此建立作用在所取流段上各力在流动轴线上的平衡方程：

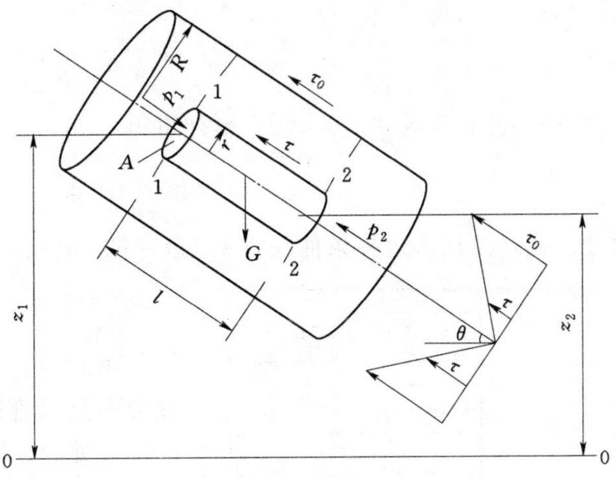

图 4-9　圆管均匀流动

$$p_1A-p_2A-2\pi rl\tau+\rho gA(z_1-z_2)=0$$

式中：$A=\pi r^2$

整理上式可得

$$\left(z_1+\frac{p_1}{\rho g}\right)-\left(z_2+\frac{p_2}{\rho g}\right)=\frac{2\tau}{r\rho g}l \tag{4-18}$$

同时以 0—0 面为基准面建立 1—1 面与 2—2 面能量方程可得

$$z_1+\frac{p_1}{\rho g}+\alpha_1\frac{V_1^2}{2g}=z_2+\frac{p_2}{\rho g}+\alpha_2\frac{V_2^2}{2g}+h_f$$

对于此均匀流动　$\alpha_1=\alpha_2$，$V_1=V_2$

因而均匀流基本方程式

$$h_f=\left(z_1+\frac{p_1}{\rho g}\right)-\left(z_2+\frac{p_2}{\rho g}\right) \tag{4-19}$$

由式（4-18）与式（4-19）可得沿程损失与切向应力的关系式：

$$h_f=\frac{2\tau}{r\rho g}l \tag{4-20}$$

$$J=\frac{2\tau}{r\rho g} \tag{4-21}$$

可见，切向应力大小与沿程损失成正比；同时对于某种液体，切向应力是形成水力坡度的直接因素。

二、流速分布与流量分析

层流时，各质点间互不掺混，各流束都做平行于轴线的规则运动，并且在圆管中由于流速 u 随半径 r 的增加而减小，因而此时切向应力与流速的关系可由如下牛顿内摩擦定律应表示：

$$\tau=-\mu\frac{\mathrm{d}u}{\mathrm{d}r} \tag{4-22}$$

将式（4-22）代入式（4-20）整理可得

$$\mathrm{d}u=-\frac{\rho g h_f}{2\mu\, l}r\,\mathrm{d}r=-\frac{\Delta p_f}{2\mu l}r\,\mathrm{d}r$$

积分上式，并代入边界条件在管壁上 $r=R$，$u=0$，可得速度分布与半径之间的关系式：

$$u=\frac{\Delta p_f}{4\mu l}(R^2-r^2) \tag{4-23}$$

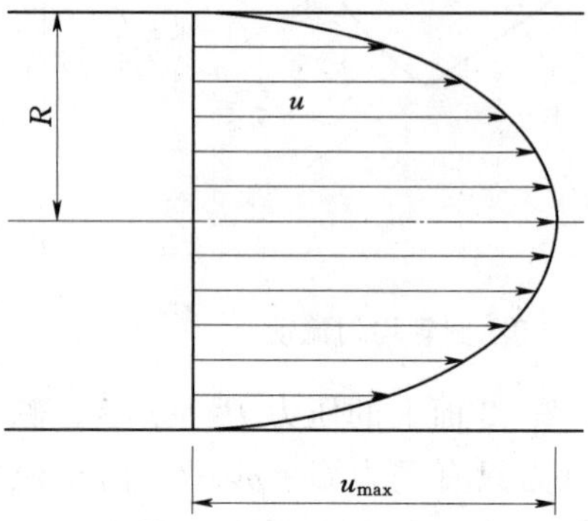

图 4-10　圆管层流速度分布

由式（4-23）可见，在管道的有效截面上，流速分布是以管道中心线为轴对称的旋转抛物面，如图 4-10 所示；同时，正是因为黏性流体的沿程损失 Δp_f 才使得抛物面分布的存在，如果是理想流体则其以相同的速度向前运动，此时不存在沿程损失，故也不存在此抛物面的速度分布了。

将式（4-23）代入流量的计算公式，并取半径 r 处宽度为 $\mathrm{d}r$ 的微小环形面积，可得

$$q_V=\iint_A \mathrm{d}q_V=\int_0^R u2\pi r\mathrm{d}r=\int_0^R\frac{\Delta p_f}{4\mu l}(R^2-r^2)2\pi r\mathrm{d}r$$

$$=\frac{\Delta p_f\pi}{8\mu l}R^4 \tag{4-24}$$

式（4-24）称为哈根-波素叶（Hagen-Poiseuille）定律，此式对于验证层流理论及测定黏度 μ 有很重要的意义。同时说明：定常流动的圆管层流，流量与水力坡度成正比、与管半径成四次方的关系。

三、最大流速与平均流速

由式（4-24）可求得圆管有效截面上的平均流速：

$$V=\frac{q_V}{A}=\frac{\Delta p_f\pi R^4}{8\mu l\pi R^2}=\frac{\Delta p_f}{8\mu l}R^2 \tag{4-25}$$

可由式（4-23），可知流速最大值在圆管轴线上，令 $r=0$，得

$$u_{\max}=\frac{\Delta p_f}{4\mu l}R^2 \tag{4-26}$$

可见：$V=\frac{1}{2}u_{\max}$，即圆管中层流流动时，平均流速为最大流速的一半。如果用皮托管测量出圆管中层流时在轴心处的速度，则可以计算得出其流量：

$$q_V=VA=\frac{u_{\max}}{2}\pi R^2$$

四、切应力分布

由牛顿内摩擦定律可得圆管层流中切应力在有效截面上的分布规律：

$$\tau=-\mu\frac{\mathrm{d}u}{\mathrm{d}r}=-\mu\frac{\mathrm{d}}{\mathrm{d}r}\left[\frac{\Delta p_f}{4\mu l}(R^2-r^2)\right]=\frac{\Delta p_f r}{2l} \tag{4-27}$$

式（4－27）表明，在圆管的有效截面上，切应力大小与管半径成正比例，$\tau=\tau(r)$ 为直线关系，如图 4－11 所示，呈 K 字形分布。在管壁处 $r=R$，可得管中最大的切向应力为

$$\tau_{\max}=\frac{\Delta p_f R}{2l} \tag{4-28}$$

而在管轴心处 $r=0$ 时

$$\tau_{\min}=0 \tag{4-29}$$

并由式（4－27）与式（4－28）故式可知：

$$\tau=\tau_{\max}\left(\frac{r}{R}\right) \tag{4-30}$$

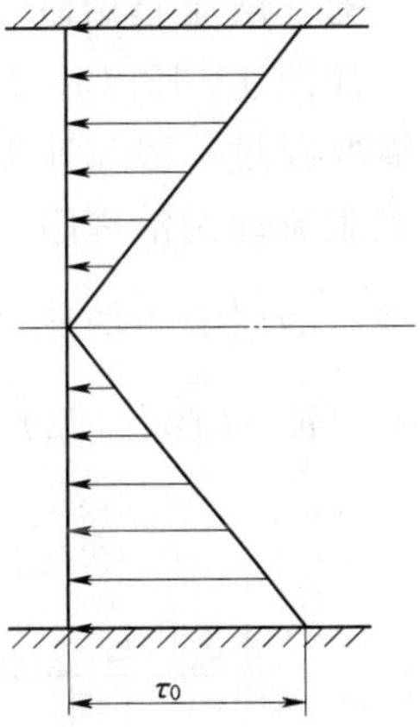

图 4－11　圆管层流切应力分布

有了管壁处的切应力 $\tau_0=\tau_{\max}$，再乘以管壁上的摩擦面积 $2\pi Rl$，则可得出作用在管壁上的总摩擦力：

$$F_f=\tau_0 2\pi Rl=\frac{\Delta p_f\cdot R}{2l}2\pi Rl=\frac{8\mu lV}{R^2}\pi R^2=8\pi\mu lV \tag{4-31}$$

从式（4－31）中可见，处于平衡状态的管流两端面上的压力差与管壁上的摩擦力相平衡，而这关系无论层流还是湍流都符合，所以式（4－31）也适用于湍流。

五、沿程损失与沿程阻力系数

将计算平均流速的式（4－25）写成沿程水头损失的一般形式，则可得

$$h_f=\frac{\Delta p_f}{\rho g}=\frac{8\rho\nu lV}{\rho g r_0^2}=\frac{32\times 2}{\frac{Vd}{\nu}}\frac{l}{d}\frac{V^2}{2g}=\frac{64}{Re}\frac{l}{d}\frac{V^2}{2g}$$

与 $h_f=\lambda\frac{l}{d}\frac{V^2}{2g}$ 相比较，可知流体在等直径圆管中作层流流动时，沿程阻力系数：

$$\lambda=\frac{64}{Re} \tag{4-32}$$

因摩擦阻力而造成的流体功率损失可由下式求得

$$N=F_fV=\Delta p_f AV=h_f\rho g q_V \tag{4-33}$$

将式（4－24）代入上式得到层流流动的功率损失：

$$N=\Delta p_f q_V=\frac{8\mu l q_V^2}{\pi R^4}=\frac{128\mu l q_V^2}{\pi d^4} \tag{4-34}$$

从式（4－34）可见，输送处于层流状态的一定流量的流体，降低黏度或加大管径可以降低功率损耗，但应保证不能进入湍流状态。

六、动能与动量修正系数

将式（4－23）和式（4－25）代入动能修正系数公式可得层流状态的动能修正系数为

$$\alpha=\frac{1}{A}\iint_A\left(\frac{u}{V}\right)^3\mathrm{d}A=\frac{1}{\pi R^2}\int_0^R\left\{2\left[1-\left(\frac{r}{R}\right)^2\right]\right\}^3\times 2\pi r\mathrm{d}r=2 \tag{4-35}$$

将式（4－23）和式（4－25）代入动量修正系数公式可得层流状态的动量修正系数为

$$\alpha_0=\frac{1}{A}\iint_A\left(\frac{u}{V}\right)^2\mathrm{d}A=\frac{8\int_0^R(R^2-r^2)^2 r\mathrm{d}r}{R^6}=\frac{4}{3} \tag{4-36}$$

七、层流起始段

如图 4-12（a）所示，层流的旋转速度抛物面规律不是刚入管口就能立即形成，而是需要经过一段流速变化的距离，这段距离叫做层流起始段。在层流起始段内的流体，既要克服流动的沿程阻力，同时还要克服流体速度分布的变形阻力，所以内摩擦力大于完全扩展了的层流中的流体内摩擦力，若以 $\lambda=\dfrac{K}{Re}$ 来表示在层流起始段的沿程阻力系数，则 $K>64$，$K\in(70, 122)$，而其常取 75。而在层流起始段的长度

$$L_0=0.02875Re \tag{4-37}$$

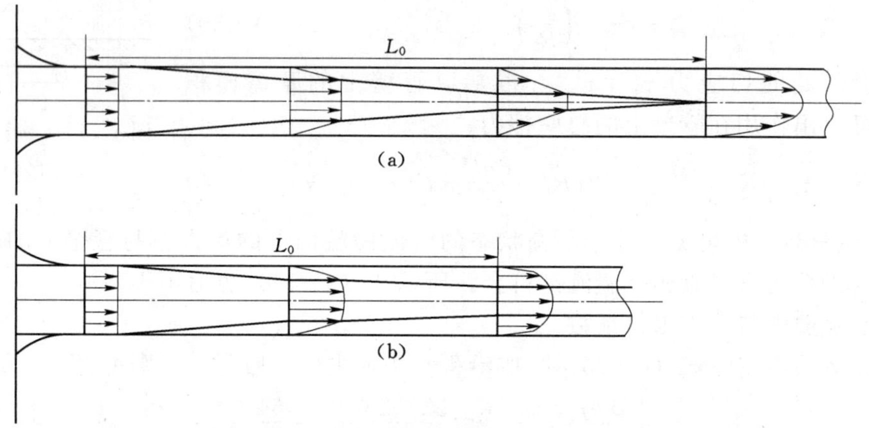

图 4-12　层流和紊流起始段

（a）层流起始段；（b）紊流起始段

如果层流管道 $l\gg L_0$ 时，则层流起始段可以忽略影响。

如果层流管道 $l>L_0$ 时，则沿程水头损失为

$$h_f=\frac{A}{Re}\frac{L_0}{d}\frac{V^2}{2g}+\frac{64}{Re}\frac{l-L_0}{d}\frac{V^2}{2g}$$

如果层流管道 $L_0\geqslant l$ 时，则沿程水头损失为

$$h_f=\frac{A}{\mathrm{Re}}\frac{l}{d}\frac{V^2}{2g}$$

同理，如图 4-12（b），对于紊流也存在起始段。

【例 4-3】 直径 $d=2$mm 水平放置的等径输水直管，测得相距 $l=15$m 的两点间的压强差 $\Delta p=0.2$MPa，其动力黏度 $\mu=1.5\times10^{-3}$ Pa·s，求该输水管道的流量。

解：因为管道是等径直管，且是水平放置，由能量方程可知：

$$\Delta p_f=\Delta p=0.5\text{MPa}$$

因流体的流速无法求解，无法判断其流动状态，故先假设此时管中流动处于层流，则由式（4-10）可得：

$$q_V=\frac{\Delta p_f\pi}{8\mu l}R^4=\frac{0.2\times10^6\times3.14\times(2\times0.5\times10^{-3})^4}{8\times1.5\times10^{-3}\times15}=3.5\times10^{-6}(\text{m}^3/\text{s})$$

再由此判断假设是否成立：

$$Re=\frac{Vd}{\nu}=\frac{4q_V\rho}{\pi d\mu}=\frac{4\times 3.5\times 10^{-6}\times 10^{3}}{3.14\times 2\times 10^{-3}\times 1.5\times 10^{-3}}=1486<2000$$

由此可知，假设层流是正确的，计算正确，其流量是 $3.5\times 10^{-6}\,m^3/s$。

【例 4－4】 某输油管道直径 $d=20mm$，管长 $l=20m$，如图 4－13 所示。油的运动黏度 $\nu=15\times 10^{-6}\,m^2/s$，为减小水头损失，现需要保持油液在流动中保持层流状态，求高度 h 的取值范围（不计局部损失）。

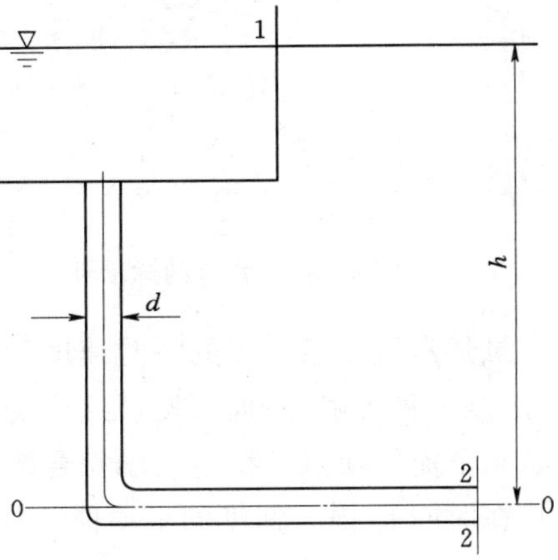

图 4－13　输油管道

解：为保持油液处于层流状态管道内的流动速度最大不能超过：

$$V=\frac{Re_c\nu}{d}=\frac{2000\times 15\times 10^{-6}}{20\times 10^{-3}}=1.5(m/s)$$

此时沿程阻力系数：

$$\lambda=\frac{64}{Re}=\frac{64}{2000}=0.032$$

以 0—0 为基准面，为层流列截面 1—1 和 2—2 的伯努利方程：

$$z_1+\frac{p_1}{\rho g}+\alpha_1\frac{V_1^2}{2g}=z_2+\frac{p_2}{\rho g}+\alpha_2\frac{V_2^2}{2g}+h_f$$

把已知条件与 V、λ 代入上式：

$$z_1+0+2\times\frac{0}{2g}=0+\frac{0}{\rho g}+2\times\frac{1.5^2}{2g}+0.032\times\frac{20}{20\times 10^{-3}}\times\frac{1.5^2}{2g}$$

解得：

$$z_1=3.8m$$

因此，h 的取值范围是 [0，3.8]。

第五节　圆管中流体的紊流流动

圆管中流体的紊流因受到管壁压力的限制，属于有壁剪切有压紊流。在实际生活或工程中，大部分流体的流动都是紊流，因此对紊流特性和规律的研究有很大的现实意义。由雷诺实验可知，当管内流动处于上临界雷诺数之上时，便会出现杂乱无章的紊流，其流动规律比层流要复杂很多。

一、紊流的非定常性与时均性

紊流状态下，流体质点在运动过程中，不断地互相掺混、碰撞，最终产生大小不等的涡体在各流层间动荡，因而流体质点不仅在空间三个方向上有分量，而且在每个方向上的分量大小也在随时间发生变化。在雷诺实验时，利用溢水管保持水箱中的水位恒定，如果调节出水阀门开度使流动进入紊流，并保持阀门开度不变，理论上此时管中的流动应该为定常流动，即流场中某点的流动参数大小和方向不会发生变化，然而用热线测速仪记录，流场中稍远离管壁某点的速度沿轴向分量（假设为 x 轴）随时间的关系图线，却得到了如图 4－14 所示的结果。用同样的方法可以得到在其他两个轴分量与时间的关系图线。

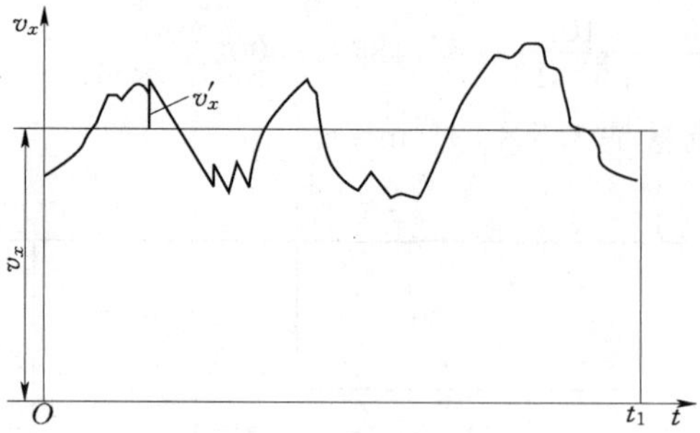

图 4-14 紊流的脉动性

从图 4-14 中可见，实际上"原本"应该是定常的流动，却在紊流时"变成"非定常了，换言之，紊流的杂乱无章、不规则流动体现在其脉动现象中。所谓脉动现象，就是指空间点上的流动参数或物理量随时间的变化而作的无规则随机性变动。所以，紊流的实质是非定常流动，具有脉动性，其脉动频率小要上百大则到几十万，脉动振幅在流速平均值的 10%以内。

虽然紊流中某一点的瞬时速度随时间的变化极其紊乱，但是在一段足够长时间 t_1 内（一般二三秒足够），即可发现这个变化始终围绕着某一平均值，在其上下脉动，可见在紊流状态下流体质点的掺混运动符合统计平均规律。

在时间 t_1 内，速度的平均值，称为时均速度，用$\overline{v}$来表示。图 4-14 中沿 x 轴的时均速度可由下式求得

$$\overline{v_x} = \frac{1}{t_1}\int_0^{t_1} v_x \mathrm{d}t \tag{4-38}$$

虽然式（4-38）中 $v_x(t)$ 无从知晓，但是 $\frac{1}{t_1}\int_0^{t_1} v_x \mathrm{d}t$ 的值可以用求积仪求得。于是紊流流场中的某一点沿 x 轴的瞬时速度可用下式表示

$$v_x = \overline{v_x} + v'_x \tag{4-39}$$

式中：v'_x称为 x 轴的脉动速度，由于流体质点在紊流状态下作不定向的杂乱无章的流动，可知，脉动速度 v'_x有正有负，但脉动速度的平均值为零，即$\overline{v'}_x = 0$。该点在 y 轴分速度 v'_y、z 轴分速度 v'_z以及总速度也都与 v'_x有相同的规律性质。经实验表明，紊流中的压强和密度也有脉动现象，同理 p 和 ρ 也同样可写成

$$p = \overline{p} + p' \tag{4-40}$$

$$\rho = \overline{\rho} + \rho' \tag{4-41}$$

可见，紊流中的瞬时流动参数都可以用时均参数与脉动参数的和来表示，而脉动参数的均值又为零。

综上，紊流的实质是非定常流动，但在长时间内其时均量却是"定常"的，所以常把时均参数不随时间而变化的流动，称为时均定常流动或准定常紊流，有时也简称为定常流动。瞬时流动参数是个变量，而时均流动参数相对是个定值，因此在今后讨论紊流时的参数时，如果没有特别说明，都用时均参数来表示，并且表示时均的符号"－"也一概省略。

二、切向应力及其分布

1. 紊流切向应力

对于实际流体，无论其处于层流还是紊流，黏性都时时处处存在，对圆管紊流因主流是沿轴线的运动，因此存在从管壁到轴线速度增大的分布规律，可知紊流流动中，同样存

在因黏性引起的黏性切向应力 τ_v，其值可由牛顿内摩擦定律 $\tau_v=\mu\frac{\mathrm{d}u}{\mathrm{d}y}$求得；与层流所不同，由于紊流中的流体质点存在有径向脉动速度，流体质点互相掺混，发生碰撞，引起动量交换，因此会产生另外一种切向应力，称为附加切向应力 τ'，经过普朗特的研究，此力可以由下式来表示

$$\tau'=\rho l^2\left(\frac{\mathrm{d}v}{\mathrm{d}y}\right)^2 \tag{4-42}$$

式中：l 为普朗特混合长度，它表示流体微团在脉动过程中第一次与其他微团发生碰撞时在 y 方向（径向）走过的路程。经研究

$$l=ky\sqrt{1-\frac{y}{R}} \tag{4-43}$$

式中：k 为比例常数，经实验测得其值为 0.4。

所以，紊流中的总切向应力 τ 等于

$$\tau=\tau_v+\tau'=\mu\frac{\mathrm{d}v}{\mathrm{d}y}+\rho l^2\left(\frac{\mathrm{d}v}{\mathrm{d}y}\right)^2 \tag{4-44}$$

2. 切向应力分布

式（4－30）的总阻力计算方法在层流和紊流中都适用，可知紊流切向应力亦呈 K 字形分布，如图 4－15 所示，但是相同情况下，紊流的能量损失比层流大，所以两者的斜率不一样，层流的 K 斜率比紊流大。

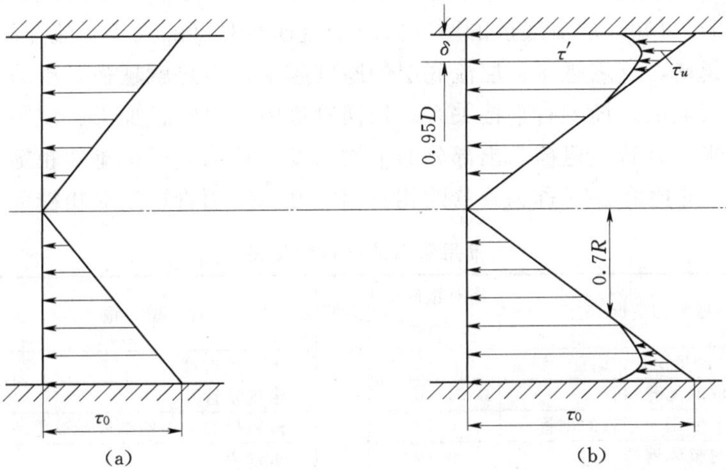

图 4－15　层流与紊流中的应力分布
（a）层流；（b）紊流

紊流中每处的总切向应力 τ 都由黏性切向应力 τ_v 和附加的切向应力 τ'组成，但在每处两种切向应力的影响或比重不同，在接近管壁处流速比较小，故黏性切向应力起主要作用，而在管道中心处，流体质点之间混杂强烈，附加切向应力起主要作用。图 4－15 中，在 $d=0.95D$ 处附加切应力最大，当 $d>0.95D$ 摩擦切应力占主要，而在 $d<0.7D$ 范围内，摩擦切应力几乎为零，是以附加切应力为主的紊流核心区；从管壁到轴线，总切向应力的值从最大变为最小，但是黏性切向应力的比重从一变为零，同时附加的切向应力比重从 0 变为 1。

三、光滑管和粗糙管

如果由式 $Re=\frac{Vd}{\nu}$ 可以计算得到 $Re>2000$，判断得知管中流动状态为紊流，然而黏性的存在，流速的分布始终存在从管壁到轴线速度增大的变化过程，所以其速度总有类似从零到下临界速度再到上临界速度在继续增大的过程，其黏性力逐步减小、惯性力逐步增大，最终惯性力远远大于黏性力的过程，因此圆管的紊流状态也不是整个断面都是紊流状态，而是从紧贴管壁处一极薄层内——速度梯度很大、黏性摩擦切应力起主要作用、被称为层流底层，再到距管壁稍远处有一黏性摩擦切应力和紊流附加切应力同样起作用的称为层流到紊流的过渡区的薄层，之后才发展成为完全紊流的紊流核心区，如图4-16所示。过渡层很薄，一般常将其与紊流核心归在一块进行研究。

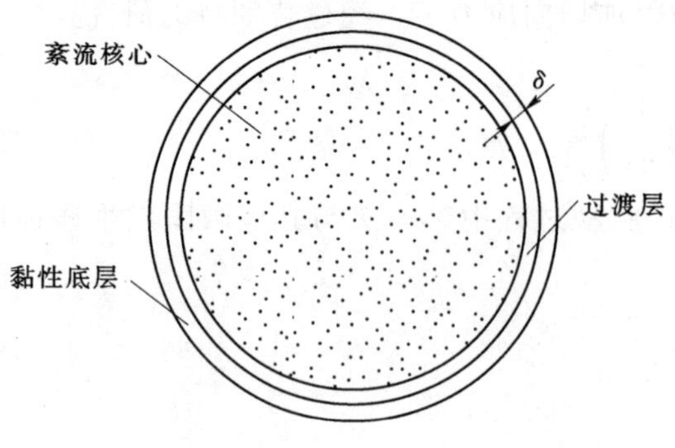

图 4-16　紊流结构

层流底层的厚度很薄，管道中层流底层的厚度 δ 可由下经验公式计算

$$\delta=\frac{32.8\nu}{V\sqrt{\lambda}}(\mathrm{mm}) \tag{4-45}$$

式中：V 为管道平均流速，m/s；ν 为运动黏度，m^2/s；λ 为沿程阻力系数。

从式（4-45）可知，层流底层的厚度取决于流速与黏度的大小，流速越高，黏度越小、层流底层的厚度越薄，反之越厚。层流底层的厚度越薄，换热就越强，流动阻力也越大。这种影响与管道内表面的粗糙度有直接关系。任何管道由于材料、加工、使用条件等影响，其内壁总是凹凸不平，其管壁粗糙凸出部分的平均高度 Δ 称为管壁的绝对粗糙度，而把 Δ 与管道直径（内径）d 的比值 Δ/d 称为管壁的相对粗糙度。常用管道绝对粗糙度见表 4-1。

表 4-1　常用管道的绝对粗糙度

类型	管壁情况	绝对粗糙度 Δ（mm）	类型	管壁情况	绝对粗糙度 Δ（mm）
金属材料	干净的、整体的黄铜管、铜管、铅管	0.0015～0.01	非金属材料	干净的玻璃管	0.001～0.01
	新的仔细浇成的无缝铜管	0.04～0.17		橡皮软管	0.01～0.03
	在煤气管道上使用一年后的钢管	0.12		极粗糙的、内涂橡胶的软管	0.20～0.30
	使用数年后的整体钢管	0.19		水管道	0.25～1.25
	涂柏油的钢管	0.12～0.21		陶土排水管	0.45～6.0
	精致镀锌的钢管	0.25		涂有珐琅质的排水管	0.25～6.0
	接头仔细平整过的新铸铁管	0.31		纯水泥的表面	0.25～1.25
	钢板制成的管道及很好整平的水泥管	0.33		水泥浆硅砌体	0.80～6.0
	普通的镀锌钢管	0.39		混凝土槽	0.80～9.0
	普通的新铸铁管	0.25～0.42		用水泥的普通块石砌体	6.0～17.0
	粗糙镀锌钢管	0.50		刨平木板制成的水槽	0.25～2.0
	旧的生锈钢管	0.60		非刨平木板制成的水槽	0.45～3.0
	污秽的金属管	0.75～0.90		钉有平板条的木板制成的木槽	0.80～4.0
	正常条件下工作的无缝汽水输送钢管	0.20		腐蚀严重的汽水输送管道	0.6
	正常条件下工作的焊接汽水输送钢管	0.30			

当紊流速度比较小时，层流底层的厚度 δ 还比较大，若 $\delta>\Delta$ 时，如图 4－17 所示则管壁的粗糙凸出的高度完全被层流底层所掩盖，紊流区受不到管壁粗糙度的影响，此时粗糙度对流动不起任何影响，液体好像在完全光滑的管道中流动一样，这种情况下的管道称为水力光滑管，简称为光滑管。

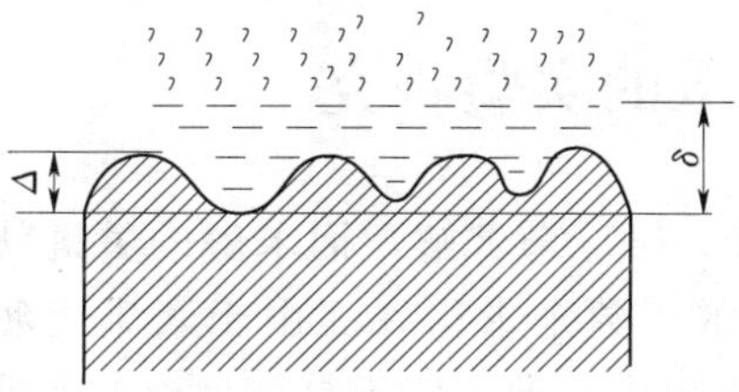

图 4－17　光滑管

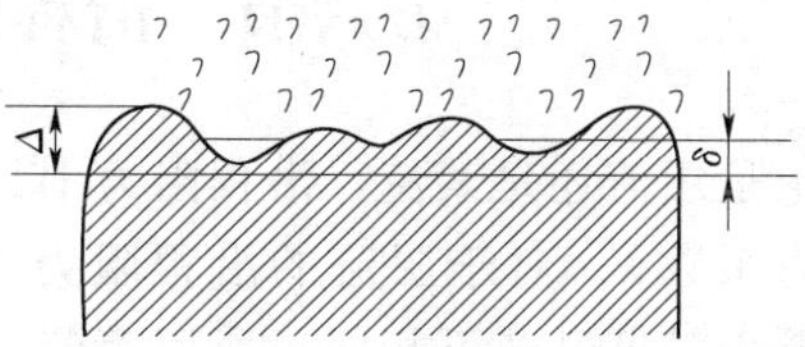

图 4－18　粗糙管

当紊流速度比较大时，层流底层的厚度 δ 比较小，若 $\delta<\Delta$ 时，如图 4－18 所示则管壁的粗糙凸出的高度已经部分暴露于层流底层之上，紊流区中的流体可能会碰撞到高出层流底层的部分，造成能量的损失，此时粗糙度对流动产生作用，这种情况下的管道称为水力粗糙管，简称粗糙管。

可见，管壁粗糙度对流动能量损失的影响只有在流动处于水力粗糙状态时才会显现出来；管道是粗糙管还是光滑管不是生产出来的，而是由其中的流动参数来决定的，同一根管道，流速越高，黏度越小，越可能称为粗糙管。

四、圆管中紊流的速度分布

圆管紊流的脉动性，决定了其速度分布规律也比较复杂，要准确的表述其分布函数比较困难。在层流底层中，黏性切向应力 τ_v 占主要地位；在紊流核心中附加切应力 τ' 占主要地位，而应力对速度分布特点的形成有直接关系，若建立坐标原点在管壁，y 轴正方向为沿径向并指向管轴线，按此可将圆管紊流的速度分布规律近似的表示如下

$$u=\begin{cases}\dfrac{\tau_0}{\mu}y, & 0\leqslant r\leqslant\delta\\[2ex] \sqrt{\dfrac{\tau_0}{\rho}}\dfrac{1}{k}\ln\dfrac{y}{\delta}+\dfrac{\tau_0}{\mu}\delta, & \delta\leqslant r\leqslant R\end{cases}\tag{4-46}$$

式中：τ_0 为管壁上的切向应力。

从式（4－46）分析可知，层流底层中的速度是按近似直线规律分布的，在紊流的核心区速度是按对数规律分布的，在核心区速度分布的特点是速度梯度较小，速度比较均匀，如图 4－19 所示，这是由于紊流时质点脉动掺混，动量交换强烈的结果。所以，圆管紊流时的动能修正系数和动量修正系数都比层流时要小，且紊流程度愈厉害，两个修正系数越接近 1。

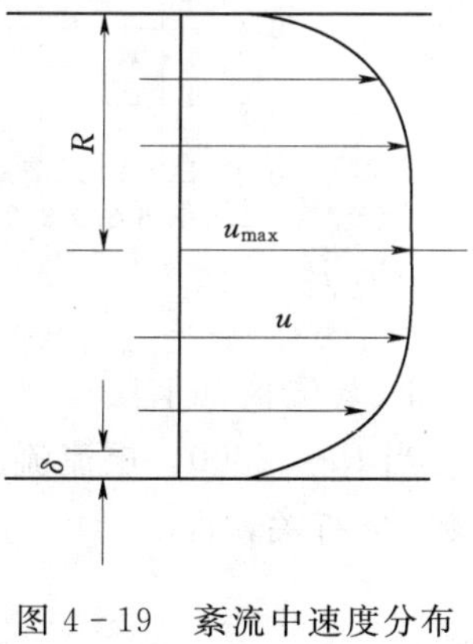

图 4－19　紊流中速度分布

五、紊流流动中沿程损失的计算

由式（4－13）可知对紊流流动沿程损失的计算，关键要确定紊流中的沿程阻力系数 λ。在一般情况下，紊流的沿程

阻力系数 λ 的值不仅与流速 V、管中液体的黏度 ν、管道直径 d 有关，而且还取决于管壁相对粗糙度 Δ/d，情况比较复杂。紊流流动中的沿程阻力系数 λ 的计算公式，要在大量实验的基础上，对实验结果进行归纳分析，得出在不同条件下的经验公式，下节将详细讨论。

第六节　沿程阻力系数的实验研究

无论是层流还是紊流，沿程阻力都是用式（4－13）来求解，而求解的关键就是确定沿程阻力系数 λ。对于层流的沿程阻力系数可由雷诺数来求得，而由于紊流流动的复杂性，管壁粗糙度又各不相同，所以紊流流动的沿程阻力系数 λ 值不易从理论上来求得，而需要依靠对实验测得的数据进行整理归纳，得到经验公式。

一、尼古拉兹沿程阻力实验

德国学者尼古拉兹（J. Nikuradse）对不同直径、不同相对粗糙度、不同流量的圆形管道进行了研究。实验时采用人工方法制造了各种不同粗糙度的圆管，即用漆胶将颗粒大小一样的砂粒均匀地贴在管壁上，砂粒直径表示管壁粗糙突出高度。实验时造成 6 种不同的相对粗糙度的管道，在不同的流量下测量相距 l 处的水头损失 h_f。再利用公式

$$h_f=\lambda\frac{l}{d}\frac{V^2}{2g}$$

换算出相应的 λ，实验时的雷诺数从 500 到 3×10^6，再将结果绘于双对数坐标纸上，即得到如图 4－20 所示的尼古拉兹实验曲线。尼古拉兹实验曲线可分成如下 5 个区域。

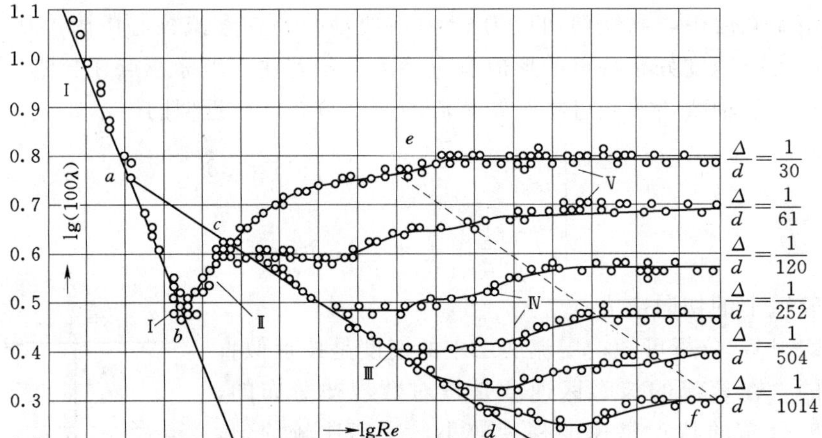

图 4－20　尼古拉兹实验曲线

1. 层流区（Ⅰ区）

当 $Re<2300$，层流流动时，沿程阻力系数 λ 与管壁相对粗糙度 Δ/d 无关，而仅与雷诺数 Re 有关，即

$$\lambda=f(Re)=\frac{64}{Re}=\frac{64\nu}{Vd}$$

在此区，沿程阻力系数与速度成反比，故沿程损失与速度成正比。

2. 过渡区（Ⅱ区）

$2300<Re<4000$，为层流到湍流过渡的不稳定区域，可能是层流也可能是湍流；在此区，沿程阻力系数λ仍与管壁相对粗糙度Δ/d无关，也仅与雷诺数Re有关。此区的沿程阻力系数λ可参考如下扎一嵌科公式（зайченко）求得

$$\lambda=f(Re)=0.0025Re^{\frac{1}{3}} \tag{4-47}$$

3. 紊流光滑管区（Ⅲ区）

$4\times10^3<Re<27(d/\Delta)^{8/7}$，不同相对粗糙度的实验点都落在同一倾斜直线2上，因此在此区，沿程阻力系数λ仍与管壁相对粗糙度Δ/d无关，也仅与雷诺数Re有关。这是由于层流底层的厚度δ还较大，足以掩盖粗糙突出高度Δ的影响，这区域就是紊流水力光滑管区。但是不同相对粗糙度的管道在该直线上区段的长短也不同，相对粗糙度越大的管道在该区段越短，这是由于在相同的雷诺数下，即在同样的层流底层厚度的情况下，较大的粗糙突出高度Δ先露出层流底层，变为水力粗糙管。

当$4\times10^3<Re<10^5$时，该段的沿程阻力系数λ可由如下勃拉休斯（H. Blasius）公式求得

$$\lambda=f(Re)=\frac{0.3164}{Re^{0.25}} \tag{4-48}$$

因为$Re=\frac{Vd}{\nu}$，可见在此区沿程阻力系数与$V^{-0.25}$成正比，故沿程损失与$V^{1.75}$成正比。

当$10^5<Re<3\times10^6$时，该段的沿程阻力系数λ可由如下普朗特阻力公式求得

$$\frac{1}{\sqrt{\lambda}}=2\lg(Re\sqrt{\lambda})-0.8 \tag{4-49}$$

4. 紊流粗糙管区（Ⅳ区）

$27(d/\Delta)^{8/7}<Re<2308(d/\Delta)^{0.85}$，随着雷诺数$Re$继续逐渐增加时，层流底层的厚度逐渐减小，不同粗糙度的实验点先后脱离湍流光滑管区，进入该区，由图4-20中的线可见该区的沿程阻力系数λ不仅与管壁相对粗糙度Δ/d有关，且与雷诺数Re有关。其值可以由如下洛巴耶夫（Б. И. ЛобаеВ）公式求得

$$\lambda=f\left(Re,\frac{\Delta}{d}\right)=\frac{1.42}{\left[\lg\left(Re\frac{d}{\Delta}\right)\right]^2}=\frac{1.42}{\left[\lg\left(1.274\frac{q_V}{\nu\Delta}\right)\right]^2} \tag{4-50}$$

也可以由如下阿里特苏里（Альтщуль）公式求得

$$\lambda=f\left(Re,\frac{\Delta}{d}\right)=0.11\left(\frac{\Delta}{d}+\frac{68}{Re}\right)^{0.25} \tag{4-51}$$

式中：d为管道直径，m；Δ为粗糙度，m；q_V为流量，m^3/s；ν为运动黏度，m^2/s。

5. 湍流水力粗糙管平方阻力区（Ⅴ区）

$Re>2308(d/\Delta)^{0.85}$时，随着雷诺数Re继续增加，此时层流底层的厚度已经非常薄，管壁粗糙度的作用已大大超过了层流底层内流体的黏性作用，进入此区所有的线都是平行于横坐标的直线，即此区沿程阻力系数λ仅管壁相对粗糙度Δ/d有关，而与雷诺数Re无关，其值可以由如下希夫林松（Щифринсон）公式求得

$$\lambda=f\left(\frac{\Delta}{d}\right)=0.11\left(\frac{\Delta}{d}\right)^{0.25} \tag{4-52}$$

由上式可知，在水力粗糙区，同一相对粗糙度 Δ/d 的圆管中沿程阻力系数 λ 是一个常数，故沿程损失与平均流速的平方成正比，所以这个区域称为平方阻力区。在这区域中，要使两个流动的沿程阻力系数 λ 值相等，只要使这两个流动（模型与实型）的相对粗糙度 Δ/d 相等即可，无需雷诺数 Re 相等。

综上，可以用如下简单分段函数来表示尼古拉兹实验曲线数学表达式：

$$\lambda=\begin{cases} f(Re)=\dfrac{64}{Re}=\dfrac{64\nu}{Vd} & Re<2300 \quad \text{层流区} \\ f(Re)=0.0025Re^{\frac{1}{3}} & 2300<Re<4000 \quad \text{过渡区} \\ f(Re)=\left\{\begin{array}{ll}\dfrac{0.3164}{Re^{0.25}} & 4\times10^3<Re<10^5 \\ \left[2\lg(Re\sqrt{\lambda})-0.8\right]^{-2} & 10^5<Re<3\times10^6\end{array}\right\} & 4000<Re<27(d/\Delta)^{8/7} \quad \text{紊流光滑管区} \\ f\left(Re,\dfrac{\Delta}{d}\right)=0.11\left(\dfrac{\Delta}{d}+\dfrac{68}{Re}\right)^{0.25} & 27(d/\Delta)^{8/7}<Re<2308(d/\Delta)^{0.85} \quad \text{紊流粗糙管区} \\ f\left(\dfrac{\Delta}{d}\right)=0.11\left(\dfrac{\Delta}{d}\right)^{0.25} & Re>2308(d/\Delta)^{0.85} \quad \text{紊流粗糙管平方区} \end{cases} \tag{4-53}$$

二、莫迪图

尼古拉兹的实验曲线是在人为的粗糙度圆管中进行实验得到的，这与实际工业管道内壁的自然粗糙度有很大差别。为了解决此问题，莫迪（F. Moody）根据尼古拉兹曲线和相应经验公式结合大量实验数据绘制了莫迪实用曲线，如图 4-21 所示。该图按对数坐标绘制，横坐标表示雷诺数 Re，每条曲线代表不同的相对粗糙度 Δ/d，纵坐标既为不同粗糙度与不同雷诺数下的沿程阻力系数 λ。整个图线分为 5 个区域，即层流区、临界区（相当于尼古拉兹曲线的过渡区）、光滑管区、过渡区（相当于尼古拉兹曲线的紊流水力粗糙

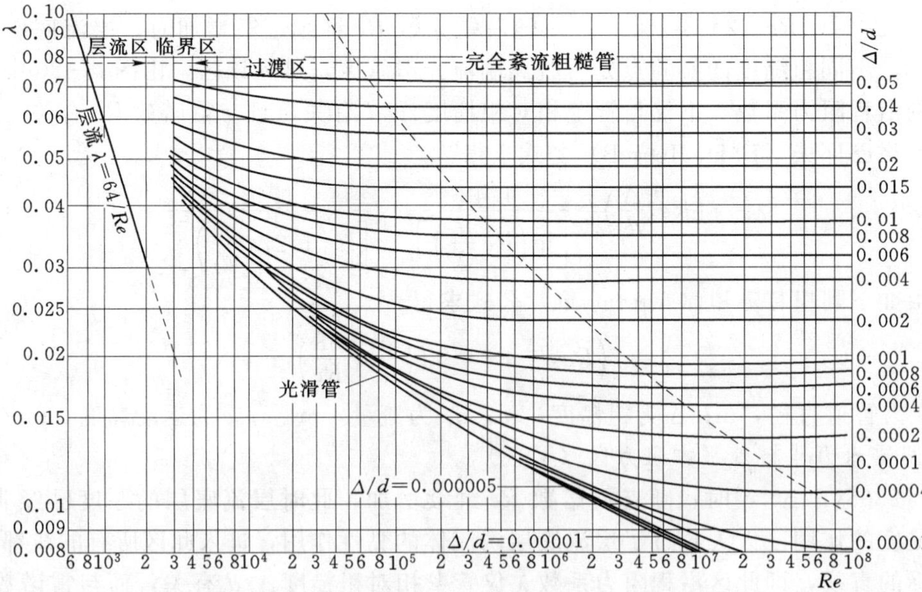

图 4-21　莫迪图

管过渡区)、完全紊流粗糙管区(相当于尼古拉兹曲线的平方阻力区)。

三、非圆形截面管道沿程阻力系数 λ

在工程中也常用到非圆形截面的管道，如方形烟道和环形管道。通过试验证明，圆管沿程阻力的计算公式仍可适用于非圆形管道中紊流流动沿程阻力的计算，但需找出与圆管直径 d 相当的，代表非圆形截面尺寸的当量直径 d_e。

当量直径用下式求得

$$d_e=\frac{4A}{\chi}=4R_h \tag{4-54}$$

式中：A 为有效截面的面积，m^2；χ 为湿周，即有效截面上液体与固体接触的周界长度，m；R_h 为水力半径，m。

对充满流体流动的圆形管道，当量直径为

$$d_e=\frac{4A}{\chi}=\frac{\pi d^2}{\pi d}=d$$

对边长为 a 的正方形管道，当量直径为

$$d_e=\frac{4a^2}{4a}=a$$

长为 h 宽为 b 的矩形管道，当量直径为

$$d_e=\frac{4hb}{2(h+b)}=\frac{2hb}{h+b}$$

外径为 d_2、内径为 d_1 的圆环形管道，如图 4-22 所示，当量直径为

$$d_e=\frac{4\left(\frac{\pi}{4}d_2^2-\frac{\pi}{4}d_1^2\right)}{\pi d_1+\pi d_2}=d_2-d_1$$

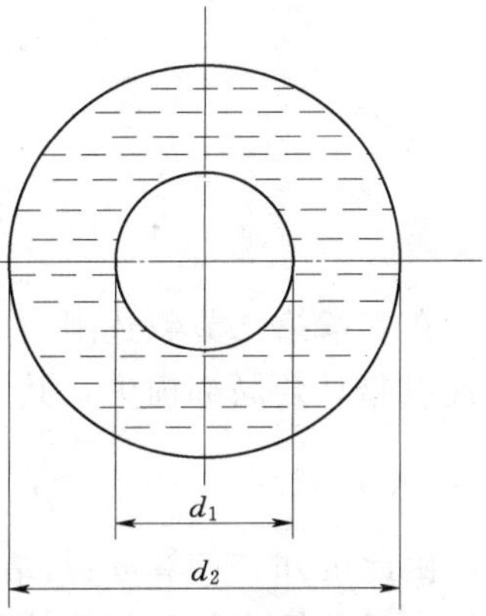

图 4-22　环形管道

有了当量直径 d_e，非圆形截面管道的沿程阻力损失及雷诺数即为

$$h_f=\lambda\frac{l}{d_e}\frac{V^2}{2g} \tag{4-55a}$$

$$Re=\frac{Vd_e}{\nu} \tag{4-55b}$$

相应的非圆形截面管道沿程阻力系数 λ 由当量直径的雷诺数$\frac{Vd_e}{\nu}$或由当量直径的雷诺数$\frac{Vd_e}{\nu}$和当量直径的雷诺数相对粗糙度 $\frac{\Delta}{d_e}$来确定。

应当注意：为避免计算时误差过大，长方形截面的长边最大不超过短边的 8 倍，圆环形截面的大直径至少要大于小直径 3 倍；需要计算有效截面的面积时，应该用管道的实际面积，而不能用当量直径的“当量圆形”的面积$\frac{\pi d_e^2}{4}$。

由当量直径原理可知，相同面积的圆形、正方形和矩形的管道，圆形管道湿周最小，矩形管道湿周最大，正方形管道湿周居中，所以输送一定流量的流体圆形管道沿程损失最小，矩形管道沿程损失最大，正方形管道沿程损失居中，因此从水头损失看，圆形断面是

最佳的。

【例 4-5】 某正方形输油管道，其边长 $a=200\text{mm}$，管道总长 $l=500\text{m}$，管壁绝对粗糙度平均值 $\Delta=0.4\text{mm}$，油的运动黏度 $\nu=2.4\times10^{-6}\text{m}^2/\text{s}$，输送油的体积流量 $q_V=980\text{m}^3/\text{h}$，试求油液在此段管道中沿程损失 h_f。

解： 管道中的平均流速

$$V=\frac{q_V}{A}=\frac{980}{3600\times0.2\times0.2}=6.8(\text{m/s})$$

该方形管道的当量直径

$$d_e=a=0.2(\text{m})$$

雷诺数

$$Re=\frac{Vd_e}{\nu}=\frac{6.8\times0.2}{2.4\times10^{-6}}=567000$$

而

$$2308(d_e/\Delta)^{0.85}=2308(200/0.4)^{0.85}=45800<Re$$

所以流动处于湍流水力粗糙管平方阻力区，沿程阻力系数为

$$\lambda=f\left(\frac{\Delta}{d}\right)=0.11\left(\frac{\Delta}{d_e}\right)^{0.25}=0.11\left(\frac{0.4}{200}\right)^{0.25}=0.0233$$

也可由 $\Delta/d_e=0.4/200=0.002$ 与 $Re=567000$ 查莫迪图来确定沿程阻力系数，得

$$\lambda=0.23$$

可见，由莫迪图与利用公式计算所得的结果是一致的。

$$h_f=\lambda\frac{l}{d_e}\frac{V^2}{2g}=0.0233\times\frac{500}{0.2}\times\frac{6.8^2}{2g}=134.7(\text{m})$$

第七节　局　部　损　失

在本章第二节叙述阻力的分类时知道，当流体流经各种阀门、弯头和变截面管等局部装置引起时会局部损失，其计算公式为

$$h_j=\zeta\frac{V^2}{2g}$$

由此可知，计算 h_j 归结为求局部阻力系数 ζ 的问题，局部阻力产生的原因是十分复杂的，只有极少数的情形才能用理论分析方法进行计算，绝大多数都要由实验测定。

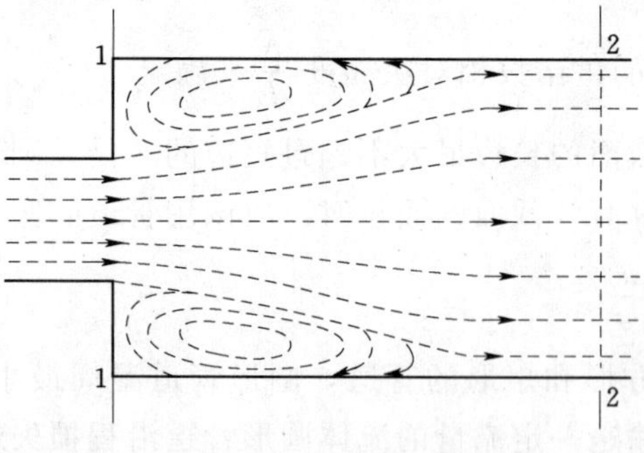

图 4-23　突然扩大管

流体从小截面的管道流向截面突然扩大的大截面管道是目前唯一可用理论分析得出其计算公式的典型情况，下面对此进行叙述。

一、突然扩大管局部阻力系数的理论计算值

如图 4-23 所示，流体从小截面流向突然扩大的大截面管道，由于流体质点有惯性，流体质点的运动轨迹不可能按照管道的形状突然转弯扩大，这样在管壁拐角处流体与管壁脱离形成旋涡，旋涡被主流束带动，在旋转中消耗

流体的能量，同时流速从小直径管道的大流速到大管道直径变大流速相对变小的过程中，也必然会发生碰撞，消耗流体的能量。先对此处的能量损失进行分析。

取图中截面 1—1 和截面 2—2 以及其间的管壁空间为控制体，设截面 1—1 和 2—2 的中心点的压强各为 p_1 和 p_2，平均流速各为 V_1 和 V_2，截面积各为 A_1 和 A_2，且不可压缩流体在管中作定常流动。由连续方程得

$$V_2=\frac{A_1}{A_2}V_1 \text{ 或 } V_2=\frac{A_1}{A_2}V_1$$

根据动量方程有

$$p_1A_1-p_2A_2+p(A_2-A_1)=\rho q_V(V_2-V_1)$$

式中：$p(A_2-A_1)$ 为作用于扩大管凸肩圆环面上的总压力，实验证明 $p\approx p_1$。
于是上式可写为

$$p_1-p_2=\rho V_2(V_2-V_1)$$

列出截面 1—1 和 2—2 的伯努利方程

$$\frac{p_1}{\rho g}+\frac{V_1{}^2}{2g}=\frac{p_2}{\rho g}+\frac{V_2^2}{2g}+h_j$$

所以，由上两式得

$$h_j=\frac{1}{g}V_2(V_2-V_1)+\frac{1}{2g}(V_1{}^2-V_2{}^2)=\frac{(V_1-V_2)^2}{2g} \tag{4-56}$$

可改写成

$$\left.\begin{aligned}h_j&=\left(1-\frac{V_2}{V_1}\right)^2\frac{V_1{}^2}{2g}=\left(1-\frac{A_1}{A_2}\right)^2\frac{V_1{}^2}{2g}=\zeta_1\frac{V_1{}^2}{2g}\\h_j&=\left(\frac{V_1}{V_2}-1\right)^2\frac{V_2{}^2}{2g}=\left(\frac{A_2}{A_1}-1\right)^2\frac{V_2{}^2}{2g}=\zeta_2\frac{V_2{}^2}{2g}\end{aligned}\right\} \tag{4-57}$$

ζ_1 和 ζ_2 称为截面突然扩大的局部阻力系数，它们是各相对于流速 V_1 和 V_2 而言的，即

$$\left.\begin{aligned}\zeta_1&=\left(1-\frac{A_1}{A_2}\right)^2\\\zeta_2&=\left(\frac{A_2}{A_1}-1\right)^2\end{aligned}\right\} \tag{4-58}$$

二、常用的局部阻力系数

各种装置或管道变化处的形式千差万别，但产生局部损失的原因和物理本质基本上是相同的，即外因是流道几何形状的变化，内因是由于流体的黏性而产生的旋涡区，以及主流与旋涡之间的动量交换，从而造成能量损失。大多数装置或管道变化处局部阻力系数值 ζ 目前还很难进行理论分析和计算，要靠实验测定。

常用的局部阻力系数可参见表 4-2，更多局部装置的局部阻力系数值 ζ 可查阅相关的资料。

表 4-2 **常用的局部阻力系数表**

<table>
<tr><th>序号</th><th>名称</th><th>示 意 图</th><th>ζ 值 及 其 说 明</th></tr>
<tr><td>1</td><td>断面突然扩大</td><td>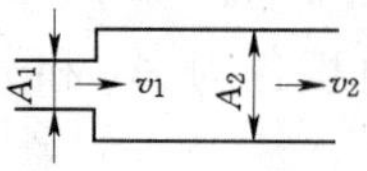
</td><td>
<table>
<tr><td>$\frac{A_1}{A_2}$</td><td>0</td><td>0.1</td><td>0.2</td><td>0.3</td><td>0.4</td><td>0.5</td><td>0.6</td><td>0.7</td><td>0.8</td><td>0.9</td><td>1.0</td></tr>
<tr><td>ζ_1</td><td>1.0</td><td>0.81</td><td>0.64</td><td>0.5</td><td>0.36</td><td>0.25</td><td>0.16</td><td>0.09</td><td>0.04</td><td>0.01</td><td>0</td></tr>
<tr><td>ζ_2</td><td>∞</td><td>81</td><td>16</td><td>5.44</td><td>2.25</td><td>1.0</td><td>0.444</td><td>0.184</td><td>0.0625</td><td>0.0123</td><td>0</td></tr>
</table></td></tr>
<tr><td>2</td><td>圆形渐扩管</td><td>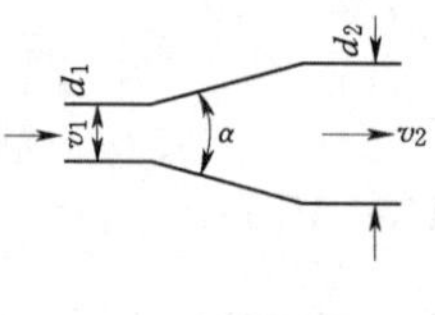
</td><td>
<table>
<tr><td>d_2/d_1</td><td>1.10</td><td>1.15</td><td>1.20</td><td>1.25</td><td>1.30</td><td>1.35</td><td>1.40</td></tr>
<tr><td>ζ_1</td><td>0.05</td><td>0.07</td><td>0.10</td><td>0.12</td><td>0.15</td><td>0.17</td><td>0.20</td></tr>
<tr><td>ζ_2</td><td>0.07</td><td>0.13</td><td>0.21</td><td>0.31</td><td>0.43</td><td>0.58</td><td>0.78</td></tr>
<tr><td>d_2/d_1</td><td>1.45</td><td>1.50</td><td>1.60</td><td>1.70</td><td>1.80</td><td>1.90</td><td>2.00</td></tr>
<tr><td>ζ_1</td><td>0.22</td><td>0.24</td><td>0.27</td><td>0.31</td><td>0.34</td><td>0.36</td><td>0.38</td></tr>
<tr><td>ζ_2</td><td>0.98</td><td>1.22</td><td>—</td><td>—</td><td>—</td><td>—</td><td>—</td></tr>
</table></td></tr>
<tr><td>3</td><td>断面突然缩小</td><td>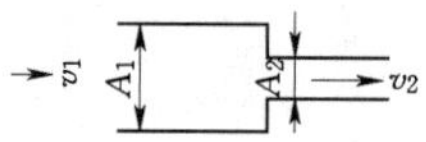
</td><td>
<table>
<tr><td>$\frac{A_2}{A_1}$</td><td>0</td><td>0.1</td><td>0.2</td><td>0.3</td><td>0.4</td><td>0.5</td><td>0.6</td><td>0.7</td><td>0.8</td><td>0.9</td><td>1.0</td></tr>
<tr><td>ζ_2</td><td>0.5</td><td>0.45</td><td>0.4</td><td>0.35</td><td>0.3</td><td>0.25</td><td>0.2</td><td>0.15</td><td>0.1</td><td>0.05</td><td>0</td></tr>
</table></td></tr>
<tr><td>4</td><td>圆形渐缩管</td><td>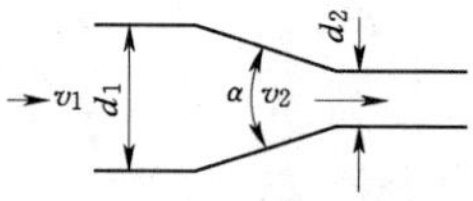
</td><td>
<table>
<tr><td>d_1/d_2</td><td>1.10</td><td>1.15</td><td>1.20</td><td>1.25</td><td>1.30</td><td>1.35</td><td>1.40</td></tr>
<tr><td>ζ_1</td><td>0.06</td><td>0.08</td><td>0.10</td><td>0.12</td><td>0.15</td><td>0.18</td><td>0.22</td></tr>
<tr><td>ζ_2</td><td>0.04</td><td>0.045</td><td>0.05</td><td>0.05</td><td>0.055</td><td>0.055</td><td>0.06</td></tr>
<tr><td>d_1/d_2</td><td>1.45</td><td>1.50</td><td>1.60</td><td>1.70</td><td>1.80</td><td>1.90</td><td>2.00</td></tr>
<tr><td>ζ_1</td><td>0.26</td><td>0.31</td><td>0.36</td><td>0.42</td><td>0.49</td><td>0.57</td><td>0.07</td></tr>
<tr><td>ζ_2</td><td>0.06</td><td>0.065</td><td>0.07</td><td>0.07</td><td>0.075</td><td>0.075</td><td>0.08</td></tr>
</table></td></tr>
<tr><td>5</td><td>管道进口</td><td>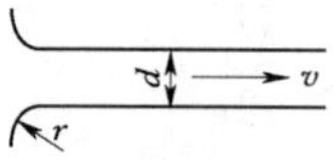

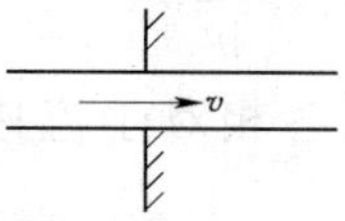
</td><td>圆形喇叭口：$\zeta=0.05$
安全修圆：$\frac{r}{d}=0.15$，$\zeta=0.10$
稍加修圆：$\zeta=0.20\sim0.25$
直角进口：$\zeta=0.50$
内插进口：$\zeta=1.0$</td></tr>
<tr><td rowspan="2">6</td><td rowspan="2">管道出口</td><td>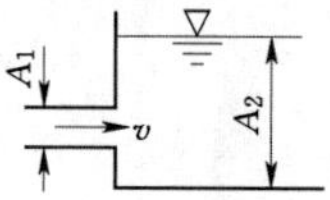
</td><td>流入型道：$\zeta=\left(1-\frac{A_1}{A_2}\right)^2$</td></tr>
<tr><td>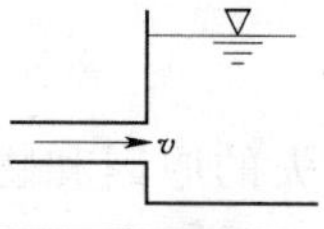
</td><td>流入水池：$\zeta=1.0$</td></tr>
<tr><td>7</td><td>折管</td><td>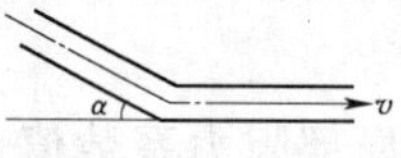
</td><td>
<table>
<tr><td rowspan="2">圆形</td><td>α</td><td>10°</td><td>20°</td><td>30°</td><td>40°</td><td>50°</td><td>60°</td><td>70°</td><td>80°</td><td>90°</td></tr>
<tr><td>ζ</td><td>0.04</td><td>0.1</td><td>0.2</td><td>0.3</td><td>0.4</td><td>0.55</td><td>0.70</td><td>0.90</td><td>1.10</td></tr>
<tr><td rowspan="2">矩形</td><td>α</td><td colspan="2">15°</td><td colspan="2">30°</td><td colspan="2">45°</td><td colspan="2">60°</td><td>90°</td></tr>
<tr><td>ζ</td><td colspan="2">0.025</td><td colspan="2">0.11</td><td colspan="2">0.26</td><td colspan="2">0.49</td><td>1.20</td></tr>
</table></td></tr>
</table>

续表

<table>
<tr><th>序号</th><th>名称</th><th>示意图</th><th colspan="5">ζ 值及其说明</th></tr>
<tr><td>8</td><td>弯管</td><td>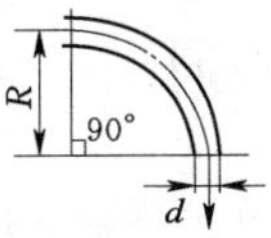</td><td colspan="5">
<table>
<tr><td rowspan="4">α=90°</td><td>d/R</td><td>0.2</td><td>0.4</td><td>0.6</td><td>0.8</td><td>1.0</td></tr>
<tr><td>ζ</td><td>0.132</td><td>0.138</td><td>0.154</td><td>0.206</td><td>0.294</td></tr>
<tr><td>d/R</td><td>1.2</td><td>1.4</td><td>1.6</td><td>1.8</td><td>2.0</td></tr>
<tr><td>ζ</td><td>0.440</td><td>0.660</td><td>0.976</td><td>1.406</td><td>1.975</td></tr>
</table></td></tr>
<tr><td>9</td><td>组弯管</td><td>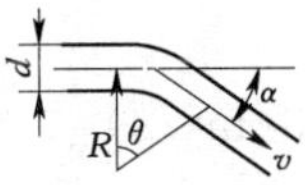</td><td colspan="5">
<table>
<tr><td>α</td><td>20°</td><td>40°</td><td>60°</td><td>90°</td><td>120°</td><td>140°</td><td>160°</td><td>180°</td></tr>
<tr><td>ζ</td><td>0.47</td><td>0.06</td><td>0.82</td><td>1.00</td><td>1.16</td><td>1.25</td><td>1.33</td><td>1.41</td></tr>
</table></td></tr>
<tr><td>10</td><td>分岔管</td><td>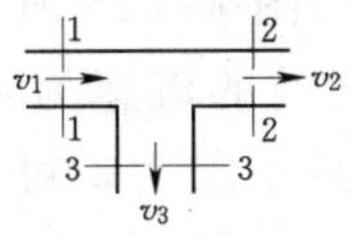</td><td colspan="5">$\zeta=2$，$h_{j1-3}=2\dfrac{v_1^2}{2g}$，$h_{j1-2}=\dfrac{v_1^2-v_2^2}{2g}$</td></tr>
<tr><td>11</td><td>分岔管</td><td>45°分岔管
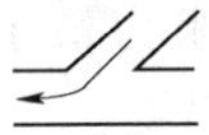
ζ=0.5</td><td>45°分岔管

ζ=1.0</td><td>45°分岔管
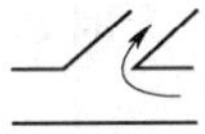
ζ=3.0</td><td>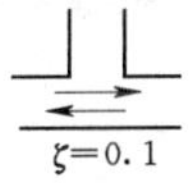
ζ=0.1</td><td>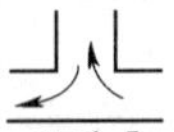
ζ=1.5</td></tr>
<tr><td>12</td><td>板式阀门</td><td>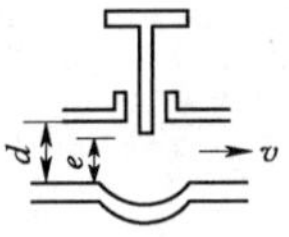</td><td colspan="5">
<table>
<tr><td>e/d</td><td>0</td><td>0.125</td><td>0.2</td><td>0.3</td><td>0.4</td><td>0.5</td></tr>
<tr><td>ζ</td><td>∞</td><td>97.3</td><td>35.0</td><td>10.0</td><td>4.60</td><td>2.06</td></tr>
<tr><td>e/d</td><td>0.6</td><td>0.7</td><td>0.8</td><td>0.9</td><td>1.0</td><td></td></tr>
<tr><td>ζ</td><td>0.98</td><td>0.44</td><td>0.17</td><td>0.06</td><td>0</td><td></td></tr>
</table></td></tr>
<tr><td>13</td><td>阻阀</td><td>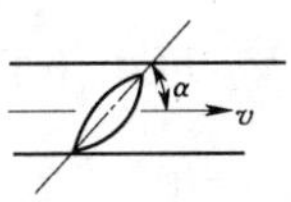</td><td colspan="5">
<table>
<tr><td>α</td><td>5°</td><td>10°</td><td>15°</td><td>20°</td><td>25°</td><td>30°</td></tr>
<tr><td>ζ</td><td>0.24</td><td>0.52</td><td>0.90</td><td>1.54</td><td>2.51</td><td>3.91</td></tr>
<tr><td>α</td><td>35°</td><td>40°</td><td>45°</td><td>50°</td><td>55°</td><td>60°</td></tr>
<tr><td>ζ</td><td>6.22</td><td>10.8</td><td>18.7</td><td>52.6</td><td>58.8</td><td>118</td></tr>
<tr><td>α</td><td>65°</td><td>70°</td><td>90°</td><td colspan="3">全开</td></tr>
<tr><td>ζ</td><td>256</td><td>751</td><td>∞</td><td colspan="3">0.1～0.3</td></tr>
</table></td></tr>
</table>

【例 4-6】 如图 4-24 所示，面积足够大的水库经一水平短管至大气中输水，已知水深 $h=12\text{m}$，管路直径 $d=60\text{mm}$，$D=100\text{mm}$，阀门阻力系数 $\zeta_{Var}=2.0$，滤网阻力系数 $\zeta_{Fil}=6.0$，入口未作圆角只计局部损失，不计沿程损失，试求通过此水平短管的流量。

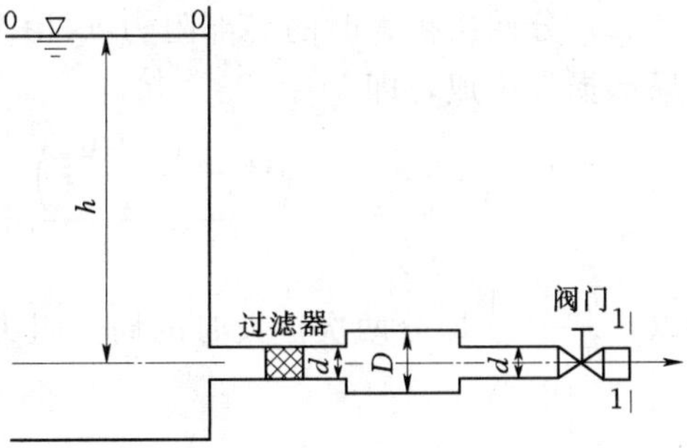

图 4-24　水平短管

解：设直径为 d 的管道中液体的流动为 V，以管道轴线所在平面为基准面列截面 0—0 和 1—1 的伯努利方程

$$H+0+0=0+0+\frac{V^2}{2g}+(\zeta_{入}+\zeta_{Fil}+\zeta_{扩}+\zeta_{缩}+\zeta_{Var})\frac{V^2}{2g}$$

根据管道面积变化的比值$\frac{A_{小}}{A_{大}}=\left(\frac{d}{D}\right)^2=0.36$，由表查得$\zeta_{入}=0.5$，$\zeta_{扩}=0.4$，$\zeta_{缩}=0.32$，故

$$V=\frac{1}{\sqrt{1+\zeta_{入}+\zeta_{Fil}+\zeta_{扩}+\zeta_{缩}+\zeta_{Var}}}\times\sqrt{2gH}$$
$$=\frac{1}{\sqrt{1+0.5+6+0.4+0.32+2}}\times\sqrt{2\times12g}=4.85(\text{m/s})$$

通过水平短管的流量

$$q_V=V\frac{\pi}{4}d^2=4.85\times\frac{\pi}{4}\times0.06^2=0.0183(\text{m}^3/\text{s})$$

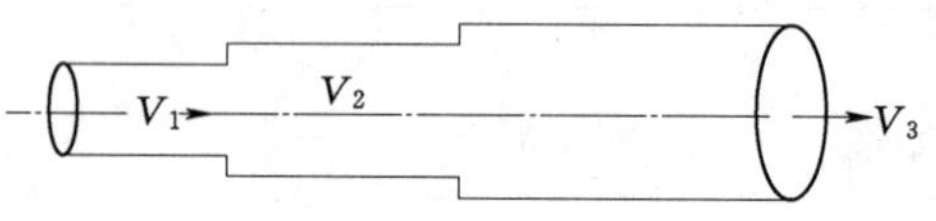

图 4－25　采用分级减小局部阻力

【例 4－7】 如图 4－25 所示，某圆形突然扩大管，其扩大之前的流速为V_1、扩大之后的速度为V_3，为了减小阻力，可分采用两次扩大的方法，如图 4－25 所示试计算中间级V_2取多大时，所产生的总的局部阻力最小？比第一次扩大的阻力小多少？

解：（1）确定中间级V_2的值：
对于圆形突然扩大管，一次扩大时产生的局部阻力

$$h_{j1}=\frac{(V_1-V_3)^2}{2g}$$

而分两次扩大时产生的局部阻力为

$$h_{j2}=\frac{(V_1-V_2)^2}{2g}+\frac{(V_2-V_3)^2}{2g}$$

当来流速度V_1与出流速度V_3确定时，产生的最小阻力的值V_2可由下式求出

$$\frac{\mathrm{d}h_{j2}}{\mathrm{d}V_2}=\frac{1}{2g}[-2(V_1-V_2)+2(V_2-V_3)]=0$$

解得：
$$V_2=\frac{V_1+V_3}{2}$$

（2）分两次扩大时的局部阻力$h_{\xi2}$由V_1突变为V_2时的局部损失和由V_2突变为V_3时的局部损失组成，即

$$h_{j2}=\frac{\left(V_1-\frac{V_1+V_3}{2}\right)}{2g}+\frac{\left(\frac{V_1+V_3}{2}-V_3\right)}{2g}=\frac{(V_1-V_3)^2}{4g}$$

所以，$\frac{h_{j2}}{h_{j1}}=\frac{1}{2}$即分两次扩大时的局部阻力最多可减少一半。

第八节　管路性能曲线

管路性能曲线是管道系统中通过的流量与要求将液体的能量提高的数值间的关系曲线。由有能量输入时的黏性流体伯努利方程可知，为了把流体从高度为z_1、压强为p_1的

大容器中通过封闭管道输送高度为 z_2、压强为 p_2 的大容器中，泵需要提供给单位重量液体的能量是

$$H=(z_2-z_1)+\frac{p_2-p_1}{\rho g}+h_w=\Delta z+\frac{\Delta p}{\rho g}+h_w \tag{4-59}$$

风机给单位体积气体的能量是

$$p=\rho g(\Delta z+h_w)+\Delta p \tag{4-60}$$

如果输送流体的管道直径不发生变化时，有

$$h_w=\sum h_f+\sum h_\zeta=\sum\lambda\frac{l}{d}\frac{V^2}{2g}+\sum\zeta\frac{V^2}{2g}=\left(\sum\lambda\frac{l}{d}+\sum\zeta\right)\frac{V^2}{2g}$$

$$=\left[\left(\sum\lambda\frac{l}{d}+\sum\zeta\right)\left(\frac{8}{\pi^2 d^4 g}\right)\right]q_V^2$$

在日常生活与大部分工程中的流动都是处于紊流状态，此时可以认为沿程阻力系数是个常数，令

$$S=\left(\sum\lambda\frac{l}{d}+\sum\zeta\right)\left(\frac{8}{\pi^2 d^4 g}\right)$$

如果流动是定常流动，此时

$$\Delta z+\frac{\Delta p}{\rho g}=C$$

因此，式（4-59）可以写为

$$H=C+Sq_V^2 \tag{4-61}$$

将式（4-61）画在以流量 q_V 为横坐标，能量 H（或 p）为纵坐标的图 4-26 中，就得到一条在纵坐标轴上的截距为 C 的抛物线。如图 4-26 所示中的曲线Ⅰ所示，此曲线即为管路性能曲线或管路特性曲线。管路系统的特性系数 S 值（又称为阻抗）改变，其管道特性曲线的形状也随之改变。如关小阀门，局部阻力增大，则特性系数 S 值增大，此时的管道特性曲线如图 4-26 中的曲线Ⅱ所示。

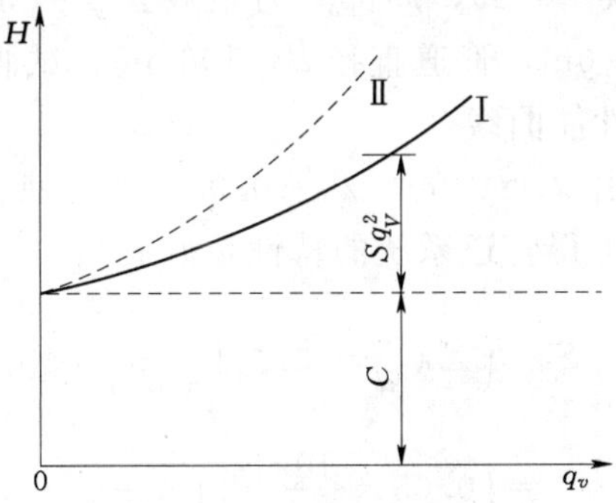

图 4-26　管路特性曲线

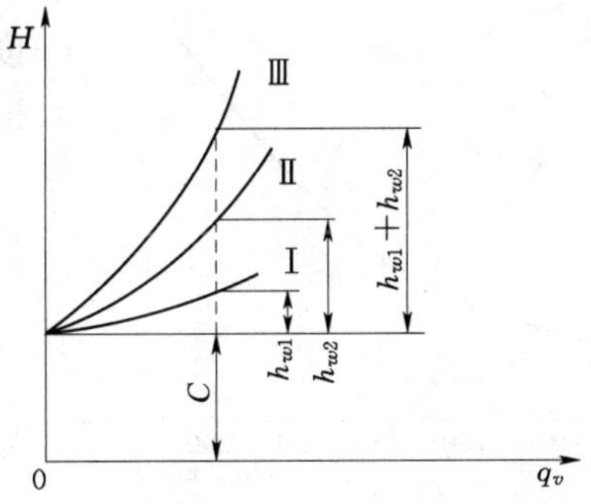

图 4-27　串联管道的管路特性曲线

若管道系统中的 Δz、$\dfrac{\Delta p}{\rho g}$都很小而可忽略时，管道特性曲线就变为由坐标原点开始的抛物线。如果管路系统是由不同直径的管段串联而成，其特性曲线应由组成串联管道系统的各简单管段的特性曲线组合而成。设有一串联管道系统是由两个直径不同而流量相等的两个简单管段串联而成。此两管段的特性曲线分别是图 4－27 中的曲线Ⅰ、Ⅱ。根据串联管道系统的水力特点：总的能量损失为各简单管道能量损失之和，沿横坐标轴在相同的流量上，以（$H=\Delta z+\dfrac{\Delta p}{\rho g}+h_{w1}+h_{w2}$）的值为纵坐标得到许多点。将这些点用一条光滑曲线连接起来，得图 4－27 中的曲线Ⅲ。这条曲线就是该串联管道系统的管路特性曲线。

如果系统是由简单管段并联而成的并联管路系统，其特性曲线也应由组成并联管道系统的各简单管段的特性曲线组合而成。设有一并联管道系统是由两个简单管段组成。此两管段的特性曲线分别是图 4－28 中的曲线Ⅰ、Ⅱ。根据并联管道系统的水力特点：并联的各管段的能量损失相同；系统的总流量为各管段的流量之和，沿纵坐标轴在相同的能量损失上把曲线Ⅰ和Ⅱ的横坐标相加，这样便得到许多点，将这些点用一条光滑的曲线连接起来，得图 4－28 中的曲线Ⅲ。这条曲线就是该并联管道系统的特性曲线。

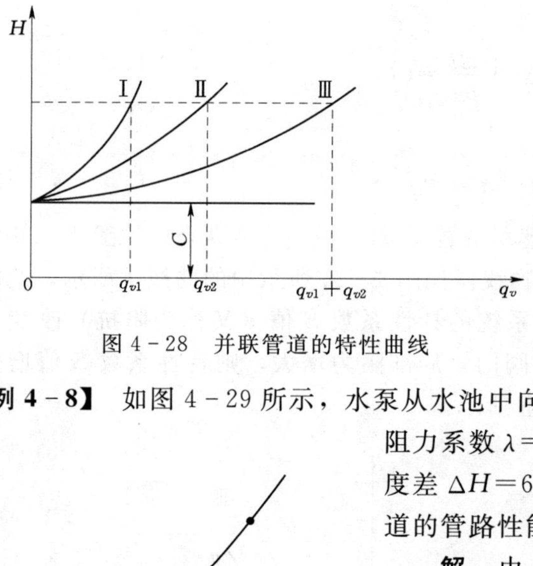

图 4－28　并联管道的特性曲线

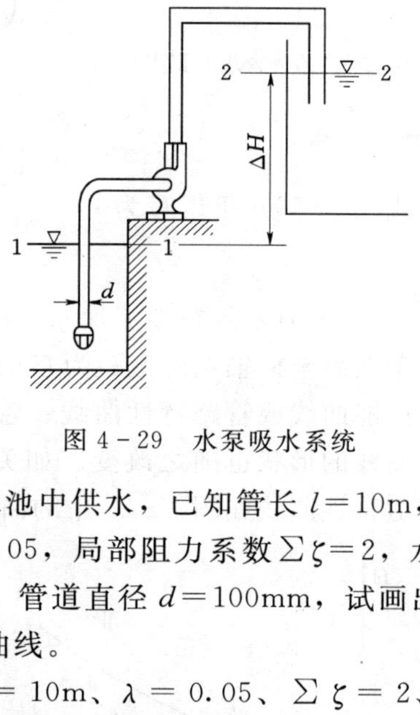

图 4－29　水泵吸水系统

【例 4－8】　如图 4－29 所示，水泵从水池中向水池中供水，已知管长 $l=10\text{m}$，沿程阻力系数 $\lambda=0.05$，局部阻力系数 $\sum\zeta=2$，水位高度差 $\Delta H=6\text{m}$，管道直径 $d=100\text{mm}$，试画出该管道的管路性能曲线。

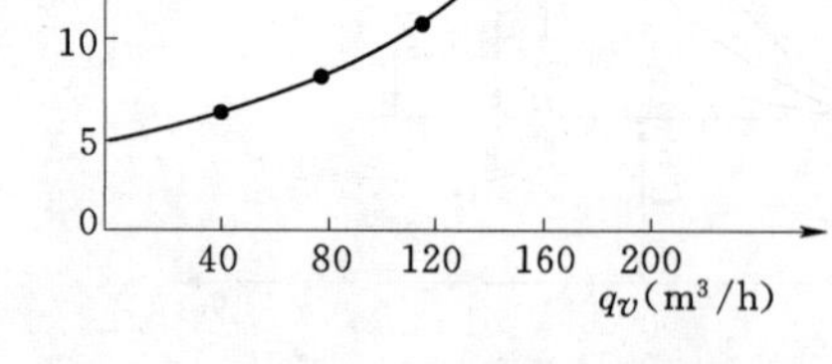

图 4－30　例 4－8 管路性能曲线

解：由 $l=10\text{m}$、$\lambda=0.05$、$\sum\zeta=2$、$d=100\text{mm}$，可得管道系统的特性系数：

$$S=\left(\sum\lambda\frac{l}{d}+\sum\zeta\right)\left(\frac{8}{\pi^2 d^4 g}\right)$$

$$=\left(0.05\times\frac{10}{0.1}+2\right)\times\frac{8}{0.1^4\pi^2 g}$$

$$=5680(\text{s}^2/\text{m}^5)$$

故管道特性曲线的方程为：

$$H=\Delta H+Sq_V^2=6+5680q_V^2$$

每一个流量 q_V 值都有一个与其相对应的管路系统要求将流体的能量提高的 H 值，将计算列于表 4－3。再根据表中的数据绘制成曲线，得图 4－30 所示曲线，就是该管道系统的特性曲线。

表 4－3

流量 q_V						
流量 q_V	m^3/h	40	80	120	160	200
	m^3/s	0.0111	0.0222	0.0333	0.0444	0.0555
所需能量 H（m）		5.7	7.8	11.3	16.2	22.5

本　章　小　结

理想流体的伯努利方程为流体在流动过程中三种水头间的转换计算提供了理论依据，然而实际流体在流动过程中总会有能量损失，而黏性流体的伯努利方程就恰好反应了流体从上游流到下游时的总水头变化。此变化即水头损失既可能有因为黏性而发生在缓变流的沿程损失又可能有因为碰撞而发生在急变流的局部损失。雷诺实验给出了流动状态的两种形式，也为研究层流与紊流的特性提供了基础。圆管层流速度的抛物线分布为求解流量、平均流速及沿程阻力系数奠定了理论依据，这些都是在长管计算中最重要的必备知识。圆管紊流是管中流动时最普遍的情况，脉动性决定了其流动实质的复杂性，粗糙度则会使同一根管道既可能属于粗糙管又可能属于光滑管。尼古拉兹实验的结果恰好得到了管道粗糙度在不同雷诺数下对能量损失的影响，莫迪图则对沿程阻力系数查找更加实用。当量直径原理为解决非圆形管道的水力计算的相关参数给出了换算方法。只与装置或管道形状有关的局部阻力系数则可以查阅相关表格和手册来获得。

习　题

4－1　如图 4－31 所示，流体流经一段倾斜放置的圆形管道，其直径为 30mm，管中流体密度 $950kg/m^3$，黏度 $\mu=5.2\times10^{-2}\,Pa\cdot s$，如果测得 1 截面处的压强为 $p_1=2\times10^5\,Pa$，2 截面处的压强为 $p_2=9.6\times10^5\,Pa$。试判断管中流动方向，确定流动状态并求管中流量。

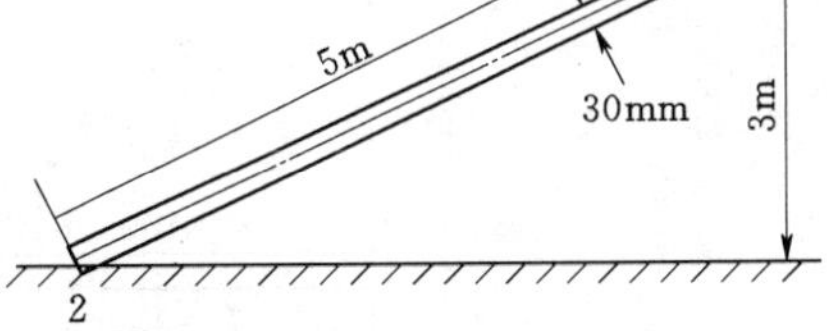

图 4－31

4－2　有一离心水泵装置如图 4－32 所示。已测得该泵的输水量 $q_V=80m^3/h$，吸水管内径 $d=20cm$，吸水管路的总水头损失 $h_w=1.2mH_2O$，水泵入口 1—1 处，真空表读数为 320mmHg，若吸水池的面积足够大，试求此时泵的吸水高度 h_g 为多少？

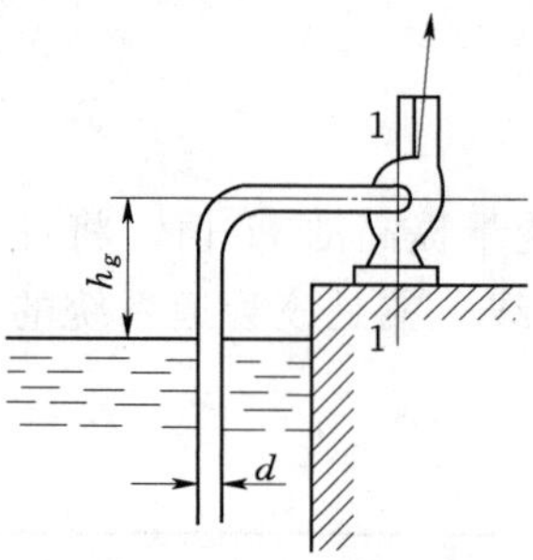

图 4-32

4-3　欲使水在 $Re=3.5\times10^5$ 的绝对粗糙度为 $\Delta=0.39$mm 圆管内的流动处于水力光滑状态，管道直径的取值范围是多少？

4-4　某烟囱直径 400mm，其中流速为 25m/s，若其沿程阻力系数为 0.02，烟气密度为 0.45kg/m³ 测得此烟气的黏度 $\mu=20\times10^{-6}$Pa·s，试计算该烟囱内表面的粗糙度。

4-5　当 $Re=10^5$ 时，直径为多大的普通镀锌钢管的沿程阻力系数与直径为 60cm 的铸铁管的沿程阻力系数相同？

4-6　密度为 0.80g/cm³ 的油在管径 80mm，其黏度 $\nu=0.24$cm²/s 的管中以 6.8cm/s 的速度作层流运动，求：

(1) 管中心处的最大流速；

(2) 在离管中心为 20mm 处的流速；

(3) 沿程阻力系数 λ；

(4) 管壁切应力 τ_0 及水力坡度。

4-7　绝对粗糙度为 1mm 直径为 350mm 的圆形管道，若输送 20℃的水，为使流动处于粗糙管区，求其中的流量要求。

4-8　直径 $d=100$mm，长 $l=1000$m 的输油管道，出口端比进口端高出 8m，其中油的密度为 900kg/m³，流量为 $q_V=23000$kg/h，若进口端油的压力为 1.6×10^5Pa，沿程阻力系数为 0.023，求出口端压力。

4-9　流体在等直径圆管中作定常流动，若已知沿程损失系数为 λ，截面平均流速为 v，流体密度为 ρ，试求管壁切应力为 τ。

4-10　温度为 $t=20$℃的空气在直径 $d=250$mm，长 $l=200$m，绝对粗糙度 $\Delta=1.20$mm 的圆管中流动，若其沿程损失 $\Delta p_f=10000$Pa，求管中空气的流量 q_V。

4-11　输送体积流量 $q_V=1500$m³/h，运动黏度 $\nu=7\times10^{-6}$m²/s 的某种流体，要求输送过程中的水力坡度小于 0.15m，现只有绝对粗糙度 $\Delta=0.2$mm 的各种圆形管道，试求管道的最小直径 d。

4-12　黏度 $\nu=8.6\times10^{-5}$m²/s 的油液在图 4-33 所示连接两油库的管道中流动，若 $H=3$m，绝对粗糙度 $\Delta=0.24$mm，若其中沿程与局部损失都需要考虑时，求管内流量是多少？

4-13　若在上题中的管道中间安装一阀门，当把阀门关小使管中流量减小为原来一半时，阀门的局部阻力系数 ζ 值为多少？

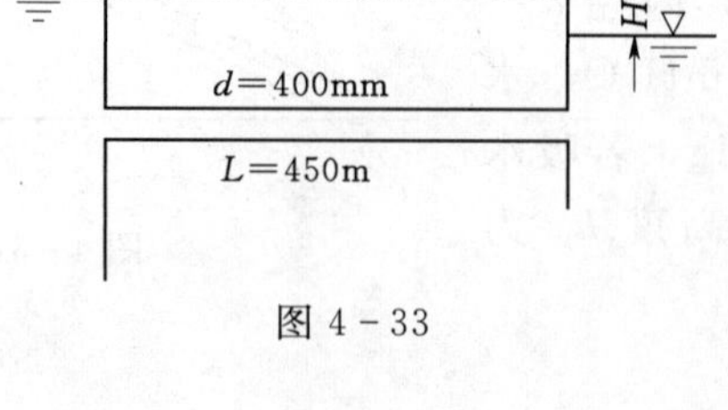

图 4-33

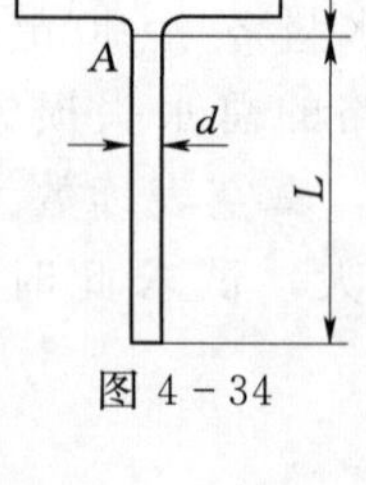

图 4-34

4-14　如图 4-34 所示，水从水箱沿着铅垂管道流入大气，若已知管道长度 $L=3$m，直径 $d=30$mm，不计管道的局部阻力，其沿程阻力系数 $\lambda=0.05$，试求：

（1）管道起始截面 A 处的压强与箱内所维持的水位 h 之间的关系式，并求当 h 为何值时，此截面的压强等于 0；

（2）流量 q_v 与管长 L 的关系；

（3）为使流量 q_v 不随 L 变化，水位 h 应为何值。

4-15　直径 $d=180$mm 的旧无缝钢管用来输送密度 $\rho=850\text{kg/m}^3$ 的石油，管道长 $l=300$m，通过的质量流量 $q_m=960$t/h，运动黏度在冬季 $\nu_{冬}=1.2\times10^{-2}\text{m}^2/\text{s}$，夏季 $\nu_{夏}=0.36\times10^{-4}\text{m}^2/\text{s}$，试求冬夏沿程水头损失各为多少？

4-16　有一长方形风道长 $l=60$m，截面积 $A=2.5\times3.0\text{m}^2$，管壁绝对粗糙度 $\Delta=0.26$mm，输送 $t=20$℃的空气，流量 $q_V=21600\text{m}^3/\text{h}$，试求在此段风道中的沿程损失。

4-17　有效截面面积 $A=1\text{m}^2$ 的圆形管道、正三角形管道、正四边形管道。分别求其求湿周、水力半径及当量直径。

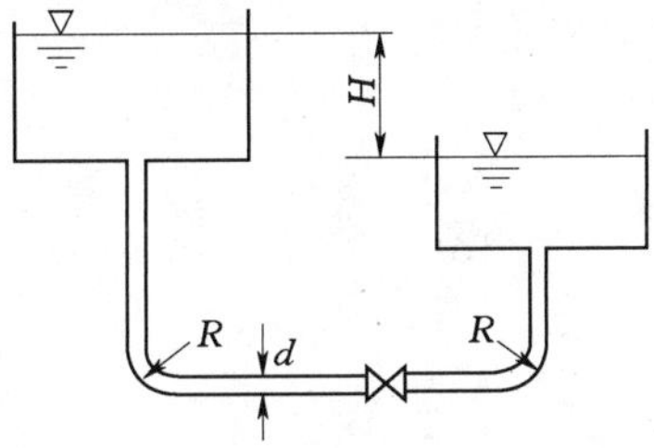

图 4-35

4-18　如图 4-35 所示如图所示，一突然扩大管直径 $d_1=100$mm，长 $L=80$m 的管子相连接，管壁绝对粗糙 $\Delta=0.2$mm。问当管中水的流量为 $Q=30\text{m}^3/\text{h}$，两水柜水面高差 H 是多少？若水的运动黏性系数 $\nu=0.131\text{cm}^2/\text{s}$，90°管弯头圆弧半径 $R=100$mm，阀门阻力系数为 4。

4-19　水平放置的管道其直径由 20cm 突然增大到 30cm，其中水的流量为 $150\text{m}^3/\text{h}$，求：

（1）试求此突然扩大管的局部水头损失；

（2）试求此突然扩大管的前后压强水头的变化；

（3）若管道采用逐渐扩大而忽略局部损失，试求此逐渐扩大管的前后压强水头的变化。

4-20　一突然缩小管路，其管内径由 $d_1=15$cm 缩小到 $d_2=10$cm，如图 4-36 所示，在截面变化附近前和后截面处安装之 U 形管水银差压计，上管道部为水，$q_v=2\text{m}^3/\text{min}$。当管中通过流量的常温水时，差压计液高度差 $h=8$cm。试求管路突然缩小的局部损失系数。

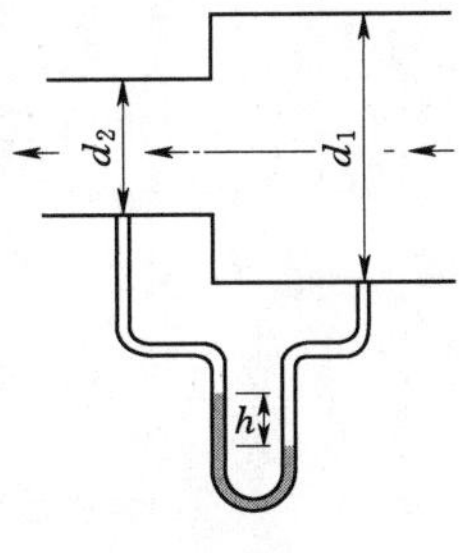

图 4-36

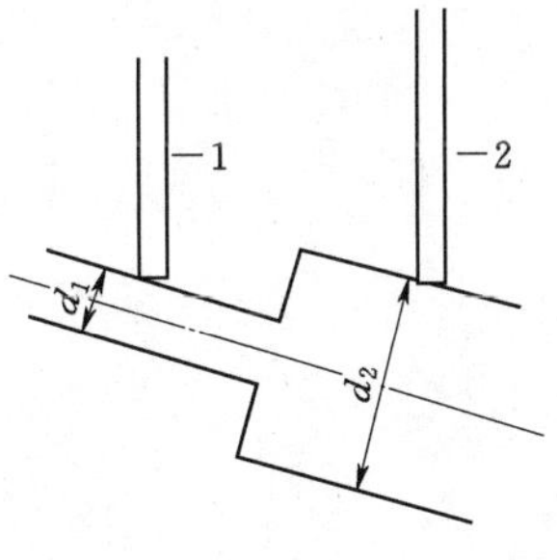

图 4-37

4－21　有一倾斜放置的管道，管径由 $d_1=20\text{cm}$，突然扩大至 $d_2=30\text{cm}$。试验时测得测压管 1 和 2 中的水位分别为 0.6 和 0.9m，如图 4－37 所示。求管道流量 q_v。

4－22　某水泵把水从低处供向高处，已知输水高度为 20m，输水管的直径为 100mm、长度为 30m，沿程阻力系数为 0.05，全部局部阻力系数和为 3。绘制该输水管的特性曲线。

第五章　孔口、管嘴、管路流动与气体射流

知识目标：

- 掌握孔口出流及管嘴出流规律
- 掌握管路及管网的水力计算方法
- 掌握水击现象产生的原因及消除水击的方法
- 掌握气体射流规律

能力目标：

- 通过学习孔口出流、管嘴出流以及管路管网的计算知识，能够解决工程中实际的水力计算问题
- 通过对气体射流规律的研究，能够计算通风与空调工程中的设计参数

在工程实际中常常涉及到流体自孔口、管嘴出流的情况，即本章将讨论的出流和射流问题，如供热管路中节流孔板的计算及通风工程中的侧孔送风；此外，工程实际中的各种流体输送管路，如供水管路、供热管路、通风管路等，都会涉及到管路计算的问题，本章将应用流体力学的基本原理，结合流体运动的具体情况，研究孔口、管嘴的液体出流规律、管路水力计算及气体射流规律。

第一节　孔　口　出　流

在装有液体的容器壁面上开一个孔，液体由此孔口向外流出的现象称为孔口出流。液体自孔口出流到气体空间称为自由出流；液体自孔口出流到充满液体的空间称为淹没出流。容器壁上开出的泄流孔、水利和市政工程中取水、泄水闸孔均属孔口。由于孔口沿流动方向的边界长度很短，水头损失只有局部损失。

一、孔口出流的分类

根据孔口出流的条件，可将其分为以下 3 种。

1. 小孔口与大孔口

当孔口直径 d（或孔口高度 e）与孔口形心在水面下的深度 H 相比很小，即 $d/H<1/10$ 时，称为小孔口，可认为小孔口断面上各点的作用水头相等。反之，当 $d/H>1/10$ 时，称为大孔口，大孔口不同高度上的作用水头不相等。

2. 恒定出流与非恒定出流

孔口出流时，H 不随时间变化时，称为恒定出流。反之，称为非恒定出流。

3. 薄壁孔口与厚壁孔口

孔口出流时，若孔壁厚度对出流无影响，水流与孔壁仅在一圆周线上接触，则称为薄

壁孔口。反之，称为厚壁孔口。

以下将讨论在恒定流的条件下，圆形薄壁小孔口的出流规律。

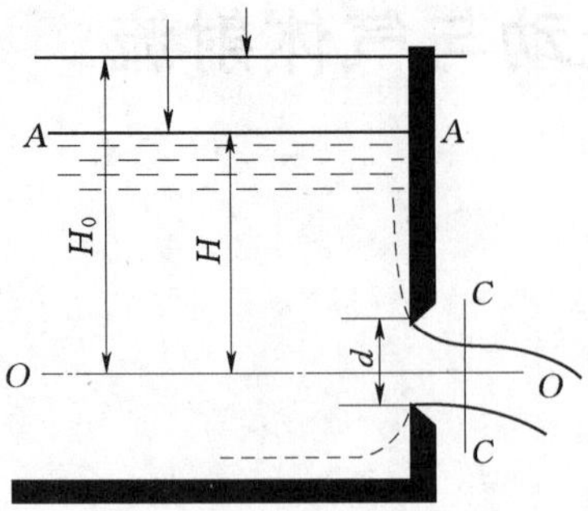

图 5-1　孔口自由出流

二、孔口自由出流

如图 5-1 所示，在水箱的侧壁开有圆形薄壁小孔口，在讨论孔口出流的过程中，假设水箱中的水位 H 保持不变，即为恒定流。当液体从四面八方流向孔口时，由于液体质点具有惯性，所以当液体流过孔口边缘时，流线不能成直角或折角突然改变方向，而只能逐渐弯曲向孔口方向收缩，最后以光滑的曲线通过孔口的边缘。在距出口断面约 $d/2$ 的断面 $C—C$ 处，收缩到最小断面，此时，流线才趋于平行，该断面称为收缩断面，设孔口断面面积为 A，收缩断面面积为 A_C，则

$$\varepsilon=\frac{A_C}{A} \tag{5-1}$$

式中：ε 是收缩系数。

取通过孔口断面中心的水平面作为基准面，列 $A—A$、$C—C$ 两断面的能量方程：

$$z_A+\frac{p_A}{\rho g}+\frac{\alpha_A v_A{}^2}{2g}=z_c+\frac{p_C}{\rho g}+\frac{\alpha_C v_C{}^2}{2g}+h_w$$

式中 $p_A=p_C=p_a$，由于孔口出流忽略沿程水头损失，因此：

$$h_w=h_j=\zeta\frac{v_C{}^2}{2g} \tag{5-2}$$

化简上式：

$$H+\frac{\alpha_A v_A{}^2}{2g}=(\alpha_C+\zeta)\frac{v_C{}^2}{2g}$$

令 $H_0=H+\frac{\alpha_A v_A{}^2}{2g}$，代入上式中，整理得收缩断面流速为

$$v_C=\frac{1}{\sqrt{\alpha_C+\zeta}}\sqrt{2gH_0}=\varphi\sqrt{2gH_0} \tag{5-3}$$

孔口的流量

$$q_V=v_C A_C=\varphi\varepsilon A\sqrt{2gH_0}=\mu A\sqrt{2gH_0} \tag{5-4}$$

式中：H_0 为作用水头，m，当忽略较小的$\frac{\alpha_A v_A^2}{2g}$时，$H_0=H$；$\zeta$ 为孔口局部阻力系数；φ 为孔口流速系数，$\varphi=\frac{1}{\sqrt{\alpha_C+\zeta}}=\frac{1}{\sqrt{1+\zeta}}$，其值可通过实验测得，圆形薄壁小孔口 $\varphi=0.97\sim0.98$；μ 为孔口流量系数，$\mu=\varepsilon\varphi$，根据实测，圆形薄壁小孔口 $\mu=0.60\sim0.62$。

式（5-3）和式（5-4）表明：圆形薄壁小孔口出流的流速和流量均与作用水头的平方根成正比。在应用流速和流量计算公式时，要注意作用水头及流速系数和流量系数的确定，尤其是流量系数 μ 的值，它与流速系数 φ 和收缩系数 ε 有关，而收缩系数又与孔口在容器壁面上开设的位置有关，亦即流量系数 μ 与孔口在容器壁面上开设的位置有关。

如图5-2所示，孔口Ⅰ四周的流线全部发生弯曲，各个方向都发生收缩，这种类型称为全部收缩，全部收缩的收缩效果最好。在流线全部收缩的类型中，又根据器壁对流线弯曲的影响大小分为完善收缩和不完善收缩，如孔口Ⅰ周边离侧壁的距离均大于孔口在该方向的尺寸的3倍，即$l_1>3a$，$l_2>3b$，所以孔口Ⅰ属于完善收缩类型，给出的μ值通常是指完善收缩时的流量系数，孔口Ⅲ和孔口Ⅳ不满足上述条件，所以为不完善收缩。不完善收缩的收缩系数要比完善收缩的收缩系数大，通常按下面的经验公式进行计算：

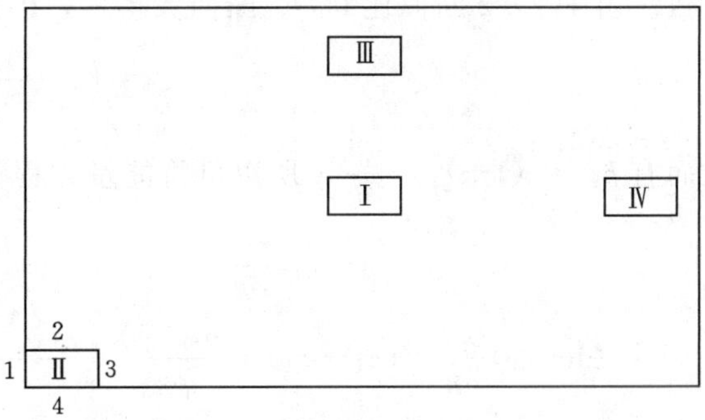

图5-2　器壁上不同位置的孔口

$$\mu'=\mu\left[1+0.64\left(\frac{A}{A_0}\right)^2\right] \tag{5-5}$$

式中：μ'为不完善收缩的流量系数；μ为完善收缩的流量系数；A为孔口面积，m^2；A_0为孔口所在壁面的面积，m^2。

孔口Ⅱ只有2、3两条边发生收缩，1、4边没有发生收缩，这种类型称为非全部收缩，非全部收缩的流量系数按下面的经验公式进行计算：

$$\mu''=\mu\left(1+C\frac{S}{X}\right)$$

式中：μ''为非全部收缩的流量系数；μ为完善收缩的流量系数；C为孔口系数，圆形孔口为0.13，方形孔口为0.15；S为未收缩部分周长（图5-2中1+4边长）；X为孔口的全部周长（图5-2中1+2+3+4边长）。

三、孔口淹没出流

如前述，当液体通过孔口出流到另一个充满液体的空间时称为淹没出流，如图5-3所示。图中水箱的隔板上开一圆形薄壁小孔口，孔口左侧水面到孔口中心的距离为H_1，孔口右侧水面到孔口中心的距离为H_2。同孔口自由出流一样，液体流经孔口时，流线同样发生收缩，只是在收缩断面之后还要扩散开。取基准面0—0通过孔口中心，列1—1、2—2两断面的能量方程：

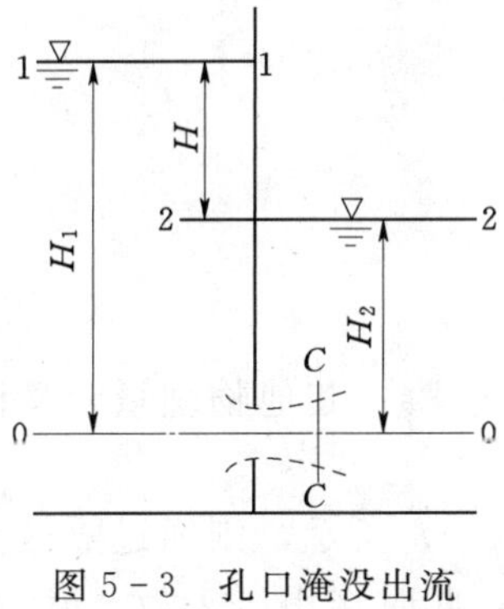

图5-3　孔口淹没出流

$$z_1+\frac{p_1}{\rho g}+\frac{\alpha_1 v_1{}^2}{2g}=z_2+\frac{p_2}{\rho g}+\frac{\alpha_2 v_2{}^2}{2g}+h_w$$

讨论孔口淹没出流时，仍然只考虑局部水头损失，与孔口自由出流的区别在于这里的局部水头损失包括两部分：经过孔口的局部损失和收缩断面之后又扩散的局部损失，即

$$h_w=\zeta_1\frac{v_C{}^2}{2g}+\zeta_2\frac{v_C{}^2}{2g}$$

式中：ζ_1为液体经孔口处的局部阻力系数；ζ_2为液体在收缩断面后突然扩大的局部阻力

系数。由于 2—2 断面比 C—C 断面大得多，因此

$$\zeta_2=\left(1-\frac{A_C}{A_2}\right)^2\approx 1$$

从而有 $h_w=(1+\zeta_1)\dfrac{v_C{}^2}{2g}$，所以可将能量方程整理为

$$(1+\zeta_1)\frac{v_C^2}{2g}=(z_1-z_2)+\frac{p_1-p_2}{\rho g}+\frac{\alpha_1 v_1{}^2-\alpha_2 v_2{}^2}{2g}$$

令 $H_0=(1+\zeta_1)\dfrac{v_C{}^2}{2g}=(z_1-z_2)+\dfrac{p_1-p_2}{\rho g}+\dfrac{\alpha_1 v_1{}^2-\alpha_2 v_2{}^2}{2g}$

则
$$v_C=\frac{1}{\sqrt{1+\zeta_1}}\sqrt{2gH_0}=\varphi\sqrt{2gH_0} \tag{5-6}$$

式中：v_C 为收缩断面流速，m/s；φ 为流速系数，其值可通过实验测得，圆形薄壁小孔口：$\varphi=0.97\sim0.98$；H_0 为孔口的作用水头，m。

则孔口淹没出流的流量为

$$q_V=A_Cv_C=A_C\varphi\sqrt{2gH_0}=A\varepsilon\varphi\sqrt{2gH_0}=\mu A\sqrt{2gH_0} \tag{5-7}$$

式中：q_V 为淹没出流的流量，m^3/s；μ 为流量系数；A 为孔口的面积，m^2；H_0 为作用水头，m。

由式（5-6）和式（5-7）可以看出：孔口淹没出流的速度和流量计算公式与孔口自由出流时的公式完全相同，而且实测资料表明，它们的流速系数 φ、收缩系数 ε 和流量系数 μ 的值也完全相同。但是，流速系数 φ 的物理含义有所不同。孔口自由出流中，φ 表达式中所含有的 1 是动能修正系数；孔口淹没出流中，φ 表达式中所含有的 1 是突然扩大的局部阻力系数。另外，从作用水头的表达式可知：自由出流时，作用水头是液面相对于孔口中心的总水头；淹没出流时，作用水头是孔口上、下游液面的总水头差，当上下游水位高差一定的时候，在液面下深度不同的相同面积的孔口淹没出流时流量是一样的。

气体出流通常属于淹没出流，所以流量可按式（5-7）来计算，但是，气体出流没有明显的水头特征，需将公式中的作用水头 H_0 换成作用压头 Δp，而且作用压头的表达式为

$$\Delta p=(p_1-p_2)+\frac{\rho}{2}(\alpha_1 v_1^2-\alpha_2 v_2^2)$$

所以气体淹没出流的流量公式为

$$q_V=\mu A\sqrt{2g\frac{\Delta p}{\rho g}}=\mu A\sqrt{\frac{2}{\rho}\Delta p} \tag{5-8}$$

式中：ρ 为气体密度，kg/m^3；Δp 为孔口前后的总压差，单位为 Pa；其他物理量含义同式（5-7）。

在管路中安装一带有薄壁孔口的隔板，即所谓孔板，如图 5-4 所示，则通过隔板上孔口的出流是淹没出流，由于管径和流量不变，所以有 $v_1=v_2$，此时作用压头为 $\Delta p=p_1-p_2$。

所以流量为

$$q_V=\mu A\sqrt{\frac{2}{\rho}(p_1-p_2)}=\mu A\sqrt{\frac{2}{\rho}\Delta p} \tag{5-9}$$

式中：各项含义同式（5－8）。

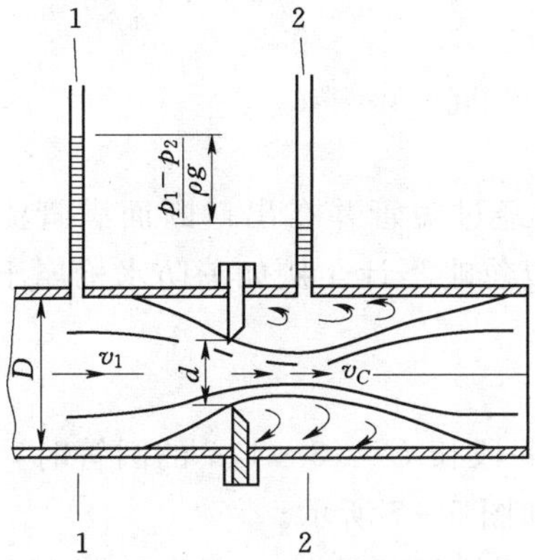

图 5－4　孔板流量计

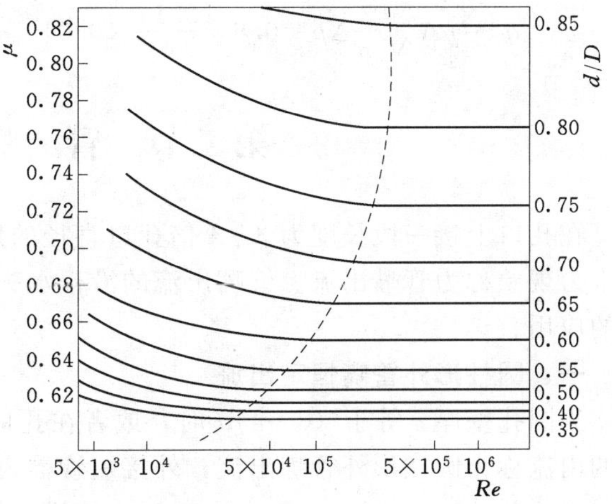

图 5－5　孔板流量计的 μ 值曲线

在管道中安装上述孔板，通过测量孔板前后渐变流过流断面上的压差，求得管道中流量，这种装置称为孔板流量计。

孔板流量计的流量系数 μ 通常由实验测定，在工程实际中，为了便于计算，设计手册中往往给出孔板流量计的流量系数 μ 曲线，以供设计中查得。此处给出圆形薄壁小孔口孔板流量计的流量系数 μ 曲线，以供大家参考，见图 5－5。

【例 5－1】 已知某液体管路中装有孔板流量计，测得作用压头 $\Delta p=50\text{mmH}_2\text{O}$，管道直径 $D=200\text{mm}$，孔板直径 $d=80\text{mm}$。试求管道中的流量 q_V。

解： 这是液体淹没出流问题，利用式（5－9）来进行计算。作用水头为

$$H_0=\frac{\Delta p}{\rho g}=\frac{50\times 9.81}{9810}=0.05(\text{m})$$

由题中所给条件可知：$\frac{d}{D}=\frac{80}{200}=0.4$，假设流动处于阻力平方区，则 μ 值与雷诺数 Re 无关，所以通过图 5－5 可查得 $\mu=0.61$。从而可得管道中的流量为

$$q_V=\mu A\sqrt{2gH_0}=0.61\times\frac{3.14}{4}\times 0.08^2\sqrt{2\times 9.81\times 0.05}=0.003(\text{m}^3/\text{s})$$

【例 5－2】 某空调房间采用孔板送风（如图 5－6 所示），即将处理过的清洁空气用通风机送到房间顶部设置的夹层内，并且使夹层内的空气压强大于房间内的压强，从而夹层内的清洁空气会通过布置在隔板上的风口流入房间，如果夹层内清洁空气的相对压强 $p=300\text{Pa}$，房间内空气的压强为当地大气压，空气的温度 $t=20℃$，空气密度 $\rho=1.21\text{kg/m}^3$，孔口的直径 $d=10\text{mm}$，孔口的流量系数 $\mu=0.6$。试求孔口的出流量。

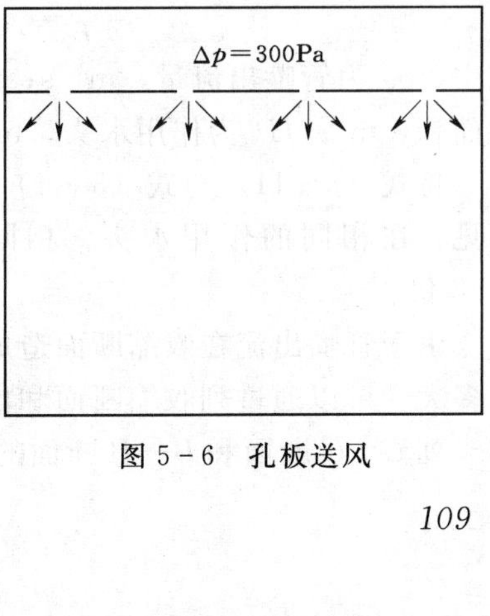

图 5－6　孔板送风

解： 根据题意知这是气体的淹没出流，并且 $\Delta p=$

300Pa，所以孔口的出流量为

$$q_V=\mu A\sqrt{\frac{2}{\rho}\Delta p}=0.6\times\frac{3.14}{4}\times0.01^2\sqrt{\frac{2}{1.21}\times300}=1.05\times10^{-3}(\mathrm{m^3/s})$$

第二节　管　嘴　出　流

在孔口上接一段长度为 3～4 倍孔口直径的短管，水经过短管并在出口断面满管流出的水力现象称为管嘴出流。管嘴出流的沿程水头损失可以忽略不计。例如消防水枪属于管嘴的应用。

一、圆柱形外管嘴恒定出流

当圆孔壁厚 σ 等于（3～4）d 时，或者在孔口处外接一段长 $L=(3\sim4)d$ 的圆管时，此时的出流称为圆柱形外管嘴出流，外接短管称为管嘴，如图 5－7 所示。

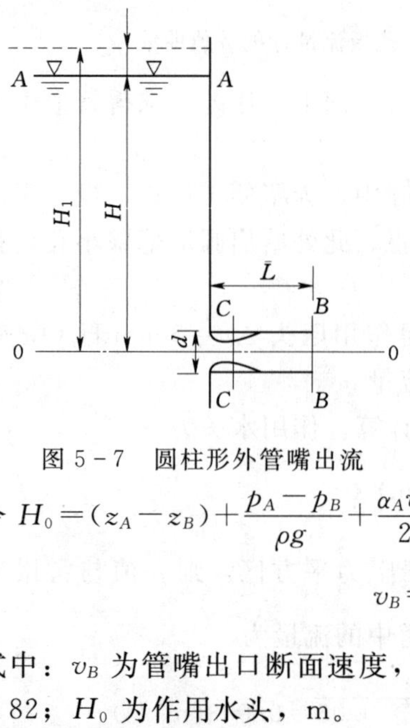

图 5－7　圆柱形外管嘴出流

水流进入管嘴后，同样形成收缩，在收缩断面 C—C 断面处水流与管壁脱离，并形成漩涡区，然后又逐渐扩大，在管嘴出口断面满管流出。

设开口水箱，水经过管嘴自由出流。以通过管嘴轴线的水平面 0—0 断面为基准面，对水箱液面与管嘴出口断面 B—B 断面列能量方程：

$$z_A+\frac{p_A}{\rho g}+\frac{\alpha_A v_A^2}{2g}=z_B+\frac{p_B}{\rho g}+\frac{\alpha_B v_B^2}{2g}+h_{wA-B}$$

将能量方程整理可得：

$$(z_A-z_B)+\frac{p_A-p_B}{\rho g}+\frac{\alpha_A v_A^2}{2g}=(\alpha_B+\zeta)\frac{v_B^2}{2g}$$

令 $H_0=(z_A-z_B)+\dfrac{p_A-p_B}{\rho g}+\dfrac{\alpha_A v_A^2}{2g}=(\alpha_B+\zeta)\dfrac{v_B^2}{2g}$，取 $\alpha_B=1$，则

$$v_B=\frac{1}{\sqrt{1+\zeta}}\sqrt{2gH_0}=\varphi\sqrt{2gH_0} \tag{5-10}$$

式中：v_B 为管嘴出口断面速度，m/s；φ 为流速系数，对于圆柱形外管嘴，$\zeta=0.5$，$\varphi=0.82$；H_0 为作用水头，m。

根据流速可得流量

$$q_V=Av_B=\varphi A\sqrt{2gH_0}=\mu A\sqrt{2gH_0} \tag{5-11}$$

式中：q_V 为管嘴出流量，$\mathrm{m^3/s}$；μ 为流量系数，对于圆柱形外管嘴 $\mu=\varphi=0.82$；A 为管嘴面积，$\mathrm{m^2}$；H_0 为作用水头，m。

将式（5－11）与式（5－4）相比较，两式形式完全相同，但 $\mu_{管嘴}=1.32\mu_{孔口}$。由此可见：在相同的作用水头、相同的直径条件下，管嘴的过流能力是孔口过流能力的 1.32 倍。

由于管嘴出流在收缩断面造成真空，从而使出流量增大，那么收缩断面处的真空度到底多大？可以通过列收缩断面和出口断面的能量方程来求得。

列 C—C 断面和 B—B 断面的能量方程：

$$\frac{p_C}{\rho g}+\frac{\alpha_C v_C^{\ 2}}{2g}=\frac{p_B}{\rho g}+\frac{\alpha_B v_B^{\ 2}}{2g}+h_w$$

则

$$\frac{p_a-p_C}{\rho g}=\frac{\alpha_C v_C^{\ 2}}{2g}-\frac{\alpha_B v_B^{\ 2}}{2g}-\zeta\frac{v_B^{\ 2}}{2g}$$

在能量方程式中取：$\alpha_C=\alpha_B=1$，v_C 用 v_B 表示，即

$$v_C=\frac{A_B}{A_C}v_B=\frac{A_B}{\varepsilon A_B}v_B=\frac{1}{\varepsilon}v_B$$

局部水头损失主要发生在水流突然扩大上，则

$$\zeta=\left(\frac{A_B}{A_C}-1\right)^2=\left(\frac{A_B}{\varepsilon A_B}-1\right)^2=\left(\frac{1}{\varepsilon}-1\right)^2$$

代入上式，得

$$\frac{p_v}{\rho g}=\left[\frac{\alpha_C}{\varepsilon^2}-\alpha_B-\left(\frac{1}{\varepsilon}-1\right)^2\right]\frac{v^2}{2g}=\left[\frac{\alpha_C}{\varepsilon^2}-\alpha_B-\left(\frac{1}{\varepsilon}-1\right)^2\right]\varphi^2 H_0$$

将各项系数 $\alpha_C=\alpha_B=1$，$\varepsilon=0.64$，$\varphi=0.82$ 代入上式，得收缩断面的真空度为

$$\frac{p_v}{\rho g}=0.75H_0 \tag{5-12}$$

式（5－12）表明：收缩断面处的真空度，可以达到作用水头的 0.75 倍，即这个真空度使作用水头增加了 75%，所以管嘴出流的流量大于孔口出流的流量。但是，收缩断面所产生的真空度是有一定限度的，实验研究表明：当真空度达到 $7mH_2O$ 时，管嘴内的液体就会发生汽化，产生气泡，使连续流动遭到破坏，并将外面的空气吸入，使收缩断面的真空遭到破坏，也使液体不再充满整个断面，管嘴出流变成了孔口出流。所以在工程实际中，要求$\frac{p_v}{\rho g}=0.75H_0\leqslant 7mH_2O$，即 $H_0\leqslant 9.3mH_2O$，在此条件下，管嘴才能正常工作。

另外，为了保证管嘴的正常工作，对管嘴的长度有一定的限制，要求管嘴的长度为管嘴直径的 3～4 倍，即 $L=(3\sim4)d$。因为管嘴过长，沿程损失过大，不能忽略，这就成为短管流动；若管嘴过短，则在收缩断面之后，液体还没有完全扩散到整个断面，就已经流出管嘴，而成为非满管出流，收缩断面也不能形成真空，与孔口出流一样。所以，管嘴的长度一定要满足要求。

二、其他形式的管嘴

工程应用中，根据不同的目的及使用要求，常用的管嘴形式还有多种，如图 5－8 所示。其计算公式与圆柱形外管嘴出流的公式相同。各类管嘴的水力特点如下：

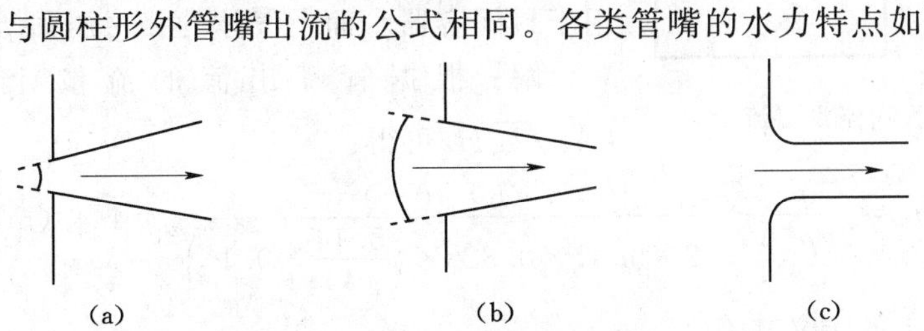

图 5－8　其他形式管嘴出流

（a）圆锥形扩散管嘴出流；（b）圆锥形收缩管嘴出流；（c）流线型管嘴出流

(1) 圆锥形扩散管嘴，如图 5-8 (a) 所示。这类管嘴可在收缩断面形成真空，真空值随圆锥角增大而增大，泄水能力大，出口流速小，常用作引射器、水轮机尾水管和人工降雨喷口（灌溉设备）等。

(2) 圆锥形缩敛管嘴，如图 5-8 (b) 所示。这类管嘴出口流速大，适用于水力机械化施工设备（如水力挖土机）作喷嘴或消防水枪等。

(3) 流线型管嘴，如图 5-8 (c)。这类管嘴阻力系数小，常用作涵洞或水坝的泄水管。

各类管嘴出流的水力特征详见表 5-1。

表 5-1　　　　管嘴的特性系数

管嘴种类 \ 相应的系数	阻力系数 ζ	收缩系数 ε	流速系数 φ	流量系数 μ
圆柱形外管嘴	0.5	1.0	0.82	0.82
圆柱形扩散管嘴（$\theta=5°\sim7°$）	3.0～4.0	1.0	0.45～0.50	0.45～0.50
圆柱形收缩管嘴 $\theta=13°24'$	0.09	0.98	0.96	0.94
流线型管嘴	0.04	1.0	0.98	0.98

【例 5-3】 已知某冷却塔喷水管的圆柱形管嘴直径 $d=30\text{mm}$，管嘴的长度 $L=4d$，冷却水量为 $q_V=0.38\text{m}^3/\text{s}$，管嘴的作用水头 $H_0=6\text{m}$。试计算：

(1) 单个管嘴的喷水量；

(2) 需要多少个管嘴才能满足冷却水量的要求？

解：(1) 因为是圆柱形外管嘴出流，流量系数 $\mu=0.82$。

所以单个管嘴的出流量为

$$q_V'=\mu A\sqrt{2gH_0}=0.82\times\frac{3.14}{4}\times0.03^2\sqrt{2\times9.81\times6}=6.29\times10^{-3}(\text{m}^3/\text{s})$$

(2) 需要的管嘴数为

$$n=\frac{q_V}{q_V'}=\frac{0.38}{6.29\times10^{-3}}=61\ (\text{个})$$

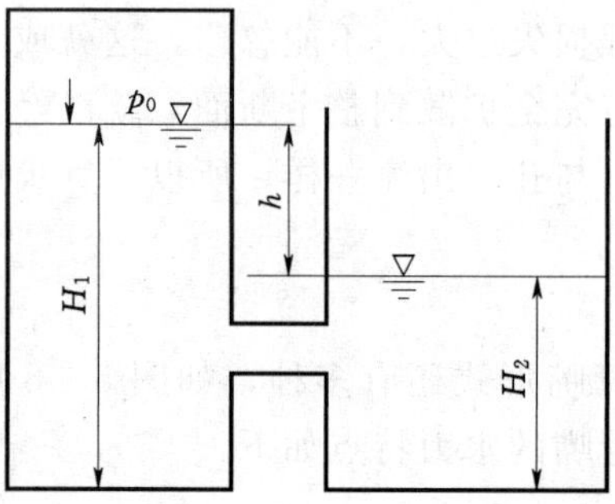

图 5-9　管嘴淹没出流

【例 5-4】 水从封闭容器经管嘴流入开口水池中，如图 5-9 所示。已知管嘴的直径 $d=100\text{mm}$，$H_1=7\text{m}$，$H_2=5\text{m}$，如果要求流量为 $6\times10^{-2}\ \text{m}^3/\text{s}$，则作用于封闭容器水面上气体的相对压强 p_0 为多少？

解：根据管嘴出流的流量计算公式 $q_V=\mu A\sqrt{2gH_0}$可得：

$$H_0=\frac{q_V^2}{2g\mu^2A^2}=\frac{(6\times10^{-2})^2}{2\times9.81\times0.82^2\times\left(\frac{3.14}{4}\times0.1^2\right)^2}=4.43(\text{m})$$

根据作用水头的定义式有

$$H_0=\left(H_1+\frac{p_0}{\rho g}\right)-\left(H_2+\frac{p_2}{\rho g}\right)=(H_1-H_2)+\frac{p_0}{\rho g}$$

从而可得　　　　　　　　$p_0=23.84\text{kPa}$

第三节　简单管路计算

水沿管道满管流动的水力现象称为有压管流，有压管流的管道称为有压管路。工程实际中的各种流体输配管路，例如供水管路、供热管路、通风管路等，都属于有压管路，都会涉及到管道的水力计算问题，即流量、能量损失和管道几何尺寸之间关系的确定问题。管道水力计算的任务就是利用流体力学的基本理论，根据流体在管路中的具体流动规律，确定其流量、能量损失和管道几何尺寸之间关系。

一、管路流动类型

工程上为了简化计算，按沿程水头损失与局部水头损失在总水头损失中所占比重的不同，将其分为"短管"和"长管"。"短管"是指在总水头损失中，局部水头损失占有相当的比重，计算时对其不可忽略的管路。实际工程中常见的水泵的吸水管，虹吸管、倒虹吸管都属于短管；"长管"是指在总水头损失中，以沿程水头损失为主，流速水头与局部水头损失之和与沿程水头损失相比很小，在计算中可以忽略不计或按沿程损失百分比进行估算的管路，如城市给水干管、供热干管、室内给水管道等均可按长管进行计算。

二、管路的构成类型

1. 简单管路

简单管路是指管径和流量沿程不发生变化的管路。简单管路虽然简单，但它是构成各种复杂管路的基本单元，是所有复杂管路计算问题的基础。

2. 复杂管路

复杂管路是指管径或流量沿程发生变化的管路。根据其具体的布置情况又可以分为串联管路、并联管路和管网。

本节将讨论有压管路中的简单管路水力计算，包括短管的水力计算以及长管的水力计算。

三、短管水力计算

（一）计算方法

如图 5-10 所示的简单管路，管道的直径为 d，管道的长度为 l，水箱中的水通过该简单管路流入大气中。取基准面 0—0 通过管道的轴线，水箱水面到基准面的距离为 H。

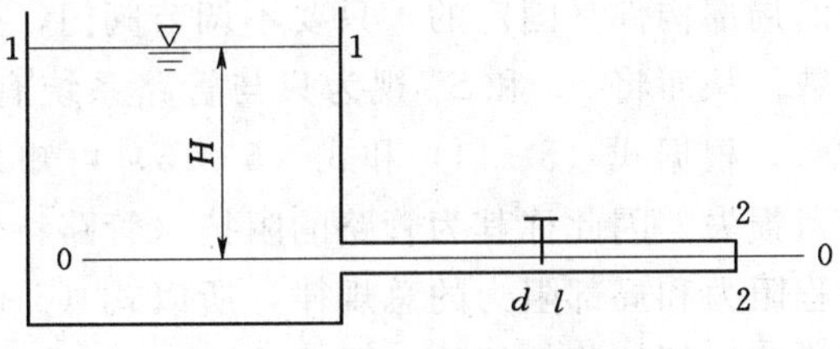

图 5-10　简单管路短管系统

列水箱水面 1—1 和管道出口断面 2—2 的能量方程

$$z_1+\frac{p_1}{\rho g}+\frac{\alpha_1 v_1{}^2}{2g}=z_2+\frac{p_2}{\rho g}+\frac{\alpha_2 v_2{}^2}{2g}+h_w$$

将能量方程整理可得

$$H=\left(\lambda\frac{l}{d}+\sum\zeta'+1\right)\frac{v_2{}^2}{2g}$$

如果将出口处的流速水头看作 $\zeta=1$ 的局部水头损失，并且合并到$\sum\zeta'$中去，则上式可写为

$$H=\left(\lambda\frac{l}{d}+\sum\zeta\right)\frac{v_2{}^2}{2g}$$

将 $v_2=\dfrac{4q_V}{\pi d^2}$代入上式可得

$$H=\frac{8\left(\lambda\dfrac{l}{d}+\sum\zeta\right)}{g\pi^2d^4}q_V^2$$

令

$$S_H=\frac{8\left(\lambda\dfrac{l}{d}+\sum\zeta\right)}{g\pi^2d^4}\tag{5-13}$$

能量方程转化为

$$H=S_Hq_V^2\tag{5-14}$$

式中：H 为作用水头，m；S_H 为阻抗，也称其为管路特性阻力数，s^2/m^5；q_V 为流量，m^3/s。

如果是气体管路，不具有明显的水头特征，应该采用压头来表示，即在式（5-14）的两端乘以容重 ρg，则其计算公式变为

$$p=\rho gH=\rho gS_Hq_V^2=S_pq_V^2\tag{5-15}$$

其中

$$S_p=\frac{8\rho\left(\lambda\dfrac{l}{d}+\sum\zeta\right)}{\pi^2d^4}$$

式中：p 为作用压头，N/m^2；S_p 为阻抗，kg/m^7；q_V 为流量，m^3/s。

上述计算式中的$\sum\zeta$包含了系统中所有局部构件及管道出口处的局部阻力系数。当流体种类固定（ρ、γ一定），在 d、l 给定时，S_H 和 S_p 只与沿程阻力系数λ 和局部阻力系数总和$\sum\zeta$有关。从第四章知沿程阻力系数λ与流动状态有关，但是当流动处于阻力平方区时，只要管道材质确定，就可以将沿程阻力系数λ视为常数。当管路系统确定以后，管路中的局部构件是固定的，只要不调节阀门，局部阻力系数是固定不变的，所以$\sum\zeta$可视为常数。从而将 S_H 和 S_p 视为只与管路系统有关的系数，即对于给定的系统，S_H 和 S_p 是常数，根据式（5-14）和式（5-15）可知 S_H 和 S_p 的物理意义：管路通过单位流量时的能量损失，因此称其为管路的阻抗（管路特性阻力数）。由于阻抗综合反映了管路系统中沿程阻力和局部阻力的总规律，所以式（5-14）和式（5-15）表示了阻力损失和流量平方成正比例变化的规律，因此式（5-14）和式（5-15）又称为管路特性阻力方程。由此可见，简单管路中能量损失与流量平方成正比。

（二）短管水力计算的应用

1. 虹吸管水力计算

虹吸管的一部分高出供水自由水面，因此必须有真空区才能正常工作。但如果真空值过大，则会因为液体气化而破坏水流的连续性。工程上一般限制最大真空度不超过 $7mH_2O$。虹吸管的优点是能跨越高地，减少土方量。虹吸管水力计算，通常是已定管径及上下游水位差，按照最大真空度计算通过虹吸管的流量；或者已知流量，要求计算安装

高度（指虹吸管顶部断面形心超出上游自由液面的距离）。

【例 5-5】 如图 5-11 所示，虹吸管越过山丘输水。虹吸管长 $l=l_{AB}+l_{BC}=20\text{m}+30\text{m}=50\text{m}$，直径 $d=200\text{mm}$。两水池水位差 $H=1.2\text{m}$，已知沿程阻力系数 $\lambda=0.03$，局部阻力系数：进口 $\zeta_e=0.5$，出口 $\zeta_s=1.0$，弯头 1 的 $\zeta_1=0.2$，弯头 2、3 的 $\zeta_2=\zeta_3=0.4$，弯头 4 的 $\zeta_4=0.3$，B 点高出上游水面 4.5m，试求流经虹吸管的流量 q_V 和虹吸管顶 B 点的真空度。

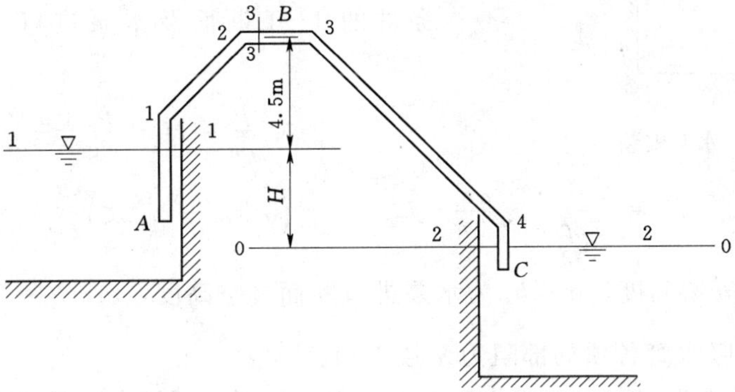

图 5-11　虹吸管

解：取 1—1 和 2—2 断面，且以 0—0 断面为基准面，列能量方程。

$$H+0+0=0+0+0+h_{w1-2}$$

得
$$H=h_{w1-2}=H=\left(\lambda\frac{l}{d}+\sum\zeta\right)\frac{v^2}{2g}$$

解之
$$v=\frac{1}{\sqrt{\lambda\dfrac{l}{d}+\sum\zeta}}\sqrt{2gH}$$

$$\sum\zeta=0.5+0.2+2\times0.4+0.3+1.0=2.8$$

连同 λ、l、d 代入上式得

$$v=\frac{1}{\sqrt{0.03\times\dfrac{50}{0.2}+2.8}}\times\sqrt{2\times9.81\times1.2}=1.51(\text{m/s})$$

则
$$q_V=Av=\frac{1}{4}\pi d^2v=\frac{1}{4}\pi\times0.2^2\times1.51=0.0475(\text{m}^3/\text{s})$$

再对 2—2 和 3—3 断面（过水平管段 B 点的断面）列能量方程

$$(H+4.5)+\frac{p_B}{\rho g}+\frac{\alpha v^2}{2g}=0+0+0+h_{w3-2}$$

取 $\alpha=1$，$h_{w3-2}=\left(\lambda\dfrac{l_{BC}}{d}+\zeta_3+\zeta_4+\zeta_s\right)\dfrac{v^2}{2g}$，代入能量方程并整理得

$$\begin{aligned}\frac{p_B}{\rho g}&=\left(\lambda\frac{l_{BC}}{d}+\zeta_3+\zeta_4+\zeta_s-1\right)\frac{v^2}{2g}-(H+4.5)\\&=\left(0.03\times\frac{30}{0.2}+0.4+0.3+1-1\right)\times\frac{1.51^2}{2\times9.81}-(1.2+4.5)\\&=-5.09(\text{mH}_2\text{O})\end{aligned}$$

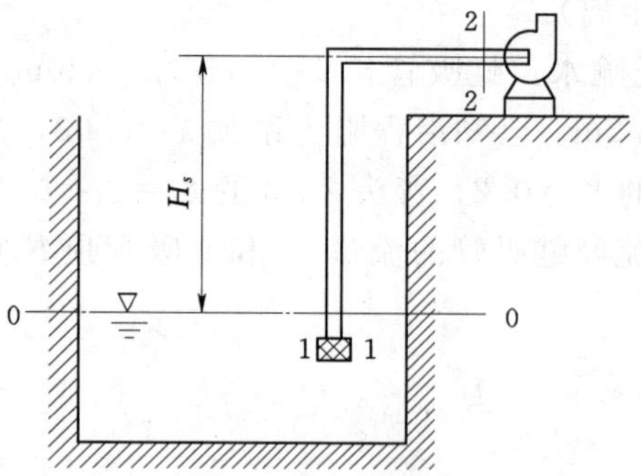

图 5-12　水泵安装高度

2. 水泵吸水管水力计算

从水泵吸水口至水泵进口的管路称为吸水管，如图 5-12 所示。

吸水管水力计算主要是确定水泵的安装高度，即水泵轴线在吸水池液面上的高度 H_s。

以吸水池液面 1—1 为基准面，对符合渐变流条件的 1—1 断面及水泵进口 2—2 断面列能量方程

$$\frac{p_a}{\rho g}=H_g+\frac{p_2}{rg}+\frac{\alpha v^2}{2g}+h_w$$

$$H_g=\frac{p_a-p_2}{\rho g}-\frac{\alpha v^2}{2g}-h_w=h_s-\left(\alpha+\lambda\frac{l}{d}+\sum\zeta\right)\frac{v^2}{2g} \tag{5-16}$$

式中：H_g 为水泵安装高度，m；h_s 为水泵进口断面真空高度，m，$h_s=\frac{p_a-p_2}{\rho g}$；$\lambda$ 为沿程阻力系数；$\sum\zeta$ 为吸水管各项局部阻力系数之和。

若以水泵的允许吸上真空高度代入上式，则可得到水泵最大安装高度：

$$H_g=[h_s]-\left(\alpha+\lambda\frac{l}{d}+\sum\zeta\right)\frac{v^2}{2g} \tag{5-17}$$

式中：H_g 为水泵最大安装高度，m；$[h_s]$ 为水泵的允许吸上真空高度，m。

上式表明，水泵的允许安装高度是要根据水泵的允许吸上真空高度 $[h_s]$ 来确定的。

【例 5-6】 如图 5-12 所示，已知水泵流量为 $q_V=8.1\text{L/s}$，吸水管直径 $d_2=100\text{mm}$，长度 $l=8\text{m}$，沿程阻力系数 $\lambda=0.045$，各局部阻力系数分别为：带滤网的底阀 $\zeta_{阀}=7.0$，90°弯头 $\zeta_{90°}=0.25$，水泵的允许吸上真空高度 $[h_s]=5.7\text{m}$，试确定水泵最大安装高度 H_g。

解： 由式（5-17）

$$H_g=[h_s]-\left(\alpha+\lambda\frac{l}{d}+\sum\zeta\right)\frac{v^2}{2g}$$

其中流速

$$v=\frac{q_V}{A}=\frac{8.1\times10^{-3}}{\pi/4\times0.1^2}=1.03(\text{m/s})$$

将各项数值代入上式中，得到水泵最大安装高度

$$H_g=5.7-\left(1+0.045\frac{8}{0.1}+7+0.25\right)\times\frac{1.03^2}{2\times9.81}=5.06(\text{m})$$

四、长管水力计算

如图 5-13 所示，一长距离输水系统，管道直径及流量均沿程不变。

在长距离输水系统中，局部损失和出口处的流速水头要比沿程损失小得多，因此可忽略不计。

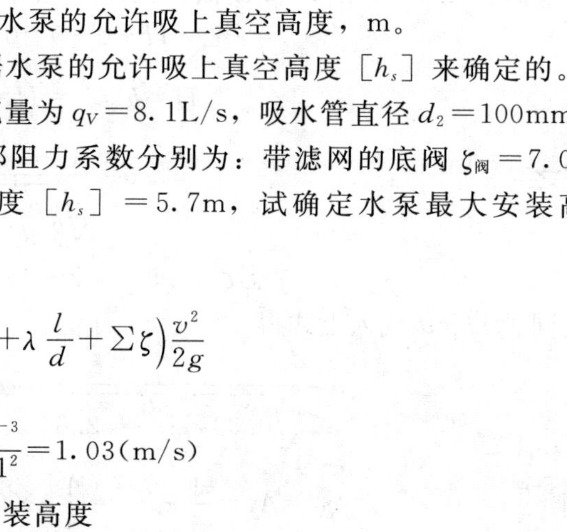

图 5-13　简单管路长管系统

列水箱水面 1—1 和管道出口断面 2—2

之间能量方程

$$z_1+\frac{p_1}{\rho g}+\frac{\alpha_1 v_1{}^2}{2g}+H=z_2+\frac{p_2}{\rho g}+\frac{\alpha_2 v_2{}^2}{2g}+h_w$$

将方程进行整理并忽略局部损失和流速水头，可得

$$H=h_f=S_H{}' q_V^2 \tag{5-18}$$

式中：S'_H为长管管路阻抗，s^2/m^5。

式（5-18）是长管路的特性阻力方程式。

在给水工程中，常将式（5-18）写为

$$H=h_f=ALq_V^2 \tag{5-19}$$

式中：A 为长管管路比阻，$A=\frac{8\lambda}{g\pi^2 d^5}$，$s^2/m^6$；$L$ 为管道长度，m；q_V 为管路的体积流量，m^3/s。

式（5-19）是长管管路特性方程的另一种表达形式。

在工程实际中，为了简化计算，常将比阻值整理成专用水力计算表，可在设计手册中查到。表5-2给出了钢管和铸铁管的比阻，供计算中使用。

表5-2　　钢管和铸铁管的比阻

管径（mm）	50	75	100	125	150	175	200	250	300	350	400
$A(s^2/m^6)$	15190	1709	365.3	110.8	41.85	18.96	9.029	2.752	1.025	0.453	0.223

表5-2中的数值对应平均流速 $v>1.2$m/s 的情况，此时管中的流动处于阻力平方区；如果平均流速 $v<1.2$m/s，则管中流动处于紊流光滑区或紊流过渡区，这时由表5-2中所查得的比阻值需乘以修正系数 K，K 值可由表5-3查出。

表5-3　　比阻 A 的修正值

v（m/s）	0.2	0.3	0.4	0.5	0.6	0.7	0.8	0.9	1.0	1.1	≥1.2
K	1.41	1.28	1.20	1.15	1.12	1.09	1.06	1.04	1.03	1.02	1.00

【例5-7】 如图5-14所示，由水塔向某厂区供水的简单管路系统。已知管材采用钢管，管道直径 $d=350$mm，管道长度 $L=4000$m，水塔高度 $H_b=18$m，水塔处地面标高 $Z_b=135$m，用户要求提供的供水压强 $p_c=250$kPa，用水点的地面标高 $Z_c=115$m。试确定输水管道中通过的流量为多少？

解：根据管路特性阻力方程

$$H=h_f=ALq_V^2$$

可得　$(Z_b+H_b)-(Z_c+\frac{p_c}{\rho g})=ALq_V^2$

水温按10℃考虑，$\rho g=9.81\text{kN/m}^3$，代入数据可得

$$(135+18)-(115+\frac{250}{9.81})=ALq_V^2$$

即　　$12.52=ALq_V^2$

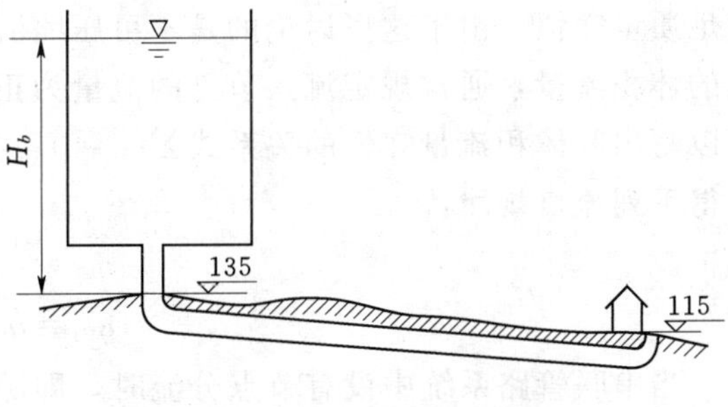

图5-14　水塔供水的简单管路系统

从而管路系统的流量关系式为　　$q_V=\sqrt{\dfrac{12.52}{AL}}$

查表 5－2，当 $d=350\text{mm}$ 时，$A=0.453\text{s}^2/\text{m}^6$，代入上式可得

$$q_V=\sqrt{\frac{12.52}{0.453\times4000}}=0.083(\text{m}^3/\text{s})$$

计算流速范围

$$v=\frac{4q_V}{\pi d^2}=\frac{4\times0.083}{3.14\times0.35^2}=0.86(\text{m/s})<1.2$$

所以需要对比阻 A 进行修正，查表 5－3，$K=1.05$，修正后的流量为

$$q_V=\sqrt{\frac{12.52}{1.05\times0.453\times4000}}=0.081(\text{m}^3/\text{s})$$

第四节　串联与并联管路计算

工程实际中所涉及到的复杂管路，都是简单管路经过串联和并联组合而成的，所以研究管路的串联和并联规律具有十分重要的意义。

一、串联管路

串联管路是由两节或两节以上简单管路顺序连接所组成的管路系统。如图 5－15 所示，此串联管路是由 3 根简单管路顺序连接而成。

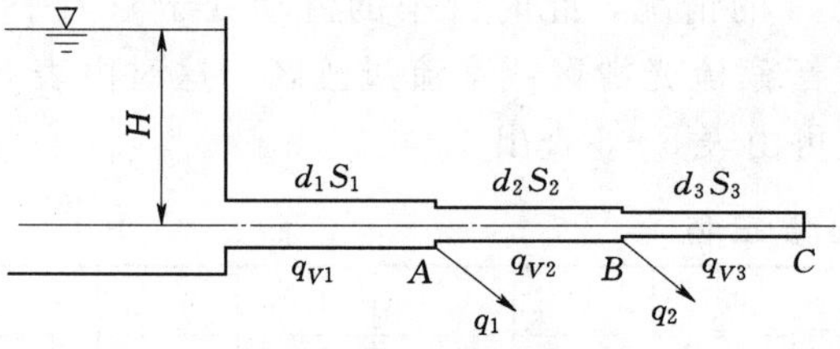

图 5－15　串联管路

串联管路彼此相连接的点（面）称为节点。从图 5－15 可以看出，对整个串联管路系统而言，管径和流量沿程都是变化的，但是如果在节点（A、B）处将系统分为 3 段，则每一段仍然满足管径不变、流量不变，即为简单管路，所以说简单管路是构成复杂管路的基本单元，对任何复杂管路的计算，都必须从简单管路入手。下面主要从流量关系和阻力损失关系对串联管路进行讨论。

1. 流量规律

图 5－15 中的 q_1、q_2 是从节点 A、B 流出的流量，称之为节点流量，在每个节点处应满足质量守恒。由于这里讨论的是不可压缩流体，所以流入节点的体积流量应等于流出节点的体积流量，通常规定流入节点的流量为正，流出节点的流量为负，因此对每个节点均可以写出其体积流量守恒的关系式 $\sum q_V=0$。将此体积流量守恒的关系式应用于图 5－15，可得下列流量规律：

$$q_{V2}=q_{V3}+q_2 \tag{5-20}$$

$$q_{V1}=q_{V2}+q_1=q_{V3}+q_1+q_2 \tag{5-21}$$

当串联管路系统中没有节点分流时，即图 5－15 中的 $q_1=0$、$q_2=0$，则各管段的流量关系为

$$q_{V1}=q_{V2}=q_{V3} \tag{5-22}$$

上述流量关系表明：有节点分流的串联管路系统，按质量守恒规律写出其流量关系；没有节点分流的管路系统，通过各管段的流量相等，即 $q_V=C$。

2. 阻力损失规律

由图 5-15 可知，串联管路的总阻力损失可以按照叠加原理来计算，即串联管路的总阻力损失等于各管段阻力损失的和。

$$h_{w1-3}=h_{w1}+h_{w2}+h_{w3}$$

$$h_{w1-3}=S_1q_{V1}^2+S_2q_{V2}^2+S_3q_{V3}^2$$

如果没有节点分流，则 $q_{V1}=q_{V2}=q_{V3}=q_V$，$h_{w1-3}=Sq_V^2$，从而有

$$Sq_V^2=S_1q_{V1}^2+S_2q_{V2}^2+S_3q_{V3}^2$$

$$S=S_1+S_2+S_3$$

阻力损失的普遍规律可表示为

$$h_{w1-n}=\sum_{i=1}^{n}h_{wi} \tag{5-23}$$

式中：h_{w1-n}为管路总阻力损失，m；h_{wi}为各管段的阻力损失，m。

$$S=\sum_{i=1}^{n}S_i \tag{5-24}$$

式中：S为管路总阻抗数，s^2/m^5；S_i为各管段的阻抗数，s^2/m^5。

式（5-23）和式（5-24）表明：串联管路在没有节点分流的条件下，管路的总阻力损失等于各管段阻力损失之和；管路的总阻抗数等于各管段的阻抗数之和。

对于“长管”系统，阻力损失规律为

$$h_f=\sum h_{fi}=\sum A_iL_iq_{Vi}^2 \tag{5-25}$$

式中：h_f为长管系统总的沿程损失，也称为作用水头，m；A_i为各管段的比阻，s^2/m^6；L_i为各管段的管长，m；q_{Vi}为各管段的流量，m^3/s。

【例 5-8】 某水塔供水系统如图 5-16 所示，已知管路全长 $L=3000$m，要求水塔具有的作用水头为 40m，供水流量 $q_V=32$L/s，采用钢管，试确定供水管道的直径 d。

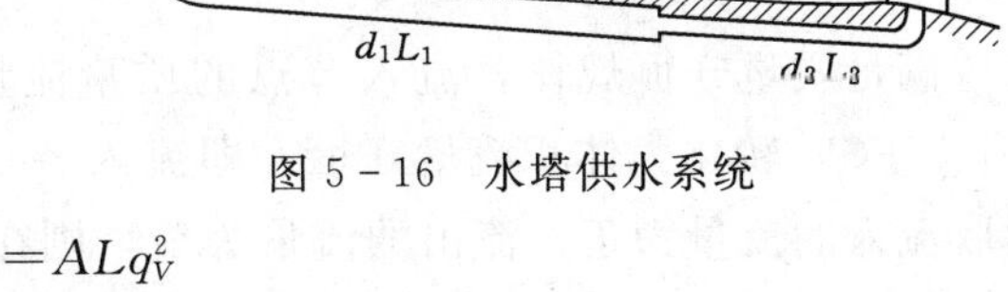

图 5-16 水塔供水系统

解： 室外供水管路可按“长管”计算，分两种情况考虑。

方案一：此供水系统采用简单管路，则根据式（5-19）有：

$$H=h_f=ALq_V^2$$

则
$$A=\frac{H}{Lq_V^2}=\frac{40}{3000\times0.032^2}=13.02(s^2/m^6)$$

查表 5-2，当 $d=175$mm 时，$A=18.96s^2/m^6$；当 $d=200$mm 时，$A=9.029s^2/m^6$，而实际计算得到的 $A=13.02s^2/m^6$。

为了保证供水量，应选择直径 $d=200\text{mm}$。

方案二：此供水系统采用串联管路，设直径 $d_1=200\text{mm}$ 管线长度为 L_1，直径 $d_2=175\text{mm}$ 的管线长度为 L_2，则有

$$L_1+L_2=3000\text{m} \tag{a}$$

根据式（5-25）有

$$h_f=\sum h_{fi}=\sum A_i L_i q_{Vi}^2$$

由于 $q_{V1}=q_{V2}=q_V$，所以有下面的公式成立：

$$H=(A_1L_1+A_2L_2)q_V^2$$

验算流速

$$v_1=\frac{4q_V}{\pi d_1{}^2}=\frac{4\times0.032}{3.14\times0.2^2}=1.02(\text{m/s})$$

$$v_2=\frac{4q_V}{\pi d_2{}^2}=\frac{4\times0.032}{3.14\times0.175^2}=1.33(\text{m/s})$$

$v_1<1.2\text{m/s}$，需要修正，查表 5-3，$K_1=1.028$，从而

$$H=(K_1A_1L_1+A_2L_2)q_V^2 \tag{b}$$

联立上述式（a）、式（b）并代入数据整理得

$$L_1=1921\text{m}$$

$$L_2=3000-1921=1079(\text{m})$$

所以选用 $d_1=200\text{mm}$，$L_1=1921\text{m}$；$d_2=175\text{mm}$，$L_2=1079\text{m}$。

根据以上计算结果可以看出，第一种方案中采用 $d=200\text{mm}$ 的简单管路，虽然可以保证供水量，但不够经济；第二种方案中采用两种管径的管道串联，既保证了供水量，又经济合理。

二、并联管路

并联管路是由若干根有公共起点和公共终点的管段连接而成的管路系统。如图 5-17 所示，在公共的节点 A、B 之间并联 3 根管段。由图 5-17 可见，从节点 A 分出 3 根管段，它们经过的路径各不相同，但同时到达节点 B，位于 A、B 节点之间的这 3 根管段就是并联管路，参加并联的管路可以是简单管路，也可以是串联管路。

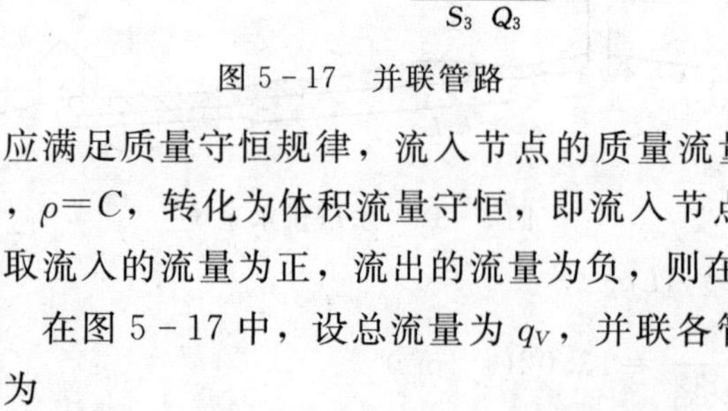

图 5-17　并联管路

1. 流量规律

与串联管路相同，并联管路的节点处也应满足质量守恒规律，流入节点的质量流量与流出的质量流量相等，对于不可压缩流体，$\rho=C$，转化为体积流量守恒，即流入节点的体积流量等于流出节点的体积流量。仍然取流入的流量为正，流出的流量为负，则在节点处满足 $\sum q_V=0$。

在图 5-17 中，设总流量为 q_V，并联各管段的流量为 q_{V1}、q_{V2} 和 q_{V3}，则其流量关系式为

$$q_V=q_{V1}+q_{V2}+q_{V3} \tag{5-26}$$

流量的普遍规律为

$$q_V = \sum_{i-1}^{n} q_{Vi} \tag{5-27}$$

式中：q_V 为管路的总流量，m^3/s；q_{Vi} 为并联各管段的流量，m^3/s。

2. 阻力损失规律

在图 5-17 中，A、B 两节点的测压管水头差 h 即是 A、B 两点之间的水头损失 h_w，而 A、B 两节点为 3 根并联管段所共有，可见，虽然 3 根管段的管径和管长可能不相同，但是它们有公共的起点和公共的终点，所以 A、B 两节点的测压管水头同时表示参加并联的 3 根管段的水头损失。用 h_{w1}、h_{w2} 和 h_{w3} 表示 3 根并联管段的阻力损失，则阻力损失满足下面的规律：

$$h_{w1} = h_{w2} = h_{w3} = h_w \tag{5-28}$$

对于一般情况，则有

$$h_{w1} = h_{w2} = \cdots = h_{wn} = h_w \tag{5-29}$$

式中：h_w 为两公共节点间的阻力损失，m；h_{wi} 为任一并联支管的阻力损失，m。

而 $$h_{w1} = S_1 q_{V1}^2,\ h_{w2} = S_2 q_{V2}^2,\ h_{w3} = S_3 q_{V3}^2,\ h_w = S q_V^2$$

所以有

$$q_{V1} = \sqrt{\frac{h_{w1}}{S_1}}, q_{V2} = \sqrt{\frac{h_{w2}}{S_2}}, q_{V3} = \sqrt{\frac{h_{w3}}{S_3}}, q_V = \sqrt{\frac{h_w}{S}}$$

将上述 3 个流量表达式代入式（5-26）可得

$$\sqrt{\frac{h_w}{S}} = \sqrt{\frac{h_{w1}}{S_1}} + \sqrt{\frac{h_{w2}}{S_2}} + \sqrt{\frac{h_{w3}}{S_3}}$$

上式可整理为

$$\frac{1}{\sqrt{S}} = \frac{1}{\sqrt{S_1}} + \frac{1}{\sqrt{S_2}} + \frac{1}{\sqrt{S_3}} \tag{5-30}$$

对于一般情况，则有

$$\frac{1}{\sqrt{S}} = \sum_{i=1}^{n} \frac{1}{\sqrt{S_i}} \tag{5-31}$$

式中：S 为并联管路的总阻抗，s^2/m^5；S_i 为并联各管段的阻抗，s^2/m^5。

在图 5-17 中，并联各管段的流量关系为

$$q_{V1} : q_{V2} : q_{V3} = \frac{1}{\sqrt{S_1}} : \frac{1}{\sqrt{S_2}} : \frac{1}{\sqrt{S_3}} \tag{5-32}$$

对于一般情况，则有

$$q_{V1} : q_{V2} : \cdots : q_{Vn} = \frac{1}{\sqrt{S_1}} : \frac{1}{\sqrt{S_2}} : \cdots : \frac{1}{\sqrt{S_n}} \tag{5-33}$$

式中：q_{Vi} 为并联各支管的流量，m^3/s；S_i 为并联各支管的阻抗，s^2/m^5。

式（5-33）表明：在并联管路中各支管流量的大小，与管路特性阻力系数 $S = \frac{8\left(\lambda \frac{l}{d} + \Sigma\zeta\right)}{g\pi^2 d^4}$ 成反比，在流量分配的过程中遵循并联管路阻力损失相等的规律，即管路特性阻力系数大的管段分配到的流量小，管路特性阻力系数小的管路分配到的流量大。工程

实际中进行管路设计计算时，为保证用户所需要的流量，就要按照流量分配规律，合理选择管道尺寸和所需要的局部构件，这就是管路水力计算中所说的“阻力平衡”。

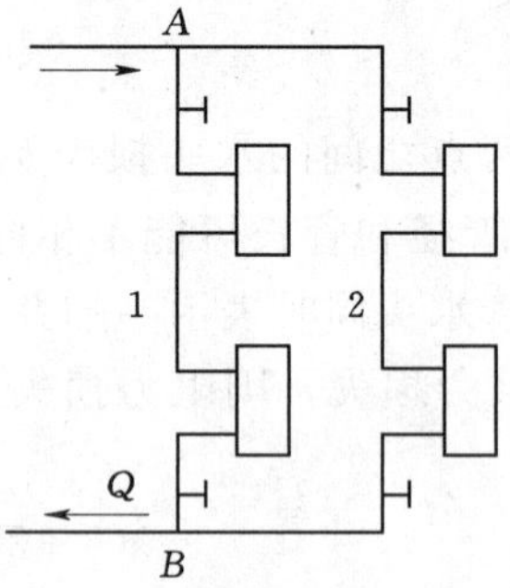

图 5-18 并联管路流量计算

【例 5-9】 某热水采暖系统的一部分如图 5-18 所示，管段 1 的直径 $d_1=20\text{mm}$，管段的长度 $L_1=10\text{m}$，局部阻力系数 $\sum\zeta_1=15$；管段 2 的直径 $d_2=20\text{mm}$，管长 $L_2=20\text{m}$，局部阻力系数 $\sum\zeta_2=15$。各管段的沿程阻力系数均为 $\lambda=0.025$，干管中的流量为 $q_V=2.5\times10^{-4}\text{m}^3/\text{s}$。试求支管 1 和支管 2 中的流量 q_{V1} 和 q_{V2}。

解： 由图 5-18 可知，节点 A 和 B 之间有 1 和 2 两支管并联，根据并联管路的阻力规律有：

$$S_1q_{V1}^2=S_2q_{V2}^2 \tag{a}$$

流量规律为：

$$q_{V1}+q_{V2}=q_V \tag{b}$$

将式（a）、式（b）联立可求得 q_{V1} 和 q_{V2}，为此需先计算管路特性阻力系数 S_1 和 S_2。

$$S_1=\frac{8\left(\lambda\dfrac{l_1}{d_1}+\sum\zeta_1\right)}{g\pi^2d_1{}^4}=\frac{8\times\left(0.025\times\dfrac{10}{0.02}+15\right)}{9.81\times3.14^2\times0.02^4}=14.22\times10^6(\text{s}^2/\text{m}^5)$$

$$S_2=\frac{8\left(\lambda\dfrac{l_2}{d_2}+\sum\zeta_2\right)}{g\pi^2d_2{}^4}=\frac{8\times\left(0.025\times\dfrac{20}{0.02}+15\right)}{9.81\times3.14^2\times0.02^2}=20.68\times10^6(\text{s}^2/\text{m}^5)$$

将 S_1 和 S_2 代入式（a）有

$$\frac{q_{V1}}{q_{V2}}=\sqrt{\frac{S_2}{S_1}}=1.206$$

所以有

$$q_{V1}=1.206q_{V2}$$

从而式（b）变为

$$1.206q_{V2}+q_{V2}=q_V$$

代入数据可得

$$q_{V2}=1.13\times10^{-4}(\text{m}^3/\text{s}),q_{V1}=1.37\times10^{-4}(\text{m}^3/\text{s})$$

计算结果表明：$q_{V1}>q_{V2}$，这是因为 $S_1<S_2$，但这样会造成冷热不均的现象，为保证供热效果，要求两支管通过的流量相等，因此必须调整现有的管径和局部阻力系数，使得两支管的阻抗数相等，这就是“阻力平衡”的过程。

三、并联循环管路系统作用压力的讨论

现以室内热水采暖系统为例来分析并联循环管路的有关计算。图 5-19 是某室内热水采暖管路系统，经过锅炉加热后的热水沿管路 3—4 流到节点 4，由节点 4 开始分流，经过并联的支路Ⅰ和Ⅱ流到节点 7 汇合，再经过水平管段 7—8—9 流到循环水泵 A，经过水泵加压后送入锅炉重新加热，被加热后的水再进入管路系统，室内热水采暖系统中的流体就是按照此循环流动规律进行流动，循环流动的动力由循环水泵提供。下面讨论在此循环流动管路系统中，循环水泵应提供的总水头为多少？

在图 5-19 中，取水泵吸水口中心线为基准面，然后分析管路系统中各断面的总水头。

节点 8 处连接的是膨胀水箱，水箱水面的压强为大气压强，相当于在节点 8 安装了一个测压管，设其测压管水头为 H_{p8}，则其测压管水头为

$$H_{p8}=z_8+\frac{p_8}{\rho g}$$

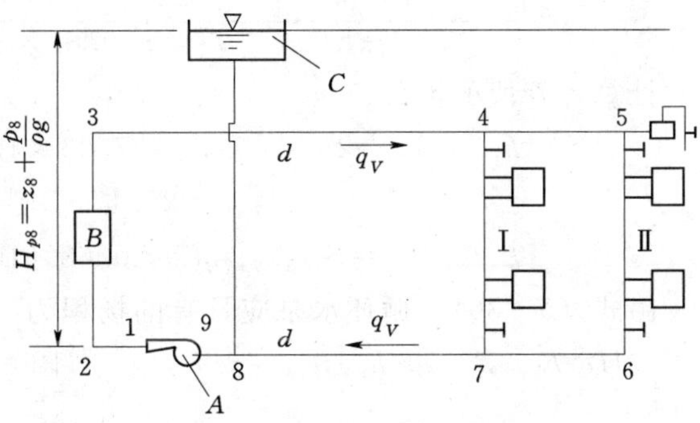

图 5-19　室内热水采暖管路系统

在水泵不运行时，系统中的流体处于静止状态，整个采暖系统相当于一个大大的连通器，在该连通器中，各节点的测压管水头相等，其测压管水头线为从水箱水面出发的一条水平线，见图 5-19。当水泵运行以后，流体在该系统中进行循环流动，由于流体流动过程中有流动阻力的产生，所以按图 5-19 中所示的流动方向，节点 8 以前的各个节点断面，测压管水头值大于 H_{p8}，节点 8 以后的各个节点断面，测压管水头值小于 H_{p8}。

沿流体的流动方向 1→9 列 1 和 9 两个断面的能量方程：

$$H_1=H_9+\sum h_{w1\to9} \tag{5-34}$$

其中 $$\sum h_{w1\to9}=h_{w1-2}+h_{w2-3}+h_{w3-4}+h_{w4-5-6-7}+h_{w7-8}+h_{w8-9}$$

沿流动方向 9→1 列 9 和 1 两个断面的能量方程（其中包括水泵）：

$$H_9+H=H_1 \tag{5-35}$$

将式（5-34）、式（5-35）联立得：

$$H=\sum h_{w1\to9} \tag{5-36}$$

式中：H 为循环水泵的扬程，m；$h_{w1\to9}$ 为并联环路的阻力损失，m。

由式（5-36）可以看出：在该并联循环管路系统中，为使循环流动正常进行，水泵应具有的总能量（扬程）H 只是用来克服流动阻力所造成的全部水头损失。它与系统中各设备（散热器、管道、水箱）的安装高度无关。但是系统在运行前对管路系统充水时，给水泵的扬程则与各设备和管道的安装高度有关，因为这是运行前的充水工况，充水工况与运行工况是截然不同的，应予以足够的重视。

【例 5-10】 假设在图 5-19 所示的热水采暖系统中，Ⅰ、Ⅱ两支路的已知条件与例 5-9 相同，且 $L_{1-2-3-4}=120\text{m}$，$L_{7-8-9}=80\text{m}$；管径 $d=25\text{mm}$；沿程阻力系数 $\lambda=0.025$，局部阻力系数 $\sum\zeta_{1-2-3-4}=12$，$\sum\zeta_{7-8-9}=20$，锅炉阻力为 12m。试确定该系统中循环水泵应提供的总水头（扬程）。

解： 根据例 5-9 的结果：$q_{V\text{Ⅰ}}=1.37\times10^{-4}\text{m}^3/\text{s}$，$q_{V\text{Ⅱ}}=1.13\times10^{-4}\text{m}^3/\text{s}$

计算阻抗

$$S_{1-2-3-4}=\frac{8\left(\lambda\frac{l_{1-2-3-4}}{d}+\sum\zeta_{1-2-3-4}\right)}{g\pi^2d^4}=\frac{8\times\left(0.025\times\frac{120}{0.025}+12\right)}{9.81\times3.14^2\times0.025^4}=27.95\times10^6(\text{s}^2/\text{m}^5)$$

$$S_{7-8-9}=\frac{8\left(\lambda\frac{l_{7-8-9}}{d}+\sum\zeta_{7-8-9}\right)}{g\pi^2 d^4}=\frac{8\times\left(0.025\times\frac{80}{0.025}+20\right)}{9.81\times3.14^2\times0.025^4}=21.17\times10^6(s^2/m^5)$$

计算各管段的损失

$$h_{w1-2-3-4}=S_{1-2-3-4}q_V^2=27.95\times10^6\times(2.5\times10^{-4})^2=1.75(m)$$

$$h_{w7-8-9}=S_{7-8-9}q_V^2=21.17\times10^6\times(2.5\times10^{-4})^2=1.32(m)$$

$$h_{w4-5-6-7}=S_{4-5-6-7}q_V^2=20.68\times10^6\times1.13\times10^{-4}=0.26(m)$$

由式（5-36），循环水泵应具有的扬程为

$$H=h_{w1-2-3-4}+h_{w4-5-6-7}+h_{w7-8-9}+12=1.75+0.26+1.32+12=15.33(m)$$

第五节　管网计算基础

管网是一种在许多节点处有分支、由简单管路经过串联和并联所构成的复杂管路。工程实际中的一切复杂管路系统均为管网。管网按其布置方式可分为枝状管网和环状管网，如图 5-20 和图 5-21 所示。

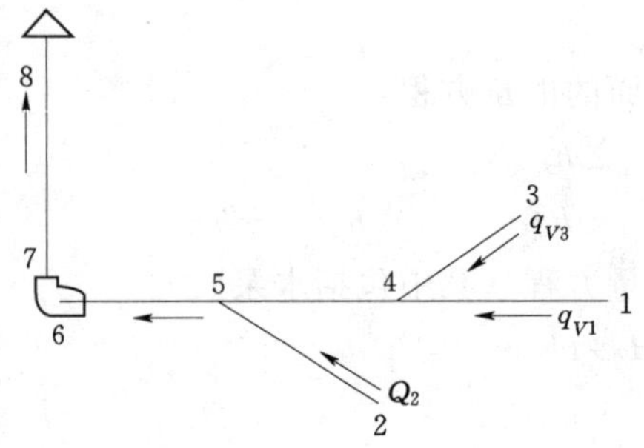

图 5-20　枝状管网

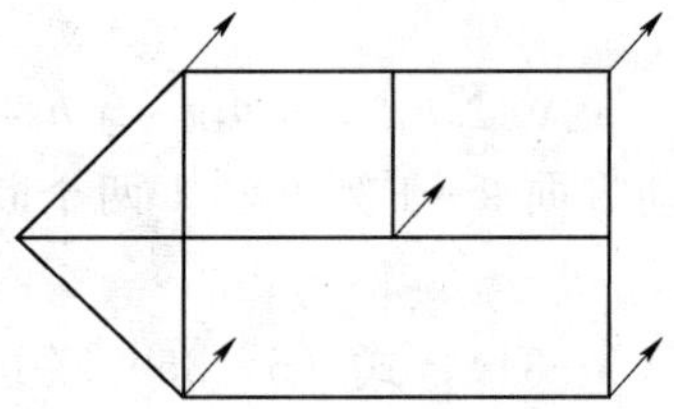

图 5-21　环状管网

枝状管网是指管段从管路系统的各节点分出后不再汇合的管网。枝状管网的形状呈树枝状，通常情况下，枝状管网的管线长度较短，造价比较低，但可靠性较差。

环状管网是指从管路系统各节点分出的管线汇合到其他节点的管网。环状管网的管线全部形成闭合环路，因此环状管网的管线长度较长，可靠性较好，但造价比较高。

一、管网水力计算的类型

1. 设计计算

根据用户所需要的流量确定管路系统的布置情况和管道的直径，并进行阻力的计算和阻力平衡，从而选择合适的动力设备。

2. 校核计算

对已经存在的管网进行阻力损失的计算，核算其过流能力及校核动力设备的容量。

在工程实际中，设计计算用于设计新管网，校核计算用于改造旧管网。

二、管网的水力计算方法

1. 枝状管网

枝状管网的水力计算步骤如下：

（1）划分管段。按简单管路划分计算管段，进行节点标号，如图 5-20 所示。

（2）确定最不利管线。即确定一条主干线。通常情况下，最不利管线是指管线长度最长、局部构件最多或者输送流量最大的管线。在图 5-20 中，1—4—5—6—7—8 为最不利管线，最不利管线的阻力损失遵循串联管路的流动规律。

（3）初选管径。在最不利管线中，按输送的流量 q_V 和限定流速 $[v]$ 来计算管径 d'，即 $d'=\sqrt{\frac{4q_V}{\pi[v]}}$。限定流速是工程实际中根据经济技术要求所规定的合适流速，在限定流速下输送流体最经济合理。

（4）确定实际管径 d。根据步骤（3）中算得的 d'，查取标准规格的管径 d。在确定了 d 之后，要根据 d 计算管内实际流速 v，即 $v=\frac{4q_V}{\pi d^2}$。此流速在限定流速范围内则满足要求，不在限定流速范围内则需重新选择管径。

（5）阻力损失计算。根据已确定的管径计算各管段的阻力损失，将各管段的阻力损失叠加可得到最不利管线的阻力损失。

（6）选择动力设备。根据系统的总流量和总的阻力损失来确定动力设备的容量。

（7）阻力平衡。在保证流量的前提下，根据并联管路的规律，各支管与对应的最不利管线进行阻力平衡，即通过调整支管的局部构件及管径来实现节点间能量损失相等。但是要使节点间的能量损失绝对相等不太可能，只要达到工程实际中所要求的精度就可以了。

【例 5-11】 图 5-20 所示的管路系统，流量 $q_{V1}=0.7\text{m}^3/\text{s}$，$q_{V2}=1.4\text{m}^3/\text{s}$，$q_{V3}=0.7\text{m}^3/\text{s}$；各管线长度 $l_{14}=6\text{m}$，$l_{45}=8\text{m}$，$l_{56}=4\text{m}$，$l_{78}=10\text{m}$，$l_{34}=5\text{m}$，$l_{25}=6\text{m}$；局部阻力系数 $\sum\zeta_{14}=1.5$，$\sum\zeta_{45}=1.0$，$\sum\zeta_{56}=1.15$，$\sum\zeta_{78}=0.5$，$\sum\zeta_{34}=\sum\zeta_{25}=1.5$；沿程阻力系数均为 $\lambda=0.02$；管内限定流速为 6～10m/s；气体密度 $\rho=1.29\text{kg/m}^3$；阻力平衡允许误差为 10%～15%。

（1）确定各管线的管径；

（2）计算通风机应具有的总压头；

（3）进行阻力平衡。

解：（1）先计算最不利管线中各管段的管径，从管线的末端开始逐段计算。

管段 1—4：$q_{V1-4}=q_{V1}=0.7\text{m/s}$，取 $[v]_{1-4}=6\text{m/s}$，初算管径：

$$d'_{1-4}=\sqrt{\frac{4q_{V1-4}}{\pi[v]_{1-4}}}=\sqrt{\frac{4\times0.7}{3.14\times6}}=0.386(\text{m})$$

考虑实际的管材规格，应选用 $d_{1-4}=380\text{m}$，此时的流速为

$$v_{1-4}-\frac{4q_{V1}}{\pi d_{1-4}^2}=\frac{4\times0.7}{3.14\times0.38^2}=6.18(\text{m/s})>6\text{，管径选取合适。}$$

管段 4—5：$q_{V4-5}=q_{V1}+q_{V3}=1.4\text{m/s}$，取 $[v]_{4-5}=8\text{m/s}$，初算管径：

$$d'_{4-5}=\sqrt{\frac{4q_{V4-5}}{\pi[v]_{4-5}}}=\sqrt{\frac{4\times1.4}{3.14\times8}}=0.472(\text{m})$$

考虑实际管材规格，选用 $d_{4-5}=470\text{mm}$，此时的流速为

$$v_{4-5}=\frac{4q_V}{\pi d_{4-5}^2}=\frac{4\times1.4}{3.14\times0.47^2}=8.07(\text{m/s})$$

在限定流速范围内，满足要求。

管段 5—6 和管段 7—8 可采用相同的管径，流量为

$$q_V=q_{V1}+q_{V2}+q_{V3}=2.8(\mathrm{m^3/s})$$

取限定流速 $[v]=10\mathrm{m/s}$，初算管径

$$d'=\sqrt{\frac{4q_V}{\pi[v]}}=\sqrt{\frac{4\times2.8}{3.14\times10}}=0.597(\mathrm{m})$$

考虑实际管材规格，选择 $d=600\mathrm{m}$，此时的流速为

$$v=\frac{4q_V}{\pi d^2}=\frac{4\times2.8}{3.14\times0.6^2}=9.91(\mathrm{m/s})<10$$

管径选择合适。

支管 3—4：流量为 $q_{V3-4}=q_{V3}=0.7\mathrm{m^3/s}$，取 $[v]_{3-4}=6\mathrm{m/s}$，初算管径：

$$d'_{3-4}=\sqrt{\frac{4q_V}{\pi[v]_{3-4}}}=\sqrt{\frac{4\times0.7}{3.14\times6}}=0.386\mathrm{m}$$

考虑实际管材规格，选 $d_{3-4}=380\mathrm{mm}$，此时的流速为 $v_{3-4}=v_{1-4}=6.18\mathrm{m/s}$，选择合理。

支管 2—5：$q_{V2-5}=q_{V2}=1.4\mathrm{m/s}$，取 $[v]_{2-5}=8\mathrm{m/s}$，初算管径

$$d'_{2-5}=\sqrt{\frac{4q_V}{\pi[v]_{2-5}}}=\sqrt{\frac{4\times1.4}{3.14\times6}}=0.472(\mathrm{m})$$

考虑实际管材规格，选择直径 $d_{2-5}=470\mathrm{mm}$，此时的流速 $v_{2-5}=v_{4-5}=8.07\mathrm{m/s}$，满足要求。

(2) 首先计算最不利管线中各管段的压强损失。

$$S_{1-4}=\frac{8\rho\left(\lambda\frac{l_{1-4}}{d_{1-4}}+\sum\zeta_{1-4}\right)}{\pi^2d_{1-4}^4}=\frac{8\times1.29\times\left(0.02\frac{6}{0.38}+1.5\right)}{3.14^2\times0.38^4}=91.15(\mathrm{kg/m^7})$$

$$p_{1-4}=S_{1-4}q_{V1-4}^2=91.15\times0.7^2=44.66(\mathrm{Pa})$$

$$S_{4-5}=\frac{8\rho\left(\lambda\frac{l_{4-5}}{d_{4-5}}+\sum\zeta_{4-5}\right)}{\pi^2d_{4-5}^4}=\frac{8\times1.29\times\left(0.02\times\frac{8}{0.47}+1.0\right)}{3.14^2\times0.47^4}=28.75(\mathrm{kg/m^7})$$

$$p_{4-5}=S_{4-5}q_{V4-5}^2=28.75\times1.4^2=56.35(\mathrm{Pa})$$

$$S_{5-8}=\frac{8\rho\left(\lambda\frac{l_{5-8}}{d_{5-8}}+\sum\zeta_{5-8}\right)}{\pi^2d_{5-8}^4}=\frac{8\times1.29\times\left(0.02\times\frac{4+10}{0.6}+1.15+0.5\right)}{3.14^2\times0.6^4}=17.09(\mathrm{kg/m^7})$$

$$p_{5-8}=S_{5-8}q_{V5-8}^2=17.09\times2.8^2=133.99(\mathrm{Pa})$$

风机的总压头为

$$p=p_{1-4}+p_{4-5}+p_{5-8}=44.66+56.35+133.99=235(\mathrm{Pa})$$

(3) 进行阻力平衡。

管段 3—4 与管段 1—4 并联，管段 3—4 的阻抗数为

$$S_{3-4}=\frac{8\rho\left(\lambda\frac{l_{3-4}}{d_{3-4}}+\sum\zeta_{3-4}\right)}{\pi^2d_{3-4}^4}=\frac{8\times1.29\times\left(0.02\times\frac{5}{0.38}+1.5\right)}{3.14^2\times0.38^4}=88.51(\mathrm{kg/m^7})$$

$$p_{3-4}=S_{3-4}q_{V3-4}^{2}=88.51\times0.7^{2}=43.37(\mathrm{Pa})$$

阻力损失的误差率为

$$\frac{p_{1-4}-p_{3-4}}{p_{1-4}}=\frac{44.66-43.37}{44.46}=2.9\%$$

支管 3—4 不需要调整即满足要求。

支管 2—5 与管线 1—4—5 并联，管段 2—5 的阻抗数为

$$S_{2-5}=\frac{8\rho\left(\lambda\frac{l_{2-5}}{d_{2-5}}+\sum\zeta_{2-5}\right)}{\pi^{2}d_{2-5}^{4}}=\frac{8\times1.29\times\left(0.02\times\frac{6}{0.47}+1.5\right)}{3.14^{2}\times0.47^{4}}=37.65(\mathrm{kg/m^{7}})$$

$$p_{2-5}=S_{2-5}q_{V2-5}^{2}=37.65\times1.4^{2}=73.79(\mathrm{Pa})$$

$$p_{1-4-5}=p_{1-4}+p_{4-5}=44.66+56.35=101.01(\mathrm{Pa})$$

阻力损失的误差率为

$$\frac{p_{1-4-5}-p_{2-5}}{p_{1-4-5}}=\frac{101.01-73.79}{101.01}=26.9\%$$

此值超过允许的误差范围，需要进行阻力平衡。在支管上安装一个局部阻力系数为 0.5 的阀门，即$\sum\zeta'_{25}=2.0$，此时管段 2—5 的阻抗数为

$$S'_{2-5}=\frac{8\rho\left(\lambda\frac{l_{2-5}}{d_{2-5}}+\sum\zeta'_{2-5}\right)}{\pi^{2}d_{2-5}^{4}}=\frac{8\times1.29\times\left(0.02\times\frac{6}{0.47}+2.0\right)}{3.14^{2}\times0.47^{4}}=48.38(\mathrm{kg/m^{7}})$$

$$p'_{2-5}=S'_{2-5}q_{V2-5}^{2}=48.38\times1.4^{2}=94.82(\mathrm{Pa})$$

调整后阻力损失的误差率为

$$\frac{p_{1-4-5}-p'_{2-5}}{p_{1-4-5}}=\frac{101.01-94.82}{101.01}=6.1\%$$

2. 环状管网

环状管网的特点是管段在某一共同的节点分支，又在另一共同节点汇合，所以环状管网是由许多并联管路组合而成的，因而符合并联管路的流动规律。

环状管网的计算，遵循两条原则：

(1) 满足质量守恒规律，即在任何节点，都满足流入节点的流量等于流出节点的流量。

$$\sum q_{V}=0$$

(2) 如果规定顺时针流向管段的水头损失为正，逆时针流向管段的水头损失为负，则在任何闭合环路中，根据并联管路水头损失相等的原则，该环路各管段水头损失的代数和为零。

$$\sum h_{w}=0$$

环状管网的计算，通常是在环状管网的布置情况及节点出流量已经确定的条件下，来决定通过各管段的流量和管径，进一步确定整个管网所需要的总水头。因此，根据以上两

个计算原则，环状管网的计算步骤如下：

(1) 首先将管网系统分成若干个计算环路，然后按节点流量守恒（$\sum q_V=0$）规律进行管段流量分配，也称为拟定各管段流量。

(2) 按管网系统的性质选择限定流速，根据拟定流量确定各管段的直径。

(3) 根据 $h_w=Sq_V^2$ 计算各闭合环路的阻力损失代数和 $\sum h_w$。

(4) 各闭合环路阻力损失的代数和通常不为零。大于零说明顺时针流量偏大，小于零说明逆时针流量偏小，所以要进行流量校正（修正），即计算各管段的修正流量 Δq_V。设某闭合环路初始拟定的流量为 q_{Vi}，而使该闭合环路阻力损失代数和为零的流量为 q'_{Vi}，所以 $q'_{Vi}=q_{Vi}+\Delta q_{Vi}$。从而有

$$\sum S_i q'^2_{Vi}=\sum S_i(q_{Vi}+\Delta q'_{Vi})^2=0$$

即

$$\sum S_i q_{Vi}^2+2\sum S_i q_{Vi}\Delta q_{Vi}+\sum S_i\Delta q_{Vi}^2=0$$

忽略二阶微量 Δq_V^2 一项可得

$$\sum S_i q_{Vi}^2+2\sum S_i q_{Vi}\Delta q_{Vi}=0$$

所以有

$$\Delta q_{Vi}=\frac{-\sum S_i q_{Vi}^2}{2\sum S_i q_{Vi}} \tag{5-37}$$

由于水头损失校正值必须是绝对值相加，并且

$$\sum S_i q_{Vi}=\sum S_i q_{Vi}^2/q_{Vi}=\sum h_{wi}/q_{Vi}$$

所以式（5-37）可以写为

$$\Delta q_{Vi}=\frac{-\sum S_i q_{Vi}^2}{2\sum|S_i q_{Vi}|}=\frac{-\sum h_{wi}}{2\sum|h_{wi}/q_{Vi}|} \tag{5-38}$$

式中：Δq_{Vi} 为某闭合环路的校正流量，m^3/s；S_i 为闭合环路中管段的阻抗，s^2/m^5；q_{Vi} 为闭合环路中管段的流量，m^3/s；h_{wi} 为闭合环路中管段的阻力损失，m。

将修正流量加（减）到闭合环路的各管段中，就完成了对管网的一次流量修正。

(5) 公共管段的流量修正。相邻两闭合环路间公共管段的校正流量应为两环路校正流量的叠加。

关于环状管网的计算，工程实际中通常给出一个允许的计算精度，因为在此拟定流量和流向的前提下，要使得闭合环路阻力损失的代数和为零，往往比较困难，所以工程实际中往往规定一个值，只要不超过这个值就满足要求。一般情况下，对管网进行一次流量修正后，往往达不到工程上的精度要求，仍需对管网进行二次、三次或更多次的流量修正。小型管网人工计算尚可完成，大型管网必须编制成程序，由计算机来完成。

【例 5-12】 图 5-22 中是由两个闭合环路组成的环状管网，假设已经分配好了各管段的流量，各管段的阻抗数也标在图中，为方便计算，各物理量均取整数，并且不需标注单位。试进行一次流量修正。

解： 将该题的解题结果列于表 5-4。

表 5-4　　环状管网计算表

闭合环路	左闭合环路				右闭合环路			
管段	$A—B$	$B—E$	$E—F$	$F—A$	$B—C$	$C—D$	$D—E$	$E—B$
流量分配	60	20	−30	−40	40	30	−50	−20
$2\mid S_iq_{Vi}\mid$	120	160	120	240	240	240	200	160
$S_iq_{Vi}^2$	3600	1600	−1800	−4800	4800	3600	−5000	−1600
$2\sum\mid S_iq_{Vi}\mid$ $\sum S_iq_{Vi}^2$ Δq_{Vi}	640 −1400 $-\frac{-1400}{640}\approx 2$（顺）				840 1800 $-\frac{1800}{840}\approx -2$（逆）			
校正后流量（m^3/s）	62	24	−28	−38	38	28	−52	−24

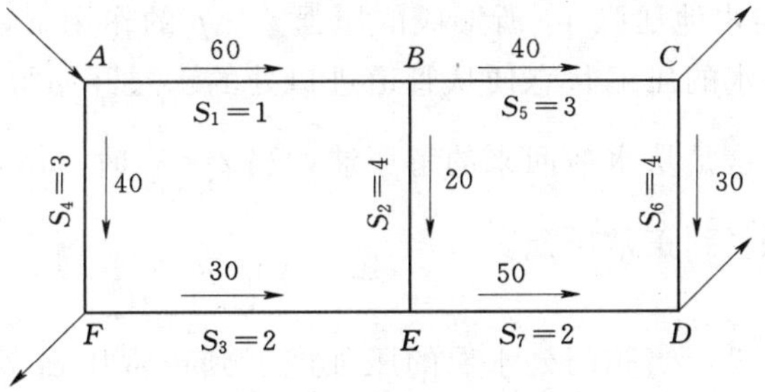

图 5-22　环状管网计算图

第六节　水　击　现　象

一、压力管路中的水击现象

在压力管路中运动着的液体，由于外界条件的改变（如阀门的突然关闭或水泵的突然启闭），使液体的流速发生突然改变，从而引起压强的骤然升高和降低，压强的升高和降低是交替进行的，这种现象称为水击。水击现象中所产生的压强对管壁的作用就像锤击一样，所以又被称为水锤。

由于水击而产生的压强增加可能达到管中原来正常压强的几十倍甚至几百倍，而且增压和减压交替频率很高，其危害性很大，严重时会使管路发生破裂。

二、水击现象发生的过程

图 5-23 是一简单管路，管道长度为 L，管道直径为 d，该管路与水池相连，在管道的末端安装有阀门。假设阀门突然关闭，即关阀时间趋近于零，并且采用无黏性液体模型。如果设阀门关闭前水流的速度为 v_0，则水击发生的过程如下。

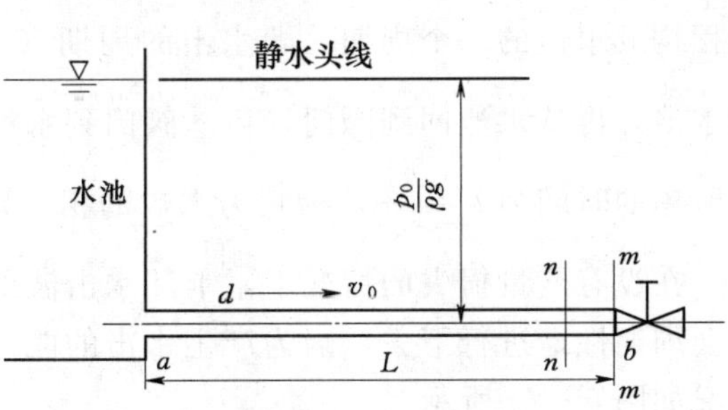

图 5-23　水击过程分析

1. 减速增压过程

这是水击的第一阶段，水以速度 v_0 在管道中运动，当阀门突然关闭，紧靠阀门的水层 $m-n$ 最先停止流动，流速由原来的 v_0 突然降为零，这就使得动量在瞬间发生突然变化，根据动量定理，水层 $m-n$ 的动量变化等于作用其上的外力变化，这个外力就是阀门给它的作用力，从而使水层 $m-n$ 的压强突然上升到（$p_0+\Delta p$），这样水层 $m-n$ 就受到压缩的作用，而管壁则受到膨胀的作用。当水层 $m-n$ 停止运动后，它后面的各水层会相继停止流动，这就形成了一个以波的形式从阀门向上游断面发展的减速增压过程，直到靠近水池的水层也停下来。所形成的弹性波称为水击波，这个传递过程所用的时间为 $t=\frac{L}{c}$，c 为水击波速。当水击波从阀门开始传到靠近水池的水层时，整个管道中的水都处于受压缩的状态，管壁处于受膨胀的状态。

2. 增速减压过程

这是水击的第二阶段，因为水池中的压强 p_0 不变，所以在管道进口 a 处的水层，在水击压强（$p_0+\Delta p$）与水池压强 p_0 所形成的压强差 Δp 的作用下，又以 v_0 速度朝水池方向流动，这样，管道中水的压缩状态便从管道进口处的水层开始得以缓解，并以波的形式逐层向阀门方向传递，这是从水池回来的解压波，当 $t=\frac{2L}{c}$时，解压波传递到阀门，此时整个管道中的水流又恢复到正常压强。

3. 减速减压过程

这是水击的第三阶段，当阀门处水层的压强恢复到正常压强 p_0 以后，由于水流具有惯性作用，管道中的水流仍然向水池方向流动，这样就使压强由 p_0 降低为 $p_0-\Delta p$，靠近阀门的水层也将停下来，速度变为零。这个低压弹性波（$p_0-\Delta p$）又以波的速度从阀门开始向水池方向传递，当 $t=\frac{3L}{c}$时，传递到水池，这时管道中的水处于瞬时低压（$p_0-\Delta p$）状态。

4. 增速增压过程

这是水击的第四个阶段，在管道进口处，管道中的压强为 p_0，而水池中的压强为（$p_0-\Delta p$），这样位于管道进口处的水层，又在压差 Δp 的作用下，从水池向阀门方向流动，压强变为 p_0，这一增压弹性波又从水池开始逐层向阀门方向传递，当 $t=\frac{4L}{c}$时，增压弹性波传递到阀门，这时，整个管道中的水流都恢复到水击未发生时的起始状态。

从水击发生的过程可以看出，上述的减速增压、增速减压、减速减压和增速增压四个过程构成水击的一个周期，即水击的周期 $T=\frac{4L}{c}$。可见，在一个周期内，水击波从阀门到水池，再从水池回到阀门，再从阀门到水池，再从水池回到阀门，要往返两次。往返一次所用的时间为 $t_s=\frac{2L}{c}$，称它为水击的相，也可以称为相长，即为半个周期。

在没有能量损失的情况下，上述水击波的传递与反射，管道中水流方向的左右变化，将会周期性地进行下去，因为产生水击的能量永远不会耗尽。无黏性液体水击压强的变化情况如图 5-24 所示。

自然界中存在的流体都是具有黏滞性的，所以实际流体在发生水击现象的时候，往往在很短的时间内就完成了，因为水的黏滞性和水、管壁的变形，很快就将水击产生的能量消耗尽了，水击过程也就结束了。实际液体发生水击时的压强变化情况如图 5-25 所示。

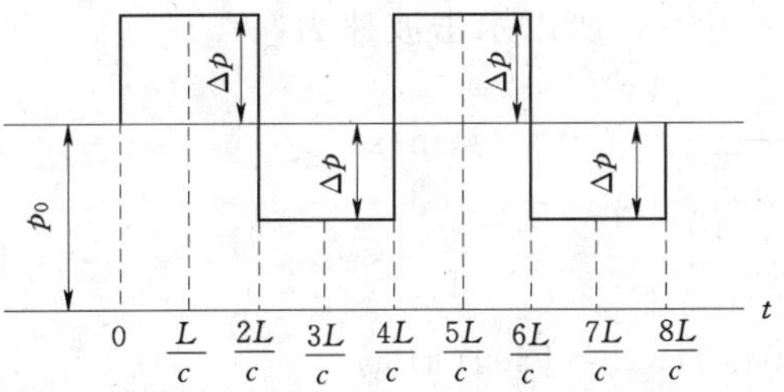

图 5-24　理想液体水击压强波动规律

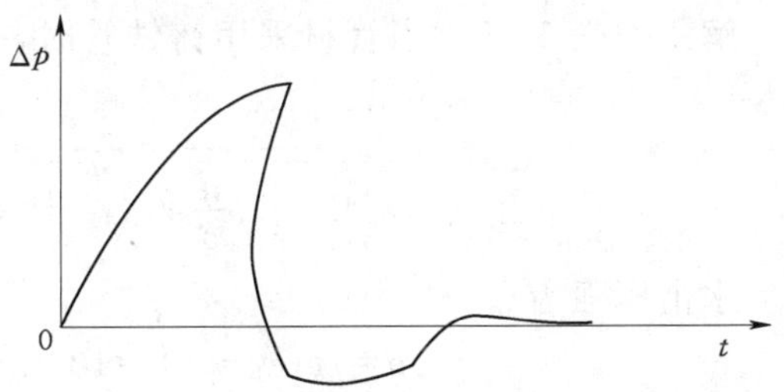

图 5-25　实际液体水击压强波动规律

三、水击压强的计算

分析水击发生的过程时，是在假设关阀时间趋近于零的条件下进行的。但在工程实际中，关闭阀门总需要一定的时间长度，所以通常根据关阀时间的长短，将水击分为直接水击和间接水击两种类型。下面将讨论这两种水击压强的计算。

1. 直接水击

假设关阀时间为 t，如果 $t<t_s$，即关阀时间非常短，解压波还没有回到阀门处，已经将阀门关闭，这种水击称为直接水击。

直接水击压强的计算公式为

$$\Delta p=\rho c(v_0-v) \tag{5-39}$$

式中：Δp 为水击压强，Pa 或 kPa；ρ 为液体密度，kg/m^3；c 为水击波速，m/s；v_0 为关阀前的速度，m/s；v 为关阀后的速度（阀门完全关闭时 $v=0$），m/s。

水击波的传播速度，通常根据下面的公式进行计算：

$$c=\frac{1425}{\sqrt{1+\frac{E_0}{E}\frac{d}{\delta}}} \tag{5-40}$$

式中：c 为水击波速，m/s；E_0 为液体的弹性模量，kPa，水的弹性模量 $E_0\approx 2.03\times 10^6$ kPa；E 为管材的弹性模量，kPa，各种管材的弹性模量可参考表 5-5；d 为管道直径，m；δ 为管壁厚度，m。

表 5-5　　各种管材的弹性模量

管　道　材　料	弹性模量 E(kPa)	弹性模量比 E_0/E
钢管	2.06×10^8	0.01
铸铁管	9.81×10^7	0.02
混凝土管	1.96×10^7	0.10

直接水击压强的计算公式表明：水击波速越大，水击压强也越大，而水击波速的大小取决于管道直径、管壁厚度、管材弹性模量。从水击波速的计算式可知：管径大、管壁薄、管材弹性模量小的管道，其水击波速小。要减小水击压强，可选择管径大、管壁薄、管材弹性模量小的管道。

【例 5-13】 某供水系统，采用铸铁管道，直径 $d=200\text{mm}$，管壁厚度 $\delta=10\text{mm}$，管道内水流速度 $v_0=1\text{m/s}$。当管路上阀门突然关闭时，所产生的水击压强为多少？

解：查表 5-5，当管材采用铸铁管时，$\dfrac{E_0}{E}=0.02$，所以水击波速为

$$c=\frac{1425}{\sqrt{1+\dfrac{E_0}{E}\dfrac{d}{\delta}}}=\frac{1425}{\sqrt{1+0.02\times\dfrac{200}{10}}}=1204.34(\text{m/s})$$

水击压强为

$$\Delta p=\rho c(v_0-v)=1000\times1204.34\times1=1204(\text{kPa})$$

2. 间接水击

当关阀时间 $t>t_s$，即在阀门关闭之前，解压波已回到阀门，这时由于解压波的作用，使水击得到一定程度的缓解，从而水击压强也比直接水击压强小，这样的水击称为间接水击。

间接水击压强的计算遵循下面的规律：

$$\Delta p=\rho c v_0\ \frac{t_s}{t} \tag{5-41}$$

式中：Δp 为间接水击压强，kPa；ρ 为液体的密度，kg/m^3；c 为水击波速，m/s；v_0 为关阀前的速度，m/s；t_s 为水击的相长，s；t 为关阀所用的时间，s。

间接水击压强的计算公式表明：间接水击压强等于直接水击压强乘以一个小于 1 的系数，所以间接水击压强要比直接水击压强小。

【例 5-14】 供水管道采用钢管，直径 $d=500\text{mm}$，管长 $L=200\text{m}$，管道的厚度 $\delta=10\text{mm}$，如果供水量 $q_{V0}=2000\text{m}^3/\text{h}$。

(1) 阀门瞬时关闭时的水击压强；

(2) 如果关阀时间为 5s，水击压强又为多少？

解：(1) 阀门瞬时关闭时，产生直接水击压强。水击波速为

$$c=\frac{1425}{\sqrt{1+\dfrac{E_0}{E}\dfrac{d}{\delta}}}=\frac{1425}{\sqrt{1+0.01\times\dfrac{500}{10}}}=1163.51(\text{m/s})$$

管内流速为

$$v_0=\frac{4q_V}{\pi d^2}=\frac{4\times2000}{3600\times3.14\times0.5^2}=2.83(\text{m/s})$$

水击压强为

$$\Delta p=\rho c(v_0-v)=\rho c v_0=1000\times1163.51\times2.83=3292.73(\text{kPa})$$

(2) 水击的相长

$$t_s=\frac{2L}{c}=\frac{2\times200}{1163.51}=0.34(\text{s})<5$$

所以发生的是间接水击，从而水击压强为

$$\Delta p=\rho c v_0\ \frac{t_s}{t}=1000\times1163.51\times2.83\times\frac{0.34}{5}=223.91(\text{kPa})$$

计算结果表明：间接水击压强仅为直接水击压强的 6.8%。

四、减小水击危害的措施

由上述分析及例题可见，水击的危害作用是相当大的，水击发生时压力的突然升高和降低，会导致管道及局部构件的严重破坏，给正常工作带来危害作用。在工程实际中，为了减小水击所造成的危害作用，通常采取以下措施：

（1）规定管道中允许通过的最大流速。由水击压强的计算式（5－39）和式（5－41）可知，无论直接水击还是间接水击，水击压强的大小都与管道中流速有直接关系，所以控制流速可以降低水击压强。因此，在工程实际中，对于不同性质的管网系统，都要规定其允许通过的最大流速。

（2）延长管路系统中阀门的启闭时间。根据分析知道，间接水击压强要比直接水击压强小得多。所以在工程实际中，要延长启闭阀门的时间，避免发生直接水击，以减小水击的危害作用。

（3）设置安全装置。就是管路系统中安装安全阀，当压强升高到限定值时，安全阀会自动开启，使管道中的水自动排出一部分，从而减小水击的危害作用，当压强降低到限定值时，阀门会自动关闭。

（4）使用弹性较好的管道。弹性较好的管道可以随着水击压强的变化而收缩，从而起到减小破坏管路系统的作用。

（5）设置缓冲装置。是在管路系统中设有空气罐，在水击发生的瞬间，有一部分水可以流入空气罐，这样空气罐就起到了一定的缓冲作用，从而减小了水击的危害作用。

从以上分析可见，水击对管路系统的正常运行往往产生危害作用，但是，只要认清其产生高压的实质，也可以转害为益，为工程实际服务。例如水锤泵就是利用水击原理制造的一种流体机械，它是利用水击过程中所产生的高压对水进行加压，使水获得能量，从而变害为益。

第七节　气　体　射　流

气体自孔口、管嘴或条缝向外喷射形成的流动，称为气体淹没射流。简称为气体射流。当出口流速较大，流动呈紊流状态时，叫做紊流射流。在采暖通风工程上所应用的射流，多为气体紊流射流。

射流与孔口管嘴出流的研究对象不同。前者讨论的是出流后的流速场、温度场与浓度场。后者仅讨论出口断面的流速和流量。

出流空间的大小，对射流的流动有很大影响。出流到无限大空间中，流动不受固体边壁的限制，为无限空间射流，又称自由射流。相反，为有限空间射流，又称受限射流。

一、无限空间淹没射流

（一）射流结构的形成

假设气体从半径为 r_0 的圆形喷口喷出，由于讨论的是紊流射流，所以气体在出口断面上的速度分布是均匀的，设出口速度为 v_0。气体从喷口喷出后，由于紊流脉动，射流气体与周围气体不断进行动量交换，从而把周围静止气体卷吸到射流中来，使得射流的流量和过流断面沿程不断增大，形成扩大圆锥状的结构。而在射流的扩散过程中，射流的速度沿程不断减小。通过实验研究，得出了图 5－26 所示的无限空间淹没紊流射流结构简图。

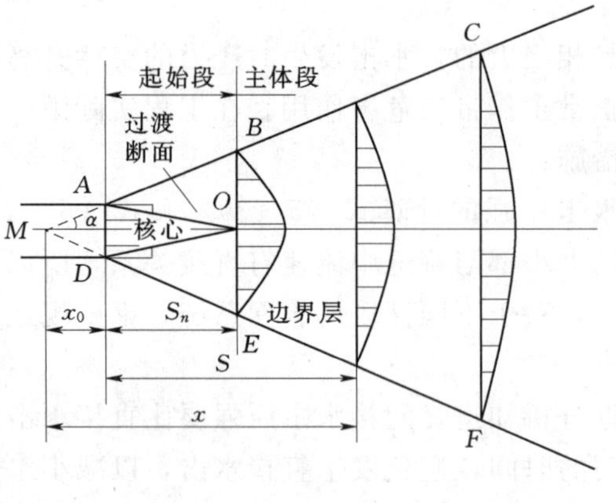

图 5-26　无限空间射流结构简图

无限空间射流结构是放射圆锥状，在图 5-26 所示的剖面图中，射线 AC 和 DF 是射流的外边界，外边界上各点的速度为零，外边界线反向延长交于喷口轴线上的 M 点，M 点称为射流极点。外边界线夹角的一半（图 5-26 中的 α 角）称为射流的极角。各点速度等于出口速度 v_0 的区域称为射流核心，图 5-26 中的 AOD 部分，AO 和 DO 称为射流内边界。射流的内边界和外边界之间的区域称为射流边界层。随着射流的向前发展，速度等于出口速度 v_0 的区域越来越小，到了 BE 断面，只有轴心速度等于出口速度 v_0，该断面称为过渡断面，又叫转折断面。过渡断面到出口断面的距离，称为起始段。过渡断面之后一直到射流的结束，称为主体段。

由图 5-26 可知，过渡断面之后，射流核心消失，各点的速度都小于出口速度 v_0。而过渡断面之前，任何断面上，速度为出口速度 v_0 的点都不是唯一的，而是在某个范围内，各点的速度都等于 v_0。

起始段的长度往往较短，在通风空调系统中，这一长度不影响工作区内速度和温度的分布，所以在工程实际中利用的是主体段参数，因此，这里主要讨论主体段参数。

（二）射流的特征

1. 几何特征

从紊流射流结构简图可知，射流是在固定的扩散角（极角的 2 倍）下向前发展的。射流极角的大小与喷口断面的形状和紊流强度有关，通常按照下面的公式进行计算：

$$\tan\alpha = a\varphi \tag{5-42}$$

式中：α 为射流极角；a 为紊流系数，取决于喷嘴的结构和流体经过喷口时受扰动的程度，扰动越大，紊流强度越大，a 值也越大；φ 为形状系数，取决于喷口的形状。对于常用的圆喷口 $\varphi=3.4$，而扁喷口 $\varphi=2.44$。

由式（5-42）可知，射流的扩散角 α 只是紊流系数 a 和喷口形状系数 φ 的函数，而这两个系数只与喷管的结构和喷口的形状有关，只要喷管的结构和喷口的形状一定，扩散角 α、紊流系数 a 和形状系数 φ 均为常数。所以气体射流是按一定的扩散角 α 向前作扩散运动的，这就是气体紊流射流的几何特征。

2. 运动特征

由于射流气体和周围气体的动量交换，射流各断面的射流半径和射流量沿程逐渐增大，流速逐渐减小。但对射流的任何断面来说，都是射流轴心处的流速最大，从射流轴心到外边界，流速由最大逐渐减小到零。针对射流的整个射程而言，各断面的流速是沿射程逐渐减小的，流速分布沿射程越来越扁平化。

图 5-27 中给出了某圆形断面气体射流的流速分布曲线，这是根据实验结果整理而成的，实验所用的喷口半径 $R_0=4.5\text{cm}$，喷口速度 $v_0=87\text{m/s}$，所取的 5 个计算断面到喷口

的距离 S 分别为 0.6m、0.8m、1.0m、1.2m 和 1.6m，在这 5 个计算断面上分别测出了气体射流的流速值，根据这些值绘出了轴对称流速分布曲线的一半。图 5-27 中的纵坐标 u 表示射流过流断面上任一点的速度（m/s），横坐标 y 表示射流过流断面上任一点到射流轴心的距离（m）。

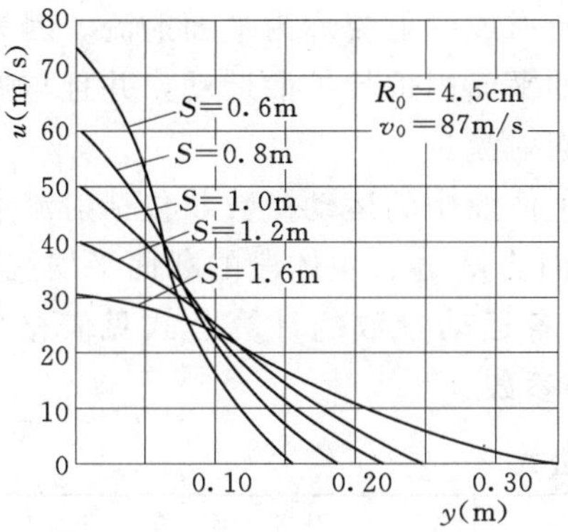

图 5-27　圆断面射流的流速分布

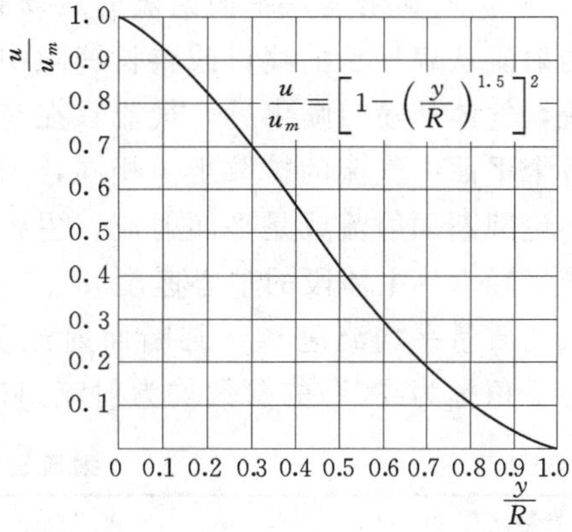

图 5-28　圆断面射流的无因次流速分布

由图 5-27 所示的流速分布曲线可以看出，射流断面到喷口的距离 S 越大，射流的作用半径 R 也越大，这样就使得射流各过流断面上的流速分布都不相同，因此也就不容易找出流速分布的共同规律。

如果采用无因次坐标去整理实验结果，就可以得出图 5-28 中的流速分布规律曲线。其中纵坐标$\frac{u}{u_m}$表示的是无因次流速，它表示射流过流断面上任一点的流速 u 与同一过流断面上轴心流速 u_m 的比值，这一结果可以表示为

$$\frac{u}{u_m}=\frac{\text{过流断面上任一点的流速}}{\text{同一过流断面上的轴心流速}}$$

图 5-28 中横坐标$\frac{y}{R}$表示的是无因次距离，它表示射流过流断面上任一点到轴心的距离 y 与同一过流断面上射流半径 R 的比值，这一结果可以表示为

$$\frac{y}{R}=\frac{\text{过流断面上任一点到轴心的距离}}{\text{同一过流断面上的射流半径}}$$

由图 5-28 可以看出，射流各过流断面上的无因次流速沿无因次距离的分布是相同的，也就是说射流各过流断面上的无因次流速分布曲线对应于无因次分布距离具有相似性，这就是气体射流的运动特征，其数学表达式为

$$\frac{u}{u_m}=\left[1-\left(\frac{y}{R}\right)^{1.5}\right]^2 \tag{5-43}$$

3. 动力特征

由射流实验的结果知，在整个射流范围内，任意一点的压强等于周围静止气体的压

强，即为大气压强 p_a。这样在射流结构中任取两过流断面间的射流作为控制流段，来分析控制流段上所受到的所有外力，那么可以知道，沿射流方向，控制流段上所有外力的代数和为零。由流体动力学的动量方程可知：单位时间内射流各过流断面上的动量是相等的，这就是气体射流的动力特征。

（三）圆断面射流及平面射流的运动分析

当射流从扁平状的喷口或狭长缝隙中喷出时，所形成的射流称为平面射流。因为这样的射流，气体从喷口喷出后，气流只在与喷口垂直的平面内进行扩散运动，并且与喷口垂直的各个平面中气流的扩散规律相同，因此得各平面射流。

不论圆断面射流或是平面射流，主要利用射流主体段中的运动参数，包括射流主体段的射流半径 R、主体段的轴心速度 u_m、主体段的断面流量 q_V、主体段的断面平均流速 v_1、主体段的质量平均流速 v_2。圆断面射流及平面射流各运动参数的计算公式见表格 5－6。表格中下角标为“0”的参数均为射流出口处的运动参数。

表 5－6　射流运动参数计算公式

段名	参数名称	符号	圆断面射流	平面射流
主体段	射流极角	α	$\tan\alpha=3.4a$	$\tan\alpha=2.44a$
主体段	射流半径（半高度）	R b	$\frac{R}{r_0}=3.4\left(\frac{as}{r_0}+0.294\right)$	$\frac{b}{b_0}=2.44\left(\frac{as}{b_0}+0.41\right)$
主体段	轴心流速	u_m	$\frac{u_m}{v_0}=\frac{0.966}{\frac{as}{r_0}+0.294}$	$\frac{u_m}{v_0}=\frac{1.2}{\sqrt{\frac{as}{b_0}+0.41}}$
主体段	流量	q_V	$\frac{q_V}{q_{V0}}=2.2\left(\frac{as}{r_0}+0.294\right)$	$\frac{q_V}{q_{V0}}=1.2\sqrt{\frac{as}{b_0}+0.41}$
主体段	断面平均速度	v_1	$\frac{v_1}{v_0}=\frac{0.19}{\frac{as}{r_0}+0.294}$	$\frac{v_1}{v_0}=\frac{0.492}{\sqrt{\frac{as}{b_0}+0.41}}$
主体段	质量平均速度	v_2	$\frac{v_2}{v_0}=\frac{0.4545}{\frac{as}{r_0}+0.294}$	$\frac{v_2}{v_0}=\frac{0.833}{\sqrt{\frac{as}{b_0}+0.41}}$
起始段	流量	q_V	$\frac{q_V}{q_{V0}}=1+0.76\frac{as}{r_0}+1.32\left(\frac{as}{r_0}\right)^2$	$\frac{q_V}{q_{V0}}=1+0.43\frac{as}{b_0}$
起始段	断面平均速度	v_1	$\frac{v_1}{v_0}=\frac{1+0.76\frac{as}{r_0}+1.32\left(\frac{as}{r_0}\right)^2}{1+6.8\frac{as}{r_0}+11.56\left(\frac{as}{r_0}\right)^2}$	$\frac{v_1}{v_0}=\frac{1+0.43\frac{as}{r_0}}{1+6.8\frac{as}{r_0}+2.44\frac{as}{r_0}}$
起始段	质量平均速度	v_2	$\frac{v_2}{v_0}=\frac{1}{1+0.76\frac{as}{r_0}+1.32\left(\frac{as}{r_0}\right)^2}$	$\frac{v_2}{v_0}=\frac{1}{1+0.43\frac{as}{b_0}}$

（四）温差与浓差射流

前面讨论的是射流气体与周围气体温度相同的射流，即等温射流，其射流轴线与喷口的轴线重合，是一条直线。在工程实际中，经常会遇到射流气体的温度（浓度）与周围气体不同的射流，称之为温差（浓差）射流。将暖风（冷风）送入低温（高温）的气体空间，形成温差射流；将清洁空气送入灰尘浓度（有害气体）较高的气体空间，形成浓差射流。由于温差和浓差射流的运动规律基本相同，所以讨论的时候以温差射流为例进行推导，可将结果推广到浓差射流。

1. 温差（浓差）射流的运动特征

在温差（浓差）射流中，温度场（浓度场）的形成与速度场的形成过程是一样的，只是在此射流中，除了动量交换外，还存在温度（浓度）的交换，形成向外扩张的温度场（浓度场）。热交换要比动量交换快，因而温度场的外边界要比速度场的外边界宽，而内边界要比速度场的内边界窄，如图 5-29（a）所示。

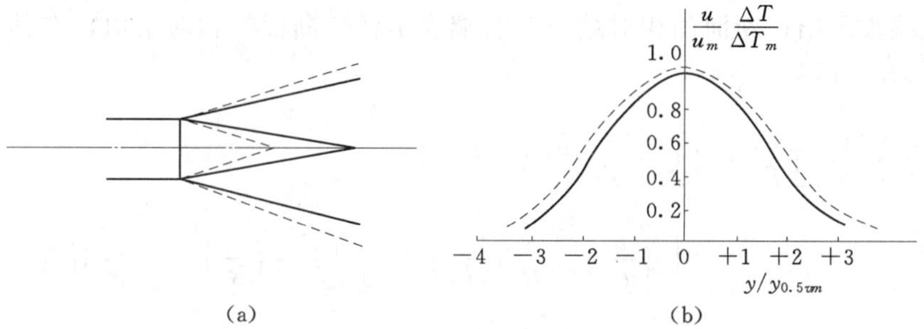

图 5-29　温度边界层与速度边界层的对比

在图 5-29 中，实线为等温射流的内、外边界，虚线为温差射流的内、外边界，而浓度场与温度场的边界分布是完全一样的。

在射流的实际应用中，为了分析上的方便，通常认为温度场（浓度场）的内、外边界与速度场的内、外边界相重合，所以温差（浓差）射流运动参数的变化规律与等温射流运动参数的变化规律相同，只要讨论温度场（浓度场）的变化规律就可以了。以下将讨论轴心温度、质量平均温度随射程的变化规律。

为了讨论温度场（浓度场）的变化规律，先将各温度的符号表示作以下规定：

（1）对于温差射流：周围气体的温度用 T_e 表示；出口断面温度用 T_0 表示，出口断面温差 $\Delta T_0 = T_0 - T_e$；射流断面上任一点温度用 T 表示，任一点的温差 $\Delta T = T - T_e$；射流轴线温度用 T_m 表示，轴线温差 $\Delta T_m = T_m - T_e$；质量平均温度用 T_2 表示，质量平均温差 $\Delta T_2 = T_2 - T_e$。

（2）对于浓差射流：周围气体的浓度用 χ_e 表示；出口浓度用 χ_0 表示，出口浓差 $\Delta\chi_0 = \chi_0 - \chi_e$；射流断面上任一点浓度用 χ 表示，任一点的浓差 $\Delta\chi = \chi - \chi_e$；射流轴线浓度用 χ_m 表示，轴线浓差 $\Delta\chi_m = \chi_m - \chi_e$；质量平均浓度用 χ_2 表示，质量平均浓差 $\Delta\chi_2 = \chi_2 - \chi_e$。

根据阿勃拉莫维奇的实验结果可知，射流断面上的温差（浓差）分布满足下面的关系：

$$\frac{\Delta T}{\Delta T_m}=\frac{\Delta \chi}{\Delta \chi_m}=\sqrt{\frac{u}{u_m}}=1-\left(\frac{y}{R}\right)^{1.5} \tag{5-44}$$

将$\frac{\Delta T}{\Delta T_m}$与$\frac{\Delta \chi}{\Delta \chi_m}$的分布规律绘在同一个无因次坐标中，可得图 5-29（b）中的曲线，可见无因次温差分布曲线确实在无因次速度分布曲线的外侧。

式（5-44）表明：在射流的各断面上，温差分布、浓差分布与无因次速度和无因次距离的函数关系是相同的，所以它们的运动规律相似，并具有相同的参数计算公式。

2. 温差（浓差）射流运动参数的计算

根据热力学的知识，温差射流满足热力学特征：在等压条件下，以周围气体的焓值作为起算点，射流各过流断面上的相对焓值保持不变。即

$$\rho q_{V0} c \Delta T_0 = \int_0^R \rho c \Delta T u 2\pi y \mathrm{d}y$$

上式左端表示出口断面的相对焓值，右端表示任一断面的相对焓值，在其两端同时除以 $\rho c \Delta T_m u_m \pi R^2$ 可得：

$$\left(\frac{r_0}{R}\right)^2 \frac{v_0}{u_m}\frac{\Delta T_0}{\Delta T_m} = 2\int_0^1 \frac{\Delta T}{\Delta T_m}\frac{u}{u_m}\frac{y}{R}\mathrm{d}\left(\frac{y}{R}\right)$$

$$= 2\int_0^1 \left(\frac{u}{u_m}\right)^{1.5}\frac{y}{R}\mathrm{d}\left(\frac{y}{R}\right) = 2\int_0^1\left[1-\left(\frac{y}{R}\right)^{1.5}\right]^3\frac{y}{R}\mathrm{d}\left(\frac{y}{R}\right)$$

$$B_{1.5} = \int_0^1\left[1-\left(\frac{y}{R}\right)^{1.5}\right]^3\frac{y}{R}\mathrm{d}\left(\frac{y}{R}\right) = 0.064$$

将 $B_{1.5}=0.064$、主体段$\frac{u_m}{v_0}$及$\frac{R}{r_0}$一起代入可得主体段的轴心温差公式：

$$\frac{\Delta T_m}{\Delta T_0}=\frac{0.706}{\frac{as}{r_0}+0.294}=\frac{0.35}{\frac{as}{d_0}+0.147} \tag{5-45}$$

与讨论速度相同，引入质量平均温差 ΔT_2：以 ΔT_2 乘以 $\rho q_V c$ 等于出口断面的相对焓值。即 $\rho q_V c \Delta T_2 = \rho q_{V0} c \Delta T_0$，由此可得主体段的质量平均温差公式：

$$\frac{\Delta T_2}{\Delta T_0}=\frac{0.4545}{\frac{as}{r_0}+0.294}=\frac{0.23}{\frac{as}{d_0}+0.147} \tag{5-46}$$

起始段的轴心温差是不变的，等于 ΔT_0，起始段的质量平均温差公式为

$$\frac{\Delta T_2}{\Delta T_0}=\frac{1}{1+0.76\frac{as}{r_0}+1.32\left(\frac{as}{r_0}\right)^2} \tag{5-47}$$

浓差射流的规律与温差射流相同，只需将上述公式中的温度换成浓度，就可以得到浓差射流的计算公式，详见表 5-7。

表 5-7　　温差（浓差）射流参数的计算公式

段名	参数名称	符号	圆断面射流	平面射流
主体段	轴心温差	ΔT_m	$\frac{\Delta T_m}{\Delta T_0}=\frac{0.706}{\frac{as}{r_0}+0.294}$	$\frac{\Delta T_m}{\Delta T_0}=\frac{1.032}{\sqrt{\frac{as}{b_0}+0.41}}$
	质量平均温差	ΔT_2	$\frac{\Delta T_2}{\Delta T_0}=\frac{0.4545}{\frac{as}{r_0}+0.294}$	$\frac{\Delta T_2}{\Delta T_0}=\frac{0.833}{\sqrt{\frac{as}{b_0}+0.41}}$
	轴心浓差	$\Delta \chi_m$	$\frac{\Delta \chi_m}{\Delta \chi_0}=\frac{0.706}{\frac{as}{r_0}+0.294}$	$\frac{\Delta \chi_m}{\Delta \chi_0}=\frac{1.032}{\sqrt{\frac{as}{b_0}+0.41}}$
	质量平均浓差	$\Delta \chi_2$	$\frac{\Delta \chi_2}{\Delta \chi_0}=\frac{0.4545}{\frac{as}{r_0}+0.294}$	$\frac{\Delta \chi_2}{\Delta \chi_0}=\frac{0.833}{\sqrt{\frac{as}{b_0}+0.41}}$
起始段	质量平均温差	ΔT_2	$\frac{\Delta T_2}{\Delta T_0}=\frac{1}{1+0.76\frac{as}{r_0}+1.32\left(\frac{as}{r_0}\right)^2}$	$\frac{\Delta T_2}{\Delta T_0}=\frac{1}{1+0.43\frac{as}{b_0}}$
	质量平均浓差	$\Delta \chi_2$	$\frac{\Delta \chi_2}{\Delta \chi_0}=\frac{1}{1+0.76\frac{as}{r_0}+1.32\left(\frac{as}{r_0}\right)^2}$	$\frac{\Delta \chi_2}{\Delta \chi_0}=\frac{1}{1+0.43\frac{as}{b_0}}$

【例 5-15】 某车间采用带导叶的风机（紊流系数 $a=0.12$）向工作地点喷射冷空气降温，要求工作地点的质量平均流速 $v_2=2\text{m/s}$，工作面直径 $D=3\text{m}$，已知射流气体的温度为 15℃，车间温度为 30℃，如果要把工作地点的质量平均温度降为 23℃。计算：

（1）喷口的直径和气体出口速度；

（2）送风口到工作面的距离。

解：（1）根据题意，有

出口断面温差：

$$\Delta T_0=T_0-T_e=-15℃$$

质量平均温差：

$$\Delta T_2=T_2-T_e=-7℃$$

利用公式$\frac{\Delta T_2}{\Delta T_0}=\frac{0.23}{\frac{as}{d_0}+0.147}$可知　$\frac{-7}{-15}=\frac{0.23}{\frac{as}{d_0}+0.147}$，从而有

$$\frac{as}{d_0}+0.147=0.49$$

利用$\frac{D}{d_0}=6.8\left(\frac{as}{d_0}+0.147\right)$可得

$$d_0=\frac{D}{6.8\left(\frac{as}{d_0}+0.147\right)}=\frac{2}{6.8\times0.49}=0.60\text{（m）}$$

利用公式$\frac{v_2}{v_0}=\frac{0.23}{\frac{as}{d_0}+0.147}$可得

$$v_0=\frac{\left(\frac{as}{d_0}+0.147\right)v_2}{0.23}=\frac{0.49\times 3}{0.23}=6.39\ (\mathrm{m/s})$$

（2）将 $d_0=0.60\mathrm{m}$ 代入$\frac{as}{d_0}+0.147=0.49$ 可得 $s=1.72\mathrm{m}$。

二、有限空间淹没射流

工程实际中会涉及到将气体送入某房间的射流，房间的维护结构要限制气流的扩散运动，因此属于有限空间射流。有限空间射流的结构和运动规律与无限空间射流有着明显的区别，而且目前关于有限空间射流的理论还不完善，现只能根据实验结果整理成经验公式或无因次性能曲线，供设计过程中参考使用。

1. 有限空间射流运动的特性

假设将喷口设在有限空间墙壁的中间位置，这时形成的射流是关于上、下和左、右对称的一个完整的射流结构，如图 5－30 所示。下面来分析射流的形成过程。

当气流进入有限空间以后，由于固体边壁限制了射流的自由扩散，使得射流的流量和半径不像无限空间那样一直增大，而是增大到一定程度以后又开始逐渐缩小，从而使射流外边界呈橄榄形状（见图 5－30）。

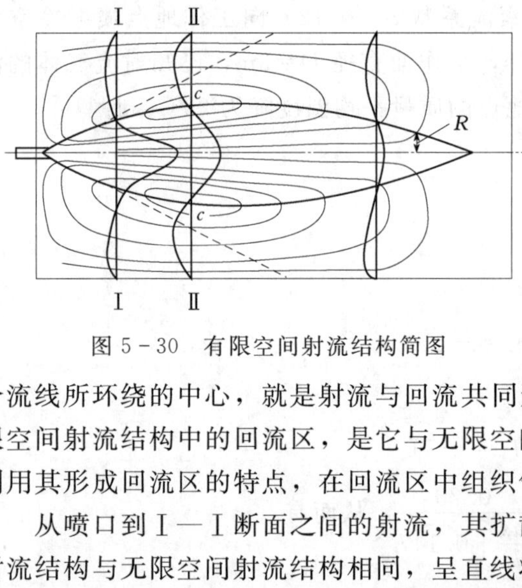

图 5－30　有限空间射流结构简图

在图 5－30 中，以橄榄形边界将射流运动划分为两个区域：射流的作用区和回流区。橄榄形边界以内的气流，所作的是沿流速方向的向前运动，称该区域为射流的作用区；橄榄形边界以外的气流，在固体壁面的阻滞作用和射流的带动作用的共同作用下，产生了与喷口流速方向相反的回流运动，称该区域为射流的回流区。回流区的产生，使得流线呈现闭合形状，闭合流线所环绕的中心，就是射流与回流共同形成的旋涡中心（见图 5－30 中的 c 点）。有限空间射流结构中的回流区，是它与无限空间射流结构的重要区别。在工程实际中，就是利用其形成回流区的特点，在回流区中组织气流的运动，达到改善环境气候条件的目的。

从喷口到Ⅰ—Ⅰ断面之间的射流，其扩散作用没有受到固体边壁的影响，因此该部分射流结构与无限空间射流结构相同，呈直线状扩散，所以这部分射流各运动参数的计算规律与无限空间射流相同，称这一段为无限扩散段，称Ⅰ—Ⅰ断面为第一临界断面。

从第一临界断面开始，射流的扩散作用就受到固体边壁的影响，射流带动周围气体的能力减弱，所以射流的流量和半径的增加幅度减小，但是总体看射流的边界仍然呈扩散状，这种扩散运动一直持续到Ⅱ—Ⅱ断面，而Ⅱ—Ⅱ断面恰好通过旋涡中心，也就是说，从Ⅱ—Ⅱ断面开始，射流各运动参数发生了根本转变，射流轴线超出了边界形成回流。因此在Ⅱ—Ⅱ断面处射流作用区的流量达到最大值，在Ⅱ—Ⅱ断面后不远的位置，射流半径也达到最大，而且射流回流区的回流量和回流平均流速也达到最大值。Ⅱ—Ⅱ断面之后，射流的流量、回流的流量和回流的平均流速都将沿射程逐渐减小。称Ⅱ—Ⅱ断面为第二临界断面，第二临界断面和第一临界断面之间的射流段称为有限扩散段。实验的结果表明：射流内部的压强是变化的，随射程的增加而逐渐增大，在端部达到最大，其值略高于大气压强。射流各过流断面的动量不守恒，其动量是沿射程逐渐减小的。并且射流的轴心速度和断面平均速度在第二临界断面之后迅速减小，所以射流动量在第二临界断面之后急剧减小以致消失。由于动量的不守恒，给研究有限空间射流带来了很大困难，所以不得不采用实验结果进行分析。

有限空间射流结构的形成，与喷口在壁面上的位置密切相关，只有喷口安装在固体壁面的中央时，才会有图 5-30 所示的橄榄形状的结构，四周出现回流区。在工程实际中，喷口通常是靠近顶棚安装的，如果喷口的安装高度 h 达到或超过房间高度 H 的 70%以上，即 $h\geqslant0.7H$，这时由于射流上部回流区的过流面积减小，从而使流速增大，压强减小，而射流下部的压强较大，其压强差的作用使得射流不能脱离顶棚，只能整个贴附于顶棚，将这样的射流称为贴附射流。

2. 有限空间射流运动参数的计算方法

有限空间射流运动参数的计算，是采用通过实验研究所得出的半经验公式。有限空间射流主要用于通风空调工程中的送风问题，并且要求工作区处于射流的回流区内，对回流区的流速有一定的限制。

对于贴附射流（$h\geqslant0.7H$），回流区的平均流速 v_p 的半经验公式为

$$\frac{v_p}{v_0}\frac{\sqrt{A}}{d_0}=0.177(10\,\overline{S})e^{10.7\overline{S}-37\overline{S}^2}=f(\overline{S}) \tag{5-48}$$

式中：v_p 为回流平均速度，m/s；v_0 为出口断面速度，m/s；A 为与射流相垂直的房间横截面积，m^2；d_0 为喷口直径，m；$\overline{S}$为计算断面到出口断面的无因次距离。

无因次距离$\overline{S}$按下面的公式进行计算：

$$\overline{S}=\frac{as}{\sqrt{A}} \tag{5-49}$$

式中：$\overline{S}$为计算断面到出口断面的无因次距离；a 为紊流系数；s 为计算断面到出口断面的距离，m；A 为与射流相垂直的房间横截面积，m^2。

第二临界断面Ⅱ—Ⅱ断面上的回流速度最大，用 v_{max} 表示，根据实验结果可知，断面Ⅱ—Ⅱ到送风口的无因次距离$\overline{S}=0.2$，将该条件代入式（5-48）得最大回流速度的函数关系：

$$\frac{v_{max}}{v_0}\frac{\sqrt{A}}{d_0}=0.69 \tag{5-50}$$

式中：v_{max}为第二临界断面上的最大回流速度，m/s；v_0 为出口断面速度，m/s；A 为与射流相垂直的房间横截面积，m^2；d_0 为喷口直径，m。

在设计要求的到出口断面距离为 s 的计算断面处，回流平均速度 v_p 是设计所限定的值，用 v_x 表示，则根据式（5-48）可得

$$\frac{v_x}{v_0}\frac{\sqrt{A}}{d_0}=0.177(10\overline{S})e^{10.7\overline{S}-37\overline{S}^2}=f(\overline{S}) \tag{5-51}$$

式中：各符号所表示的物理意义与式（5-48）相同。

联立式（5-50）和式（5-51）得

$$0.69\frac{v_x}{v_{max}}=0.177(10\overline{S})e^{10.7\overline{S}-37\overline{S}^2}=f(\overline{S}) \tag{5-52}$$

当 v_x 和 v_{max} 已知时，代入式（5-52）可求得无因次距离 $\overline{S}$，将 $\overline{S}$ 代入式（5-49）可求出射流的作用距离，也就是射程 s：

$$s=\frac{\overline{S}\sqrt{A}}{a} \tag{5-53}$$

为了简化计算过程，可以根据表5-8来查出无因次距离。

表5-8　无因次距离 $\overline{S}$

最大回流速度 v_{max} (m/s)	限定回流速度 v_x（m/s）					
	0.07	0.10	0.15	0.20	0.30	0.40
0.50	0.42	0.40	0.37	0.35	0.31	0.28
0.60	0.43	0.41	0.38	0.37	0.33	0.30
0.75	0.44	0.42	0.40	0.38	0.35	0.33
1.00	0.46	0.44	0.42	0.40	0.37	0.35
1.25	0.47	0.46	0.43	0.41	0.39	0.37
1.50	0.48	0.47	0.44	0.43	0.40	0.38

应当注意：上述公式和表5-8只适用于喷口安装高度 $h\geqslant 0.7H$ 的贴附射流。如果喷口安装高度 $h=0.5H$，则射流上、下对称，向两个方向同时扩散，所以射程较短，只能达到贴附射流的70%。工程实际中往往只用射流的下部回流区，其过流面积为 $0.5A$，所以在进行这类计算时，应以 $0.5A$ 代入相应的公式进行计算。在工程实际中，当喷口高度在 $h=(0.3\sim0.7)H$ 范围内，都可以将 A 换成 $0.5A$，用上述公式进行计算。

【例5-16】 某车间设置送风口，已知车间长为90m，宽为30m，高为12m，沿长度方向送风，风口高度 $h=9$m，风口直径 $d_0=1$m，紊流系数 $a=0.08$，最大回流速度 $v_{max}=0.75$m/s，设计限定流速 $v_x=0.4$m/s。求风口送风量和工作区的位置。

解：因为风口高度 $h=9\text{m}>12\times0.7=8.4\text{m}$，所以用式（5-50）进行计算

$$v_0=\frac{v_{max}\sqrt{A}}{0.69d_0}=\frac{0.8\times\sqrt{30\times12}}{0.69\times1}=21.10(\text{m/s})$$

所以流量

$$Q=\frac{\pi}{4}d_0{}^2v_0=\frac{3.14}{4}\times1^2\times21.10=16.56(\text{m}^3/\text{s})$$

根据 $v_{max}=0.75$m/s，$v_x=0.4$m/s 可查表5-8得 $\overline{S}=0.33$。

根据式（5-53）得工作区的位置：

$$s=\frac{\overline{S}\sqrt{A}}{a}=\frac{0.33\times\sqrt{30\times12}}{0.08}=78.27(\text{m})$$

本 章 小 结

本章介绍了液体的出流问题、管路计算的方法和基本步骤以及气体的射流问题。

孔口的出流包括自由出流和淹没出流两种类型，本章主要讨论圆形、薄壁、小孔口的出流。两种出流类型在讨论流速和流量出流规律的时候，都采用流体动力学的能量方程，因此，它们的流速和流量计算公式具有相同的形式，而且涉及到的出流系数也相同。但是要注意它们的作用水头定义式是不一样的，因为在使用能量方程的过程中所取的计算断面有所不同。

在孔口上接一根长度为直径的 3～4 倍的短管就构成了管嘴出流。管嘴出流的流动参数计算公式与孔口相同，计算方法也与孔口相同，并且也分为自由出流和淹没出流两种类型。利用能量方程讨论自由出流时，管嘴出流下游计算断面取在管嘴出口处，而孔口出流是取在收缩断面处；利用能量方程讨论淹没出流时，管嘴出流和孔口出流的计算断面都是取在上、下游的水面处。应该注意的是：孔口出流和管嘴出流都是只考虑局部能量损失，但是管嘴出流在收缩断面处造成真空，因此同条件的管嘴出流量大于孔口出流量。另外管嘴长度必须满足要求，否则达不到管嘴出流的目的。孔口出流和管嘴出流都是讨论出口断面的流动参数。

管路计算是工程实际中进行水力计算的基础，它的主要任务是完成设计计算（从事新工程设计）和校核计算（旧工程改建或扩建）。

简单管路是构成复杂管路的基本单元。将简单管路划分为长管（将局部损失忽略或按沿程损失百分比计入）和短管（沿程损失和局部损失同时考虑）来讨论其水力计算规律，并由此引出了管路特性阻力系数（阻抗）的概念，管路特性阻力系数是水力计算中一个非常重要的参数。

串联管路是将简单管路顺序连接而成的连接方式，它的计算主要包括流量、阻力损失和阻抗。流量规律满足质量守恒；串联管路总阻力损失等于参加串联的各管段阻力损失之和；串联管路总阻抗等于参加串联的各管段的阻抗之和，与串联电路的电阻规律相同。

并联管路是在公共节点处连接若干管段的连接方式，它的流量计算规律亦满足质量守恒；公共节点间的各管段的阻力损失相等；并联管路的总阻抗与参加并联的各管段的阻抗之间满足平方根倒数求和规律，与并联电路的电阻规律相差一个平方根；并联管路中各管段的流量分配与其阻抗成反比，此结果和阻力平衡密切相关。

管网是由简单管路经串联和并联而成的复杂管路系统，管网有枝状管网和环状管网两种型式。枝状管网的计算关键是确定最不利管线，并且要考虑阻力平衡，这是水力计算中经常涉及到的；环状管网的计算依据是质量守恒和闭合环路中各管段阻力损失代数和为零，计算关键是将校正流量合理加减。

水击是液体压力管路中发生的有害现象，在阀门的突然关闭和水泵的启闭时发生。水击的全过程包括四个阶段：减速增压、增速减压、减速减压和增速增压。根据关闭时间的不同，水击分为直接水击和间接水击。两种水击的压强计算都与管道中流速有关，由此可以找到减小水击危害作用的措施。水击的危害作用是众所周知的，但也要具体问题具体分析，在有些情况下可以利用水击所产生的能量，变害为利，例如水锤泵。

气体射流包括无限空间射流和有限空间射流两种类型，无限空间射流是指气体在从喷口向外界喷射时不受限制，可以自由发展，无限空间射流也是本章的重点。根据喷口形状的不同，又分为圆断面射流和平面射流，对于不属于平面射流的正方形、矩形、三角形等喷口，可以求出其当量直径，然后利用圆断面射流公式进行求解。具体分析射流扩散规律时又按照等温射流和温差（浓差）射流两种情况来考虑。等温射流中的参数计算，要注意质量平均速度的含义。温差（浓差）射流的轴线弯曲是由于射流气体密度与周围气体密度不同而产生的，射流轴线的弯曲方向与二者温度（浓度）的相对大小有关，并且要注意理解轴线弯曲计算公式。在等温射流和温差（浓差）射流的所有计算中，都是以主体段参数计算为主，起始段参数计算稍作了解，并且等温射流中的几何尺寸、速度、流量等计算公式可以用于温差（浓差）射流。

有限空间射流是指气体从喷口向外喷射时要受到限制，而不能自由发展，所以有限空间射流结构与无限空间射流结构是不同的，要注意体会它们之间的异同。对于有限空间射流的讨论，所采用的都是经验公式，可稍作了解。

气体射流讨论的是喷口断面以后的速度场和温度场（浓度场），这与液体出流有区别，注意体会。

习　题

5-1　水从密闭容器的圆形薄壁小孔口流出，孔口的局部阻力系数 $\zeta=0.05$，孔口直径 $d=40$mm，收缩系数 $\varepsilon=0.64$。如果作用水头 $H_0=2$m，求水的出流速度和流量。

5-2　水从密闭水箱 A 经器壁上的圆形薄壁小孔口流入敞口水箱 B，如图 5-31 所示。已知 $p_0=9.81$kPa，孔口直径 $d=20$mm，孔口两侧水位差 $H=2$m，孔口流量系数 $\mu=0.62$。求通过孔口的流量。

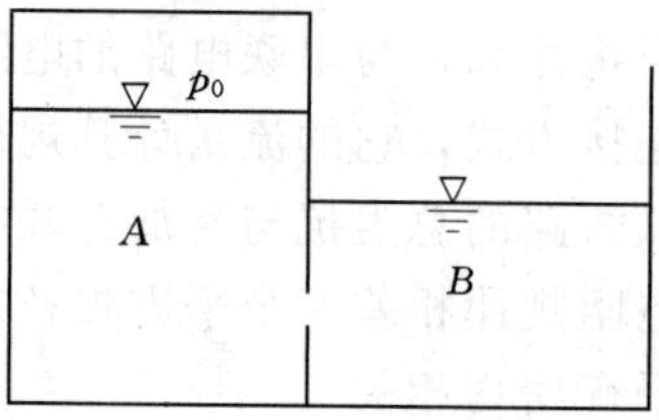

图 5-31

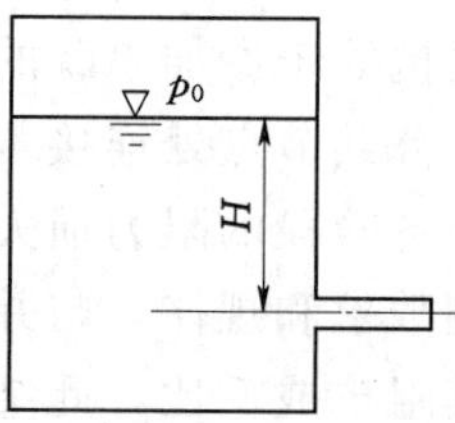

图 5-32

5-3　已知一水箱的水深 $H=5$m，圆柱形外管嘴直径 $d=45$mm，如图 5-32 所示。如果要求管嘴的出流量 $q_V=45$L/s，流量系数 $\mu=0.82$。求水箱水面上的气体压强 p_0。

5-4　已知收缩式圆锥形管嘴的直径 $d=2$cm，管嘴轴线以上的水深 $H=2.5$m，流量系数 $\mu=0.94$。计算该管嘴自由出流的流量。

5-5　有一个水力喷射器，如图 5-33 所示，喷嘴的圆锥角为 13.4°，出口直径 $d=50$mm。如果喷嘴上的压力表读数为 294.3kPa，则喷射器的流量为多少？

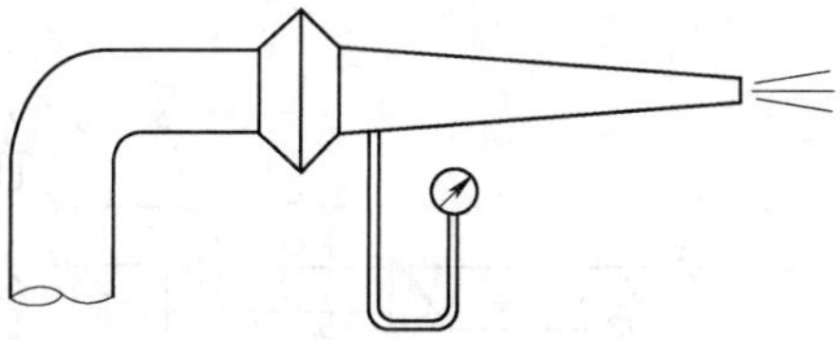

图 5-33

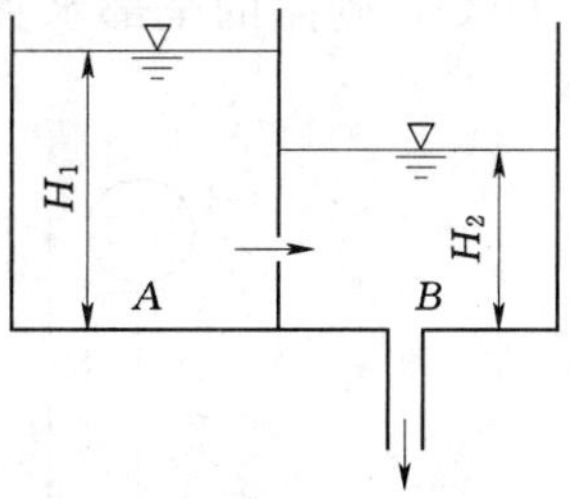

图 5-34

5-6　某恒温室采用多孔板送风，夹层中的气体相对压强为 250Pa，房间内的压强为当地大气压强，孔口直径为 2cm，气体温度为 20℃，孔口的流量系数 $\mu=0.62$，总送风量 $q_V=3600\text{m}^3/\text{h}$。问需要布置多少个送风口？

5-7　如图 5-34 所示，一水箱用隔板分为 A、B 两部分，隔板上有一直径 $d_1=30\text{mm}$ 的薄壁孔口，B 箱底部有一直径 $d_2=40\text{mm}$ 的圆柱形外管嘴，管嘴长度 $L=150\text{mm}$，A 箱水深 $H_1=4\text{m}$ 保持恒定不变。

(1) 写出该出流的恒定性条件；

(2) 在恒定出流的条件下，B 箱中的水深 H_2 为多少？

(3) 孔口的出流量为多少？

5-8　如图 5-35 所示水，从水箱 A 通过直径 $d=10\text{cm}$ 的孔口流入开口水箱 B，流量系数 $\mu=0.62$，假设水箱 A 的水面高度 $H_1=3\text{m}$ 保持不变。计算：

(1) 水箱 B 中无水时通过孔口的流量；

(2) 水箱 B 中水面高度 $H_2=2\text{m}$ 时通过孔口的流量；

(3) 水箱 A 液面压强 $p_0=200\text{Pa}$，水箱 B 中水面高度 $H_2=2\text{m}$ 时通过孔口的流量。

5-9　密闭水箱的水位保持一定，水通过薄壁小孔口及圆柱形外管嘴出流，孔口与管嘴的中心在同一水平面上，如图 5-36 所示。已知水位高度 $H=1.5\text{m}$，孔口和管嘴的直径均为 2cm，但是管嘴的出流量比孔口出流量大 1L/s，孔口的流量系数 $\mu_1=0.62$，管嘴的流量系数 $\mu_2=0.82$。计算水箱水面的压强 p_0 为多少？

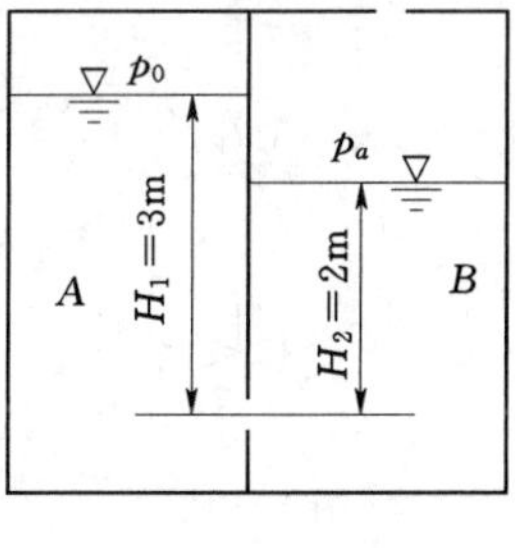

图 5-35

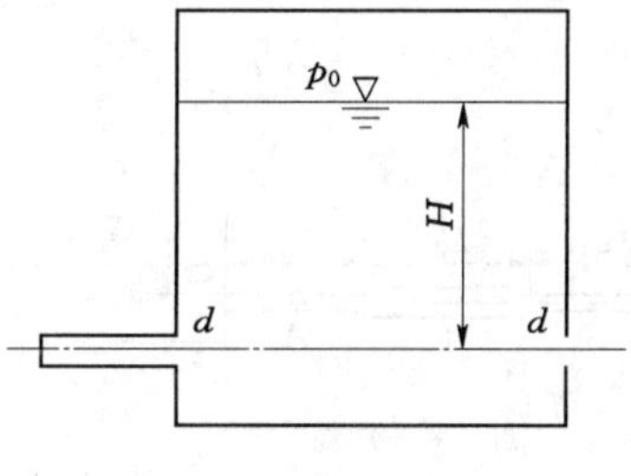

图 5-36

5-10　某通风管路系统，从吸风口到送风口，单位重量气体的总压强损失（不包括风机本身）为 500Pa，出风口的风速为 6m/s。求风机应具有的压头为多少？

5-11　某锅炉给水系统如图 5-37 所示，水泵从水池中抽水，经吸水管、压水管送入锅炉。已知水池水面和锅炉水面之间的高差 $z=13\text{m}$，锅炉液面蒸汽压强为 784.8kPa，供水温度为 40℃，管路的全部水头损失为 5m。试求锅炉给水泵应具有的总水头和作用水头各为多少？

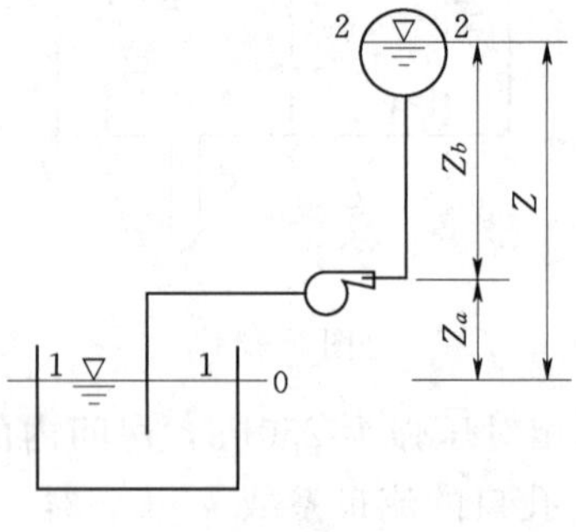

图 5-37

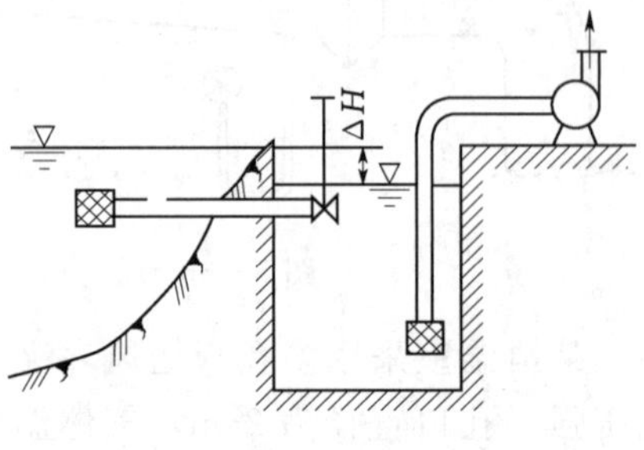

图 5-38

5-12　有一长度 $L=1500$m 的铸铁供水管道，管径 $d=200$mm。当管道内通过流量 $q_V=1.8\times10^5 m^3/h$ 时，求管道的总水头损失。

5-13　假设在供水点到用水点之间设置一根钢管，钢管的长度 $L=1000$m，作用水头为 20m，要求通过的流量 $q_V=250$L/s。确定管道的直径。

5-14　如图 5-38 所示，水泵从井中抽水供应某厂区，水泵抽水量为 $q_V=50m^3/s$，假设河道与井间用管道连通，已知管道直径 $d=0.2$m，管道长度 $L=65$m，沿程阻力系数 $\lambda=0.03$，管道滤网的局部阻力系数 $\zeta_1=5$，阀门的局部阻力系数 $\zeta_2=0.5$。求河水与井水水面之间的高差为多少？

5-15　某通风管路系统，通风机的总压头 $p=981$Pa，风量 $q_V=3m^3/s$，现需要将该系统的风量提高 15%。试求该系统通风机应具有的总压头为多少？

5-16　有一串联供水管路，如图 5-39 所示，已知水池中水的深度 $H_1=15$m，$H_2=12$m，各管路的断面积为 $A_1=2A_3$，$A_2=3A_3$，$A_3=0.04m^2$，$L_1=L_2=L_3=10$m，不计局部水头损失，管材为钢管。试确定管路中通过的流量。

5-17　如图 5-40 所示，有两根长度尺寸都相同的支管并联，如果在支管 2 中加一个阀门（该阀门的局部阻力系数为 ζ）。请问 q_{V1} 和 q_{V2} 哪个大？沿程水头损失 h_{f1} 和 h_{f2} 哪个大？为什么？

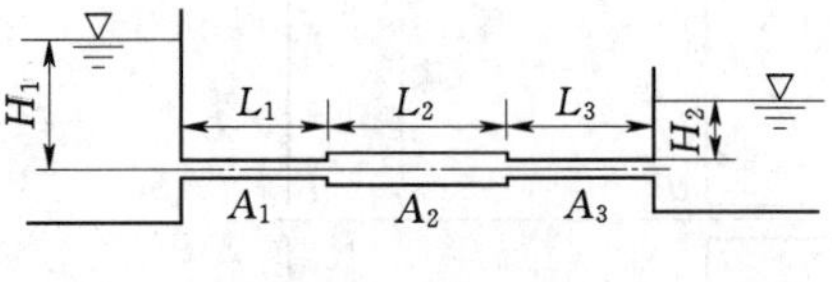

图 5-39

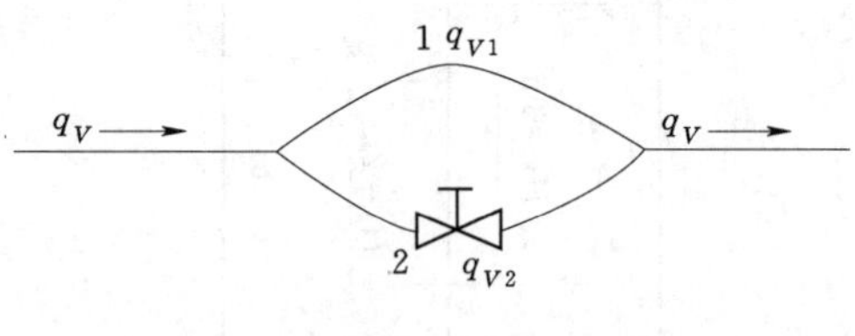

图 5-40

5-18　有一并联管路，如图 5-41 所示，总流量 $q_V=288m^3/h$，沿程阻力系数 $\lambda=0.02$。已知一支路管长 $L_1=400$m，管径 $d_1=200$mm；二支路管长 $L_2=500$mm，管径 $d_2=200$mm。计算：

(1) 两支路的流量；

(2) 两节点 A、B 之间的能量损失。

5－19　热水采暖系统的一部分，如图 5－42 所示，立管Ⅰ的直径 $d_1=20\text{mm}$，管长 $L_1=20\text{m}$，局部阻力系数 $\sum\zeta_1=15$；立管Ⅱ的直径 $d_2=15\text{mm}$，管长 $L_2=10\text{m}$，局部阻力系数 $\sum\zeta_2=14$，沿程阻力系数均为 $\lambda=0.025$，总流量 $q_V=800\text{L/h}$。试计算各立管的流量为多少？

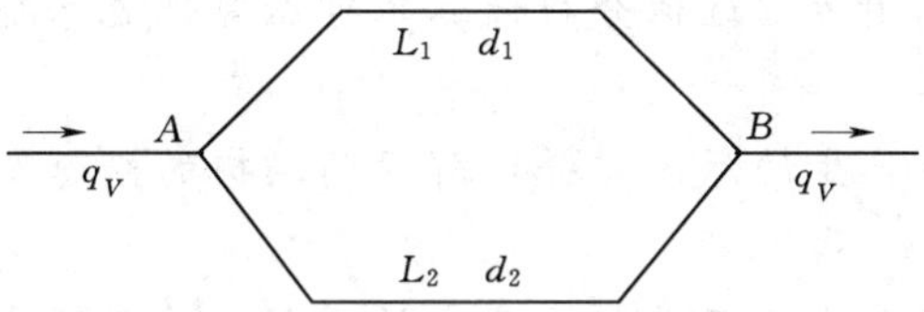

图 5－41

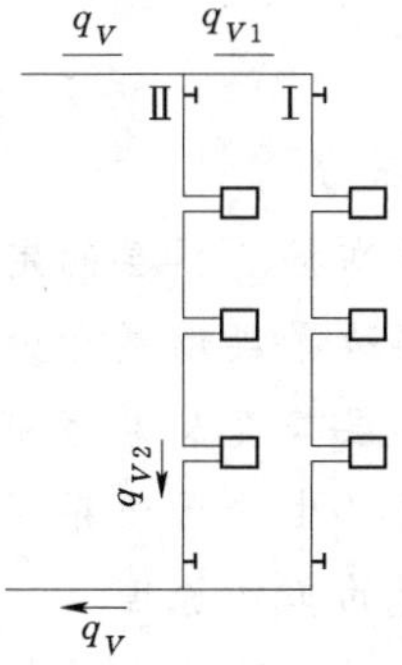

图 5－42

5－20　已知某供水管道的水击波速 $c=1000\text{m/s}$，管道长度 $L=600\text{m}$，管道直径 $d=1.2\text{m}$，管道内流量 $q_{V0}=0.9\text{m}^3/\text{s}$。试计算下列两种情况下的水击压强：

（1）当阀门瞬时关闭时；

（2）当关闭阀门时间 $t=4\text{s}$ 时。

5－21　供水管道直径 $d=500\text{mm}$，管长 $L=200\text{m}$，管道的壁厚 $\delta=10\text{mm}$。如果供水量 $q_{V0}=0.56\text{m}^3/\text{s}$，计算：

（1）阀门瞬时关闭所产生的水击压强；

（2）为使水击压强不超过 50kPa，阀门的关闭时间不得少于多少秒？

5－22　岗位送风，风口向下，风口到地面的距离为 4m，现要求在距地面 1m 处造成直径为 2m 的射流工作区，轴心流速为 2.5m/s。计算喷口的直径和流量。

5－23　某圆形射流，在距出口 10m 处测得轴心速度为气体出口速度的 40%。求该圆形喷口的直径。

5－24　已知空气淋浴作用区的射流直径为 3m，作用区轴心温度为 290K，周围气体温度为 310K，气体出口温度为 280K。计算喷口直径及喷口到空气淋浴作用区的距离。

5－25　某车间的长为 60m，宽为 15m，高为 4m，在距地面 3.5m 处设置沿房间长度方向送风的圆柱形喷口，喷口的紊流系数 $a=0.08$，喷口断面的流量 $q_{V0}=5\text{m}^3/\text{s}$，最大回流速度 $v_{\max}=1.25\text{m/s}$，设计限定流速 $v_x=0.3\text{m/s}$。求喷口的直径应为多少？

第六章 不可压缩黏性流体的外部流动

知识目标：

- 重点掌握边界层的定义及基本特征
- 理解边界层动量积分方程及利用方程近似分析计算不可压黏性流体绕流平板时的边界层厚度及摩擦阻力系数等
- 分析产生曲面边界层分离现象产生的原因，并理解卡门涡街的概念及卡门涡街流量计的工作原理
- 掌握黏性流体绕流物体的摩擦阻力及压差阻力产生的原因，并理解减小绕流阻力的方法措施
- 理解绕流升力的概念及产生的原因

能力目标：

- 能利用雷诺数分析边界层流态
- 能计算绕流物体的摩擦阻力及压差阻力

前面的章节主要讨论了流体在管道内的流动现象，而在自然界和工程实际中还存在着大量的流体绕物体的流动现象。如河水流过桥墩，汽轮机及泵中的流体绕叶栅，烟气和空气横向流过受热的管束，以及汽车迎风行驶、飞机在空中飞行、船舶在海洋中航行等现象中，无论是流体绕流静止物体还是物体在静止流体中运动，当把坐标系固定在物体上，都是流体的外流问题。

德国著名的力学家普朗特1904年提出了边界层理论，在流体力学上具有划时代意义，它使黏性流体绕流中的复杂现象得以解释，为解决不可压缩黏性流体的外部流动问题开辟了新途径。本章在介绍边界层的基本概念的基础上，对黏性流体绕流运动进行分析讨论。

第一节 绕流边界层的基本概念

目前，解决不可压缩黏性流体外流的近似方法是以边界层理论为基础的，本节首先介绍边界层的一些基本概念和特征。

一、边界层

当黏性流体以大雷诺数平滑地绕流静止物体时，在壁面附近将出现一个流速由壁面上的零值迅速增至与来流速度相同数量级的薄层，称为边界层。

图6-1所示为大雷诺数下黏性流体绕流平板的流动，来流以流速 v_∞ 均匀流过平板。在边界层内，因为流体在物体表面法线方向上的速度梯度很大，由牛顿内摩擦定律可知，即使黏性很小的流体，表现出的黏性力也较大，约与惯性力相同的数量级，在这一区域中

两者都不能忽略，属于黏性流体的有旋流动区。而在边界层外，由于速度梯度很小，即使黏度较大的流体，其黏性力也很小，可以忽略不计，属于无旋的势流流动。

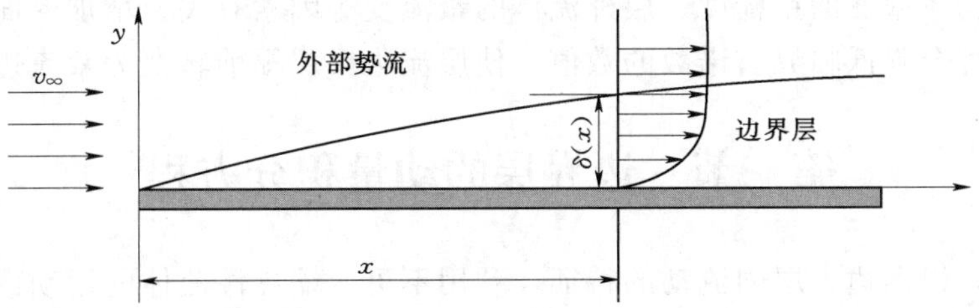

图 6-1　黏性流体绕流平板

二、边界层的厚度

实际上，边界层内、外区域并没有明显的分界面，通常把流体速度达到外部主流区速度的 99%的地方作为边界层的外边界。在物面上作出法线，沿法线测量流体速度，当边界层某点的速度 v 与该处势流速度 v_∞ 仅差 1%，即 $v=0.99v_\infty$ 时，该点到物面距离就规定为边界层的厚度，以 δ 来表示。需要注意的是，与物体的特征长度相比，边界层的厚度非常小，同时也正因边界层很薄，可以近似认为边界层中各截面上的压强等于同一截面上边界层外边界上的压强值。

另外，边界层厚度沿着流体流动方向逐渐增厚，即 δ 是离前缘点的距离 x 的函数 $\delta=\delta(x)$。这是由于边界层中流体质点受到黏性力的作用，流体速度逐渐减小，所以要达到外部势流速度，边界层厚度必然逐渐增加。

三、边界层内流态

通过实验可知，同管内流动一样，边界层内也存在着层流和紊流两种流动状态。如图 6-2 所示，全部边界层内都是层流的，称为层流边界层。仅仅在边界层起始部分内是层流，而在其余部分内是紊流，称为混合边界层，在层流变为紊流之间有一过渡区。即使在紊流边界层内，紧靠壁面处仍然有一层极薄的层流底层。

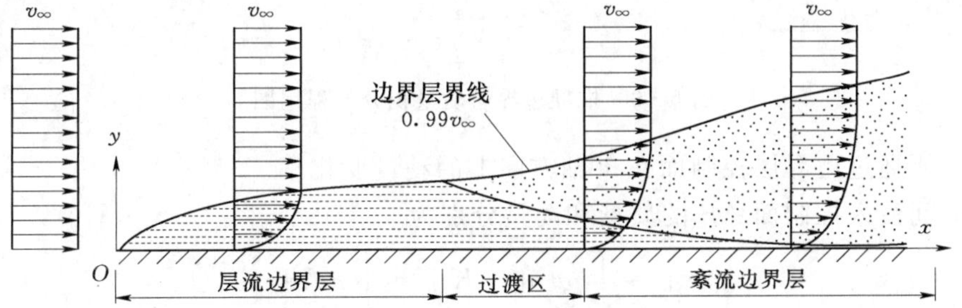

图 6-2　边界层流态

对于边界层内流动，判别层流和紊流的准则数仍为雷诺数，但其中的特征尺寸应用离前缘点的距离 x 表示，特征速度取边界层外边界上的主流速度 v_∞，即

$$Re_x=\frac{\rho v_\infty x}{\mu}=\frac{v_\infty x}{\nu} \tag{6-1}$$

实验得出，对于平板而言，层流转变为紊流的临界雷诺数为 $Re_{x_c}=5\times10^5\sim3\times10^6$，在工程应用上，常取 $Re_{x_c}=5\times10^5$。边界层从层流转变为紊流的临界雷诺数的大小决定于许多因素，比如与物体壁面的粗糙度、层外流体的紊流度等因素有关。增加壁面粗糙度或层外流体的紊流度都会降低临界雷诺数的数值，使层流边界层提前转变为紊流边界层。

第二节　边界层的动量积分方程

理论上说，根据边界层内流动的特征，利用不可压缩黏性流体的运动微分方程可以研究边界层内流体的运动规律。但实际即使对于外形很简单的绕流物体，方程的求解仍很复杂。所以工程上解决边界层问题多采用近似法，本节的边界层动量积分方程为近似解法提供了基础。

一、动量积分方程

图 6-3 所示为物体边界层的一部分。沿边界层划出垂直于纸面为一个单位厚度、沿边界层长度为 dx 的微元段的微小控制体 $ABCD$，假定边界内流动是定常并忽略质量力，应用动量定理来研究该控制体内的流体在单位时间内沿 x 方向的动量变化和外力之间的关系。其受力情况如图 6-3 所示。

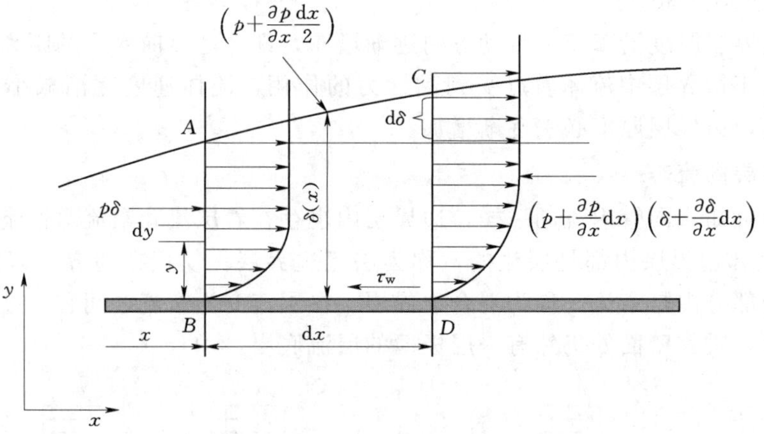

图 6-3　推导边界层动量积分方程用图

首先分析通过边界层控制面在 x 轴方向上的动量变化率。

单位时间流入控制面 AB 的质量和动量分别为

$$m_{AB}=\int_0^\delta \rho v_x dy,\ K_{AB}=\int_0^\delta \rho v_x^2 dy$$

从控制面 CD 流出的质量和动量分别为

$$m_{CD}=\int_0^\delta \rho v_x dy+\frac{\partial}{\partial x}\left(\int_0^\delta \rho v_x dy\right)dx,K_{CD}=\int_0^\delta \rho v_x^2 dy+\frac{\partial}{\partial x}\left(\int_0^\delta \rho v_x^2 dy\right)dx$$

对定常流，由不可压缩流体的连续性方程可知，通过 CD 与 AB 控制面质量流量的差值应等于由 AC 控制面流入的质量流量，于是流入 AC 控制面的质量流量与动量分别为

$$m_{AC}=\frac{\partial}{\partial x}(\int_0^{\delta}\rho v_x \mathrm{d}y)\mathrm{d}x,\ K_{AC}=v_e\frac{\partial}{\partial x}(\int_0^{\delta}\rho v_x \mathrm{d}y)\mathrm{d}x$$

式中：v_e 为边界层外边界上的速度。

单位时间内通过控制面的在 x 方向流体动量变化为

$$\sum K_x=K_{CD}-K_{AB}-K_{AC}=\frac{\partial}{\partial x}\left(\int_0^{\delta}\rho v_x^2 \mathrm{d}y\right)\mathrm{d}x-v_e\frac{\partial}{\partial x}\left(\int_0^{\delta}\rho v_x \mathrm{d}y\right)\mathrm{d}x$$

接下来计算作用在控制面上所有外力在 x 轴方向的合力。

由于忽略质量力，故只有表面力。

作用在控制面 BD、AB、CD 上的表面力分别为

$$F_{BD}=-\tau_w \mathrm{d}x,\ F_{AB}=p\delta,\ F_{CD}=-\left[p\delta+\frac{\mathrm{d}(p\delta)}{\mathrm{d}x}\mathrm{d}x\right]$$

作用在边界层外边界控制面 AC 上的表面力，摩擦应力为零，压强取 B、C 两点压强的平均值，则

$$F_{AC}=\left(p+\frac{\partial p}{\partial x}\frac{\mathrm{d}x}{2}\right)\frac{\mathrm{d}\delta}{\mathrm{d}x}\mathrm{d}x$$

于是作用在控制面上的所有表面力在 x 方向的代数和，在略去二阶小量后，得

$$\sum F_x=p\delta+\left(p+\frac{\partial p}{\partial x}\frac{\mathrm{d}x}{2}\right)\mathrm{d}\delta-\left[p\delta+\frac{\mathrm{d}(px)}{\mathrm{d}x}\mathrm{d}x\right]-\tau_w \mathrm{d}x=-\delta\frac{\mathrm{d}p}{\mathrm{d}x}\mathrm{d}x-\tau_w \mathrm{d}x$$

根据动量定理，令 $\sum K_x=\sum F_x$，可得边界层动量积分方程为

$$\frac{\partial}{\partial x}\int_0^{\delta}\rho v_x^2 \mathrm{d}y-v_e\frac{\partial}{\partial x}\int_0^{\delta}\rho v \mathrm{d}y=-\delta\frac{\partial p}{\partial x}-\tau_w$$

据边界层特点可知，边界层厚度 δ 仅是离前缘点的距离 x 的函数 $\delta=\delta(x)$。同时，边界层很薄，可近似认为边界层中各截面上的压强等于同一截面上边界层外边界上的压强值。即 $\frac{\partial p}{\partial y}=0$，$p=p(x)$ 。所以上述偏微分可写成全微分

$$\frac{\mathrm{d}}{\mathrm{d}x}\int_0^{\delta}\rho v_x^2 \mathrm{d}y-v_e\frac{\mathrm{d}}{\mathrm{d}x}\int_0^{\delta}\rho v \mathrm{d}y=-\delta\frac{\mathrm{d}p}{\mathrm{d}x}-\tau_w \tag{6-2}$$

式（6-2）为边界层动量积分关系式。该式是匈牙利科学家冯·卡门（Von. Karman）于 1921 年根据边界层的动量定理首先推导出来的。可以适用于层流边界层和紊流边界层，以及有压力梯度和无压力梯度的情况。在沿流动方向有压力梯度时，主流区的流速（即边界层外缘的流速）是随 x 而变化的，即 v_∞ 是 x 的函数。在无压力梯度时，v_∞ 为常数。可以看到，方程中含有 5 个未知量：δ、p、v_e、v_x、τ_w，其中 v_e 和 p 可由主流区的势流方程求得，剩下的 3 个未知量是 τ_w、δ 、v_x，因此要求解边界层动量积分方程，还需要补充两个方程，即

（1）边界层内的速度分布：$u=f(y)$。

（2）τ_w 与 δ 的关系式。事实上，$\tau_w=f(\delta)$ 可根据边界层内的速度分布求出。

通常在求解边界层动量积分方程时，总是先假定边界层内速度分布，选取的速度分布越接近实际，则所得结果越正确。但由于边界层运动的复杂性，而预先选定的速度分布只能满足主要的边界条件，不可能正好满足动量积分方程，这样求得的结果（τ_w、δ 等）就

都是近似的，故积分方程的解法只能是近似的解法。但是只要能大致选定速度分布形式，则可以得到误差并不很大的结果，而且解法较简单，因此在工程上用得较广泛。

二、绕平板流动边界层的近似计算

平行于来流速度的平板绕流只有摩擦阻力，是最简单的一种绕流运动，利用动量积分方程可近似计算分析不可压黏性流体绕流平板时的边界层厚度 δ、黏性切应力 τ_w，从而得出摩擦阻力 F_D 及阻力系数 C_f。

下面给出用动量积分方程求得的平板层流和紊流边界层的部分近似解。

1. 平板层流边界层

（1）平板上离前缘点 x 处的边界层厚度

$$\delta=5.84\sqrt{\frac{\nu x}{v_\infty}}=5.84xRe_x^{-\frac{1}{2}} \tag{6-3}$$

由此可看出，平板层流边界层的厚度变化曲线为二次抛物线，δ 随 x 的增加而增大，随来流速度 v_∞ 的增加而减小，流体的黏性愈大，边界层也愈厚。

（2）壁面上的黏性切应力

$$\tau_w=0.343\rho v_\infty^2 Re_x^{-\frac{1}{2}} \tag{6-4}$$

可以看出，τ_w 随平板长度 x 的增加越来越小，这是因随 x 的增加，速度边界层越来越厚，边界层内速度梯度减小的原因。

（3）在平板一个壁面上由黏性力引起的摩擦阻力

$$F_D=\int_0^l \tau_w b\,\mathrm{d}x=0.686bl\rho v_\infty^2 Re_l^{-\frac{1}{2}} \tag{6-5}$$

式中：v_∞ 为均匀来流速度，m/s；b 为平板的宽度，m；l 为平板的长度，m。

应注意的是，求平板两个壁面上总摩擦阻力时，应该乘以 2。

另外，通常绕流摩擦阻力采用如下公式

$$F_D=C_f\times\frac{1}{2}\rho v_\infty^2 A \tag{6-6}$$

式中：C_f 为无因次摩阻系数；A 为切应力作用面积，m^2，这里 $A=bL$；$\frac{1}{2}\rho v_\infty^2$ 为单位体积来流的动能，Pa。

可知平板摩擦阻力系数

$$C_f=\frac{F_D}{\frac{1}{2}\rho v_\infty^2 bl}=1.372\mathrm{Re}_l^{-\frac{1}{2}} \tag{6-7}$$

如果假定不同形式的速度分布，也可能得到其他一组近似结果，但差别不是很大。

2. 平板紊流边界层

（1）平板上离前缘点 x 处的边界层厚度

$$\delta=0.383xRe_x^{-\frac{1}{5}} \tag{6-8}$$

可见，平板壁面紊流边界层的厚度比层流边界层的厚度增长得快，因为紊流的 δ 与 $x^{\frac{4}{5}}$ 成比例，而层流的 δ 则与 $x^{\frac{1}{2}}$ 成比例，在紊流边界层内流体微团发生横向运动，容易促使厚度迅速增长。

（2）壁面上的黏性切应力

$$\tau_w = 0.0297\rho v_\infty^2 Re_x^{-\frac{1}{5}} \tag{6-9}$$

可见，在其他条件相同的情况下，沿平板壁面上紊流边界层的切向应力沿着壁面的减小要比层流边界层的减小慢些。

（3）在平板一个壁面上由黏滞力引起的总摩擦阻力

$$F_D = \int_0^l \tau_w b \mathrm{d}x = 0.0371 bl\rho v_\infty^2 Re_l^{-\frac{1}{5}} \tag{6-10}$$

摩擦阻力系数

$$C_f = \frac{F_D}{\frac{1}{2}\rho v_\infty^2 bl} = 0.074 Re_l^{-\frac{1}{5}} \tag{6-11}$$

在同一 Re_l 下，紊流边界层的摩擦阻力比层流边界层的大得多，这是因为层流中的摩擦阻力只是由不同流层之间发生相对运动而引起的，紊流中还有流体微团的很剧烈的横向掺混，因而产生更大的摩擦阻力。

需注意的是，上述结果仅适用于 $5\times10^5 \leqslant Re_l \leqslant 10^7$，当 $Re_l > 10^7$ 时，此时层内速度分布符合对数规律，即

$$C_f = \frac{0.455}{(\lg Re_l)^{2.58}} \tag{6-12}$$

3. 平板混合边界层

事实上，当雷诺数增大到某一临界值时，边界层才从层流变为紊流，往往平板前端是层流边界层，后部才是紊流边界层，即在整个平板上处于既有层流又有紊流的混合边界层，如图 6-4 所示。

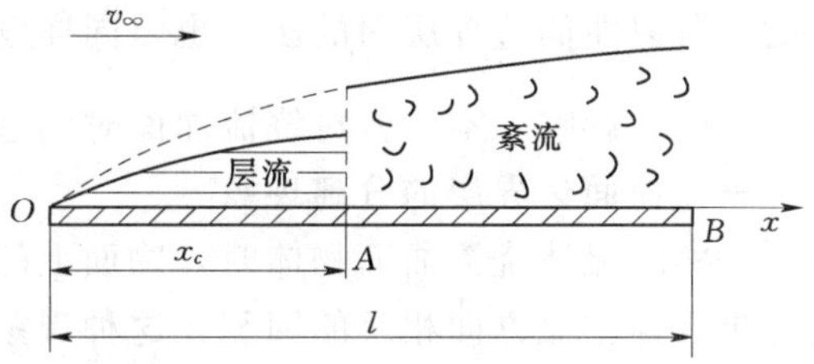

图 6-4　平板上的混合边界层

一般对于平板混合边界层的摩阻系数可根据简化假设，按以下公式来计算

$$5\times10^5 \leqslant Re_l \leqslant 10^7: C_f = \frac{0.074}{Re_l^{0.2}} - \frac{A}{Re_l} \tag{6-13}$$

$$5\times10^5 \leqslant Re_l \leqslant 10^9: C_f = \frac{0.455}{(\lg Re_l)^{2.58}} - \frac{A}{Re_l} \tag{6-14}$$

式中：A 取决于层流边界层转变为紊流边界层的临界雷诺数 Re_{x_c}（见表 6-1）。

表 6-1　　A 与 Re_{x_c} 之间的关系

Re_{x_c}	3×10^5	5×10^5	10^6	3×10^6
A	1050	1700	3300	8700

可见，由于层流边界层的摩擦阻力系数比紊流的摩阻系数要小得多。所以，在混合边界层中，层流边界层越长，则平板摩擦力阻力就越小。

【例 6-1】 40℃的空气以 30m/s 的速度流过平行来流方向的光滑平板，平板长 4m、宽 2m，设其边界层流态转变的临界雷诺数为 $Re_{x_c} = 5\times10^5$，求平板两侧受到的总摩擦

阻力。

解：已知 40℃时空气的 $\rho=1.128\text{kg/m}^3$，$v=1.68\times10^{-5}\text{m}^2/\text{s}$。

计算平板末段的雷诺

$$Re_l=\frac{v_\infty l}{v}=\frac{30\times4}{1.68\times10^{-5}}=7.14\times10^6>Re_x=5\times10^5$$

说明平板后部已形成紊流边界层，因此平板上已构成混合边界层

$$C_f=\frac{0.074}{Re_l^{0.2}}-\frac{1700}{Re_l}=\frac{0.074}{(7.14\times10^6)^{0.2}}-\frac{1700}{7.14\times10^6}=0.0029$$

平板所受总摩擦阻力为

$$F_D=2\times C_f\frac{\rho v_\infty^2}{2}A=2\times0.0029\times0.5\times1.128\times30^2\times4\times2=23.55(\text{N})$$

第三节 绕曲面流动及边界层的分离

前面主要分析了绕流平板的问题，当不可压缩黏性流体平行流过平板时，在边界层外边界上沿流动方向的速度是相同的，整个流场包括边界层内的压力都保持不变，即 $\frac{\mathrm{d}p}{\mathrm{d}x}=0$。但是当黏性流体绕曲面物体流动时，边界层外边界上沿流动方向的速度 v_∞ 是变化的，所以曲面边界层内的压力也将同样发生变化，$\frac{\mathrm{d}p}{\mathrm{d}x}\neq0$。压力的变化必将对边界层内的流动产生影响。本节将对绕流曲面时的边界层分离现象进行分析。

一、曲面边界层的分离现象

当实际流体绕流曲面物体时，物面上的边界层在某个位置会脱离物体壁面，并在物面附近出现与主流方向相反的回流，这种现象为边界层分离现象。

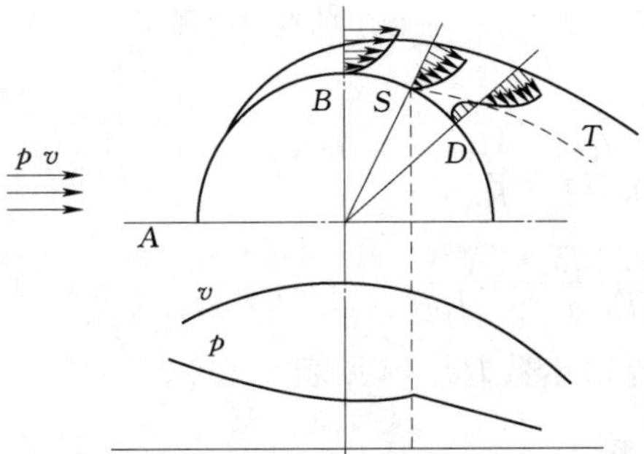

图 6－5 曲面边界层的分离

以不可压缩流体绕流圆柱体为例，来分析由于压力的变化，即 $\frac{\mathrm{d}p}{\mathrm{d}x}\neq0$ 对边界层内流动的影响，从而说明曲面边界层分离现象产生的原因。如图 6－5 所示，当黏性流体绕圆柱体流动时，在圆柱体前驻点 A 处，流速为零，随着流体沿圆柱体表面上下两侧绕流，边界层厚度逐渐增大。如前所述，边界层外的流体黏性力很小，可忽略不计，近似地作为理想流体，理想流体绕流圆柱体时，在圆柱体前半部速度逐渐增加，即 $\frac{\mathrm{d}v}{\mathrm{d}x}>0$，压强逐渐减小，即 $\frac{\mathrm{d}p}{\mathrm{d}x}<0$。当流到圆柱体最高点 B 时速度最大为 $V_{\max}$，压强最小为 $p_{\min}$。到圆柱体的后半部，由于通流截面扩大，流体减速，即 $\frac{\mathrm{d}v}{\mathrm{d}x}<0$，压强逐渐增加，即 $\frac{\mathrm{d}p}{\mathrm{d}x}>0$。同时又由于边界层内各截面上的压强近似地等于同一截面上边界层外边界上的流体压强，所

以，在圆柱体前半部边界层内的流动也是降压加速，在圆柱体后半部边界层内的流动是升压减速。

但与外部势流不同的是，边界层内的黏性是不能忽略的，由此产生的黏性力对流体的流动起阻碍作用，即损耗动能，减低流速，越靠近物体壁面（因速度梯度越大）受黏性力的阻滞作用越大，那么动能损耗越大，减速越快。在圆柱体前半部分降压加速段时，虽然边界层内的流体质点受到摩擦阻滞逐渐减速，不断消耗动能。但由于压强沿流动方向逐渐降低，流体的部分压强能转变为动能，从而抵消一部分因黏性力作用而消耗的动能，维持流体在边界层内继续向前流动。当流体绕过圆柱体最高点 B 流到后半部时，压强增加，速度减小，一方面流体的动能部分转变为压能；另一方面，黏性力的阻碍作用又继续损耗功能，即压力的增加和摩擦阻力一起同时流动起阻碍作用。从而使流速降低，边界层增厚。当达到某一点 S 点时，近壁处流体微团的动能已被消耗尽，不能再继续向前运动，于是这部分流体微团停滞下来，并阻碍后面流体微团的前进，与此同时，由于后部压力继续升高，在压强差的作用下，迫使下部分流体微团向反方向逆流。于是，后面的来流由于受这部分流体的阻碍，则被迫离开物体壁面。这样，便形成了边界层分离，S 点为分离点。

随后而来的流体微团在近壁处都同样被迫停滞和倒流，以致越来越多被阻滞的流体在圆柱体表面和主流之间堆积起来，使边界层剧烈增厚，边界层内流体微团倒流迅速扩展，而边界层外的主流继续向前流动，如图 6－5 所示，在 ST 线上一系列流体微团的速度都等于零，称为零值流线，是主流和回流之间的间断面。以 ST 线为界，在 ST 线内是倒流，在 ST 线外是正向主流，两者流动方向相反，从而形成旋涡，并不断被主流带走，在物体的后面形成尾涡区。尾涡区中强烈的旋涡运动将消耗大量能量，压强降低，小于圆柱体前的压强。这种由于绕流曲面产生边界层分离现象，造成前后物体的压力差，从而增加的绕流阻力，称为压差阻力。压差阻力的大小与边界层分离点位置有关，所以，应避免或推迟边界层的分离，以减少由此而产生的压差阻力。

由上分析可知：

（1）边界层分离只可能发生在压力沿流程升高的区域，黏性流体在压力降低区内流动，不会出现边界层分离现象。正因如此，边界层分离与物体形状有直接关系，例如在圆柱体或球体这样的钝头体的后半部分上，有急剧的压力升高区，从而引起主流减速加剧。因此，在工程上，若将钝头体的后半部分改为充分细长形的尾部，成为圆头尖尾的所谓流线型物体，就可使主流的速度缓慢降低。

（2）流体的黏性是产生边界层分离、造成压差阻力的间接原因。如果流体不存在黏性，即为假想的理想流体绕流圆柱体时，流体作用在圆柱体上的前后压强存在对称性，合力为零。事实上，实际流体都具有黏性，当雷诺数增大时，边界层内速度梯度加大，黏性切应力增大，分离点 S 就会一直前移。

二、卡门涡街

1911 年，匈牙利科学家卡门发现，绕流圆柱后尾涡区运动形态变化取决于来流雷诺数 Re 的大小。如图 6－6 所示，当雷诺数 $Re<0.5$ 时，流体平顺地绕过圆柱，并在下游重新汇合。当雷诺数 $Re=20\sim30$ 时，边界层出现分离，圆柱后部形成一对不稳定的旋转方

向相反的对称旋涡，受到排挤的主流在下游不远处重新汇合，尾流区不长。随着雷诺数 Re 继续增大，对称旋涡不断增长并出现周期性摆动。当雷诺数 $Re=90$ 左右时，旋涡从圆柱背后交替脱落。这种在尾流中交叉排列，旋转方向相反的有规则的旋涡，被称为卡门涡街。

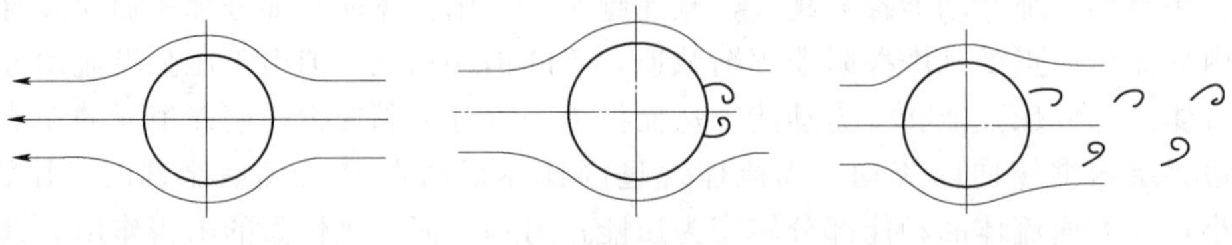

图 6-6 卡门涡街形成示意图

对卡门涡街研究表明，当流体绕流单根圆柱体时，在 $250<Re<1.5\times10^5$ 范围内，柱后交替脱落的旋涡频率为

$$f=0.198\frac{v_\infty}{d}\left(1-\frac{19.7}{Re}\right) \tag{6-15}$$

式中：f 为涡街脱落频率；d 为圆柱直径；v_∞ 为来流速度。

上式中的 f、v_∞、d 可组成一无量纲系数，用 St 表示，即

$$St=\frac{fd}{v_\infty} \tag{6-16}$$

式中：St 称作斯特罗哈数，在 $Re=800\sim1.5\times10^5$ 范围内，St 近似等于常数，即 $St\approx0.21$。

根据这一性质，可制成卡门涡街流量计，即垂直插入管道一根圆柱体验测杆，管内流体流经验测杆时，在其下游产生卡门涡街，通过测得涡街的脱落频率，便可求出管内流速，进而确定管内流量，常用测定卡门涡街脱落频率的方法有热敏电阻丝法、超声波束法等。

由于旋涡周期性交替形成和脱落，使圆柱体受到交变的横向力，会引起柱体横向振动。如果这个施加在圆柱（管）上的横向交变力与圆柱（管）的固有频率相等，就会引起共振，对建筑物造成破坏。例如 1940 年华盛顿州的塔可马吊桥被风吹毁就是这个原因。此外，旋涡交替脱落还会带来声学共振现象，比如输电线在大风中嘘嘘发响，锅炉中烟气横向绕流管束时的噪声等都是由于卡门涡街的交替脱落引起气体压强脉动所造成的声波引起的。通常，可以采用顺着流体流动的方向加若干块隔板，将设备气室的横向尺寸分隔成若干段的方法提高其声学共振频率，使之与卡门涡街的声振频率错开。

第四节 绕流阻力及升力

黏性流体绕流物体时，物体总是受到压力和摩擦力的作用。它们的合力 F 又可分解为互相垂直的两个分力，即平行于来流方向的作用力 F_D 及垂直来流方向的分力 F_L，见图 6-7。其中，由于 F_D 与物体运动的方向相反，起着阻碍物体运动的作用，故称之为绕流阻力；而当绕流物体上部流速大于下部流速，上下表面所受的压力不相等时，物体下部与上部产生的压力差 F_L 称为绕流升力。

一、绕流阻力

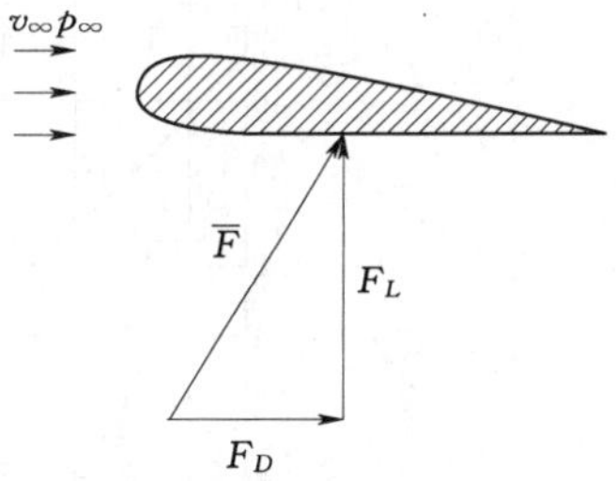

图 6－7　绕流阻力及升力

绕流阻力由摩擦阻力和压差阻力两部分组成。

黏性流体绕流物体流动，由于流体的黏性在物体表面上产生切向应力而形成摩擦阻力，可见，摩擦阻力是作用在物体表面的切向应力在来流方向分力的总和，是黏性直接作用的结果；而压差阻力是黏性流体绕流物体时由于边界层分离，物体前后形成压强差而产生的。压差阻力大小与物体形状有很大关系，也称形状阻力。摩擦阻力和压差阻力之和统称为物体阻力。对于流体纵向流过平板时一般只有摩擦阻力，绕流流线型物体时压差阻力很小，主要由摩擦阻力来决定。而绕流圆柱体和球体等钝头体时，绕流阻力与摩擦阻力和压差阻力都有关，高雷诺数时，压差阻力却要比摩擦阻力大得多。

由于从理论上求解一个任意形状物体的阻力是十分困难的，目前都是由实验测得，工程上习惯借助无因次阻力系数来确定总阻力的大小，与摩擦阻力的计算公式相似，只是用阻力系数取代 C_D 摩擦阻力系数 C_f，即

$$F_D = C_D \times \frac{1}{2}\rho v_\infty^2 A \tag{6-17}$$

则

$$C_D = \frac{F_D}{\frac{1}{2}\rho v_\infty^2 A} \tag{6-18}$$

式中：C_D 为无因次阻力系数；$\frac{1}{2}\rho v_\infty^2$ 为单位体积来流的动能，Pa；A 为物体垂直于运动方向或来流方向的投影面积，m^2。

实验表明，绕流阻力系数的大小，主要取决于雷诺数 Re 的大小和物体的形状，也与物体在流场中的方位密切相关。因此，在不可压缩流体中，对于与来流方向具有相同方位的几何相似体，其阻力系数 C_D 只是 Re 的函数。图 6－8、图 6－9 为绕流圆球、圆盘及无限长圆柱体的阻力系数的与雷诺数的关系曲线。

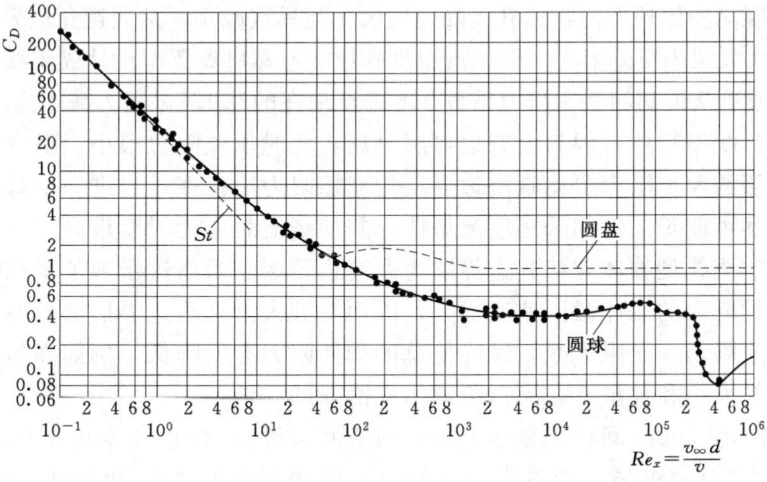

图 6－8　绕流圆球、圆盘的阻力系数与雷诺数的关系曲线

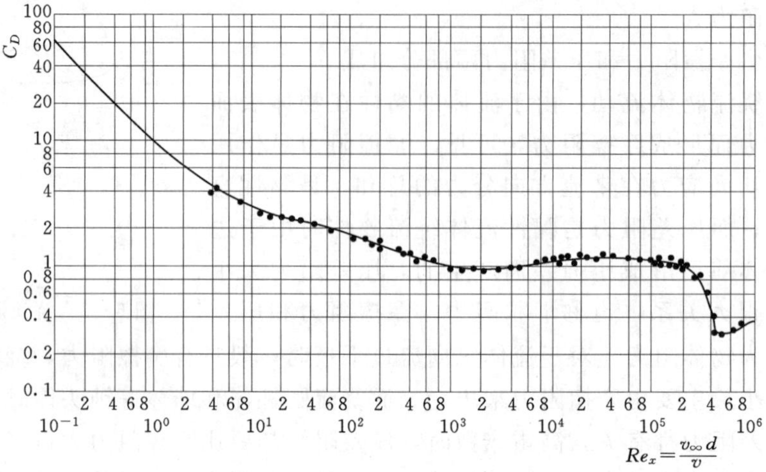

图 6-9 绕圆柱流动的阻力系数与雷诺数的关系曲线

现以绕流圆球为例分析阻力系数随雷诺数的变化。当 $Re\leqslant 1$ 时，流体平顺绕过球体，边界层没有分离，C_D 与 Re 成反比，在图上为一段直线，这时只有摩擦阻力。雷诺数 $Re>1$ 时，层流边界层发生分离，并且边界层分离点随 Re 增大而前移，摩擦阻力在物体阻力中的比例逐渐减小，关系曲线下降的坡度变缓，当 $Re\approx 10^3\sim 2.5\times 10^5$，摩擦阻力所占比例已经很小，全部物体阻力都是压差阻力造成，C_D 稳定为 0.4～0.5，几乎不随 Re 变化。这时继续增大 $Re\approx 3\times 10^5$ 时，上游的层流边界层变为紊流边界层，紊流的相互掺混作用使边界层紧挨壁面的流体微团速度增大，从而分离点后移，压差阻力显著降低，C_D 骤然跌落减小至 0.2 左右。同理，绕流无限长圆柱体阻力系数的变化趋势与圆球基本相似，在 $Re\approx 2\times 10^5\sim 5\times 10^5$ 时，C_D 从 1.2 下降至 0.3 左右。而对于绕流圆盘，从图 6-8 可知，阻力系数 C_D 在 $Re>10^3$ 后为一常数，不存在骤然的跌落，是由于其边界层分离点固定在圆盘边缘，没有前移的缘故。

综上所述，可采用以下措施来减小绕流物体的阻力：

(1) 改进绕流物体外形使物体升压降速区的压强梯度减小，从而避免边界层分离或使分离点向后移，大大减小压差阻力。例如汽轮机叶片叶形和机翼翼型设计成流线型。汽车也可通过尾部形状改进从最初箱型车阻力系数 0.8 降至现在的 0.137，阻力减小为原来的 1/5。

(2) 对于流线型物体，因为没有边界层分离，此时压差阻力很小，阻力主要是摩擦阻力。层流边界层的摩擦阻力要比紊流边界层的摩擦阻力小得多，为进一步减小摩阻，应该使层流边界层尽可能长。例如采用层流型体，并使绕流表面光滑度很高。

(3) 对于非流线型物体应使其边界层为紊流边界层。虽然这增加了摩擦阻力，但由于紊流边界层紧挨壁面的流体微团速度增大，因而能够大大推迟边界层的分离，大大减小了压差阻力。摩阻略增，压阻大减，最终使总的物体阻力有所降低。例如高尔夫球表面有很多窝坑，在同样大小和重量下，飞行距离为光滑球的 5 倍。

【例 6-2】 按 500m 间距配置输电塔，两塔间架设 20 根直径 2cm 的电缆线，若风速为 80km/h，横向吹过电缆，求电塔承受的力。已知空气的密度为 1.2kg/m^3，空气的动力黏度为 $1.7\times 10^{-5}\text{Pa}\cdot\text{s}$，假定电缆之间无干扰。

解：(1) 计算 Re，确定 C_D 值。

$$Re=\frac{\rho vd}{\mu}=\frac{1.2\times 80000\times 0.02}{3600\times 1.7\times 10^{-5}}=3.13\times 10^{4}$$

按 Re，由图 6－9 查得 C_D 约为 1.2。

(2) 计算输电塔受力。

单根电缆迎流投影面积：

$$A=dl=0.02\times 500=10(\mathrm{m}^2)$$

单根电缆上阻力：

$$F_D=C_D\frac{\rho v^2}{2}A=1.2\times 1.2\times\frac{1}{2}\times\left(\frac{80000}{3600}\right)^2\times 10=3556(\mathrm{N})$$

每座电塔承受的力：

$$F=nD=20\times 3556=71.12(\mathrm{kN})$$

二、绕流升力

这里利用空气绕流机翼来简单说明升力产生的原因，图 6－10 为绕流机翼时的实际流线。空气流到机翼前缘，分成上、下两股气流，分别沿机翼上、下表面流过，在机翼后缘重新汇合向后流去。机翼上表面比较凸出，流管较细，说明流速加快，压力降低。而机翼下表面，气流受阻挡作用，流管变粗，流速减慢，压力增大。于是机翼上、下表面出现了压力差，垂直于相对气流方向的压力差的总和就是机翼的升力。

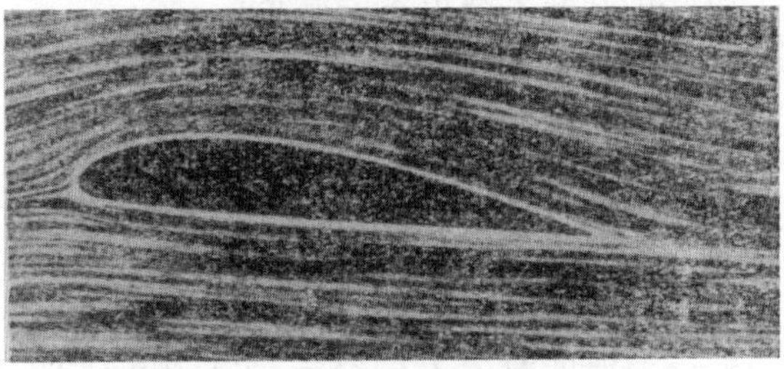

图 6－10　流体绕流机翼流线分布

与绕流阻力计算类似，升力的计算公式为

$$F_L=C_L\times\frac{1}{2}\rho v_\infty^2 A \tag{6-19}$$

式中：C_L 为升力系数，无量纲；$\frac{1}{2}\rho v_\infty^2$ 为单位体积来流的动能，Pa；A 为投影面积，m^2。

在自然界及生产生活中，常用到有关升力问题，比如鸟在空中飞翔，飞机在空中飞行，以及轴流式泵和风机的工作原理。

本　章　小　结

分析可压缩黏性流体外流是以边界层理论为基础的。流体流过固体壁面，紧贴壁面处速度从零迅速增至主流速度的流体薄层为边界层；这样整个流场就分为两部分：边界层外，黏性忽略；边界层内，黏性流体，速度梯度大。与物体的特征长度相比，边界层的厚度非常小。并且边界层厚度沿着流体流动方向逐渐增厚；按流动状态，边界层又分为层流边界层和紊流边界层，可以用雷诺数分析边界层流态。

利用边界层动量积分方程近似分析计算不可压黏性流体绕流平板时的边界层厚度及摩擦阻力系数等。

当实际流体绕流曲面物体时会发生边界层分离现象。边界层分离只可能发生在压力沿流程升高的区域；流体的黏性是产生边界层分离、造成压差阻力的间接原因。黏性流体以一定雷诺数绕流圆柱后形成交替脱落、旋转方向相反、有规则的旋涡，被称为卡门涡街。利用其脱落频率的特点可制成卡门涡街流量计。

黏性流体绕流物体时，产生的力可分解为互相垂直的两个方向，分别为绕流阻力和绕流升力。其中，绕流阻力由摩擦阻力和压差阻力两部分组成。黏性流体绕流物体流动，由于流体的黏性在物体表面上产生切向应力而形成摩擦阻力，是黏性直接作用的结果；压差阻力是黏性流体绕流物体时由于边界层分离，物体前后形成压强差而产生的。压差阻力大小与物体形状很大关系，也称形状阻力。工程上习惯借助无因次阻力系数来确定总阻力的大小。绕流升力的分析可以帮助理解飞机机翼及轴流式泵和风机的工作特点。

习　　题

6－1　20℃的空气以速度 $v=3$m/s 流过 $l=0.9$m 的光滑平板：

（1）试判断末端边界层流态；

（2）计算末端边界层厚度。

6－2　光滑平板宽 1.2m，长 3m，潜没在静水中以速度 $v=1.2$m/s 沿水平方向拖曳，水温为 10℃，求：

（1）层流边界层的长度；

（2）所需水平拖曳力。（取 $Re_{x_c}=5\times10^5$）

6－3　温度为 25℃的空气，以 30m/s 的速度纵向绕流一块极薄的平板，压强为大气压强，计算离平板前缘 200mm 处边界层的厚度为多少？

6－4　在相同的雷诺数 Re_l 下，试求 20℃和 30℃的空气流过长度为 l 的光滑平板时产生的摩擦阻力之比 F_{D1}/F_{D2}。

6－5　已知 $\mu=0.731$Pa·s，$\rho=925$kg/m^3 的油，以 0.6m/s 的速度平行地流过一块长为 0.5m，宽为 0.15m 的光滑平板。求边界层最大厚度及平板所受阻力。

6－6　直径为 500mm 的管道，通过 30℃的空气，在垂直于管道的轴线方向插入直径为 10mm 的卡门涡街流量计，测得旋涡的脱落频率为 10^5s^{-1}，求管道中的流量。

6－7　一块长为 6m、宽为 2m 的光滑平板，平行地放置在来流速度为 60m/s，温度为 40℃的空气流中，已知边界层流动的临界 Re 数为 10^6（即 $Re<10^6$ 用层流公式计算，$Re>10^6$ 用紊流公式计算）。求平板所受阻力。

6－8　风速 20m/s 的均匀气流，横向吹过高 $H=40$m，直径 $d=0.6$m 的烟囱，空气的密度 $\rho=1.20$kg/m^3，温度为 20℃，求烟囱所受的风力。

6－9　有两辆迎风面积相同，$A=2$m^2 汽车，其一为 20 世纪 20 年代的老汽车，绕流阻力系数 $C_D=0.8$，另一辆为 20 世纪 90 年代有良好外形的新式车，阻力系数 $C_D=0.28$。若两车在气温 20℃，无风力的条件下，均以 90km/h 的车速行驶，试求为克服空气阻力各需要多大的功率。

6－10　在风洞中以 10m/s 的风速垂直吹向直径为 50cm 的圆盘，试求圆盘所受的阻力。空气的温度为 20℃。

下篇

泵/与/风/机

第七章　泵与风机的基本参数与分类

知识目标：

- 掌握泵与风机的参数及分类
- 了解常见的泵与风机在工程上的具体应用
- 理解常见的容积式泵与风机的工作原理

泵与风机是工程中常用的流体机械，是用来给流体提供能量的动力设备。本章将介绍工程中常用的泵与风机的参数及种类。

第一节　泵与风机的主要性能参数

泵与风机的主要参数有流量、扬程（全压）、功率、转速及效率等。泵的主要参数还有汽蚀余量。

一、流量

单位时间内泵或风机在出口截面所输送的流体量称为流量。这个量常用的有体积流量与质量流量两种。体积流量用符号 q_V 或 Q 表示，单位为 m^3/s、m^3/min、m^3/h。质量流量用符号 q_m 表示，单位为 kg/s、kg/min、kg/h。

二、扬程或全压

单位重量的液体在泵内所获得的能量亦即泵出口与进口截面能量差，称为扬程，用符号 H 表示，其单位为 m，习惯上称为米液柱高。

单位体积的气体在风机内所获得的能量亦即风机出口高于进口截面的能量，称为全压，用符号 p 表示，单位为 Pa。

工程中，常把扬程与全压统称为能头。

三、功率

泵与风机的功率是指原动机传递给泵或风机轴上的功率，即它们的输入功率，又称轴功率，以 N 表示，单位 kW。随着火力发电厂单元机组容量的增大，泵与风机的功率亦相应增加。

为了区别泵的功率 N，把被输送的流体实际所得到的功率称为有效功率，用 N_e 表示，单位为 kW，则

$$N_e = \frac{\rho g q_V H}{1000} \quad 或 \quad N_e = \frac{q_V p}{1000}$$

四、转速

泵与风机轴每分钟的转数称为转速，以 n 表示，单位为 r/min。

泵与风机的流量、扬程、全压与转速有关。泵与风机的转速越高，则它们所输送的流量、扬程（全压）亦越大。

五、效率

泵与风机输入功率不可能全部传给被输送的流体，其中必有一部分能量损失。被输送的流体实际所得到的功率 N_e 比原动机传递至泵与风机轴端的功率 N 要小，它们的比值称为泵或风机的效率，以符号 η 表示。泵与风机的效率越高，则流体从泵或风机中得到的能量有效部分就越大，经济性就越高。

六、汽蚀余量

汽蚀余量有必需汽蚀余量与有效汽蚀余量之分。泵的必需汽蚀余量是指单位重量的液体从泵吸入口流至叶轮进口压力最低处的压力降落量，用符号 Δh_r 来表示。有效汽蚀余量是吸入管路系统所提供的，在泵吸入口大于饱和蒸汽压力的富余能量，用符号 Δh_a 来表示。汽蚀余量是表示泵抗汽蚀性能好坏的一个重要参数。

第二节 泵与风机的分类及其应用

泵与风机的用途广泛，种类繁多，因而分类方法也很多，但目前多采用以下两种方法。

一、按产生压力的大小分类

- 泵
  - 低压泵（$p<2$MPa）
  - 中压泵（2MPa$\leqslant p\leqslant$6MPa）
  - 高压泵（$p>6$MPa）

- 风机
  - 通风机（$p<15$kPa）
    - 低压离心通风机（$p<1$kPa）
    - 中压离心通风机（1kPa$\leqslant p\leqslant$3kPa）
    - 高压离心通风机（3kPa$\leqslant p\leqslant$15kPa）
    - 低压轴流通风机（$p<0.5$kPa）
    - 高压轴流通风机（0.5kPa$\leqslant p\leqslant$5kPa）
  - 鼓风机（15kPa$\leqslant p\leqslant$340kPa）
  - 压气机（$p>340$kPa）

二、按照工作原理分类

- 泵
  - 叶片式泵
    - 离心泵
      - 单级
      - 多级
    - 轴流泵
      - 叶片固定式
      - 叶片半调式
      - 叶片全调式
    - 混流泵
    - 旋涡泵
  - 容积式泵
    - 往复式泵
      - 活塞式
      - 柱塞式
      - 隔膜式
    - 回转式泵
      - 齿轮泵
        - 外啮合齿轮泵
        - 内啮合齿轮泵
      - 螺杆泵
        - 单螺杆
        - 双螺杆
        - 三螺杆
      - 滑片泵
      - 真空泵等
  - 其他类型泵
    - 射流泵
    - 水锤泵
    - 气泡泵等

- 风机
  - 叶片式风机
    - 离心式风机
    - 轴流式风机
    - 混流式风机
  - 容积式风机
    - 往复式风机
    - 回转式风机
      - 叶氏风机
      - 罗茨风机
      - 螺杆风机

现将几种主要的泵与风机的工作原理及结构特点介绍如下。

（一）叶片式

叶片式泵或风机上都有叶轮，叶轮上布满了叶片。一台泵或风机中可能有一个或几个叶轮，其中叶轮的个数又称为级数。

图 7-1 是单级离心泵，图 7-2 是单级离心风机。流体沿轴向进入，叶轮上的叶片对流体做功，流体得到离心力，在此离心力的作用下沿径向远离泵轴流出，故此得名离心式泵或风机。离心泵与风机在大型管路系统中应用最为广泛。

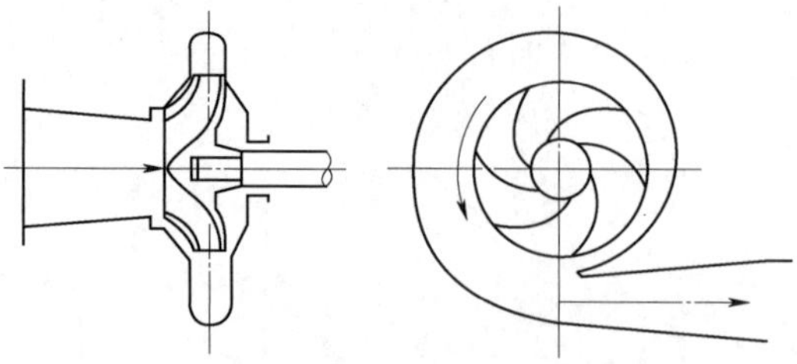

图 7-1　离心泵

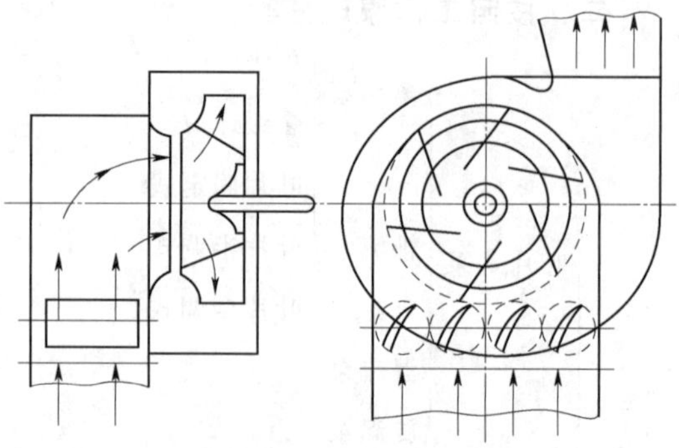

图 7-2　离心风机

图 7-3 是轴流式风机。流体沿轴向进入，叶轮上的叶片对流体做功，流体通过叶片获得升力，流体又沿轴向流出，故此得名轴流式泵或风机。相对离心式泵与风机，轴流式泵与风机输送流体的流量大、扬程（全压）低。

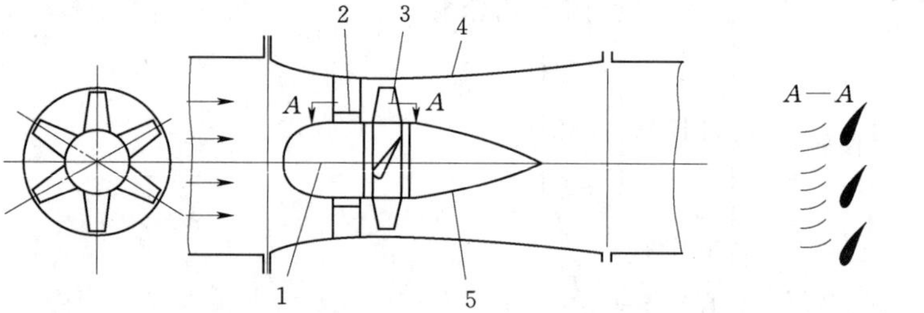

图 7-3　轴流风机示意图

1—整流罩；2—前导叶；3—叶轮；4—扩散筒；5—整流体

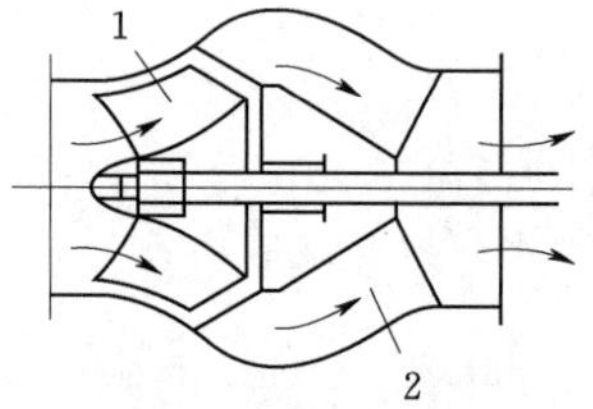

图 7-4　混流泵

1—叶轮；2—导叶

图 7-4 是混流式泵，流体是沿介于轴向与径向之间的圆锥面方向流出叶轮。部分流体利用叶片升力，部分流体利用叶片离心力。输送流体的流量与扬程介于离心泵与轴流泵之间。

图 7-5 是旋涡泵，叶片凹槽中的液体，背离心力甩向流道，一次增压；流道中液体又因槽中液体被甩出形成低压，再次进入凹槽，再次增压。多次的凹槽—流道—凹槽的旋涡运动，从而获得较高压头。旋涡泵常被用作小型锅炉给水泵。

（二）容积式

容积式泵与风机又可分为往复式与回转式。

1. 往复式

往复式泵或风机主要有活塞式、柱塞式等类型。现以图 7-6 所示的活塞泵为例说明其工作原理。该泵主要由泵缸和活塞组成。活塞由曲柄、连杆带动，将原动机的回转运动转变为在泵缸内的往复运动。当活塞向右移动，泵缸内容积增大，压力降低，吸水阀打开，液体被吸入泵缸内，这就是吸液过程。活塞向左移动，泵缸内的液体受到挤压，压力

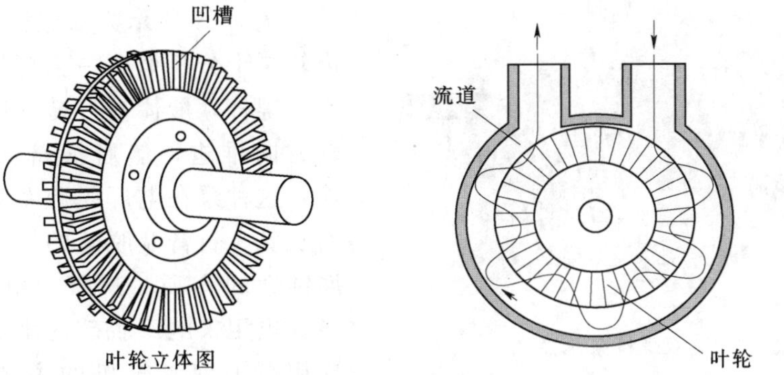

图 7-5　旋涡泵示意图

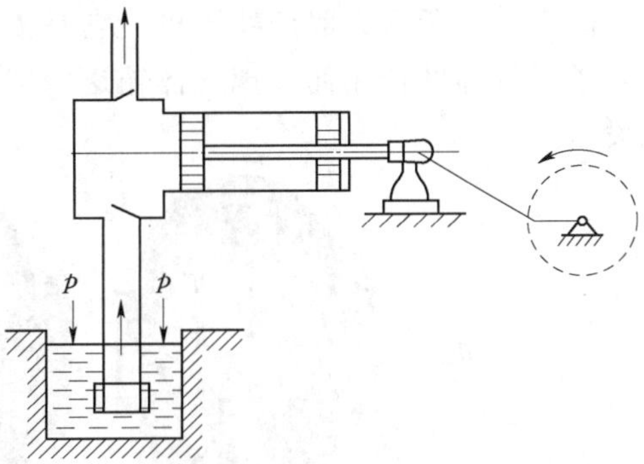

图 7-6　活塞泵

升高，吸水阀被关闭，高压液体冲开出水阀而排向压力管路。往复式泵的流量与扬程无关，有自吸能力，无需启动前将泵（叶轮）灌满水，用于小型锅炉和采暖锅炉的锅炉给水泵，也常常作为计量泵用于化学室。在石油、化工、纺织、油漆、制药等工程上广泛使用的隔膜泵亦属于往复式泵。

往复式风机如日常生活中的打气筒。

2. 回转式

回转式泵或风机主要有齿轮泵、螺杆泵、罗茨鼓风机及真空泵等类型，利用一对或几个特殊形状的回转体如齿轮、螺杆、凸轮或其他形状的转子在壳内作旋转运动来输送流体并提高其压力。

图 7-7 所示为外啮合齿轮泵，这种泵在机械液压系统中应用最为广泛。外齿轮泵具有一对相互啮合的齿轮，主动齿轮 1 旋转时，带动从动轮 2 一起旋转。旋转的齿轮将从吸入管 3 进入的液体挤压至压出管 4 排出。图 7-8 所示为内啮合齿轮泵。齿轮泵在（小型）汽轮机的主油泵、电动给水泵、引风机的润滑油泵中广泛使用。

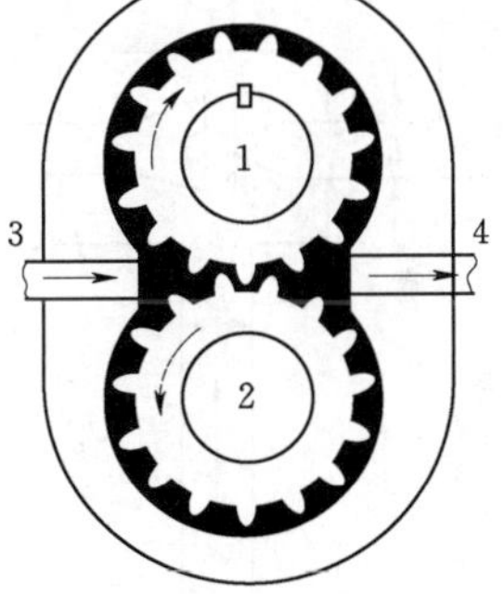

图 7-7　齿轮泵示意图

1—主动轮；2—从动轮；3—吸入管；4—压出管

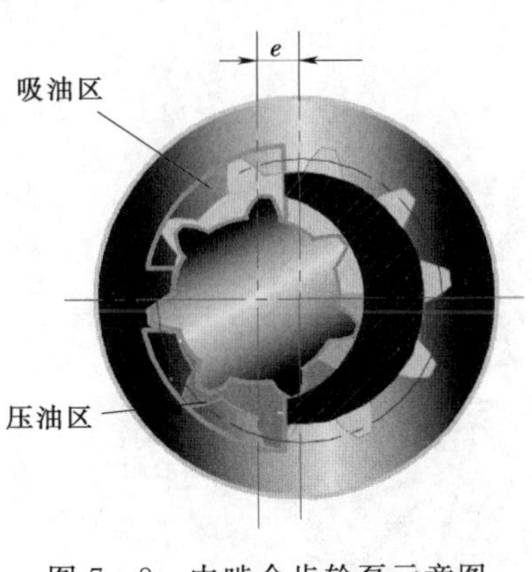

图 7-8　内啮合齿轮泵示意图

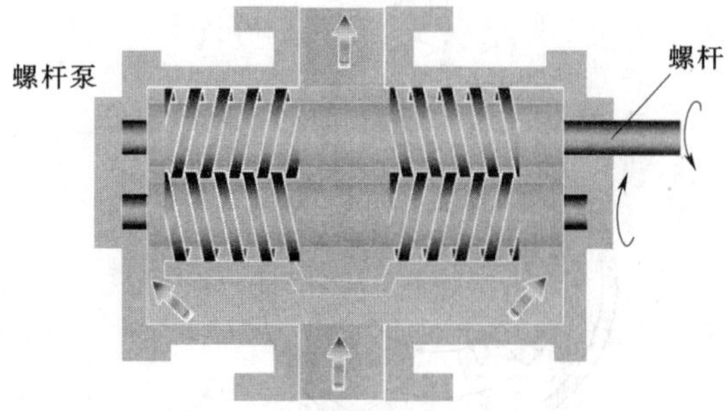

图 7-9 双螺杆泵示意图

图 7-9 所示为双螺杆泵。双螺杆泵与齿轮泵十分相似，一个螺杆转动，带动另一个螺杆，液体被拦截在啮合室内，沿杆轴方向推进，然后被挤向中央排出。用途：这种泵在电厂脱硫系统中，用来输送石灰乳、石膏及脱硫的污水等高含量、高腐蚀性的介质。螺杆泵在电厂作为泥浆泵，也用来电厂脱硫污水的输送；也常常应用在小型汽轮机的主油泵、电动给水泵、引风机的润滑油泵中。

图 7-10 所示为罗茨鼓风机。它是依靠安装在机壳中两根平行轴上的两个“∞”字形的转子对气体的作用而实现气体输送。罗茨鼓风机常用于火力发电厂气力除灰系统中的送风设备。

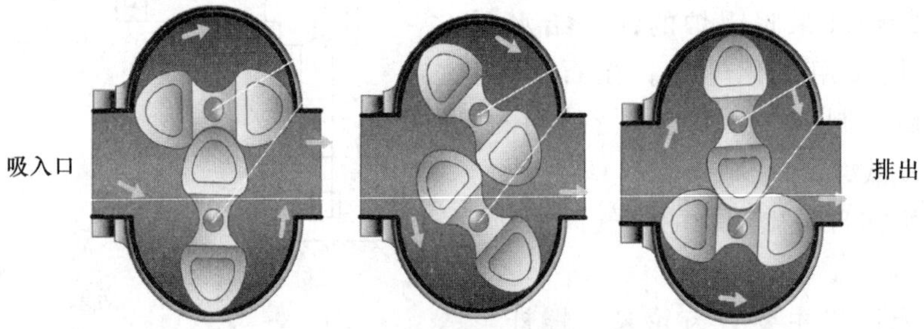

图 7-10 罗茨鼓风机示意图

图 7-11 为水环式真空泵。叶轮与泵壳成偏心，泵壳内充一定量的水，叶轮旋转使水形成水环。相邻叶片（如图中深色叶片）旋转时，与水环形成的空间（气室）变大即进气，空间（气室）逐渐变小，即空气被压缩。多组相邻叶片，即多组往复压缩。水环式真空泵常用于大型机组的抽气装置及大型水泵启动时抽真空引水。

图 7-11 水环式真空泵示意图

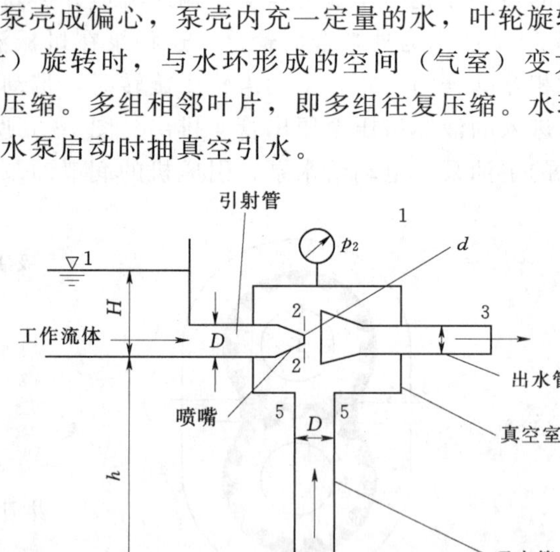

图 7-12 射流泵工作原理图

（三）其他

图 7－12 是射流泵的工作原理图，高压的工作流体 1，由引射管送到工作喷嘴 2，经喷嘴后压能变成高速动能，将喷嘴外围的气体带走，此时因喷嘴出口形成高速液流使扩散室 2 形成真空。在外界压力之下，可以将一定深度的池水吸上，并与引流水混合后从出水管一起从喷嘴 3 流出。工作流体可以为高压蒸汽，也可为高压水，前者称为蒸汽喷射泵，后者称为射水抽气器。在电厂中都可用作抽出凝汽器中的空气。图 7－13 是射流泵的结构简图。射流泵常用于小型机组的凝汽器抽气装置和化工泵，但是效率比较低。

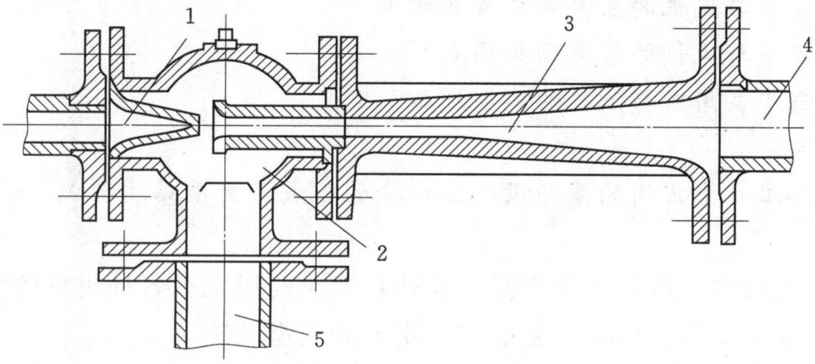

图 7－13　射流泵的结构简图

1—喷嘴；2—混合室；3—扩压管；4—压出管；5—吸入管

本 章 小 结

泵与风机的主要参数有流量、扬程（全压）、功率、转速及效率，对于泵，还有其特有参数汽蚀余量。泵与风机按照工作原理常分为叶片式和容积式，而叶片式又有离心式、轴流式和混流式。离心式泵与风机输送流体的扬程高；轴流式泵与风机输送流体的流量大、扬程低。容积式分为往复式和回转式两种。活塞泵属于往复式泵，齿轮泵、螺杆泵、罗茨鼓风机以及水环式真空泵属于回转式。

习 题

7－1　泵与风机的主要参数有哪些？

7－2　按照压力风机可以分为哪些种类？

7－3　按照工作原理泵与风机可以分为哪些种类？

7－4　试述活塞泵、齿轮泵、螺杆泵的和射流泵的工作原理。

7－5　试述水环式真空泵的工作原理。

7－6　试述常见的各种叶片泵和容积泵在日常生活中的用途。

第八章　常见叶片式泵与风机的主要结构

知识目标：

- 掌握离心泵与风机的主要部件及其种类
- 熟悉轴流泵与风机的常见结构型式
- 了解工程中常用泵与风机的典型结构

能力目标：

- 掌握实际工程中常用的泵与风机各部分的组成及典型结构型式

泵与风机在工程中的应用非常广泛，而叶片式泵与风机在各种类型的泵与风机中又最为常见，本章主要介绍常见的叶片泵的主要组成和典型结构。

第一节　离心式泵与风机的主要部件

一、离心式泵的主要部件

离心泵的主要部件有叶轮、吸入室、压出室、轴、轴向力平衡装置及密封装置等。大多泵的吸入室、压出室和泵壳铸成一体，泵壳内腔一般制成截面逐渐扩大的蜗壳形流道。泵轴一端装有叶轮，另一端与电动机相连。下面对离心泵的各主要组成部件分别叙述如下。

（一）叶轮

叶轮结构如图 8-1 所示，它是泵最重要的部件之一，泵内流体能量的获得是在叶轮内进行并完成的，所以叶轮的作用是将原动机的机械能转换为液体的压力能及动能。

叶轮一般由前盖板、叶片、后盖板及轮毂所组成。叶轮的叶片有两种型式：圆柱形叶片和扭曲叶片。圆柱形叶片制造简单，但流动效率不高。目前，为提高泵的效率，一般都采用扭曲叶片。

叶轮的型式有封闭式、开式及半开式 3 种。

（1）封闭式叶轮。其叶轮效率较高，但要求输送的介质较清洁。如火力发电厂中的给水泵、凝结水泵均采用封闭式叶轮。封闭式叶轮从机构上可以划分为单吸式［图 8-1（a）］和双吸式［图 8-1（b）］。在相同条件下，双吸式叶轮的流量是单吸式叶轮流量的两倍，而且它基本上不产生轴向力。

（2）开式叶轮。只有叶片及轮毂，而没有前、后盖板的叶轮称为开式叶轮。开式叶轮适宜于输送流体中所含杂质的颗粒大些、多些。但开式叶轮的效率较低，在一般情况下不用。

（3）半开式叶轮。如果叶轮没有前盖板，而其他都与封闭式叶轮相同，则称为半开式叶轮。半开式叶轮适宜于输送含有杂质的流体。

火力发电厂中的灰渣泵、泥浆泵等常采用开式或半开式叶轮的泵。

叶片在叶轮进口处的布置有平行与延伸两种，如图 8-1（c）所示。圆柱形叶片一般是平行布置的，扭曲形叶片一般是延伸布置的。

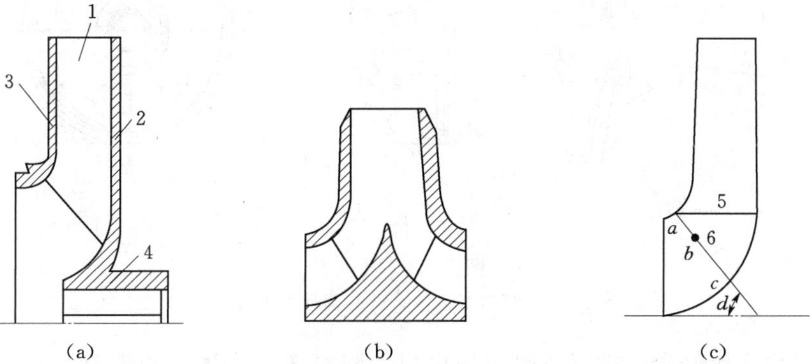

图 8-1　叶轮

（a）封闭式叶轮；（b）双吸式叶轮；（c）叶片在进口处的布置

1—叶片；2—后盖板；3—前盖板；4—轮毂；5—平行布置；6—延伸布置

（二）吸入室

吸入法兰接口至叶轮进口前的空间称为吸入室。其作用是引导液体在流动损失最小的情况下平稳地流入叶轮，并使叶轮进口处流速均匀。如果吸入口处速度分布不均匀，则会使叶轮中液体的运动不稳定，导致叶轮中的流体在流动中能量损失增大，同时也会降低叶轮的抗汽蚀性能。吸入室的结构形状对泵的吸入性能影响很大，一个设计好的吸入室，应该符合以下 3 个条件：

（1）要在比较小的阻力损失情况下，将液流引入叶轮。

（2）叶轮进口处的液流速度分布要均匀，一般使液流在吸入室内加速。

（3）将吸入管路内的液流速度变为叶轮入口所需的速度。

根据泵结构的不同，通常采用的吸入室有以下两种型式：

（1）锥形管吸入室，如图 8-2（a）所示。这种吸入室结构简单、制造方便，且流速分布均匀、流动损失小，主要用于小型单吸单级悬臂式离心泵。

（2）圆环形吸入室，如图 8-2（b）所示。其主要优点是轴向尺寸较短，结构对称而简单；缺点是流体进入叶轮时的撞击损失和旋涡损失大，流速分布也不太均匀，因而总的损失较大。为了缩小尺寸，多级分段式泵中大都采用圆环形吸入室，至于吸入室的损失，与多级泵较高的扬程比较起来，所占的比例是极小的。

（3）半螺旋形吸入室，如图 8-21 所示。其主要使用在双吸式叶轮的水泵中，优点是可以减小液体进入叶轮时的能量损失，从而大大提高泵的抗汽蚀性能，缺点是制造加工比较困难。

（三）压出室

压出室是指叶轮出口处与单级泵的出口管接头或多级泵下一级叶轮进口之间的那部分空间。压出室从叶轮中获得了有能量的液体，流出叶轮进入压出室。压出室将流来的高速液体

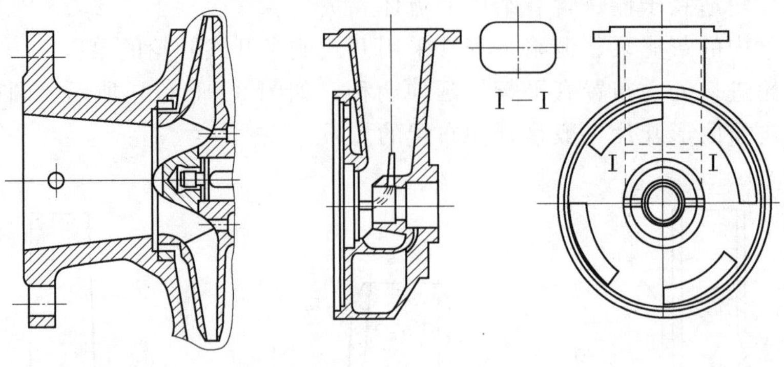

(a)　　　　(b)

图 8-2　吸入室

(a) 锥形管吸入室；(b) 圆环形吸入室

汇集起来，引向次级叶轮的进口或引向压出口，同时还将液体中的部分动能转变成压力能。压出室中液体的流速较大，所以液体在流动的过程中要产生较大的阻力损失。因此，有了性能良好的叶轮，还必须有良好的压出室与之相配合，这样整个泵的效率才能提高，常见的压出室结构形式很多，有螺旋形压出室、环形压出室、径向式导叶与流道式导叶等。

(1) 螺旋形压出室又称蜗壳体，如图 8-3 所示。它不仅起收集液体的作用，同时，在螺旋形的扩散管中将液体的部分动能转变成压力能。螺旋形压出室具有制造方便、效率高的特点，它多用在单级泵或水平中开式多级泵中。

(2) 环形压出室，如图 8-4 所示。环形压出室的流道截面积处处相等，所以液流在流动中不断加速，从叶轮中流出的均匀液流与压出室内速度比它高的液流相遇，彼此发生碰撞，损失很大，所以环形压出室的效率低于螺旋形压出室。但它加工方便，主要用于多级泵的排出段，或输送有杂质的液体。

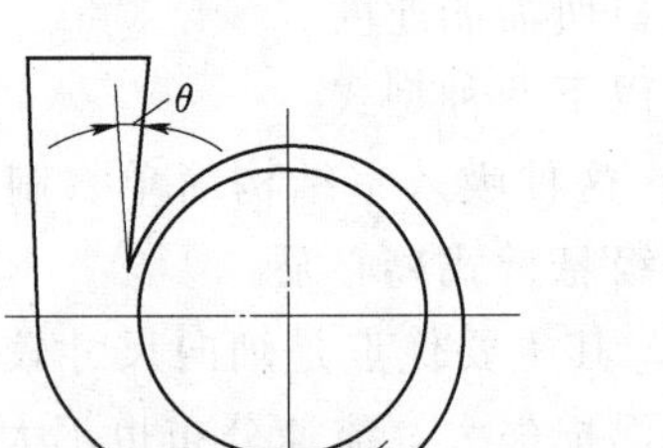

图 8-3　螺旋形压出室

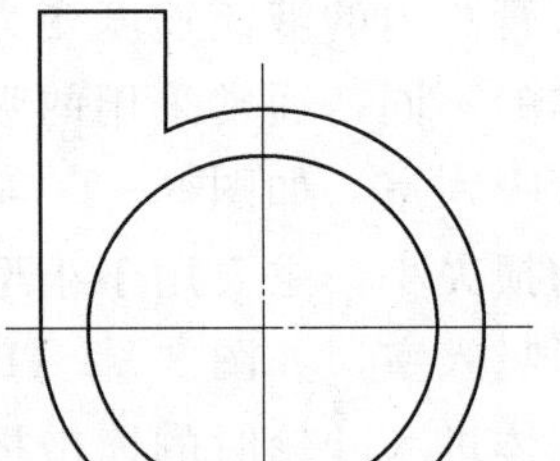

图 8-4　环形压出室

(3) 导叶。由于多级泵的液流是前一级叶轮流入次一级叶轮内，故在流动的过程中必须装置导叶。导叶的作用就是汇集前一级叶轮的流出液体，然后导入次一级叶轮的进口，同时在导叶内把部分动能转换成压力能，所以导叶与压出室的作用相同。导叶有径向式和流道式两种。

一般常采用的径向式导叶，如图 8-5 所示，它由正导叶、过渡区和反导叶组成。当泵在变工况下运转时，其液体流动阻力较大，但是由于径向式导叶结构简单、便于制造，所以目前仍然得到广泛的应用。

流道式导叶，如图 8-6 所示，其特点是，液体从正导叶的入口到反导叶的出口都在一个连续变化的流道内流动，速度变化均匀，但结构较复杂。由于流道翻向轴向，其径向尺寸比径向式导叶尺寸小，因此节段式多级泵趋向于采用流道式导叶，以减少外壳直径。

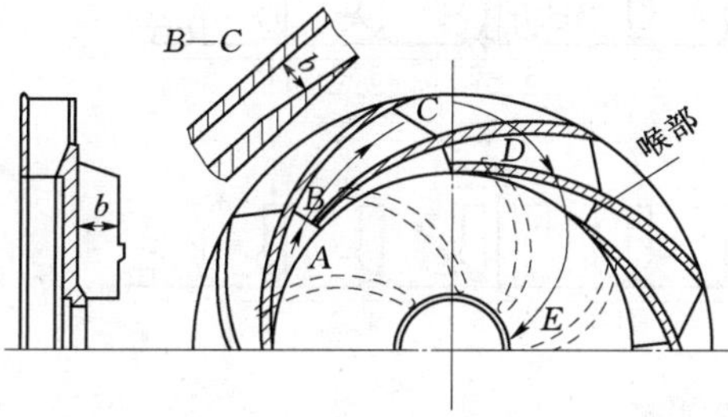

图 8-5　径向式导叶

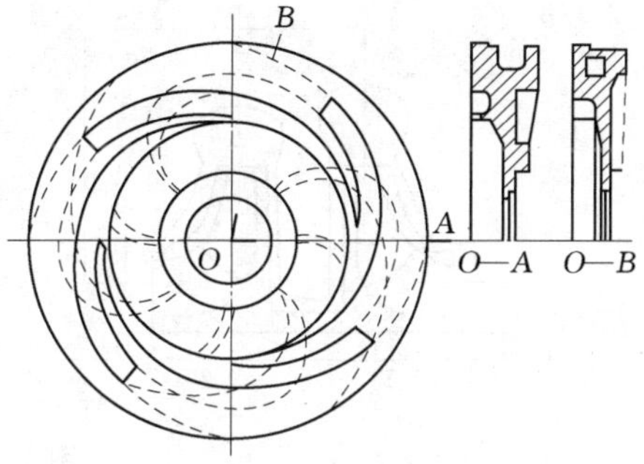

图 8-6　流道式导叶

（四）泵轴

轴是传递扭矩的主要部件。中小型泵多采用平轴，叶轮滑配在轴上，叶轮间的距离用轴套定位，轴的材料一般采用碳钢。近代大型泵则多采用阶梯式轴，不等孔径的叶轮用热套法装在轴上，并采用渐开线花键代替过去的短键。此种方法，叶轮与轴之间无间隙，不致使轴间窜水和冲刷，但拆装较困难。大功率高压泵轴采用 40Cr 钢或特种合金钢。

（五）轴向力、径向力平衡装置

泵在运转时，转子上会受到轴向力与径向力的作用。为保证泵的使用安全，必须消除这些力。

1. 轴向力产生的原因

如图 8-7 所示，为单级单吸式叶轮，由于泄漏的原因叶轮两侧充有液体，但它们的液流压力不等。但在吸入口部分，右侧的压力大于左侧，它们的压力差乘以面积的积分就是作用在单个叶轮上的轴向力。轴向力的方向指向吸入口，与流体进入叶轮的方向相反。

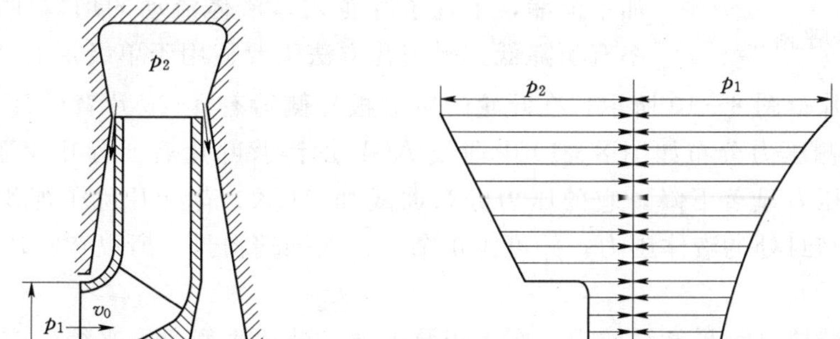

图 8-7　轴向力的产生

2. 轴向力的平衡方法

(1) 双吸式叶轮。双吸式叶轮由于左、右结构对称，不产生轴向力。但一般由于制造上的误差，或两侧密封环磨损不同，使泄漏的程度不同，会产生残余的轴向力。为平衡这残余的轴向力，一般还装有推力轴承。

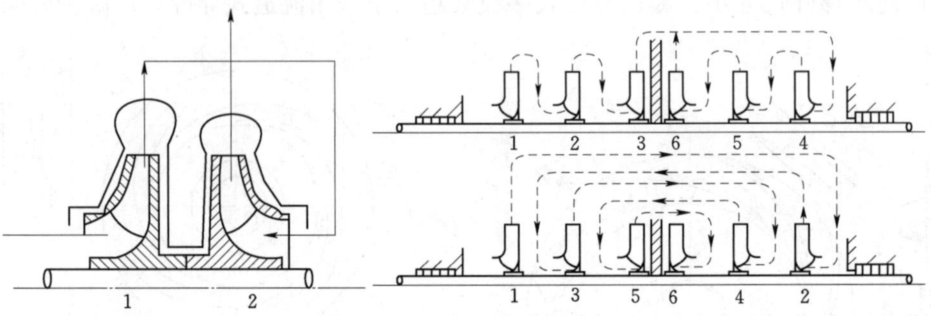

图 8-8 对称布置叶轮

(2) 叶轮对称布置。如果泵是多级的，则可以将叶轮对称布置，如图 8-8 所示。对称布置的叶轮虽然仍有轴向力，但它所组成的转子由于有两个方向相反的轴向力彼此抵消，而不存在了。

叶轮数为偶数，叶轮正好对半布置；叶轮数如为奇数，则首级叶轮可以采用双吸式，剩余叶轮仍对半反向布置。采用叶轮对称布置平衡轴向力的方法简单，但增加了外回流管道造成泵壳笨重，同时亦增加了级间泄漏。叶轮对称布置主要用于蜗壳式多级泵和节段式多级泵上。

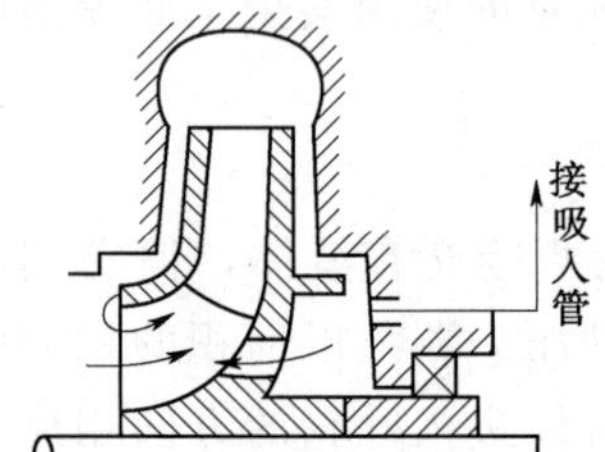

图 8-9 平衡孔

(3) 平衡孔。如图 8-9 所示，在叶轮后盖板上一般钻有数个小孔，并在与前盖板密封直径相同处装有密封环。液体经过密封环间隙后，压力下降，减少了作用在后盖板上的轴向力。另外，在后盖板中心处从泵壳处设连通管与吸入侧相通，将叶轮背面的压力液体引向吸入管。

采用平衡孔方法，结构简单并可减小轴封压力。但它增加了泄漏，干扰了叶轮入口液体流动的均匀性，所以泵的效率有所降低。平衡孔方法主要适用于单级泵上。

(4) 背叶片。图 8-10 所示，在叶轮的后盖板外侧铸有 4～6 片背叶片。未铸有背叶片时，叶轮右侧压力分布如图 8-10 中曲线 AGF 加铸背叶片后，背叶片强迫液体旋转，使叶轮背面的压力显著下降，它的压力分布曲线如 AGK。背叶片除了能平衡轴向力外，还能减小轴端密封处的液体压力，并可防止杂质进入轴端密封。所以背叶片常被用在输送杂质的泵上。

(5) 平衡装置。为平衡轴向力，在多级泵上通常装置平衡盘、平衡鼓或平衡盘与平衡鼓联合装置、双平衡鼓装置。

图 8-11 所示为平衡盘装置。它装置在末级叶轮之后，随轴一起旋转。平衡盘的优点：可以全部平衡轴向力，并可以避免泵的动、静部分的碰撞与磨损。其缺点：泵在启、

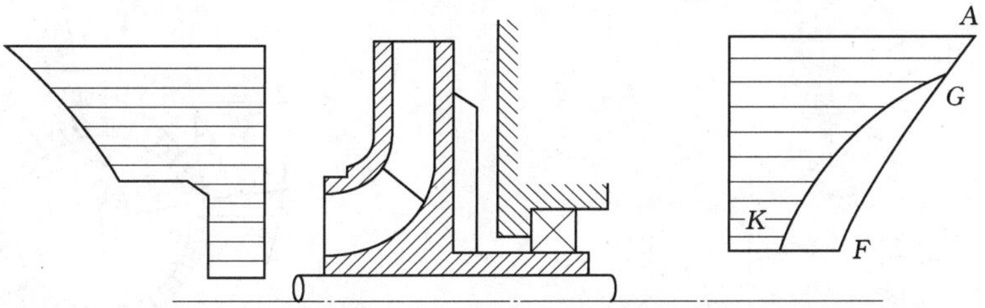

图 8-10　背叶片

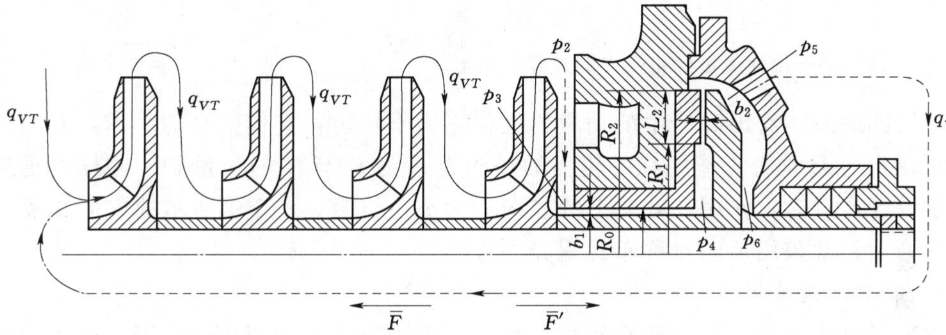

图 8-11　平衡盘装置

停时，由于平衡盘的平衡力的不足，引起泵轴向吸入口方向窜动，平衡盘与平衡座之间会产生摩擦，造成磨损，甚至烧坏。为了减少它们之间的磨损，应尽量减少泵的启、停次数，并且，在大容量的锅炉给水泵上还配有推力轴承。

平衡鼓是装在泵轴末级叶轮后的一个圆柱体，跟随泵轴一起旋转。优点：当工况变动，泵启、停时平衡鼓与泵体不会发生摩擦，所以平衡鼓的使用寿命长，工作安全可靠。其缺点：平衡鼓工作时不能平衡掉全部的轴向力，不能限制泵轴的轴向窜动，所以，使用平衡鼓时，必须同时装有双向的推力轴承。所以，大容量的多级泵常采用平衡鼓装置。

3. 径向力的产生及其平衡

螺旋形压出室在设计流量下工作，压出室中叶轮周围液体的速度与压力是均匀分布、轴对称的。所以液体对叶轮的径向作用力的合力为零。

当泵工作的流量小于设计工况流量时，螺旋形压出室内液体的运动速度减慢。但是，由图 8-12 所示速度三角形可知，流量小了但液体从叶轮流出的绝对速度 u 反而增大了，方向亦发生变化。

于是，从叶轮流出的液流不能平顺地与压出室内液体汇合，而是与压出室里的液体发生撞击。撞击的结果，使从叶轮流出的液体速度下降，动能下降，而在压出室内液体能量增加，压力增高。液体从泵舌开始到扩散管进口的流动中，压出室里的液体不断受到叶轮出口液体的撞击，所以它的压力不断升高，如图 8-13 所示。

液体作用在叶轮周围的压力的合力为 P，方向为自泵舌开始沿叶轮转向转 90°的位置。另外，压出室里液体压力分布的不对称，使液体从叶轮里流出量也不均匀。压出室里液体压力高的地方，叶轮里流出的液体量少；反之压力低的地方，叶轮里流出的液体量多。因

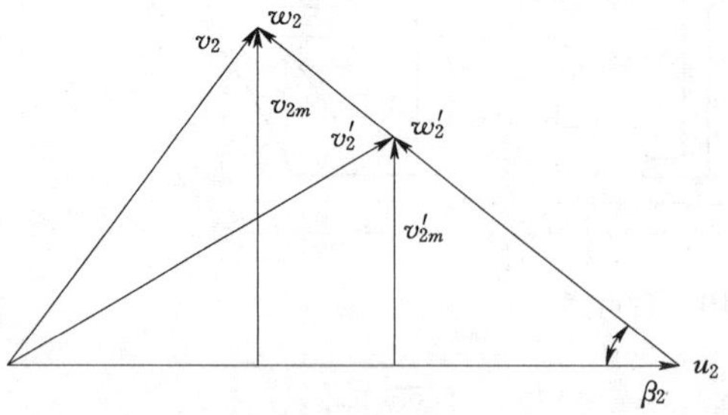

图 8-12　小于设计流量叶轮出口的速度三角形

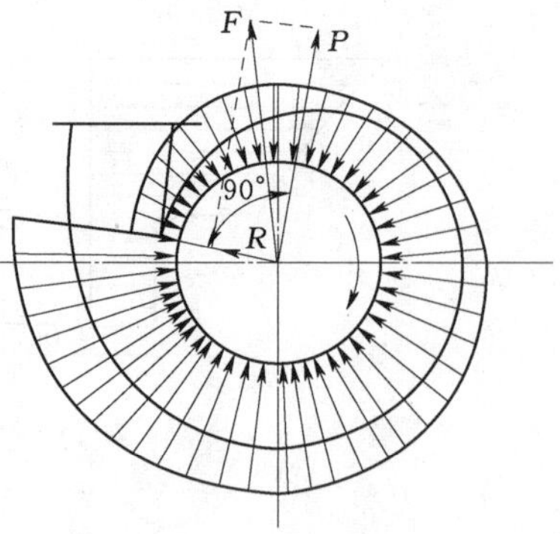

图 8-13　径向力

此，叶轮周围的液体流出时产生的动量的反作用力不均匀，它们的合力为 R，方向指向泵出口截面，且与 P 垂直。作用在叶轮上的径向力 F 为 P 与 R 的矢量和。同样的道理，在流量大于设计流量时，作用在叶轮上的径向力为 F，与图 8-13 中所示的方向相反。为了消除径向力，经常采用反向对称布置蜗壳的方法。

（六）轴端密封装置

泵轴穿过泵壳的动、静之间有间隙存在，泵内液体会从间隙中泄漏至泵外。如果泄漏出的液体有毒、有腐蚀性，则会污染环境。倘若泵吸入端是真空，则外界空气要漏入泵内，严重威胁泵的安全工作。为了减少泄漏，一般在动、静间隙处装有轴端密封装置。目前采用的轴端密封装置有填料密封、机械密封、浮动环密封及迷宫密封等。

1. 填料密封

填料密封在泵中应用得很广泛。图 8-14（a）所示，填料密封由填料套 1、填料 3、填料环 2、填料压盖 4、长扣双头螺栓 5 和螺母 6 组成。正常工作时，填料由填料压盖压紧，充满填料腔室，使泄漏减少。由于填料与轴套表面直接接触，因此填料压盖的压紧程度应该合理。如压得过紧，填料在腔室中被充分挤紧，泄漏虽然可以减少，但填料与轴套表面的摩擦迅速增加，严重时发热、冒烟，甚至将填料、轴套烧坏。如压得过松，则泄漏增加，泵效率下降。填料压盖的压紧程度应该使液体从填料函中流出少量的滴状液体为宜。

填料常用石墨油浸石棉绳，或石墨油浸含有铜丝的石棉绳。但它们在泵高温、高速的情况下，密封效果较差。国外某些厂家使用由合成纤维、陶瓷及聚四氟乙烯等材料制成的压缩填料密封，具有低摩擦性，并有较好的耐磨、耐高温性能，使用寿命较长，且价格与石棉绳填料不相上下。

填料与轴套的摩擦会发热，所以填料密封还应通有冷却水冷却。高速大容量锅炉给水，由于轴封处的线速度大于 60m/s，填料密封已经不能满足要求。

2. 机械密封

机械密封最早出现在 19 世纪末，目前国内已被广泛使用。图 8-14（b）所示的机械密封，是靠静环与动环端面的直接接触而形成密封。动环 11 装在转轴上，通过传动销 9 与泵轴同时转动；静环 12 装在泵体上，为静止部件，并通过防转销 14 使它不能转动。静

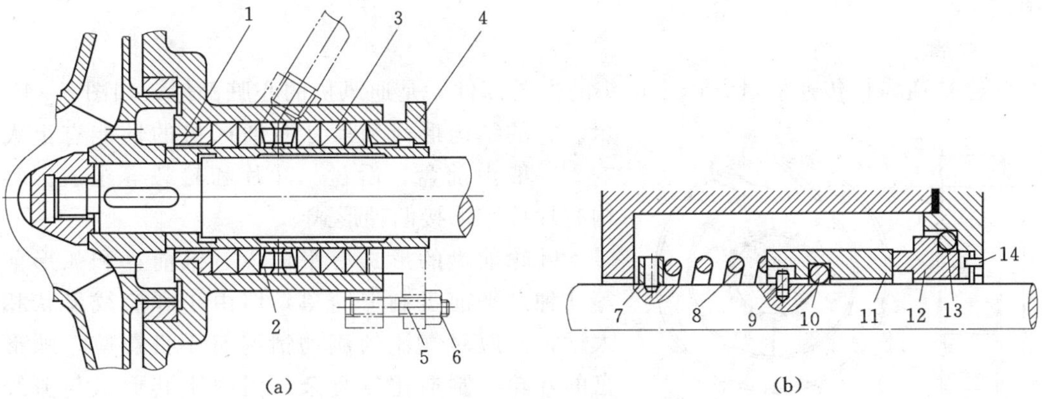

图 8-14　填料密封和机械密封

(a) 填料密封；(b) 机械密封

1—填料套；2—填料环；3—填料；4—填料压盖；5—长扣双头螺栓；6—螺母；
7—弹簧座；8—弹簧；9—传动销；10—动环密封圈；11—动环；
12—静环；13—静环密封圈；14—防转销

环与动环端面形成的密封面上所需的压力，依靠弹簧 8 的弹力造成。动环密封圈 10，防止液体的轴向泄漏。静环密封圈 13，封堵静环与泵壳间的泄漏。密封圈除了起密封作用之外，还能吸收振动，缓和冲击。动、静环间的密封实际上是由两环间维持一层极薄的流体膜起着平衡压力和润滑、冷却端面的作用。机械密封的端面需要通有密封液体。密封液体要经外部冷却器冷却。机械密封要得到良好的密封效果，应该使动、静环端面光洁、平整。

另外，为了防止叶轮甩出的液体沿前盖板再次流入叶轮的吸入口，还经常需要在叶轮吸入口与泵的吸入室中间安装密封环，常用的密封环如图 8-15 所示。

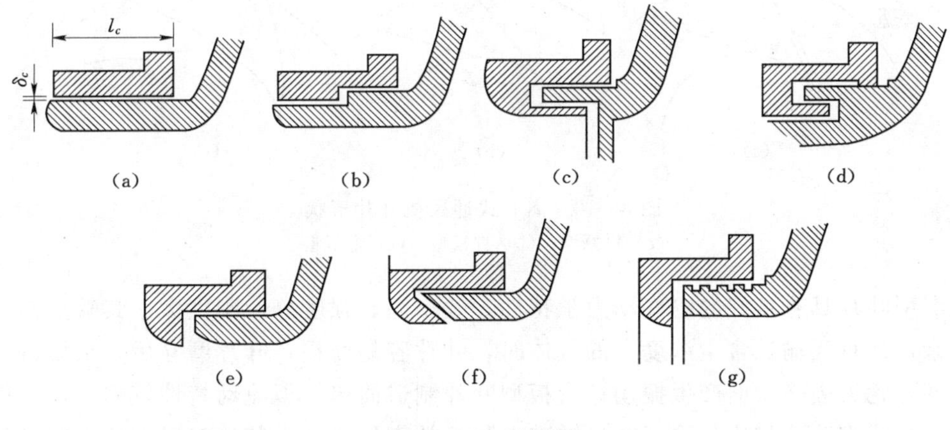

图 8-15　密封环

(a) 平面式密封环；(b) 中间带一小室的密封环；(c)、(d)、(g) 曲径式密封环；(e) 直角式密封环；(f) 锐角式密封环

二、离心风机主要部件

离心式通风机的主要部件有叶轮、蜗壳、集流器、进气箱及扩散器等。下面分别

介绍。

1. 叶轮

叶轮是通风机传递能量、产生压头的主要部件，是通风机的心脏部件，如图 8-16 所示。它的结构形式和尺寸对通风机的性能有重大影响。一般由前盘、后盘、叶片和轮毂等组成。其结构有焊接和铆接两种形式。

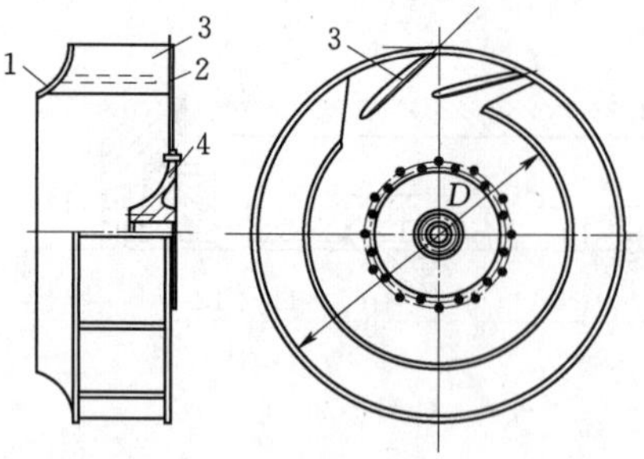

图 8-16　离心风机叶轮
1—前盘；2—后盘；3—叶片；4—轮毂

叶轮前盘的形式有平前盘、锥前盘和弧形前盘等几种。平前盘制造简单，但由于和流线形状相差太远，一般对气流的流动情况有不良影响；弧形前盘的叶轮，制造比较复杂，但由于其形状与流线的形状比较接近，气流损失较小，和平前盘相比，具有效率高、叶轮强度好等特点，离心通风机均采用了这种结构的前盘；锥形前盘的性能与工艺均属于上述二者之间。

双侧进气的叶轮，两侧各有一个相同的前盘，叶轮中间有一个通用的中盘，中盘铆在轮毂上。

轮毂的作用是将叶轮固定在主轴上。

叶轮上的主要部件是叶片，它对风机的工作有很大影响，特别是叶片出口安装角和叶片的形状。

(1) 叶片出口安装角，根据叶片出口角的不同，可将离心通风机的叶轮分为前向式（前弯式）、后向式（后弯式）和径向式三种型式。

(2) 叶片形状，离心通风机的叶片形状有直板型、弯板型和机翼型等几种，如图 8-17 所示。

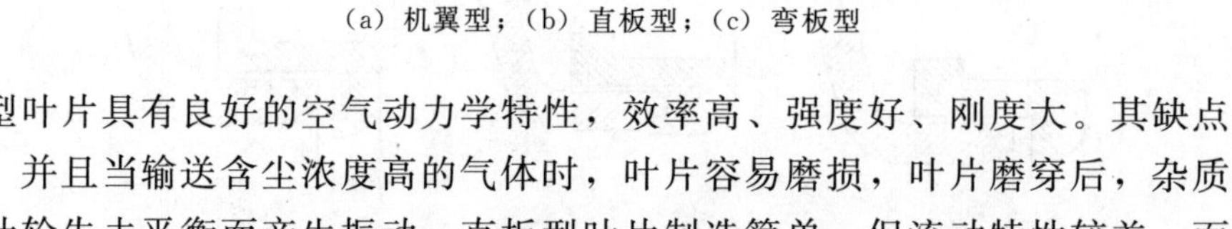

(a)　(b)　(c)

图 8-17　离心式通风机叶片形状
(a) 机翼型；(b) 直板型；(c) 弯板型

机翼型叶片具有良好的空气动力学特性，效率高、强度好、刚度大。其缺点是，制造工艺复杂，并且当输送含尘浓度高的气体时，叶片容易磨损，叶片磨穿后，杂质进入叶片内部，使叶轮失去平衡而产生振动；直板型叶片制造简单，但流动特性较差，而直板曲线后向叶片与翼型叶片相比，除了在最效率点附近效率低些外，其他工况点的效率是相当接近的；对于除尘效率较低的燃煤锅炉引风机可采用弯板型或直板型叶片。目前采用直板型叶片的离心风机较多。

2. 机壳

离心通风机的机壳通常由蜗壳、进出风口和蜗舌等组成。

(1) 蜗壳。蜗壳的作用是收集从叶轮出来的气体并引导至蜗壳的出口，蜗壳的蜗板轮廓是一条对数螺旋线，一般将蜗壳设计成矩形截面。

(2) 进风口。进风口又称集流器。其作用是使气流能均匀的充满叶轮的进口，在流动损失最小的情况下进入叶轮。离心通风机的进风口，如图 8-18 所示，有圆筒形、圆锥形、弧形、锥筒形、锥弧形、弧筒形等多种。对大型风机多采用弧形或锥弧形进风口，以提高风机的效率。

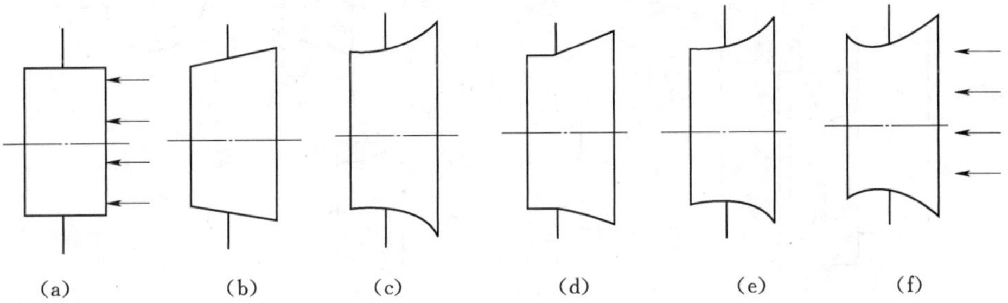

图 8-18 不同形式的进风口

(a) 圆筒形；(b) 圆锥形；(c) 弧形；(d) 锥筒形；(e) 弧筒形；(f) 锥弧形

(3) 蜗舌。离心通风机蜗壳出口附近的“舌状”结构称为蜗舌。其作用是防止部分气流在蜗壳内循环流动。蜗舌附近的气体流动相当复杂，它的几何形状以及叶轮圆周的最小距离，对通风机的性能，特别是效率和噪音影响较大。一般蜗舌尖部的圆角半径 $r=(0.03\sim0.06)D_2$。大型风机取下限，小型风机取上限，蜗舌与叶轮间的间隙取为：$t=(0.05\sim0.10)D_2$（后向叶轮）；$r=(0.07\sim0.15)D_2$（前向叶轮）。

3. 导流器

导流器又称风量调节器，一般在大型离心通风机或要求性能调节的通风机的进风口或进风口流道内装设。运行时，通过改变导流器叶片的角度（开度）来改变通风机的性能，扩大工作范围和提高调节的经济性。常见的导流器有轴向导流器、简易导流器和斜叶式导流器等。

4. 进气箱

进气箱，如图 8-19 所示，一般只用在大型或双吸的离心通风机上。一方面，当进风口需要转弯时安装进气箱能改善进口气体流动状况，减少因气流不均匀进入叶轮而产生的流动损失；另一方面，安装进气箱可使轴承装于通风机的机壳外边，便于安装和维修，对锅炉引风机的轴承工作条件更为有利。在火力发电厂中，锅炉送、引风机及排粉机均装有进气箱。进气箱的几何形状和尺寸，对气流进入风机后的流动状态的影响极为显著。如果进气箱结构不合理，由此所造成的阻力损失可达风机全压的 15%～20%。进气箱的形状尺寸，将影响风机的性能，因而对进气箱的形状尺寸一般有以下要求：

(1) 进气箱的通流截面积应该是不断缩小的，使气流在其中能加速，图 8-19 (a) 所示进气箱，通流截面积是收敛的，进气室底端与进风口对其，可以减少涡流。图 8-19 (b) 所示的进气箱性能比较差，箱内旋涡区大，进口气流不稳定。

(2) 入口端面的长宽之比取为 1.5～3。

（3）进气箱的横断面积与叶轮的进口面积之比一般取 1.7～2.0 为宜。

（4）进气箱的形状对阻力值的影响很大，因此应尽量使进气箱制作的流线和工艺都好些。

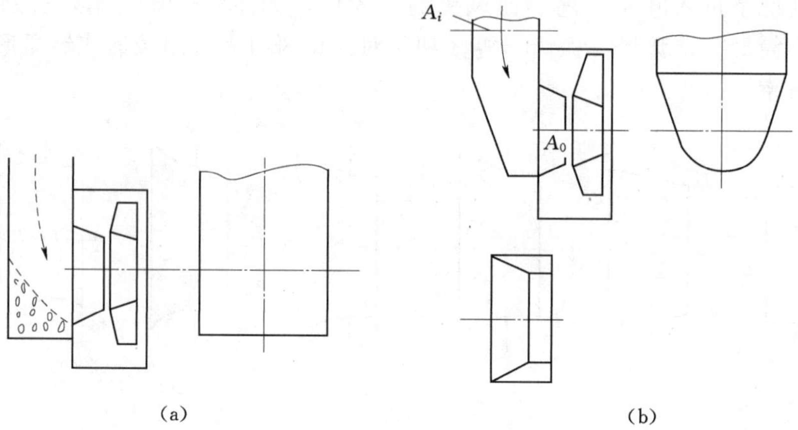

图 8-19　进气箱

5. 扩散器

扩散器又称扩压器，多数扩散器与机壳做成一体。其作用是降低气流出口速度，使部分动压转化为静压。根据出口管形的要求，扩散器可作为圆形截面或矩形截面。

第二节　离心式泵与风机的整体结构

一、离心泵整体结构

离心泵由于在国民经济各部门得到广泛的应用，所以它的整体结构有多种型式，下面仅介绍几种典型结构。

（一）IS 型单级单吸清水离心泵

IS 型单级单吸清水离心泵在工程中应用非常广泛。IS 型泵系列性能范围：转速为 2900～1450r/min，流量为 6.3～400m^3/h，扬程为 5～125m。适应于输送温度不高于 80℃的清水或其他液体。图 8-20 为 IS 型泵，为悬臂结构，轴承装于叶轮的同一侧，轴向力用平衡孔平衡。

（二）S 型单级双吸泵

单级双吸泵的型式代号为 S。S 型泵系列性能范围：扬程为 10～140m，流量为 140～12500m^3/h，输送液体的温度不超过 80℃。S 型泵适用于工厂、矿山，城市的给水，亦用作中、小型火力发电厂循环水泵。图 8-21 为 S 型单级双吸泵，水平中开式，残余的轴向力由滚动轴承来承受。

（三）NB 型和 NL 型离心泵

NB 型和 NL 型离心泵在工程中被用作凝结水泵。在凝汽式火力发电厂中，将凝汽器热水井中的凝结水升压，经低压加热器送往除氧器的水泵称为凝结水泵（亦称为复水泵）。

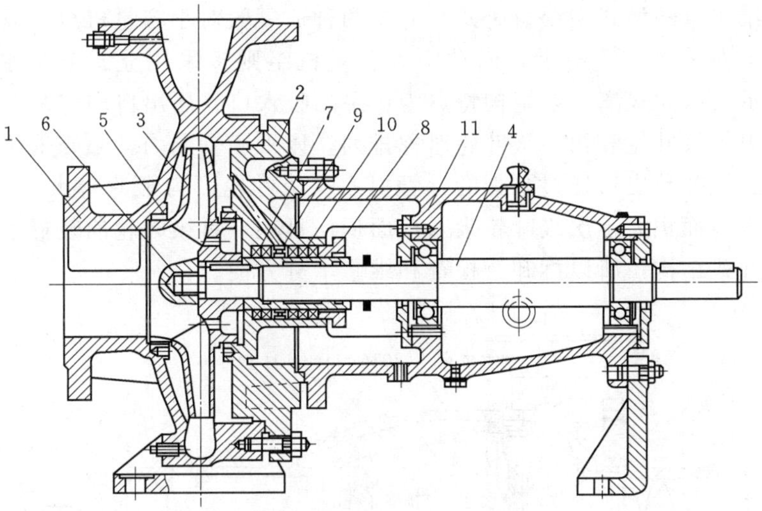

图 8-20　IS 型泵结构

1—泵体；2—泵盖；3—叶轮；4—轴；5—密封环；6—叶轮螺母；7—轴套；8—填料压盖；9—填料环；10—填料；11—悬架轴承部件

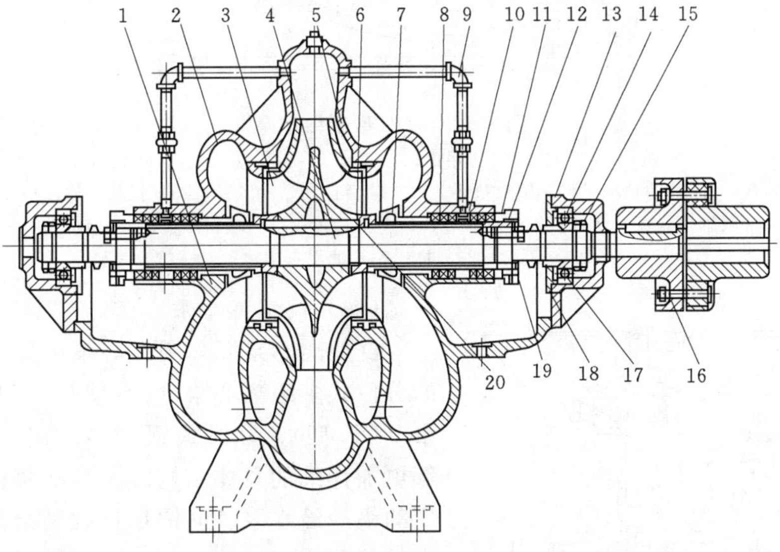

图 8-21　S 型离心泵结构

1—泵体；2—泵盖；3—叶轮；4—轴；5—密封口环；6—轴套；7—填料套；8—填料；9—水封管；10—水封环；11—填料压盖；12—轴套螺母；13—轴承体；14—单列向心球轴承；15—圆螺母；16　联轴器部件；17—轴承挡圈；18—轴承端盖；19—双头螺栓；20—键

由于凝结水泵是从高真空状态下的凝汽器热水井中抽吸凝结水，因此，凝结水泵在运行中易产生汽蚀和吸入空气，故要求凝结水泵的抗汽蚀性能和入口密封性要好。凝结水泵扬程较高，为保证其具有较高的抗汽蚀性能，不宜采用较高的转速。故大容量、高扬程的凝结水泵多采用多级低速泵，转速一般均在 2950r/min 以下，并且将第一级叶轮制成双吸式或在入口加装诱导轮；而有的机组为了增加全扬程，还相应地配置了凝结水升压泵。

目前，凝结水泵的型式主要有卧式和立式两种。一般对小容量机组可以采用卧式凝结水泵（NB型），如图8-22所示；而对中大容量机组则多采用立式凝结水泵（NL型），如图8-23所示，该立式离心泵结构特点为：泵的吸入口、压出口均与泵轴平行地布置在泵体的一侧；第一级叶轮和第二级叶轮对称排列，以平衡轴向力；泵壳采用双蜗壳结构以平衡径向力；首级叶轮出口通过泵壳的导管引入次级叶轮；为了改善水泵的抗汽蚀性能，使首级叶轮吸入口面积大于次级叶轮吸入口面积，且还在首级叶轮前装置了诱导轮。由于泵体是轴向中开式结构，所以拆卸、检查和维修十分方便。

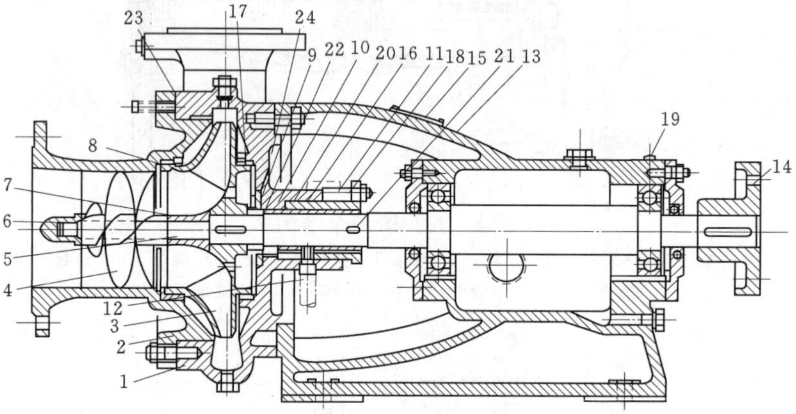

图8-22　NB型凝结水泵

1—泵壳；2—泵盖；3—叶轮；4—诱导轮；5—轴；6—叶轮螺母；7—叶轮挡套；8—泵盖密封环；9—辅助轴承；10—填料垫环；11—轴套；12—水风管；13—托架部件；14—弹性联轴器；15—名牌；16—水封环；17—密封环；18—填料压盖；19—转向牌；20—填料；21—平键；22—垫；23—油浸石棉垫；24—沉头螺钉

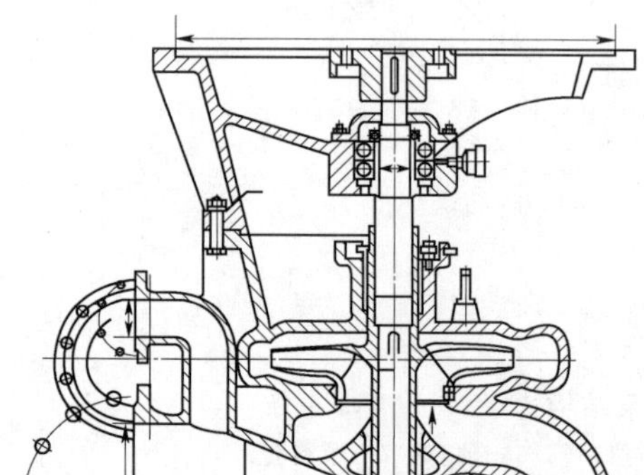

图8-23　NL型凝结水泵

（四）D型离心泵

D型离心泵即多级离心泵，又有首级为双吸的分段式多级离心泵（DS型）、中开式多级离心泵（DK型）、分段式锅炉多级离心泵（DG型）等更加详细的具体结构。现列举两种常用在火电厂的锅炉给水泵。向锅炉连续供给高温、高压给水的泵称为锅炉给水泵。随着机组单机容量的迅速增加，对给水泵运行条件的要求也日趋苛刻。不仅要求其能在高温、高压、高转速下运行，还要求它能够适应机组负荷变化的需要；而且，由于其在火力发电厂中处于中心地位，故要求给水泵的运行具有更高的安全可靠性和经济性；此外，给水中的腐蚀性介质还会影响到运行间隙和严密性等。因此，对给水泵的设计、制造、结构和性能等方面均提出了较高的要求。目前，给水泵虽然型号规格很多，但就其整体来看，常用的有以下几种型式。

1. 水平中开式多级离心泵（DK 型）

如图 8－24 所示。结构特点：外壳体一般都采用整体锻制或浇铸成筒型，进、出水管都直接焊接在固定的圆筒壳体上。检修时外壳体和进、出水管道都不必拆装。前、后端盖用埋头螺栓紧压在筒壳的顶端面上。此种壳体对称性好，热变形均匀，可靠性高。给水泵的内壳体为一整个组合芯包结构，检修时可从高压端整体抽出，拆卸、装配非常方便。发生故障时，只要把备用的内壳体装入，调整外壳体与前端盖及后端盖的同心度，就可恢复运转。

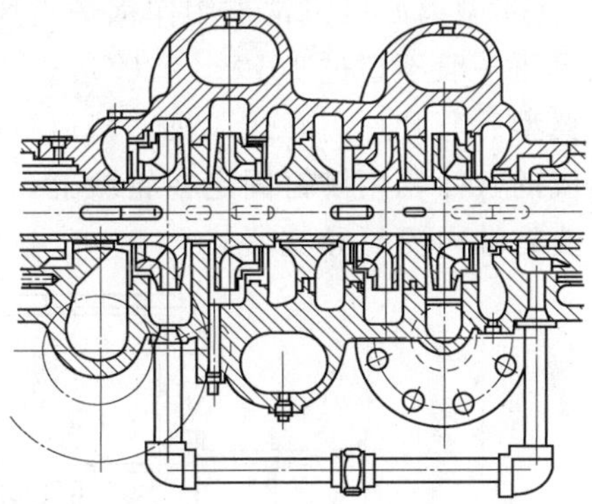

图 8－24　水平中开式多级离心泵

2. 节段式多级离心泵（DG 型）

如图 8－25 所示。结构特点：泵体为单壳体，并将几个相同的叶轮串联在同一根轴上，每级叶轮均有中段（导叶）将水引入下段；为了提高泵的抗汽蚀性能，第一级叶轮为双吸式叶轮，其余七级叶轮均为单吸；首级叶轮采用动配合装配在轴上，其余七级叶轮的固定采用热套法；并采用了浮动环密封装置；考虑到在高温下的热膨胀，在底座上设置了纵销、横销等导向装置。泵的进、出水管都由法兰连接在吸入室、压出室的上方，检修时必须先把进、出水管法兰卸下，然后松去双头螺栓，再解体。泵体由圆形中段组成，容易制造并可以互换，还可按能头需要，增加或减少级数。

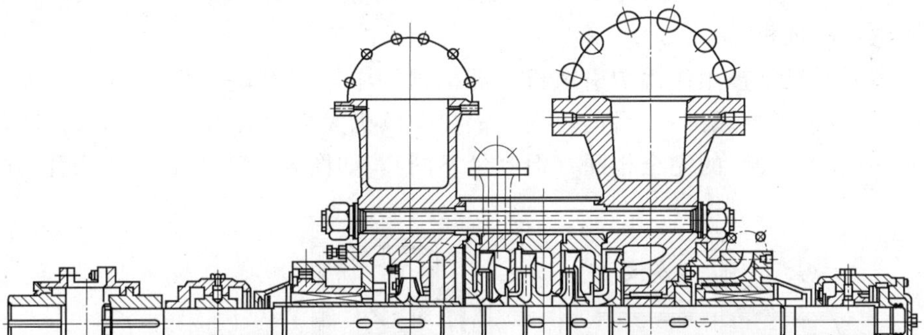

图 8－25　节段式多级离心泵

3. 圆筒型双壳体多级离心泵（如 YG 型）

现代大中容量机组大多采用这种泵。从结构上而言就是在上述两种多级泵的外壳外面又紧紧的“包裹”了一层圆形的筒状壳体，故取名圆筒型双壳体多级离心泵。

二、离心风机整体结构

下面介绍两种常用的离心式风机。

1. G4 型离心风机

G4 型离心风机常被用作锅炉送风机（即为锅炉炉膛燃烧需要提供足够的空气）。该风机风压一般不超过 15kPa，以 G4—13.2（73）型风机为例，如图 8-26 所示，它为高效机翼型后弯叶片离心式风机。该风机叶轮是由叶片焊接于弧锥形前盘与直板形后盘中间而构成的。叶轮用铆钉固定在轮毂上，轮毂用平键与轴连接。为了调节风量，在风机进口位置装有轴向简易导流器。

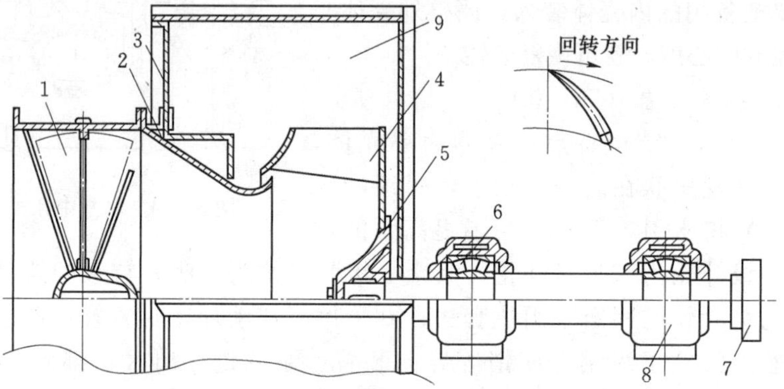

图 8-26 机翼型后弯叶片离心式风机结构

1—轴向导流器；2—锥弧形集流器；3—机壳；4—叶片；5—轮毂；6—滚动轴承；7—联轴器；8—轴承座；9—出风口

2. Y4 型离心风机

Y4 型离心风机常被用作锅炉引风机（即把锅炉中燃料燃烧后生成的烟气从锅炉中抽出并经烟囱排入大气的风机）。目前，国产锅炉引风机大多型式为 Y4—13.2（73）型，其结构和 G4—13.2（73）的完全相同（但容量不同），如图 8-27 所示。只是引风机的蜗壳

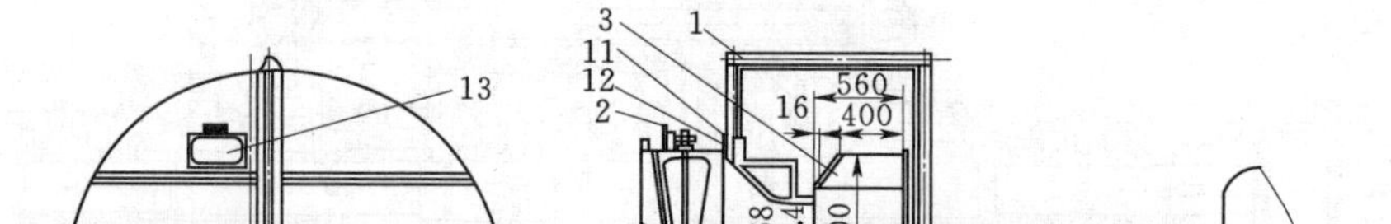

图 8-27 国产 Y4—13.2（4-73）—11No16D 型引风机

1—机壳；2—进风调节门；3—叶轮；4—轴；5—进风口；6—轴承箱；7—地脚螺栓；8—联轴器；9、10—地脚螺栓；11—垫圈；12—螺栓及螺母；13—铭牌；14—电动机

适当加厚以延长使用寿命，轴承箱内装有水冷却装置以便冷却润滑油，且调节门采用二硫化钼高温（200℃）润滑脂。运行经验表明，这种风机抗磨损性能差，又是翼型空心叶片，一旦磨穿，叶片内将积灰而产生振动。

对燃煤机组，为了避免或减轻因磨损、积灰而引起的振动，故电厂引风机也采用板式后弯叶片、板式后倾叶片、板式径向叶片或板式前向叶片。

第三节 轴流式泵与风机的主要结构

一、轴流泵与风机的主要部件

（一）轴流泵的主要部件

轴流泵的主要部件有：叶轮、泵轴、导叶、吸入室等，现分述如下。

1. 叶轮

和离心泵一样，叶轮的作用是把原动机输入的机械能转变为所输送液体的机械能。它由叶片和轮毂等组成。叶片多为机翼型，通过常有 4～6 片，有固定式、半调式和全调式三种。轮毂可用来安装叶片及其调节机构，有圆锥形、圆柱形和球形 3 种。动叶可调的轴流泵，一般采用球形轮毂。如图 8－28 所示为轴流风机的叶轮。

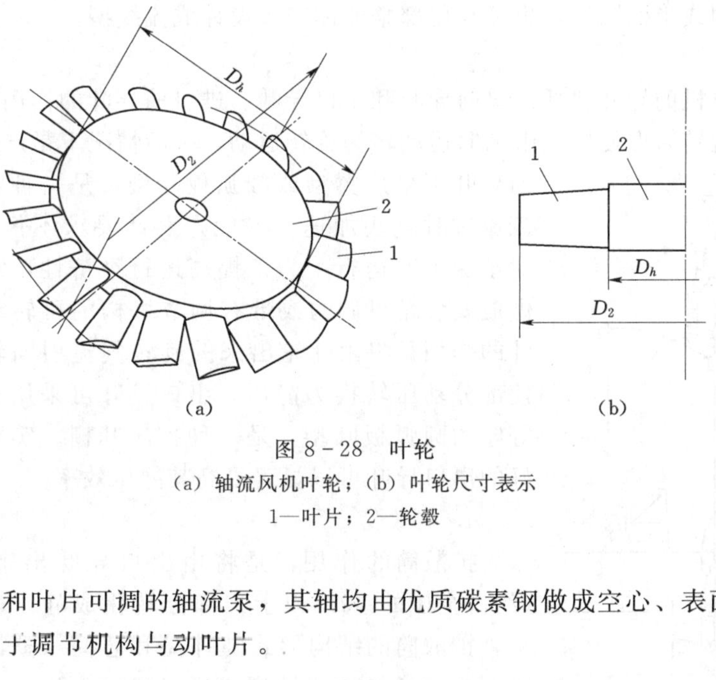

图 8－28 叶轮

(a) 轴流风机叶轮；(b) 叶轮尺寸表示

1—叶片；2—轮毂

2. 泵轴

对于大容量和叶片可调的轴流泵，其轴均由优质碳素钢做成空心、表面镀铬，既减轻了轴的重量又便于调节机构与动叶片。

3. 导叶

轴流泵动叶出口装有导叶，出口导叶的作用是将流出叶轮的液体的旋转运动转变为轴向运动，并在与导叶组成一体的圆锥形扩张管中将部分动能转变为压能，避免液体由于旋转而造成的冲击损失和旋涡损失。轴流泵的进口处也可以安装导叶。

4. 吸入室

吸入室的作用与离心泵的收缩圆锥管吸入室相同，其形式有进水喇叭管和肘形吸入流道两种，前者主要应用于中、小型轴流泵，后者主要应用于大型轴流泵。

（二）轴流式通风机的主要部件

轴流式通风机的主要部件有叶轮、整流罩、导叶和扩散筒等组成。现分述如下。

1. 叶轮

叶轮由轮毂和叶片组成，其作用和离心式叶轮一样是实现能量转换的主要部件。轮毂是用来安装叶片和叶片调节机构的，其形状有圆锥形、圆柱形和球形 3 种。轴流式通风机的叶片多数采用翼型扭曲叶片。叶片做成扭曲形是为了使风机在设计工况下，沿叶片半径方向获得相等的全压。叶轮转动时，叶顶的圆周速度大，流体沿半径方向受力不均，而且使气流沿叶顶到叶根产生涡流，造成能量损失。如加大叶根处的安装角，可提高叶根处的全压，减小叶顶处的安装角，可降低叶顶处的全压。因此，把叶片做成扭曲形，可使叶顶至叶根处的全压相等，避免涡流损失。

为了在变工况运行时有较高的效率，大型轴流式通风机的叶片一般做成可调的。即在运行时可以根据需要改变叶片的安装角。例如 TLT 型送、引风机及一次风机都是动叶可调的。

2. 整流罩

为使进气条件更为完善，降低风机的噪声。轴流式通风机在叶轮或进口导叶前须安装整流罩，以构成通风机进口气流的通道。整流罩的好坏对风机的性能影响很大，一般将整流罩设计成半圆或半椭圆形，也可与尾部整流体一起设计成流线型。

3. 导叶

轴流式通风机的导叶包括进口前导叶和出口导叶。进口前导叶的作用，是使进入风机前的气流发生偏转，即使气流由轴向运动转为旋转运动，一般情况下是产生负预旋。进口前导叶可采用翼型或圆弧板叶型，是一种收敛形叶栅，气流流过时有些加速。一般，设计要求不像后导叶那样高。对于变工况运行，为了提高运行经济性，常将进口前导叶做成安装角可调的或带有调节机构的可转动叶片。出口导叶的作用是将由叶轮出来的旋转气流引向轴向运动，同时使部分动压转换为静压。出口导叶可采用翼型，也可采用等厚的圆弧板叶型，是一种扩压叶栅。实践证明，设计良好的出口导叶可以显著提高其静压效率。

4. 扩散筒

扩散筒的作用，是将由出口导叶出来的气流的气压（约占全压的 30％以上）部分转化成静压，以提高静压效率。扩散筒的结构形式随外筒和芯筒（整流体）的型式不同而异。子午加速轴流式通风机的全压中，动压的比例高于一般轴流式通风机，所以对扩散筒的要求更高。

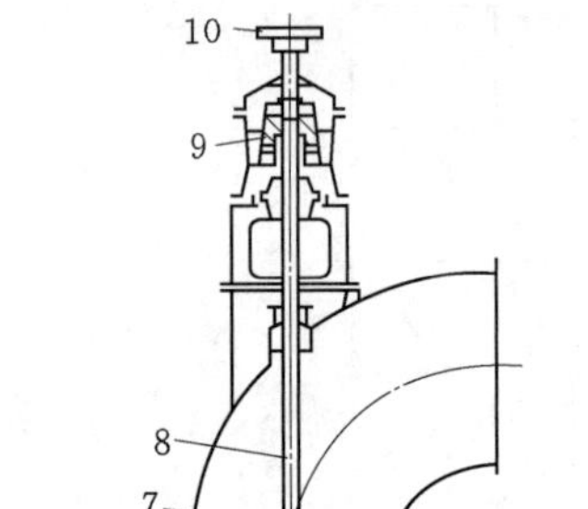

图 8-29　轴流泵结构图

1—吸入喇叭管；2—进口导叶；3—叶轮；4—轮毂；5—轴承；6—出口导叶；7—出水弯管；8—轴；9—推力轴承；10—联轴器

二、轴流泵的整体结构

目前，大型轴流泵有动叶不可调节、动叶半调节和动叶全调节等型式。

轴流泵整体结构如图 8-29 所示。立式轴流泵的整体结构是由转子和壳体两部分组成。转子部分由叶轮、泵轴等组成。叶轮通过联轴器与泵轴相连接，泵轴通过中间轴与电动机轴相连接，整个转子靠电动机轴顶端的推力盘悬吊在推力轴承上，同时在泵轴两端分别设有径向橡胶轴承，用以保持正确的转子中心位置。壳体部分主要由叶轮外壳、导叶体、进水喇叭管、中间接管、出水弯管、轴承和密封装置等组成。壳体是靠底座和中间接管上的猫爪固定在基础上的。

如图 8－30 所示，轴流泵叶轮由叶片、轮毂、动叶头等组成。动叶头做成流线形体，以减少流动的阻力损失，并与入口喇叭管相配合构成液体流入的良好入口条件。在轮毂上钻有孔，孔内装入叶片，并用圆锥销将叶柄与拉臂固定在一起，拉臂通过衬圈靠在轮毂上。

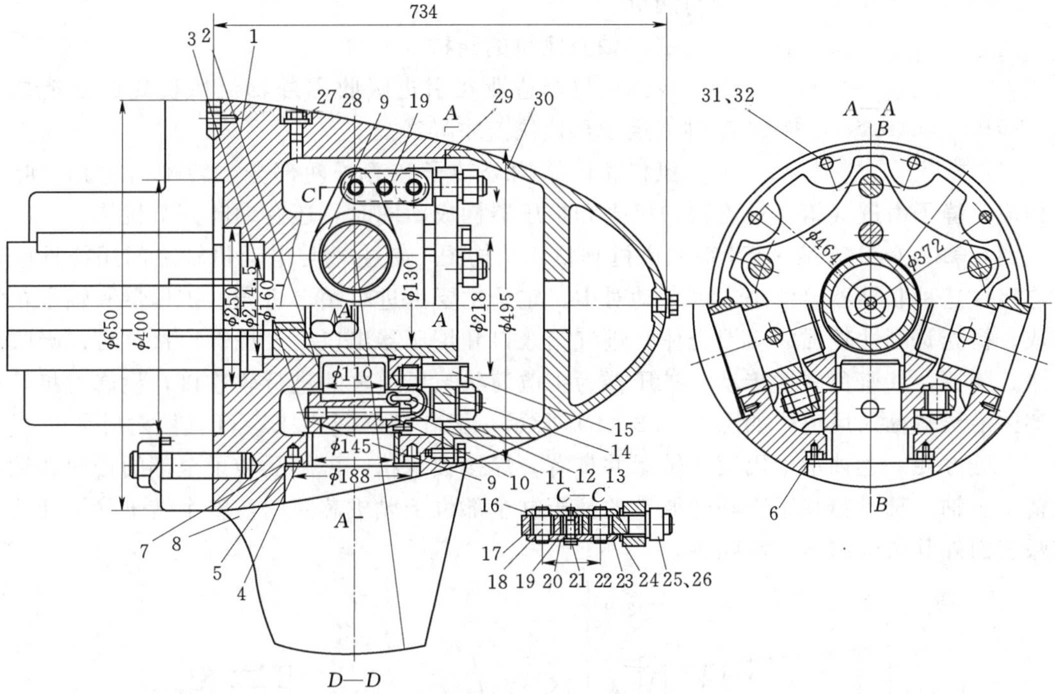

图 8－30　轴流泵叶轮（单位：mm）

1—叶轮毂；2、3—衬圈；4—圆柱压簧；5—压环；6—销；7—密封圈；8—叶片；9—拉臂；10—圆锥销；11—挡板；12—螺钉；13—垫圈；14—拉扳套；15—销钉；16—拉片；17—衬圈；18—销轴；19—垫圈；20—拉片；21—螺栓；22—垫圈；23—耳环螺钉；24—垫圈；25、26—垫圈、螺母；27—六角螺母；28—纸封油圈；29—垫圈；30—动叶头；31—螺栓；32—垫圈

动叶调节机构如图 8－31 所示，五枚叶片的拉臂分别与拉板套上的 5 个孔用带有铰孔的螺栓连接，拉板套用螺帽固定在调节杆上，调节杆从空心的泵轴内穿出，在泵轴上端由蜗轮、蜗杆传动，调节杆上下移动时，带动拉板套一起上下移动，使拉臂旋转，从而改变叶片安装角，达到调节目的。轴流泵在停车时，只需用扳手转动上端联轴器内的蜗杆，而不必拆卸任何泵零件即可调节叶片的安装角。应该指出，这种半调节式的轴流泵，只能在水泵停车时进行调节。全调节式轴流泵是通过机械或液压传动装置在不停机的情况下，改

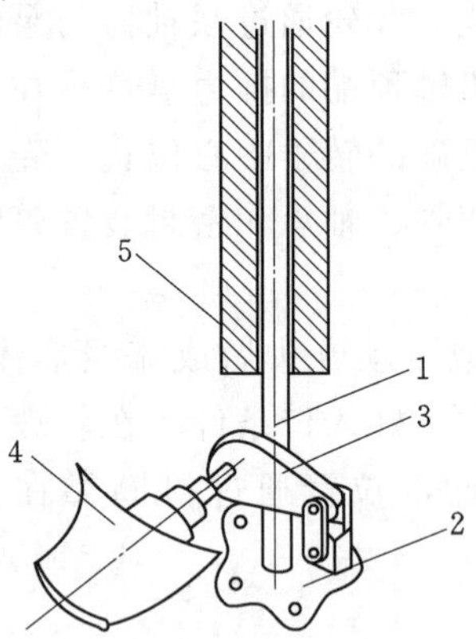

图 8-31　轴流泵的动叶调节机构

1—调节杆；2—拉板套；3—拉臂；4—动叶片；5—泵轴

变叶片的安装角。

泵轴由优质碳素钢制成，表面镀铬。泵轴上下有两个橡胶轴承，下部轴承位于导叶片的中心处，上部轴承位于泵轴穿过出水弯管处。橡胶轴承是用经过硫化处理的硬橡胶浇熔在轴承的衬套上，为了便于安装、检修，制成半开式。橡胶轴承依靠泵本身所输送的水来冷却与润滑。下部轴承浸没于水中，它的冷却与润滑是不成问题的，而上部轴承大多高于水面，因此备有专门的注水管，引入外来水源供起动时注水润滑，待泵起动后，即可关闭注水管，由泵内输送的水来冷却与润滑。

三、轴流风机的结构

我国风机制造业在引进吸收国外轴流风机先进制造技术基础上逐步形成国产主导产品。

风机整体结构分转子和静子两部分，转子由主轴、叶轮等构成，静子由进气箱、集流器、机壳和扩压器构成。同时，还有动叶调节机构。

图 8-32（a）为某 ASN 系列风机其整体结构图，其主轴与电动机轴之间用挠性联轴器连接。这种联轴器尺寸小，可自动对中。定子主要由进气箱、机壳、扩压器和轴承箱等构成。机壳是刚性较强的双层壳体，进气箱入口和扩压器出口均设挠性连接，可以吸收热膨胀、隔振，并避免硬性传动。扩压器为扩散筒状与风道之间进行软连接，检修时将扩压器整体沿导轨推入风道，如图 8-32（b）所示，把叶轮暴露出来，可直接对叶轮进行检修，十分方便。主轴承采用滚柱轴承并带有一焊接轴承箱，可承受转子全部的径向和轴向载荷。主轴、轴承箱和用于动叶调节的液压缸全部位于风机芯筒内，整个转子除了叶片和轮毂表面外其余全部与气流隔绝。

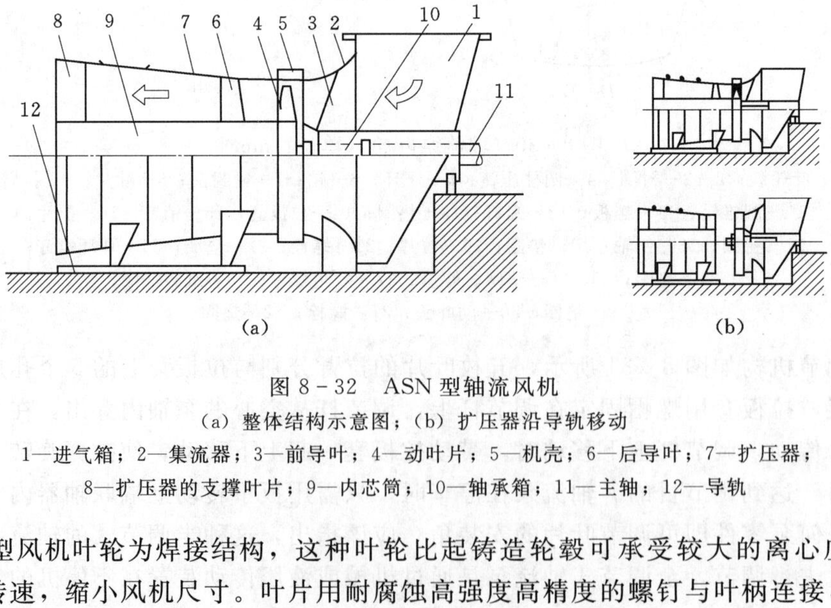

图 8-32　ASN 型轴流风机

（a）整体结构示意图；（b）扩压器沿导轨移动

1—进气箱；2—集流器；3—前导叶；4—动叶片；5—机壳；6—后导叶；7—扩压器；8—扩压器的支撑叶片；9—内芯筒；10—轴承箱；11—主轴；12—导轨

FAF 型风机叶轮为焊接结构，这种叶轮比起铸造轮毂可承受较大的离心应力，因而可以提高转速，缩小风机尺寸。叶片用耐腐蚀高强度高精度的螺钉与叶柄连接，在叶片上还装有导向轴承，导向轴承一般为径向止推滚动轴承，主要承受叶片的调节剪切力。叶柄轴承是动叶可调轴流风机的关键部件之一，它必须保证叶片在调节范围内能转动自如，因此叶柄轴承的尺寸、润滑和密封特别重要。同时，叶柄轴承对润滑油和润滑脂质量要求也比较高，要求在高温离心力作用下，仍能保持长期的润滑效果。叶根密封对于轴流风机的安全运行十分重要。FAF 型轴流风机采用两个活塞环和一个迷宫式油脂密封片，密封叶柄穿过轮毂外圈处的间隙。ASN 型轴流风机叶根密封采用密封空气系统，防止灰尘进入轮毂。如图 8-33 为 300MW 机组配套用的 FAF20—10—1 型动叶可调轴流送风机。

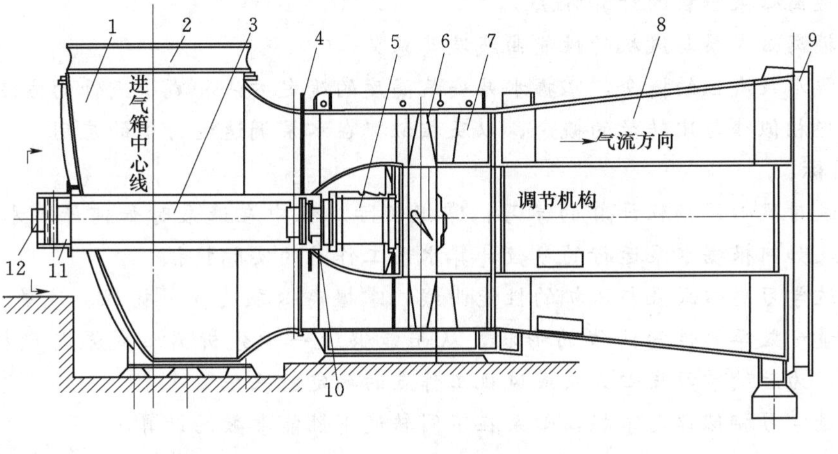

图 8-33　FAF20—10—1 型送风机结构

1—进气箱；2—膨胀节；3—中间轴；4—软性接口；5—主轴承；6—动叶；7—导叶；8—扩压筒；9—膨胀节；10、12—联轴器；11—罩壳

本 章 小 结

叶轮是叶片式泵与风机最主要的零部件，流体在泵与风机中能量的传递主要是通过此部件来完成，因此叶轮的尺寸、形状及性能决定了叶片式泵与风机总的性能参数，它有单吸与双吸、开式与闭式、单极与多级等区分。泵主要输送液体而风机主要输送气体，因此泵的结构比风机的结构一般要求密闭性要高，因此泵中一般有专门的密封装置。因为各种叶片式泵与风机在实际工作中的应用场合不同，因此其具体结构有一定程度的差异。

习　题

8-1　试述离心泵与离心风机各主要部件的作用与要求。

8-2　简述离心泵与离心风机的结构分类。

8-3　试论述离心式泵与风机和轴流式泵与风机的组成结构区别。

第九章　叶片式泵与风机的理论基础

知识目标：

- 掌握离心泵扬程的计算方法
- 掌握离心式泵与风机的性能曲线及其意义
- 了解水泵汽蚀的概念，掌握水泵安装高度的确定方法和减小汽蚀的方法措施
- 掌握相似律与比转数的概念，以及相似律在水泵调速运行中的应用

能力目标：

- 通过对离心泵扬程计算的学习，掌握实际工程中在选泵时如何计算水泵的扬程，以及如何根据水泵运行的参数计算水泵工作时的实际扬程
- 通过学习离心式泵与风机的性能曲线，掌握离心泵流量—扬程、流量—功率以及流量—效率的性能曲线的形状，从而能够进一步分析离心式泵与风机的性能特点，为后续学习离心式泵或风机工作点的确定打基础
- 通过学习相似律，掌握离心泵在不同转速下性能参数的计算

第一节　离心泵与风机的设计能头

一、离心泵与风机的工作原理

离心式泵与风机的主要部件是叶轮和机壳。机壳内的叶轮固装于由原动机驱动的转轴上，当原动机通过转轴带动叶轮作旋转运动时，处在叶轮叶片间的流体也随叶轮高速旋转，此时流体受到离心力的作用，经叶片间出口被甩出叶轮。这些被甩出的流体挤入机壳后，机壳内流体压强增高，之后流体被送至压水管路（水泵）或被导向风机的出口排出（风机）。与此同时，叶轮中心由于流体被甩出而形成真空，外界的流体在大气压的作用下，沿泵或风机的进口吸入叶轮，如此源源不断的输送流体。

综上所述，离心式泵或风机的工作过程，实际上是一个能量的传递和转化过程，它把电动机高速旋转的机械能转化为被输送流体的动能和势能。在这个能量的传递和转化过程中，必然伴随着诸多的能量损失，这种损失越大，该泵或风机的性能就越差，工作效率越低。

二、离心泵与风机的基本方程式

（一）流体在叶轮中的运动

流体在叶轮流道中流动示意如图 9－1 所示。

当叶轮旋转时，流体沿轴向以绝对速度 v_0 自叶轮进口处流入，流体质点流入叶轮后，就进行着复杂的复合运动。因此，研究流体质点在叶轮中的流动时，首先应明确两个坐标系：旋转叶轮是动坐标系，固定的机壳（或机座）是静坐标系。流动的流体在叶槽中的速

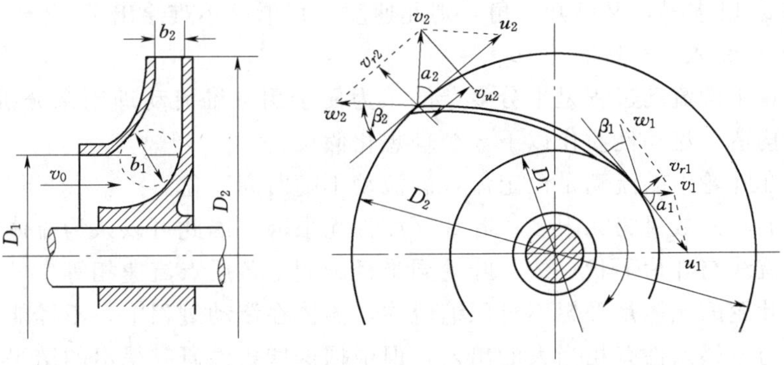

图 9-1　流体在叶轮流道中的流动

度 w 沿叶片而流动，这是流体质点对动坐标系的运动，称为相对运动；与此同时，流体质点又具有一个随叶轮进行旋转运动的圆周速度 u，这是流体质点随旋转叶轮对静坐标系的运动，称为牵连运动。且有

$$\vec{v}=\vec{w}+\vec{u}$$

该矢量关系式可以形象地用速度三角形来表示，如图 9-2 所示。图 9-2 中相对速度 w 与牵连速度 u 反方向之间的夹角 β 表明了叶片的弯曲方向，称为叶片安装角，它是影响泵或风机性能的重要几何参数。绝对速度 v 与牵连速度 u 之间的夹角 α 称为叶片的工作角，α_1 是叶片进口工作角，α_2 是叶片出口工作角。

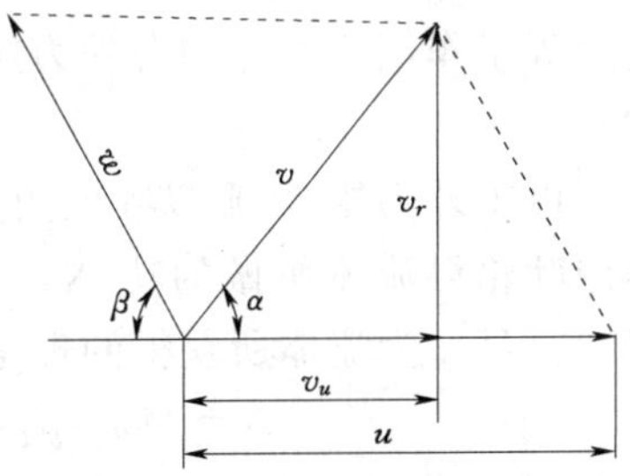

图 9-2　流体在叶轮中的速度三角形

为了便于分析，将绝对速度 v 分解为与流量有关的径向分速 v_r 和与压力有关的切向分速 v_u。前者的方向与半径方向相同，后者与叶轮的圆周运动方向相同。显然，从图 9-2 中可知

$$v_{u2}=v_2\cos\alpha_2=u_2-v_{r2}\cot\beta_2$$

$$v_{r2}=v_2\sin\alpha_2$$

速度三角形除了清楚地表达了流体在叶轮流道中的流动情况外，它又是研究泵与风机的一个重要手段。

应当说明，当叶轮流道几何形状（安装角 β 已定）及尺寸确定后，如已知叶轮转速 n 和流量 q_{VT}，即可求得叶轮内任何半径 r 上某点的速度三角形。

这里，流体的圆周速度 u 为

$$u=\omega r=\frac{n\pi d}{60}$$

由于叶轮理论流量 q_{VT} 等于径向分速度 v_r，乘以垂直于 v_r 的过流断面积 A，即 $q_{VT}=v_rA$，由此可求出径向分速度 v_r。其中 A 是一个环周面积，可以近似认为它是以半径 r 处的叶轮宽度作母线，绕轴心线旋转一周所成的曲面，故有

$$A=2\pi rb\varepsilon$$

式中：ε 为叶片排挤系数，它反映了叶片厚度对流道过流面积的遮挡程度。

既然 u 和 v_r 已求得，又已知 β 角，则此速度三角形就不难绘出了。

（二）基本方程式——欧拉方程

流体在叶轮中的流动过程是十分复杂的。为便于用一维流动理论来分析其流动规律，首先对叶轮的构造，流动性质作以下 3 个理想化假设：

（1）流体在叶轮中的流动是恒定流，即流动不随时间变化。

（2）叶轮的叶片数目为无限多，叶片厚度为无限薄。因此可以认为流体在流道间作相对运动时，其流线与叶片形状一致。叶轮同半径圆周上各质点流速相等。

（3）流经叶轮的流体是理想不可压缩流体，流体在流动过程中，不计能量损失。

实际情况与上述条件有相当大的出入，但根据这些条件研究得出的结果，仍有十分重要的意义。对于那些与实际情况不符的地方，以后再逐步加以修正。

用流体力学中的动量矩定理可以方便地导出离心式泵与风机的基本方程——欧拉方程。若用角标“T”表示理想流动过程，“∞”表示叶片为无限多，“1”表示叶轮进口参数，“2”表示叶轮出口参数。则 $q_{VT\infty}$ 表示流体在一个理想流动过程中流经叶片为无限多的叶轮时的体积流量，在每单位时间内流经叶轮进出口流体动量矩的变化则为

$$\rho q_{VT\infty}(r_2 v_{u2T\infty} - r_1 v_{u1T\infty})$$

它应等于作用于流体的合外力矩 M。同时，它又恰好等于外力施加于叶轮上的力矩。故有

$$M = \rho q_{VT\infty}(r_2 v_{u2T\infty} - r_1 v_{u1T\infty})$$

由于外力矩 M 乘以叶轮角速度 ω 就正是加在转轴上的外加功率 $N = M\omega$；而在单位时间内叶轮得流体所做的功 N，在理想条件下，又全部转化为流体的能量，即 $N = \gamma q_{VT\infty} H_{T\infty}$，$H_{T\infty}$ 为流体所获得的理论扬程。再将 $u = r\omega$ 关系代入上式，便得

$$N = M\omega = \rho q_{VT\infty}(u_{2T\infty} v_{u2T\infty} - u_{1T\infty} v_{u1T\infty}) = \rho g q_{VT\infty} H_{T\infty}$$

经移项，就可以得到理想化条件下单位重量流体的能量增量与流体在叶轮中的运动的关系，即欧拉方程

$$H_{T\infty} = \frac{1}{g}(u_{2T\infty} v_{u2T\infty} - u_{1T\infty} v_{u1T\infty}) \qquad (9-1)$$

如果将图 9-2 中的叶片进出口速度三角形按余弦定理展开：

$$w_2^2 = u_2^2 + v_2^2 - 2u_2 v_2 \cos\alpha_2 = u_2^2 + v_2^2 - 2u_2 v_{u2}$$
$$w_1^2 = u_1^2 + v_1^2 - 2u_1 v_1 \cos\alpha_1 = u_1^2 + v_1^2 - 2u_1 v_{u1}$$

两式移项得

$$u_2 v_{u2} = \frac{1}{2}(u_2^2 + v_2^2 - w_2^2)$$

$$u_1 v_{u1} = \frac{1}{2}(u_1^2 + v_1^2 - w_1^2)$$

代入式（9-1）得

$$H_{T\infty} = \frac{u_2^2 - u_1^2}{2g} + \frac{w_1^2 - w_2^2}{2g} + \frac{v_2^2 - v_1^2}{2g} \qquad (9-2)$$

式（9-2）是欧拉方程式的另一表达式。式中第一项是单位重量流体流经叶轮时，由于离心力作用所增加的静压，该静压值的提高与圆周速度的平方差成正比。第二项是由于叶片间流道展宽，以致相对速度有所降低而获得的静压水头增量，它代表着流体经过叶轮时动能

转化为压能的分量。由于此相对速度变化不大，故其增量较小。第三项是单位重量流体的动能增量。通常在总扬程相同的条件下，该项动能增量不宜过大。虽然，人们利用导流器及蜗壳的扩压作用，可使一部分动压水头转化为静压水头，但其流动的水力损失也会增大。

从欧拉方程式可以看出：

（1）用动量矩定理推导基本方程式时，并未分析流体在叶轮流道中途的运动过程。可见流体所获得的理论扬程 $H_{T\infty}$ 仅与流体在叶片进、出口处的运动速度有关，而与流动过程无关。

（2）流体所获得的理论扬程 $H_{T\infty}$，与被输送流体的种类无关。对于不同容重的流体，只要叶片进出口处的速度三角形相同，都可以得到相同的 $H_{T\infty}$。

（三）欧拉方程的修正

在推导欧拉方程时曾做了 3 点假设。其中的第一点只要原动机转速不变是基本上可以保证的。而后两点是需要作出修正的。

在叶轮叶片为无限多的假设下，叶道内同一截面上的相对速度是相等的，如图 9-3（a）所示，并且其方向与叶道一致，例如在叶轮出口处流体的相对速度方向是与该处叶片相切的，即沿叶片出口安装角 β_2 方向流出。实际上，离心式泵与风机的叶片数目是有限的。显然由于叶片间流道的加宽而减小了叶片对流速的约束。在叶轮转动时，由于流体的惯性作用不可能完全受叶片的约束而保持与叶片一致的方向运动，却趋向于保持原来的流动惯性，相对流道产生一种反旋轴向蜗流现象，如图 9-3（b）所示。因此，在有限叶片数时，流体经叶道除了相对流动之外，还存在轴向涡流。此涡流运动与原来的相对均匀流合成之后，在顺叶轮转动方向的流道前部，相对涡流助长了原有的相对速度；而在后部，则抑制原有的相对流速如图 9-3（c）所示。结果相对流速在同一半径的圆周上的分布变得不均匀起来，如图 9-3（d）所示，它一方面使叶片两面形成压力差，成为作用于轮轴上的阻力矩，需原动机克服此力矩而耗能；另一方面，在叶轮出口处，相对速度将朝旋转反方向偏离切线，由 $w_{2T\infty}$ 变为 w_{2T}，这种影响能在图 9-4 所示的速度三角形中看到，原来的切向分速度 $v_{u2T\infty}$ 将减少为 v_{u2T}。

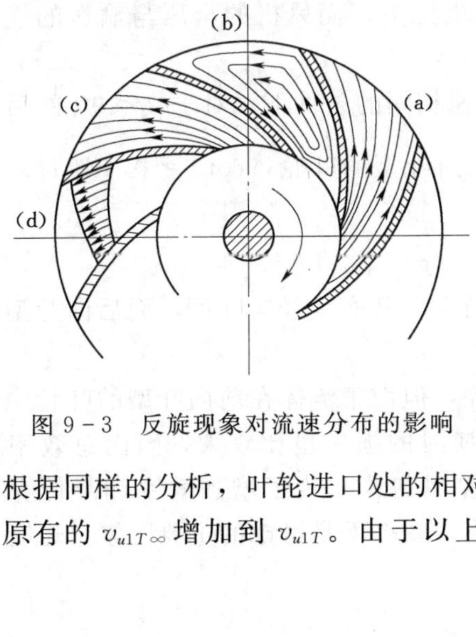

图 9-3　反旋现象对流速分布的影响

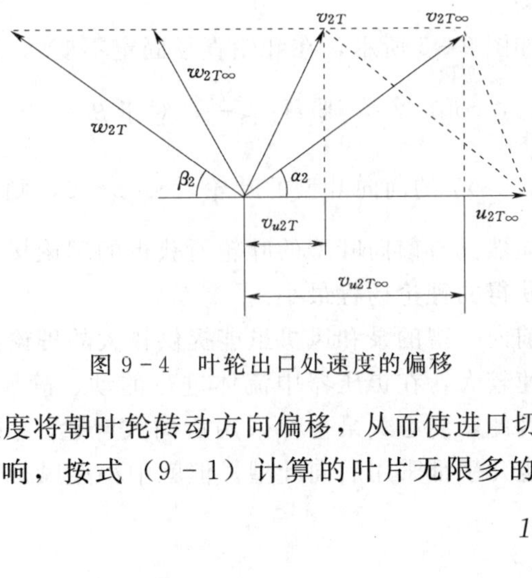

图 9-4　叶轮出口处速度的偏移

根据同样的分析，叶轮进口处的相对速度将朝叶轮转动方向偏移，从而使进口切向分速由原有的 $v_{u1T\infty}$ 增加到 v_{u1T}。由于以上影响，按式（9-1）计算的叶片无限多的扬程

$H_{T\infty}$ 要降低到叶片有限多的 H_T 值。无限多叶片的欧拉方程式表达的 $H_{T\infty}$ 与有限多叶片实际叶轮的欧拉方程式得出的 H_T 之间的关系至今还只能用经验公式来表明，而这些经验公式的适用范围也极其有限。这里用小于 1 的涡流修正系数 k 来联系，即

$$H_T = kH_{T\infty} = \frac{k}{g}(u_{2T\infty}v_{u2T\infty} - u_{1T\infty}v_{1T\infty})$$

对于离心机来说，k 一般在 0.78～0.85 之间，k 是离心式叶轮设计的重要系数。

或

$$H_T = \frac{1}{g}(u_{2T}v_{u2T} - u_{1T}v_{1T})$$

为了简明起见，将流体运动诸量中用来表示理想条件的下角"T"取消，可得

$$H_T = \frac{1}{g}(u_2 v_{u2} - u_1 v_{u1T}) \tag{9-3}$$

式（9－3）表达了实际叶轮工作时，流体从外加能量所获得的理论扬程值，该式也叫做理论扬程方程式。

应当指出，这里 $H_T < H_{T\infty}$ 的后果，并不是由于任何流动损失所引起，仅仅是由于叶片有限，不能很好地控制流动，产生了相对涡流所致。

对假设 3 的修正，将留在本章第三节专门讨论。

当进口切向分速 $v_{u1} = v_1\cos\alpha_1 = 0$ 时，根据式（9－3）计算的理论扬程 H 将达到最大值。因此，在设计泵或风机时，总是使进口绝对速度 v_1 与圆周速度 u_1 间的工作角 $\alpha_1 = 90°$。这时流体按径向进入叶片的流道，理论扬程方程式简化为

$$H_T = \frac{1}{g}u_2 v_{u2} \tag{9-4}$$

由叶片出口速度三角形可知

$$v_{u2} = u_2 - v_{r2}\cot\beta_2$$

代入式（9－4）得

$$H_T = \frac{1}{g}(u_2^2 - u_2 v_{r2}\cot\beta_2) \tag{9-5}$$

式（9－5）表示出理论扬程 H_T 与出口安装角 β_2 之间的关系。对于风机同样可得出，$p_T = \rho(u_2^2 - u_2 v_{r2}\cot\beta_2)$。可见，泵的扬程与输送液体种类无关，而风机的全压与输送的气体种类有关。

如图 9－5 所示，在叶轮直径固定不变，且转速相同的条件下，对于 $\beta_2 < 90°$ 的后向型的叶轮，$\cot\beta_2 > 0$，则 $H_T < \frac{u_2^2}{g}$；对于 $\beta_2 = 90°$ 的径向叶型的叶轮，$\cot\beta_2 = 0$，则 $H_T = \frac{u_2^2}{g}$；对于 $\beta_2 > 90°$ 的前向叶型的叶轮，$\cot\beta_2 < 0$，则 $H_T > \frac{u_2^2}{g}$。

显然具有前向叶型的叶轮所获得的理论扬程最大，其次为径向叶型，而后向叶型的叶轮所获得的理论扬程最小。

前向叶型的泵和风机虽能提供较大的理论扬程，但由于流体在前向叶型的叶轮中流动时流速较大，在扩压器中流体进行的动、静压转换时的损失也比较大，因而总效率比较低。因此，离心式泵全都采用后向式叶轮。在大型风机中，为了增加效率和降低噪声水平，也几乎都采用后向叶型。但就中小型风机而论，效率不是考虑的主要因素，也有采用

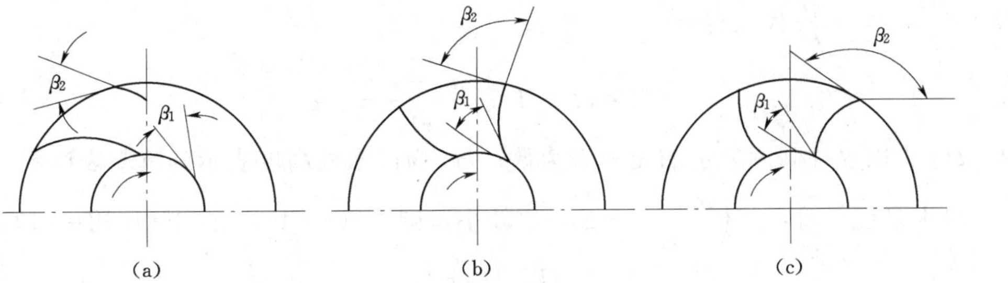

图 9-5　叶轮叶型与出口安装角

(a) 后向叶型（$\beta_2<90°$）；(b) 径向叶型（$\beta_2=90°$）；(c) 前向叶型（$\beta_2>90°$）

前向叶型的，这是因为叶轮是前向叶型的风机，在相同的压头下，轮径和外形可以做得较小。故在微型风机中，大都采用前向叶型的多叶叶轮。至于径向叶轮的泵或风机的性能，显然介于两者之间。

第二节　泵与风机的实际能头计算

离心泵基本方程式揭示了决定泵本身扬程的一些内在因素。这对于泵的设计、选型以及深入分析各个因素对泵性能的影响是很有用处的。从使用泵的角度上看，泵的工作必然要与管路系统以及许多外界条件（如江河水位、水塔高度、管网压力等）联系在一起。那么，在泵站的管理中，如何确定正在运转中的泵装置的总扬程？或者，在进行泵站的工艺设计时，如何依据原始资料来计算所需的扬程进行选泵？本节将讨论这两个方面的问题。

一、根据泵上压力表和真空表读数确定扬程

由前面能量方程的知识可知，泵的扬程 $H=H_2-H_1$（H_1、H_2 为泵入口和出口断面的总能量）。就图 9-6 所示的离心泵装置来分析，以吸水面 0—0 为基准面，列出进水断面 1—1 及出水断面 2—2 的能量方程。则扬程为

$$H=H_2-H_1=\left(Z_2+\frac{p_2}{\rho g}+\frac{v_2^2}{2g}\right)-\left(Z_1+\frac{p_1}{\rho g}+\frac{{v_1}^2}{2g}\right)$$

故

$$H=(Z_2-Z_1)+\left(\frac{p_2}{\rho g}-\frac{p_1}{\rho g}\right)+\left(\frac{{v_2}^2}{2g}-\frac{{v_1}^2}{2g}\right) \tag{9-6}$$

式中：Z_1、p_1、v_1 分别为相应于断面 1—1 处的位置水头、绝对压力和流速；Z_2、p_2、v_2 分别为相应于断面 2—2 处的位置水头、绝对压力和流速。

而

$$p_1=p_a-p_v \tag{9-7}$$

$$p_2=p_a+p_d \tag{9-8}$$

式中：p_a 为大气压力，MPa；p_v 为真空表读数，MPa；p_d 为压力表读数，MPa。

将式（9-7）、式（9-8）代入式（9-6）得

$$H=\Delta Z+\frac{p_d+p_v}{\rho g}+\frac{{v_2}^2-{v_1}^2}{2g} \tag{9-9}$$

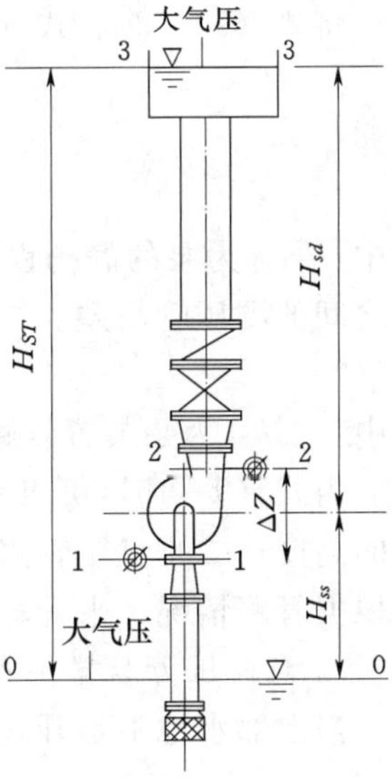

图 9-6　离心泵装置

以 $H_d=\frac{p_d}{\rho g}$，$H_v=\frac{p_v}{\rho g}$代入得

$$H=H_d+H_v+\frac{v_2^2-v_1^2}{2g}+\Delta Z \tag{9-10}$$

式中：H_d 为以水柱高度表示的压力表读数；H_v 为以水柱高度表示的真空表读数。

一般水泵运行时，其$\left(\frac{v_2^2-v_1^2}{2g}+\Delta Z\right)$值较小，则式（9-10）在实际应用中可写为

$$H=H_d+H_v \tag{9-11}$$

由式（9-11）可知，只要把正在运行中的泵装置的真空表和压力表读数相加，就可得到该泵的工作扬程。

如果水泵为自灌式工作，则水泵进口处及出口处都装设压力表，其扬程计算公式则为

$$H=H_d-H_d'（H_d'为吸水管压力表读数）$$

二、泵在管网中工作时所需扬程的计算

1. 泵向开式水池供水时

在对水泵进行选型时，参数主要是水泵的流量以及扬程，在确定水泵的扬程时，可以通过管道水头损失及提升液体高度的来计算，针对图 9-6 分别列出 0—0 基准面和 1—1 断面的能量方程，以及 2—2 断面和 3—3 断面的能量方程，可得

$$H_v=H_{ss}+\sum h_s+\frac{{v_1}^2}{2g}-\frac{\Delta Z}{2} \tag{9-12}$$

$$H_d=H_{sd}+\sum h_d-\frac{v_2^2}{2g}-\frac{\Delta Z}{2} \tag{9-13}$$

式中：H_{ss} 为泵吸水地形高度，mH_2O，也即自泵吸水井水面的测压管水面至泵轴之间的垂直距离（如吸水井是敞开的，H_{ss} 即为吸水井水面与泵轴之间的高差）；H_{sd} 为泵压水地形高度，mH_2O，也即从泵轴至水塔的最高水位或密闭水箱液面的测压管水面之间的垂直距离；$\sum h_s$、$\sum h_d$ 分别为泵装置吸水管路及压水管路中的水头损失之和，mH_2O。

将式（9-12）、式（9-13）代入式（9-10），并化简后得

$$H=H_{ss}+H_{sd}+\sum h_s+\sum h_d \tag{9-14}$$

也即

$$H=H_{ST}+\sum h_w \tag{9-15}$$

$$H_{ST}=H_{ss}+H_{sd}$$

式中：H_{ST} 为泵的静扬程，mH_2O，即泵吸水井的设计水面与水塔（或密闭水箱）最高水位之间的测压管高差。

又

$$\sum h_w=\sum h_s+\sum h_d$$

式中：$\sum h_w$ 为泵装置管路中水头损失之总和，mH_2O。

由式（9-15）可以看出，泵的扬程在实际工程中，用于两方面：一是将水提升至一定的高度；二是克服管路中的水头损失。此公式在工程设计中经常需要使用，它表达了如何根据管路情况，来计算泵应该具有的扬程。

2. 泵向压力容器供水时

当上部水池不是开式，而是将液体压入压力容器时，例如，锅炉补水泵须将水由开式补水池（液面压强为大气压 p_a）压入压强为 p 的锅炉内，则在计算时应考虑$\frac{p-p_a}{\rho g}$的附加

扬程。如从低压容器（压强为 p_0）向高压容器（压强为 p）供水时所需扬程应附加$\frac{p-p_0}{\rho g}$。

3. 泵在闭合环路管网工作时

对于采暖系统的循环泵，泵的扬程仅仅等于该环路的流动阻力。

泵的扬程是指单位重量流体从泵入口到出口的能量增量，它与泵的出口水头是两个不同的概念，不能片面地理解为泵能将水提升 H(m) 高。

【例 9-1】 某工厂由冷冻站输送冷冻水至空气调节室的蓄水池，采用一台单吸单级式离心泵，在吸水口测得流量为 60L/s，泵前真空表读数为 4mH_2O，吸水口直径为 25cm。泵出口压力表读数为 3.0kgf/cm^2（1kgf/cm^2 = 9.81 × 10^4Pa），泵出口直径为 0.2m，压力表安装位置比真空表高 0.3m，求泵的扬程。

解： $H_v=4\text{m}$

$\Delta Z=0.3\text{m}$

$q_V=60\text{L/s}=0.06\text{m}^3/\text{s}$

$$v_2=\frac{0.06\times4}{3.14\times(0.2)^2}=1.91(\text{m/s})$$

$$v_1=\frac{0.06\times4}{3.14\times(0.25)^2}=1.23(\text{m/s})$$

$$H_d=\frac{p}{\rho g}=\frac{3.0\times9.81\times10^4}{9.81\times10^3}=30(\text{mH}_2\text{O})$$

则

$$H=H_d+H_v+\frac{v_2^2-v_1^2}{2g}+\Delta Z=30+4+\frac{1.91^2-1.23^2}{2\times9.81}+0.3\approx34.4\ (\text{m})$$

第三节　离心式泵与风机的性能曲线

一、离心式泵与风机的理论性能曲线

由于泵与风机的扬程、流量以及所需的功率等性能是相互影响的，所以通常用以下 3 种函数关系式来表示这些性能之间的关系：

(1) 泵与风机所提供的流量和扬程之间的关系，用 $H=f_1(q_V)$ 来表示。

(2) 泵与风机所提供的流量与所需外加轴功率之间的关系，用 $N=f_2(q_V)$ 来表示。

(3) 泵与风机所提供的流量与设备本身效率之间的关系，用 $\eta=f_3(q_V)$ 来表示。

在某一转速下，将上述 3 种关系以曲线绘在以流量 q_V 为横坐标的图上，这些曲线叫做泵与风机的性能曲线。

从欧拉方程出发，总可以在理想条件下得到 $H_T=f_1(q_{VT})$ 及 $N_T=f_2(q_{VT})$ 的关系。

设叶轮的出口面积为 A_2（这是以叶片出口宽度 b_2 作母线，绕轴心旋转一周所成的曲面积），叶轮工作时所排出的理论流量应为

$$q_{VT}=v_{r2}A_2$$

代入式（9-5）得

$$H_T=\frac{1}{g}\left(u_2{}^2-\frac{u_2}{A_2}q_{VT}\cot\beta_2\right)$$

对于大小一定的泵或风机来说，转速不变时，上式中 u_2、g、β_2、A_2 均为常数。

令
$$A=\frac{u_2^2}{g}\quad B=\frac{u_2}{A_2 g}$$
可得
$$H_T=A-B\cot\beta_2 q_{VT}\tag{9-16}$$
显然，这是一个斜率为 $B\cot\beta_2$、截距为 A 的直线方程。

图 9-7 绘出了三种不同叶型的泵与风机理论上的流量与扬程关系曲线。可看出由 $B\cot\beta_2$ 所代表的曲线斜率是不同的，因而三种叶型具有各自的曲线倾向。同时还可以看出，当 $q_{VT}=0$ 时，$H_T=A=\frac{{u_2}^2}{g}$。

下面研究理论上的流量与外加轴功率的关系。理想条件下，流体在泵与风机内实际获得的有效功率理论上就是轴功率，即
$$N_e=N_T=\rho g q_{VT} H_T$$
将式（9-16）代入上式可得
$$N_T=\rho g q_{VT}(A-B\cot\beta_2 q_{VT})=Cq_{VT}-D\cot\beta_2 q_{VT}^2\tag{9-17}$$

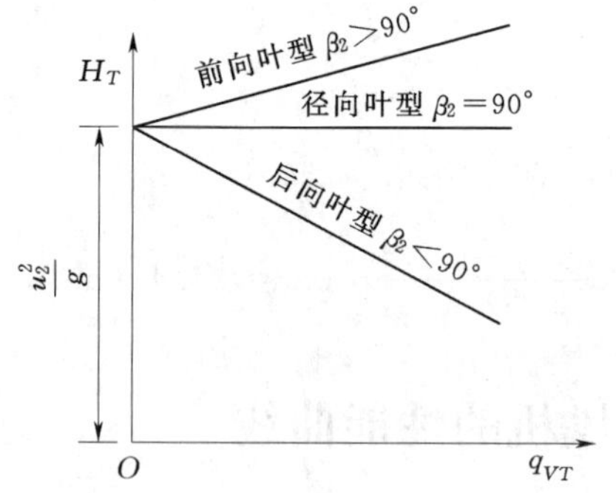

图 9-7　三种叶型的 q_{VT}—H_T 曲线

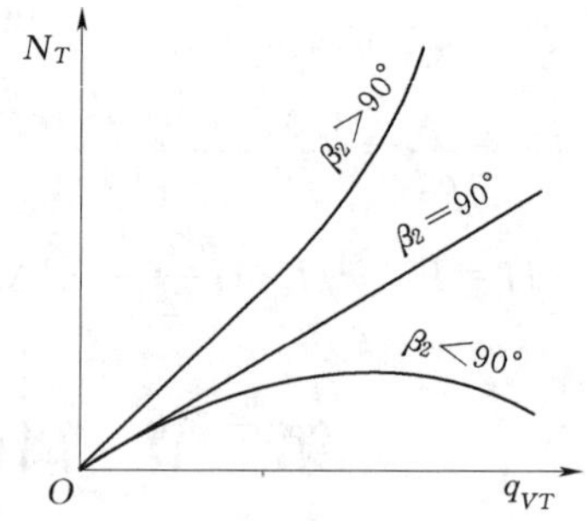

图 9-8　三种叶型的 q_{VT}—N_T 曲线

从式（9-17）可以看出：当泵与风机的转速一定时，其理论流量 q_{VT} 与功率 N_T 的关系是非线性关系。且对于不同的 β_2 值具有不同的形状曲线，这里 $C=A\rho g$，$D=B\rho g$，但 $q_{VT}=0$ 时，$N_T=0$，三条曲线同交于原点，见图 9-8 所示。径向叶型，$\beta_2=90°$，$\cot\beta_2=0$，功率曲线为一条直线；前向叶型 $\beta_2>90°$，$\cot\beta_2<0$，功率曲线为一条上凹的二次曲线；后向叶型，$\beta_2<90°$，$\cot\beta_2>0$，功率曲线则为一条下凹曲线。

从图 9-8 中的 q_{VT}—H_T 曲线可以看出，前向叶型的泵或风机所需要的轴功率随流量的增加而增长的很快。因此，这种风机在运行中增加流量时，原动机超载的可能性比径向叶型的泵或风机大得多，而后向叶型的叶轮一般不会发生原动机超载的现象。

二、离心式泵与风机的实际性能曲线

前面研究的是不计各种损失泵与风机的理论性能曲线。只有考虑机内的损失问题，才能得出实际的性能曲线。然而机内流动情况十分复杂，现在还不能用分析方法精确地计算这些损失。当运行偏离设计工况时，尤其如此。所以各制造厂都只能用实验方法直接测出性能曲线。但从理论上对这些损失进行研究并将其分类整理，作出定性分析，可以找出减

少损失的途径。

（一）泵或风机中的能量损失

泵或风机中的能量损失按其产生的原因常分为三类：水力损失、容积损失和机械损失。

1．水力损失

水力损失又分为摩阻损失和冲击损失两类。其大小与过流部件的几何形状、壁面粗糙度以及流体的黏滞性有关。

摩阻损失包括局部损失和沿程损失两项，主要发生于以下几个部分。

流体经泵或风机入口进入叶片进口之前，发生摩擦及90°转弯所引起的水力损失；当机器实际运行流量与设计额定流量不同时，相对速度的方向就不再同叶片进口安装角的切线相一致，从而发生冲击损失；叶轮中的沿程摩擦损失和流道中流体速度大小，方向变化及离开叶片出口等局部损失；流体离开叶轮进入机壳后，有动压转换为静压的转换损失；以及机壳的出口损失。上述这些水力损失都遵循流体力学中流动阻力的规律。

水力损失常用水力效率来估计

$$\eta_h=\frac{H_T-\sum\Delta H}{H_T}=\frac{H}{H_T} \tag{9-18}$$

式中

$$\sum\Delta H=H_T-H$$

2．容积损失

当叶轮工作时，机内存在着高压区和低压区。同时，由于结构上有运动部件和固定部件之分，这两种部件之间必然存在着缝隙。这就使流体从高压区通过缝隙泄露到低压区，显然这部分流体也获得能量，但未能有效利用。此外，对离心泵来说为平衡轴向推力常设置平衡孔，同样引起泄漏回流量，见图9－9。通常用容积效率 η_v 来表示容积损失的大小。如以 q 表示泄漏的总回流量，则

$$\eta_v=\frac{q_{VT}-q}{q_{VT}}=\frac{q_V}{q_{VT}} \tag{9-19}$$

式中：q_V 为泵或风机的实际流量，$q_V=q_{VT}-q$。

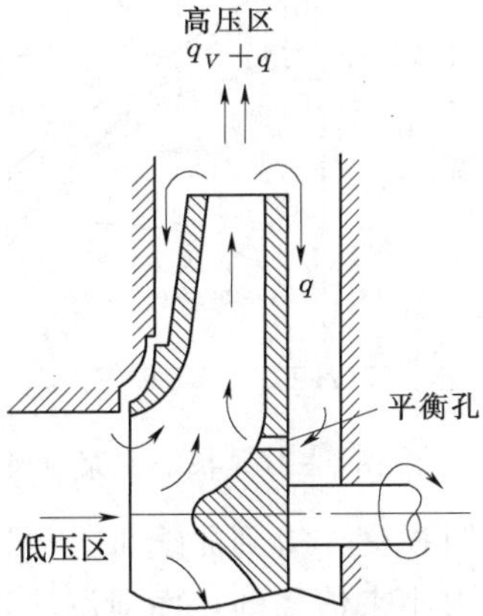

图9－9　机内流体泄漏回流示意图

显然，要提高容积效率，就必须减小回流量，减小回流量的措施有两个：一是尽可能增加密封装置的阻力，如减小密封环的间隙或将密封环做成曲折形状；二是尽量减小密封环的直径，从而降低其周长使流通面积减少。

3．机械损失

泵或风机的机械损失包括轴承和轴封的摩擦损失以及叶轮盖板旋转时与机壳内流体之间发生的所谓圆盘摩擦损失。

摩擦损失的大小通常以损耗的功率表示。设轴承与轴封摩擦损失的功率为 ΔN_1，圆盘摩擦损失的功率为 ΔN_2，机械损失的总功率 ΔN_m 为

$$\Delta N_m=\Delta N_1+\Delta N_2$$

泵或风机的机械损失可以用机械效率来表示：

$$\eta_m=\frac{N-\Delta N_m}{N} \tag{9-20}$$

（二）泵与风机的全效率

当只考虑机械效率时，供给泵或风机的轴功率应为

$$N=\frac{\rho g q_{VT} H_T}{\eta_m}$$

而泵或风机实际所得的有效功率为

$$N_e=\rho g q_V H$$

据效率的定义结合式（9-18）、式（9-19），泵和风机的全效率可由上式表示：

$$\eta=\frac{Ne}{N}=\frac{\rho g q_V H}{\rho g q_{VT} H_T}\eta_m=\eta_V\eta_n\eta_m \tag{9-21}$$

（三）泵与风机的实际性能曲线

依据泵与风机内部的各种能量损失，对理论性能曲线逐步进行修正，可以得出泵与风机的实际性能曲线。

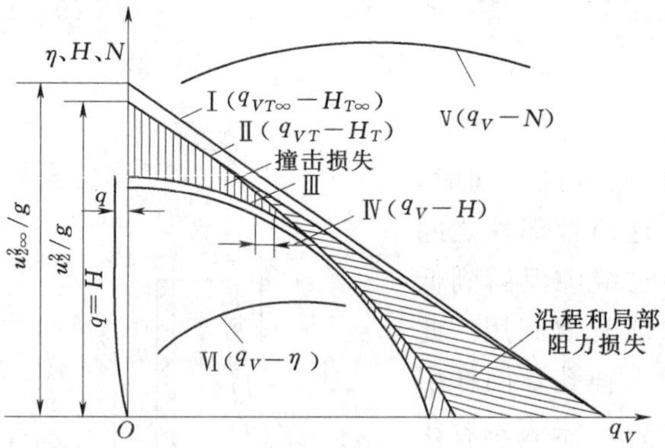

图 9-10　离心式泵或风机性能曲线分析

在 q_V-H 坐标图上同时标注出功率 N 和效率 η 的尺度，如图 9-10 所示。以后向叶型的叶轮为例，根据有限多叶片理论流量和扬程的关系式（9-3）绘出一条 $q_{VT}—H_T$ 曲线，如图 9-10 中直线Ⅱ所示。显然，无限多叶片理想扬程和流量的关系曲线 $q_{VT\infty}—H_{T\infty}$ 如图中 9-10 直线Ⅰ所示。

以直线Ⅱ为基础，扣除在相应理论流量下机内产生的水力损失，包括直影线表示的冲击损失和斜影线表示的各种摩阻损失，得到曲线Ⅲ。再以曲线Ⅲ为基础扣除容积损失。由于容积损失是以泄漏流量 q 的大小来估算的，而泄漏流量的大小又与扬程有关，曲线Ⅲ的横坐标值中减去相应 H 值时的 q 值，最后便可得出泵或风机的 $q_V—H$ 实际性能曲线，如图 9-10 中曲线Ⅳ所示。

因为轴功率 N 是理论功率 $N_T=\rho g q_{VT} H_T$ 与机械损失功率 ΔN_m 之和，即

$$N=N_T+\Delta N_m=\rho g q_{VT} H_T+\Delta N_m$$

根据这一关系式。可以在图 9-10 上绘制一条表明泵或风机的流量与轴功率之间关系的 $q_V—N$ 曲线，如图上之曲线Ⅴ。

有了 $q_V—N$ 和 $q_V—H$ 两曲线，计算在不同流量下的 η 值，从而得出 $q_V—\eta$ 曲线，如图 9-10 中的Ⅵ。$q_V—\eta$ 曲线的最高点表明为最大效率。它的位置与设计流量是相应的。泵与风机名牌上所标的参数便是在牌中转速下最高效率点所对应的值，为了使泵与风机能够发挥高效，应尽量保证其工作时的效率不低于最高效率的 92%。在泵的性能曲线 q_V-H 上流量为 0 时称为泵的空转，此时泵的效率为 0，轴功率转化为液体的内能使其温度升高，从而增加汽蚀的可能性，因此水泵不可以长时间空转。根据 q_V-Hq_V-p 或曲线形状的不同可将其分为平坦型、陡降型和驼峰型，其中平坦型、陡降型分别适用于能头、流量

变化缓慢的场合，而驼峰型的泵与风机因为性能不稳定故而尽量避免使用。

如前所述，泵和风机的性能曲线实际上都是由制造厂根据实验得出的。这些性能曲线是选用泵或风机和分析其运行工况的根据。

图 9-11 绘出了型号为 6B33 水泵的性能曲线。此图是在 $n=1450\text{r/min}$ 的条件下，通过性能实验数据绘制的。该泵的标准叶轮直径为 328mm。制造厂还提供了经过切削的较小直径的叶轮，直径分别为 300mm 及 275mm，这两种叶轮的泵的性能曲线也绘在同一张性能曲线图上。

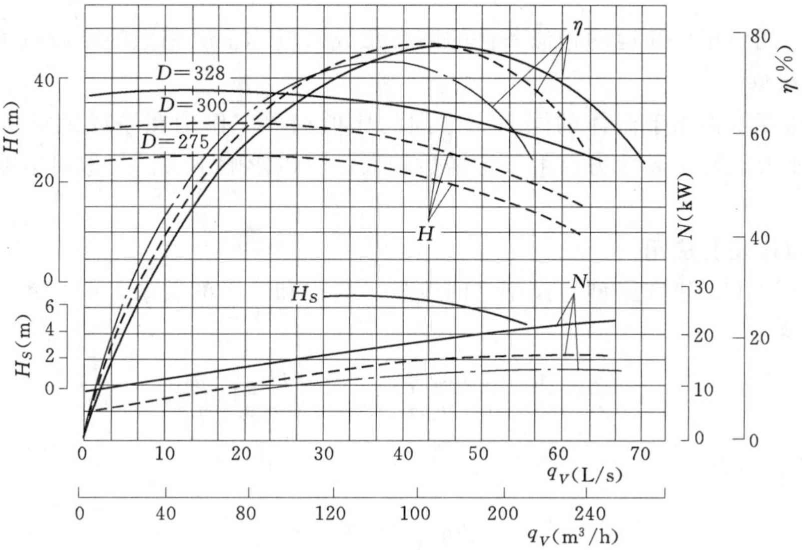

图 9-11　6B33 型离心式泵的性能曲线

第四节　泵与风机的相似定律与比转数

泵或风机的相似律表明了同一系列相似机器的相似工况之间的相似关系。泵或风机的设计、制造通常是按“系列”进行的。同一系列中，大小不等的泵或风机都是相似的，也就是说它们之间的流体力学性质遵循本书所阐明的力学相似原理。相似律是根据相似原理导出的，除用于设计泵或风机外，对于从事本专业的工作人员来说，更重要的还在于用来作为运行、调节和选用型号等的理论根据和实用工具。

一、泵与风机的相似条件

根据相似理论，要保证流体流动过程力学相似必须同时满足几何相似、运动相似、动力相似。这其中几何相似是前提，动力相似是保证，运动相似是目的。

1. 几何相似

两台相似的水泵或风机，其相应几何尺寸的比值相等，且相应角也相等，即

$$\frac{D_{2n}}{D_{2m}}=\frac{D_{1n}}{D_{1m}}=\frac{b_{2n}}{b_{2m}}=\frac{b_{1n}}{b_{1m}}=\cdots=\lambda_l \tag{9-22}$$

$$\beta_{1n}=\beta_{1m},\beta_{2n}=\beta_{2m}$$

严格地说，几何相似还应包括泵与风机的叶片厚度，叶轮和进风口间的间隙和表面粗糙度等。但这些尺寸相似与否对泵与风机性能的影响较小，故可忽略不计。

2. 运动相似

两台相似的泵或风机，各相应点上速度三角形相似。即相应点的同名速度方向相同，大小比值等于常数。即

$$\frac{v_{2n}}{v_{2m}}=\frac{v_{2m}}{v_{2rm}}=\frac{u_{2n}}{u_{2m}}=\cdots=\lambda_v \tag{9-23}$$

$$\alpha_{1n}=\alpha_{1m},\alpha_{2n}=\alpha_{2m}$$

凡是满足几何相似和运动相似条件的两台泵或风机称工况相似的泵或风机。

3. 动力相似

动力相似要求作用于流体的同名力之间的比值相等。作用在泵或风机内流体的诸力中，主要是压力，对于黏性力，由于雷诺数较大，所以影响不大。一般可以略而不计自动满足动力相似。

二、相似律及其应用

在相似工况下，研究原型与模型之间流量、扬程和功率的关系，此关系叫相似律。

1. 流量关系

$$\frac{q_{Vn}}{q_{Vm}}=\frac{v_{2m}\pi D_{2n}b_{2n}\eta_{vn}}{v_{2rm}\pi D_{2m}b_{2m}\eta_{vm}}=\frac{u_{2n}}{u_{2m}}\left(\frac{D_{2n}}{D_{2m}}\right)^2\frac{\eta_{vn}}{\eta_{vm}}$$

由于 $u=\frac{\pi Dn}{60}$，所以

$$\frac{u_{2n}}{u_{2m}}=\frac{D_{2n}n_n}{D_{2m}n_m}$$

代入上式得

$$\frac{q_{Vn}}{q_{Vm}}=\frac{n_n}{n_m}\left(\frac{D_{2n}}{D_{2m}}\right)^3\frac{\eta_{vn}}{\eta_{vm}}=\lambda_n\lambda_l^{\,3}\lambda_{v\eta} \tag{9-24}$$

2. 扬程关系

$$\frac{H_n}{H_m}=\frac{g_nu_{2n}v_{2n}\cos\alpha_{2n}\eta_{hn}}{g_mu_{2m}v_{2m}\cos\alpha_{2m}\eta_{hm}}=\left(\frac{n_n}{n_m}\right)^2\left(\frac{D_{2n}}{D_{2m}}\right)^2\frac{\eta_{hn}}{\eta_{hm}}=\lambda_n^2\lambda_l^2\lambda_{h\eta} \tag{9-25}$$

对于风机，$p=\rho gH$ 代入上式可得压头关系式：

$$\frac{p_n}{p_m}=\lambda_\rho\lambda_n^{\,2}\lambda_l^{\,2}\lambda_{h\eta} \tag{9-26}$$

3. 功率关系

$$\frac{N_n}{N_m}=\frac{\gamma_nq_{Vn}H_n\eta_{mn}}{\gamma_mq_{Vm}H_m\eta_{mm}}=\lambda_\rho\lambda_n^{\,3}\lambda_l^{\,5}\lambda_{m\eta} \tag{9-27}$$

实际应用中，如果两个工况相似的泵或风机的尺寸相差不大，转速也相差不大时，可近似认为两台相似泵或风机的容积效率、水力效率、机械效率均相等。这时相似定律可写为

$$\frac{q_{Vn}}{q_{Vm}}=\lambda_n\lambda_l^{\,3} \tag{9-28}$$

$$\frac{H_n}{H_m}=\lambda_n^{\,2}\lambda_l^{\,2} \tag{9-29}$$

$$\frac{p_n}{p_m}=\lambda_\rho\lambda_n{}^2\lambda_l{}^2 \tag{9-30}$$

$$\frac{N_n}{N_m}=\lambda_\rho\lambda_n{}^3\lambda_l{}^5 \tag{9-31}$$

在特殊情况下，如同一台泵与风机（即 $D_n=D_m$）当转速或流体密度发生变化时，或者，同系列中不同机号（$D_n\neq D_m$）输送同一流体（$\rho_n=\rho_m$）时，上述换算公式就可以简化。表 9-1 是相似泵与风机在各种情况下的性能换算公式。

表 9-1　泵与风机性能换算综合表

换算条件 / 换算公式 / 项目	$D_{2n}\neq D_{2m}$ $n_n\neq n_m$ $\rho_n\neq\rho_m$	$D_{2n}=D_{2m}$ $n_n=n_m$ $\rho_n\neq\rho_m$	$D_{2n}=D_{2m}$ $n_n\neq n_m$ $\rho_n=\rho_m$	$D_{2n}\neq D_{2m}$ $n_n=n_m$ $\rho_n=\rho_m$
扬程换算	$\frac{H_n}{H_m}=\lambda_l{}^2\lambda_n{}^2$	$H_n=H_m$	$\frac{H_n}{H_m}=\lambda_n^2$	$\frac{H_n}{H_m}=\lambda_l^2$
全压换算	$\frac{p_n}{p_m}=\lambda_\rho\lambda_n{}^2\lambda_l^2$	$\frac{p_n}{p_m}=\lambda_\rho$	$\frac{p_n}{p_m}=\lambda_n{}^2$	$\frac{p_n}{p_m}=\lambda_l^2$
流量换算	$\frac{q_{Vn}}{q_{Vm}}=\lambda_n\lambda_l^3$	$q_{Vn}=q_{Vm}$	$\frac{q_{Vn}}{q_{Vm}}=\lambda_n$	$\frac{q_{Vn}}{q_{Vm}}=\lambda_l^3$
功率换算	$\frac{N_n}{N_m}=\lambda_\rho\lambda_n{}^3\lambda_l^5$	$\frac{N_n}{N_m}=\lambda_\rho$	$\frac{N_n}{N_m}=\lambda_n^3$	$\frac{N_n}{N_m}=\lambda_\rho\lambda_n^3\lambda_l{}^5$
效率	$\eta_n=\eta_m$			

从表 9-1 可知，同一台泵在不同转速下输送相同流体时，若效率相同则会满足方程 $H=Kq_V^2$，将该方程表示的抛物线称为相似相似抛物线。可见，在同一相似抛物线上各点效率相同，工况点相似。

【例 9-2】 现有 Y9—35—12No10D 型锅炉引风机一台，铭牌上的参数为 $n_0=960\text{r/min}$，$p_0=1588\text{Pa}$，$q_{V0}=20000\text{m}^3/\text{h}$，$\eta=60\%$。配用电机功率为 22kW，三角皮带传动，传动效率 $\eta_t=98\%$，今用此引风机输送温度为 20℃的清洁空气，n 不变，求在这种情况下风机的性能参数，并校核配用电机的功率能否满足要求。

解： 因为该风机铭牌上的参数是在大气压为 101.325kPa，介质温度为 200℃条件下给出的（该状态下空气的密度 $\rho_0=0.75\text{kg/m}^3$）。当改送 20℃空气时，其相应的密度 $l=1.21\text{kg/m}^3$，由相似定律可知该风机的实际性能参数为

$$q_V=q_{V0}=20000\text{m}^3/\text{h}$$

$$p=\frac{\rho}{\rho_0}p_0=\frac{1.21}{0.75}\times1588=2557(\text{Pa})$$

校核配用电机的功率：

$$N=K\frac{q_Vp}{\eta}\frac{1}{\eta_t}=1.15\times\frac{20000}{3600}\times2557\times\frac{1}{0.6}\times\frac{1}{0.98}=27.81(\text{kW})>22$$

式中：K 是电机的安全系数；η 为风机的全效率；η_t 机械传动效率。可见，配用电机的功率满足不了实际需要。

【例 9-3】 已知 4—72—11No6C 型离心式风机铭牌上表示的性能参数为：$n_0=$

1250rpm，$H_0=79\text{mmH}_2\text{O}$，$q_{V0}=8300\text{m}^3/\text{h}$，轴功率 $N_0=2\text{kW}$。如果该风机改在 $n=1450$rpm 情况下运行，试问相应的流量 q_V，全压 Δp 及轴功率 N 应为多少？

解：由相似定律知

$$q_V=q_{V0}\frac{n}{n_0}=8300\times\frac{1450}{1250}=9628(\text{m}^3/\text{h})$$

$$H=H_0\left(\frac{n}{n_0}\right)^2=79\times\left(\frac{1450}{1250}\right)^2=106.3(\text{mmH}_2\text{O})$$

$$N=N_0\left(\frac{n}{n_0}\right)^3=2\times\left(\frac{1450}{1250}\right)^3=3.12(\text{kW})$$

三、风机的无因次性能曲线

由于同类型通风机具有几何相似、运动相似和动力相似的特性，所以，每台通风机的流量、压力、功率与输送气体的密度、通风机叶轮外径以及通风机转速三者之间所组成的同因次量之比是一个常数，这些常数分别以 $\overline{q_V}$、$\overline{p}$、$\overline{N}$来表示。它们是没有因次的量，故分别称为流量系数、压力系数、功率系数。根据相似律和我国目前约定俗成的办法可得它们的表达式如下：

$$\overline{q_V}=\frac{q_V}{\frac{\pi}{4}D_2{}^2u_2}=\frac{q_V}{0.04112D_2^3n} \tag{9-32}$$

$$\overline{p}=\frac{p}{\rho u_2^2}=\frac{p}{2.74\times10^{-3}\rho D_2^2n^3} \tag{9-33}$$

$$\overline{N}=\frac{1000N}{\frac{\pi}{4}D_2^2\rho u_2^3}=\frac{N}{1.127\times10^{-7}\rho D_2^5n^3} \tag{9-34}$$

式中：q_V 为风机实验中某测点（某工况）的流量，m^3/s；p 为相应工况下风机的全压，N/m^2；N 为相应工况下风机的轴功率，kW；n 为相应测点下风机叶轮的转速，r/min；D_2 为叶轮直径，m；u_2 为叶轮圆周速度，$u_2=\frac{\pi D_2n}{60}$，m/s；ρ 为输送气体的密度，kg/m^3。

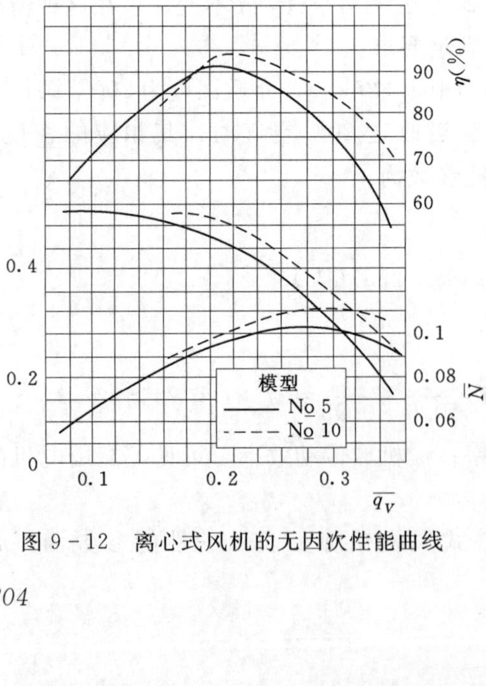

图 9-12　离心式风机的无因次性能曲线

通风机的全压效率 η，可由$\overline{q_V}$、$\overline{p}$、$\overline{N}$求出：

$$\eta=\frac{\overline{q_V}\,\overline{p}}{\overline{N}}$$

注意：$\overline{q_V}$、$\overline{p}$及$\overline{N}$是无因次比例常数，它是取决于相似工况点的函数，不同的相似工况点所对应的$\overline{q_V}$、$\overline{p}$及$\overline{N}$值不同。

为了绘制无因次性能曲线，在某一系列中选用一台风机作为模型机，令其在不同的流量 q_{V1}、q_{V2}、q_{V3}、…条件下以固转速 n 运行，测出相应的 p_1、p_2、p_3、…和 N_1、N_2、N_3、…，同时取得输送的介质密度 ρ，就可以算出 u_2 值和对应的$\overline{p}_1$、$\overline{p}_2$、$\overline{p}_3$、…，

$\overline{q_{V1}}$、$\overline{q_{V2}}$、$\overline{q_{V3}}$、…及$\overline{N_1}$、$\overline{N_2}$、$\overline{N_3}$、…，η_1、η_2、η_3、…，用圆滑曲线连接这些点，就可以描绘出一组无因次曲线，其中包括$\overline{q_V}—\overline{p}$，$\overline{q_V}—\overline{N}$及$\overline{q_V}—\eta$三条曲线，如图 9-12 所示。

显然，根据无因次性能曲线得出的无因次量是不能直接使用的，所以应将自曲线查得的$\overline{p}$、$\overline{q_V}$、$\overline{N}$值再用式（9-32）、式（9-33）、式（9-34）进行反运算以求出实际的性能参数。

四、比转数

一个“系列”的诸多相似机既然可用一条无因次性能曲线表述，那么，在此曲线上所取的工况点不同，就会有许多组（$\overline{q_{V1}}$、$\overline{p_1}$）、（$\overline{q_{V2}}$、$\overline{p_2}$）、（$\overline{q_{V3}}$、$\overline{p_3}$）、…值。如果指定效率最高点（即最佳工况点）的一组（$\overline{q_V}$、$\overline{p}$）值，作为这个“系列”的代表值，这样就把表征“系列”的手段由一条无因次曲线简化成两个参数值（$\overline{q_V}$、$\overline{p}$），作为这个系列的代表值。从而找到了非相似泵或风机的比较基础——比转数。以符号 n_s 表示，单位 r/min。

我国规定，在相似系列水泵中，确定一台标准模型泵。该泵在最高效率下，当有效功率 $N_m=1$ 马力，扬程 $H_m=1\text{m}$，流量 $q_{Vm}=0.075\text{m}^3/\text{s}$ 时，该标准模型泵的转数，就叫做与它相似的系列泵的比转数 n_s。

根据相似律式（9-29）和式（9-30），可得

$$\frac{q_V}{q_{Vm}}=\left(\frac{n_s}{n}\right)^2\left(\frac{H}{H_m}\right)^{\frac{3}{2}}$$

即

$$n_s=n\left(\frac{q_V}{q_{Vm}}\right)^{\frac{1}{2}}\left(\frac{H_m}{H}\right)^{\frac{3}{4}} \tag{9-35}$$

将 $H_m=1.0\text{m}$，$q_{Vm}=0.075\text{m}^3/\text{s}$ 代入上式得

$$n_s=\frac{3.65n\sqrt{q_V}}{H^{\frac{3}{4}}} \tag{9-36}$$

式中：q_V 为实际泵的设计流量，m^3/s，对单级双吸式离心泵，以 $q_V/2$ 代入；H 为实际泵的设计扬程，m，对多级泵以 H/X 代入，X 为级数；n 为实际泵的设计转速，r/min。

这就是水泵比转数的计算公式。式（9-36）表明凡工况相似的水泵，它们的流量、扬程和转速一定符合式（9-35）所示的关系。

至于风机，我国规定，相似系列风机中，确定一台标准模型风机，该风机在最高效率情况下，压头 $p_m=1\text{mmH}_2\text{O}$，流量 $q_{Vm}=1\text{m}^3/\text{s}$，此标准模型风机的 p_m 和 q_{Vm} 代入式（9-36），并将 H 换成 p，可得

$$n_s=\frac{nq_V^{\frac{1}{2}}}{p^{\frac{3}{4}}}$$

式中：p 的单位取 mmH_2O；其他同前。

特别要指出的是，在相似条件下，两个泵与风机的比转数是相等的。但是，反过来，比转数相等的两泵与风机就不一定相似。例如，我国生产的 7—5.25（7—29）型风机比转数是 5.25，6—5.41（6—30）型风机比转数是 5.41，两种风机的比转数近似相等，但它们的几何形状却完全不相似。故比转数绝不是相似条件，它的相等只是泵与风机相似的必要条件。

比转数的实用意义在于：

（1）比转数反映了某相似系列泵或风机的性能参数方面的特点。比转数大表明了流量大，压力低；反之，比转数小则表明流量小，而压力高。

（2）比转数的大小反映了叶轮的几何形状。比转数大则流量大而扬程小，叶轮的出口宽度 b_2 与其 D_2 之比就越大，因此，叶轮的形状厚而小；比转数小，流量小而扬程大，则相应叶轮的出口宽度 b_2 与其 D_2 之比就越小，叶轮形状扁而大。如图 9-13 所示反映了各种泵的几何形状与比转数的关系。

（3）比转数可以反映性能曲线的变化趋势。如图 9-13 所示，比转数越小，则 q_V—H 曲线越平坦，q_V—N 曲线上升较快，q_V—η 曲线变化越小；比转数越大，则 q_V—H 曲线下降较快，q_V—N 曲线变化较缓慢，q_V—η 曲线变化越大。

泵的类型	离心泵			混流泵	轴流泵
	低比转速	中比转速	高比转速		
比转数	30～80	80～150	150～300	300～500	500～1000
叶轮形状	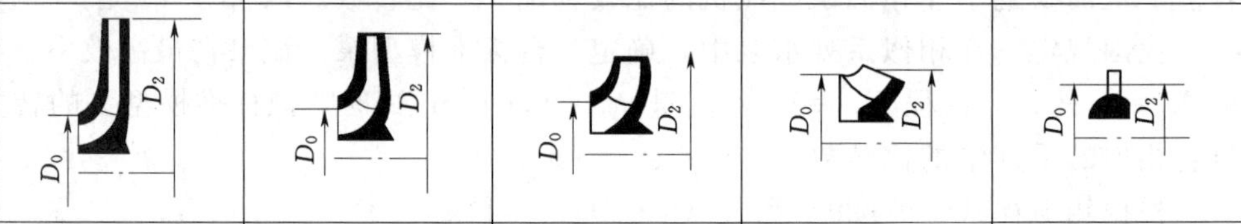				
D_2/D_0	≈3	≈2.3	≈1.8～1.4	≈1.2～1.1	≈1
叶片形状	圆柱形	入口处扭曲 出口处圆柱形	扭曲	扭曲	机翼型
性能曲线大致的形状	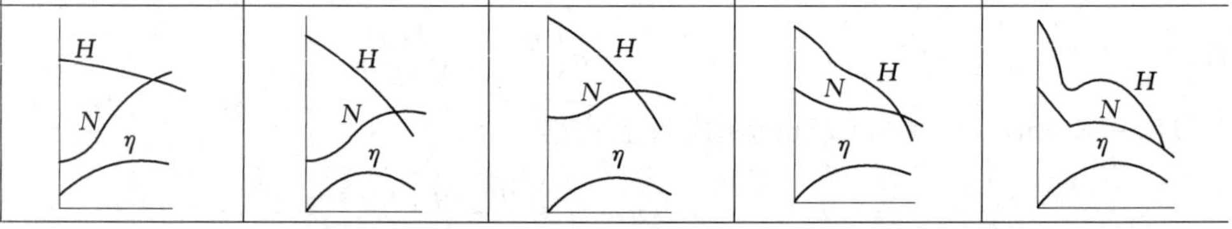				

图 9-13　泵的比转速、叶轮形状和性能曲线形状

第五节　泵的汽蚀与安装高度

一、泵的汽蚀现象

根据物理学知识，当液面压强降低时，相应的汽化温度也降低。例如，水在一个大气压（101.3kPa）下的汽化温度为 100℃；当水面压强降至 0.024atm（2.43kPa），水在 20℃时就开始汽化。开始汽化时的液面压强叫做汽化压强，用 p_v 表示。

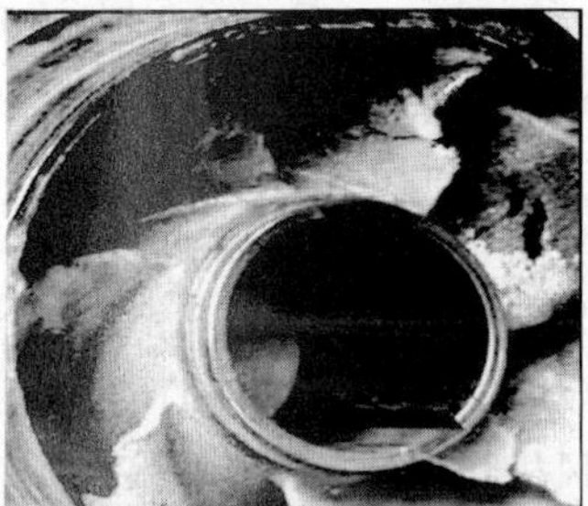

图 9-14　汽蚀后水泵的叶片

水泵工作时，当叶轮入口某处的压强低于水在工作温度下的汽化压强时，水就发生汽化，产生大量气泡；与此同时，由于压强降低，原来溶解于液体的某些活泼气体，如水中的氧也会逸出而成为气泡。这些气泡随液流进入泵内高压区，由于该处压强较高，气泡迅速破灭。于是在局部地区产生高频率、高冲击力的水击，不断打击泵内部件，特别是工作叶轮。因此，泵出现振动和噪声，在叶轮表面形成麻点和斑痕。此外，在凝结热的助长下，活泼气体还对金属发生化学腐蚀，以至金属表面发生块状脱落。这种现象就是汽蚀（如图 9-14 所示）。

当汽蚀尚不严重时，对泵的运行和性能还不致产生明显的影响。如果汽蚀持续发生，气泡大量产生，使水泵过流断面减小以致流量降低；因水流状态遭到破坏，使水泵的能量损失增大，扬程降低，效率也相应下降，严重时，会停止出水，水泵空转。因此，泵在运行中应严格防止汽蚀产生。

产生“汽蚀”的具体原因有以下几种：泵的安装位置高出吸液面高度太大，即泵的几何安装高度 H_g 过大；泵安装地点的大气压较低，例如安装在高海拔地区；泵所输送的液体温度过高等。

二、泵的安装高度

水泵轴线距吸水池最低水位的高度，称为水泵的安装高度，如图 9－15 所示。对于大型泵应以吸液池液面至叶轮入口边最高点的距离为准。

如上所述，正确决定泵吸入口的真空度 H_s，是控制泵运行时不发生汽蚀而正常工作的关键，而它的数值与泵的安装高度以及吸入侧管路系统阻力，吸液池液面压强、液体温度等密切相关。

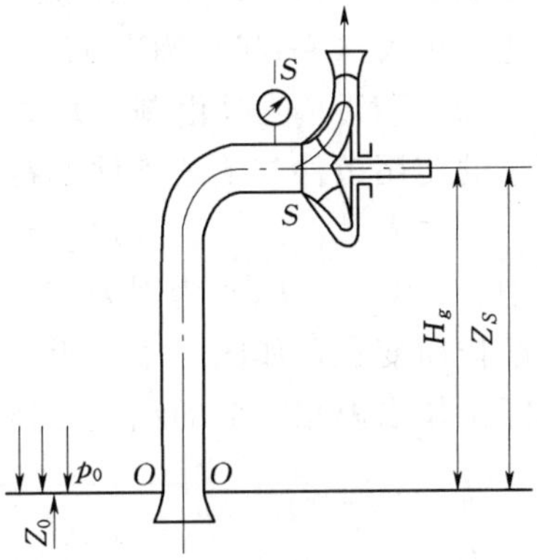

图 9－15　离心式泵的几何安装高度

用能量方程式即可建立求泵吸入口压强的计算公式。这里列出图 9－15 中吸液池液面 $O—O$ 和泵入口断面 $S—S$ 的能量方程

$$Z_0+\frac{p_0}{\rho g}+\frac{v_0^2}{2g}=Z_s+\frac{p_s}{\rho g}+\frac{v_s^2}{2g}+\sum h_w$$

式中：Z_0、Z_s 为液面和泵入口中心标高，$Z_s-Z_0=H_g$，m；p_0、p_s 为液面和泵入口处压强，Pa；v_0、v_s 为液面和泵吸入口的平均流速，m/s；$\sum h_w$ 为吸液管路的水头损失，m。

通常认为，吸液池面处的流速甚小，$v_0=0$。由此可得

$$\frac{p_0}{\rho g}-\frac{p_s}{\rho g}=H_g+\frac{v_s^2}{2g}+\sum h_w \tag{9-37}$$

此式说明，吸液池液面与泵入口断面之间泵所提供的压强水头差，用来克服吸入管的水头损失 $\sum h_w$，提供流速水头 $\frac{v_s^2}{2g}$，并将液体吸升到某一高度 H_g。

如果吸液池液面受大气压 p_a 作用。即 $p_0=p_a$。那么 $\frac{p_a-p_s}{\rho g}=H_s$，正是泵入口处真空计所指示的真空度，单位为 m。于是式（9－37）可改写成

$$H_s=\frac{p_a-p_s}{\rho g}=H_g+\frac{v_s{}^2}{2g}+\sum h_w \tag{9-38}$$

由于泵通常是在一定流量下运行的，则 $\frac{v_s^2}{2g}$ 及管路水头 $\sum h_w$ 都应是定值，所以泵的吸入口真空度 H_s 将随泵的几何安装高度 H_g 的增加而增加。如果吸入口真空度增加至某一最大值 H_{smax} 时，即泵的吸入口处压强接近液体的汽化压强 p_v 时，则泵内就会开始发生汽蚀。通常，开始汽蚀的极限吸入口真空度 H_{smax} 值是由制造厂用试验方法确定的。

显然，为避免发生汽蚀，由式（9－38）确定的实际 H_s 值应小于 H_{smax} 值，为确保泵的正常运行，制造厂又在 H_{smax} 值的基础上规定了一个“允许”的吸入口真空度。用 $[H_s]$ 表示。即

$$H_s \leqslant [H_s] = H_{smax} - 0.3\text{m} \tag{9-39}$$

在已知泵的允许吸入口真空度 $[H_s]$ 的条件下，可用式（9－38）计算出“允许的”水泵安装高度 $[H_g]$，而实际的安装高度应遵守

$$H_g < [H_g] \leqslant [H_s] - \left(\frac{v_s^2}{2g} + \sum h_w\right) \tag{9-40}$$

计算中应注意：

（1）由于泵的流量增加时，流体流动损失和速度水头都增加，使得叶轮进口附近的压强更低了，所以 $[H_s]$ 应随流量增加而有所降低，如图 9－16 中 Q—$[H_s]$ 曲线所示，因此，用式（9－40）确定 H_g 时，必须以泵在运行中可能出现的最大流量为准。

（2）$[H_s]$ 值是由制造厂在大气压为 101.325kPa 和 20℃的清水条件下试验得出的。当泵的使用条件与上述条件不符时，应对样本上规定的 $[H_s]$ 值按下式进行修正

$$[H_s'] = [H_s] - (10.33 - h_A) + (0.24 - h_v) \tag{9-41}$$

式中：$(10.33 - h_A)$ 为因大气压不同的修正值，其中 h_A 是当地的大气压强水头，它的值随海拔而变化，如图 9－17 所示；$(0.24 - h_v)$ 为因水温不同所作的修正值，其中 h_v 是与实际工作水温相对应的汽化压强水头，参见表 9－2。

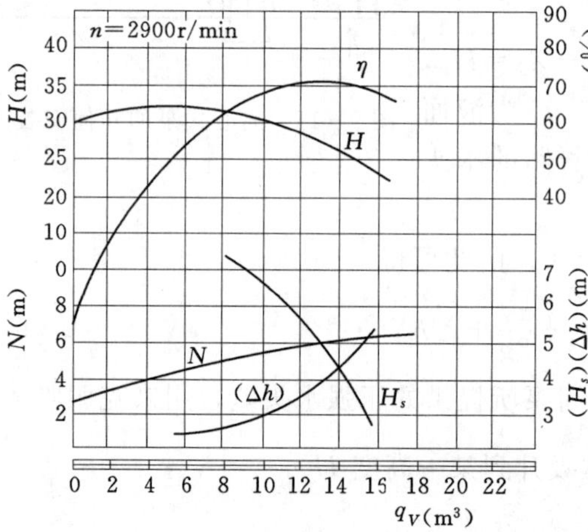

图 9－16　离心式泵 q_V—$[H_s]$ 和 q_V—$[\Delta h]$ 关系

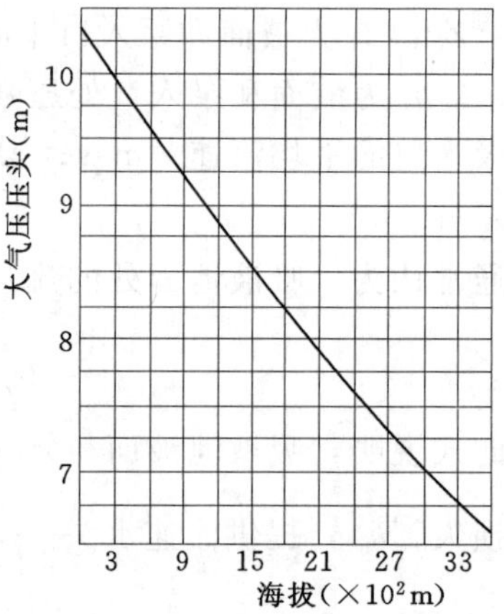

图 9－17　海拔与大气压的关系

表 9－2　　不同水温下的汽化压强表达式

水温（℃）	5	10	20	30	40	50	60	70	80	90	100
汽化压强（kPa）	0.7	1.2	2.4	4.3	7.5	12.5	20.2	31.7	48.2	71.4	103.3

三、汽蚀余量

液体自吸入口 S 流进叶轮的过程中，在它还未被增压之前，因流速增大及流动损失增加，而使静压水头由 $\frac{p_s}{\rho g}$ 降至 $\frac{p_K}{\rho g}$。这说明泵的最低压强点不在泵的吸入口 S 处，而是在

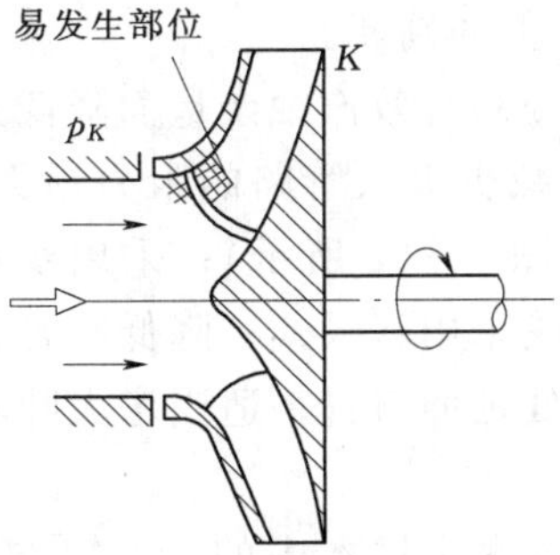

图 9-18　泵内易发生气泡的部位

叶片进口的背部 K 点处，即泵内产生气泡的部位在叶轮入口叶片背面 K 点位置，如图 9-18 所示。如果 K 点的压强 p_K 小于液体在该温度下的汽化压强 p_V，即 $p_K<p_V$，就会产生气泡。

把泵进口处单位重量液体所具有超过饱和蒸气压力的富裕能量称为有效汽蚀余量，以符号 Δh_a 表示，单位为 m。

如果实际汽蚀余量 Δh_a，正好等于泵自吸入口 S 压强最低的总水头降 $\frac{\Delta p}{\rho g}$ 时，就刚好发生汽蚀；当 $\Delta h_a>\frac{\Delta p}{\rho g}$ 时，就不会发生汽蚀。所以把单位重量的液体从泵吸入口流至叶轮进口压力最低处的压力降落量，称为必需汽蚀余量以 Δh_r。可见不发生汽蚀时的临界汽蚀余量 $\Delta h_{\min}=\Delta h_a=\Delta h_r$。在工程实际中，为确保安全运行，为不发生汽蚀，又增加了 0.3m 的安全量，故有

$$[\Delta h]=\Delta h_{\min}+0.3=\frac{\Delta p}{\rho g}+0.3 \tag{9-42}$$

显然，要使液体在流动过程中，自泵吸入口 S 到最低压强点 k，水头降低了 $\frac{\Delta p}{\rho g}$ 后，最低的压强还高于汽化压强 p_V，就必须使叶片入口处的实际汽蚀余量 Δh 符合下述安全条件：

$$\Delta h\geqslant[\Delta h]=\Delta h_{\min}+0.3 \tag{9-43}$$

应当指出，和 $[H_s]$ 相仿，$[\Delta h]$ 也随泵流量的不同而变化。图 9-16 中 Q—$[\Delta h]$ 曲线所示，当流量增加时，必需的汽蚀余量将 $[\Delta h]$ 急剧上升而有效汽蚀余量将会减小。忽视这一特点，常是导致泵在运行中产生噪声，振动和性能变坏的原因。

同样，用能量方程式可建立求汽蚀余量 $[\Delta h]$ 与泵的允许几何安装高度 $[H_g]$ 之间的关系式：

$$[H_g]=\frac{p_0-p_V}{\rho g}-\sum h_w-[\Delta h] \tag{9-44}$$

式中：p_0 为吸液池面压强，如果吸液池液面受大气压 p_a 作用，则 $p_0=p_a$，Pa；p_V 为与工作流体相对应的汽化压强，Pa。

式 (9-44) 与式 (9-40) 有相同的实用意义，只不过从不同的角度来确定泵的几何安装高度。

工程实际中最常见的泵的安装位置是在吸液面之上，然而，还可能遇到泵安装在吸液面下方的情况，如采暖系统的循环泵，锅炉冷凝水泵，如图 9-19 所示。泵的这种安装形式称为“灌注式”。

究竟在什么情况下要采用“灌注式”

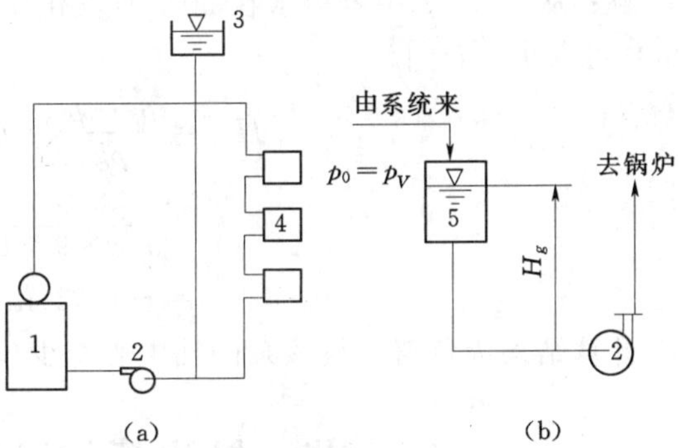

图 9-19

(a) 采暖系统的循环泵装置；(b) 锅炉冷凝水泵装置

1—锅炉；2—循环水泵；3—膨胀水箱；4—暖气片；5—冷凝水箱

安装方式呢？这必须根据式（9－40）、或式（9－44）作出技术上的判断。

从上分析可见，为了减小泵发生汽蚀的可能性，应该尽量提高有效汽蚀余量而降低必需汽蚀余量。工程中可以通过以下措施来提高有效汽蚀余量：减少吸入管路的阻力损失；合理的选择泵的几何安装高度；设置前置泵；装置诱导轮（如图 8－22 所示）；采用双重翼叶轮等。而降低必需汽蚀余量的常用措施有：多级泵首级叶轮采用双吸式；降低叶轮入口部位液体流速；选择适当的叶片数和冲角；叶片在叶轮入口处延伸布置；适当增大叶轮前盖板处液流转弯半径等。

【例 9－4】 12Sh—19A 型离心泵，流量为 $0.22m^3/s$ 时，由水泵样本中的 q_V—[H_s]曲线中查得，其允许吸入口真空度 [H_s] ＝4.5m，泵进水口直径为 300 mm，吸入管段的损失估计为 1.0m，当地海拔为 1000m，水温为 40℃。试计算其允许几何安装高度 [H_g]。

解： 由式（9－41）计算 [H_s]

由图 9－17 查出海拔 1000m 处的大气压为 9.2m，查表 9－2，水温 40℃时的汽化压强为 0.75m。

根据式（9－41）

$$[H_s'] = 4.5 - (10.33 - 9.2) - (0.75 - 0.24) = 2.86(\text{m})$$

泵入口的流速

$$v_s = \frac{q_V}{\frac{\pi}{4}D^2} = \frac{0.22}{0.785 \times 0.3^2} \approx 3.11(\text{m/s})$$

$$\frac{v_s^2}{2g} \approx 0.5\text{m}, \quad \sum h_w = 1\text{m}$$

由式（9－40）得允许几何安装高度为

$$[H_g] = [H_s'] - \left(\frac{v_s^2}{2g} + \sum h_w\right) = 2.86 - (0.5 + 1) = 1.36(\text{m})$$

【例 9－5】 一台单级离心泵，流量 $q_V = 20m^3/h$，$\Delta h_{min} = 3.3m$，从封闭容器中抽送温度为 50℃的清水，容器中液面压强为 8.05kPa，吸入管阻力为 0.5m，已知水在 50℃时的密度为 $988kg/m^3$，试求该泵几何安装高度 [H_g]。

解： 从表 9－2 中查得水在 50℃时汽化压强 $p_V = 1.25mH_2O$，由式（9－43）及式（9－44）可求出 [H_g]。

$$\begin{aligned}[H_g] &= \frac{p_0 - p_V}{\rho g} - h_w - (\Delta h_{min} + 0.3) \\ &= \frac{8050}{988 \times 9.81} - 1.25 - 0.5 - (3.3 + 0.3) \\ &= -4.52(\text{m})\end{aligned}$$

计算结果为负值，故该泵的轴中心至少位于容器液面以下 4.52m。

第六节 轴流泵与风机的叶轮理论和性能

轴流式泵与风机是一种比转数较高的叶片式流体机械，它们的突出特点是流量大而扬程较低。

一、轴流式泵与风机的工作原理

轴流式泵与风机的工作原理是以空气动力学中机翼的升力理论为基础的。其叶片与机翼具有相似的截面形状，一般称这类形状的叶片为翼型叶片，如图 9-20 所示。在风洞中对翼型叶片进行的绕流试验表明：当流体绕过翼型叶片时，在叶片的首端 A 点处分离成为两股流，它们分别经过叶片的上表面（即轴流泵、风机叶片的工作面）和下表面（轴流泵、风机的叶片背面），然后，同时在叶片尾端 B 点汇合。由于沿叶片下表面的路程要比沿上表面路程要长一些，因此，流体沿叶片下表面的流速要比沿叶片上表面流速大，相应地，叶片下表面的压力将小于上表面。于是流体对叶片将有一个由上向下的作用力 P，同样，叶片对流体也将产生一个反作用力 P'，此 P' 力的大小与 P 相等方向由下向上，作用在流体上。

对于轴流式泵与风机，都具有翼型断面的叶片，在流体中作高速旋转时，相当于流体相对于叶片产生急速的绕流，如上所述，叶片对水将施加力 P'，在此力的作用下流体的能量增加，可被提升到一定的高度。

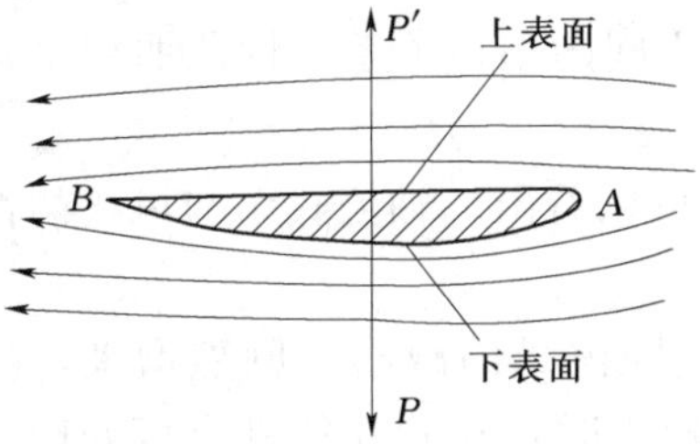

图 9-20　翼型绕流

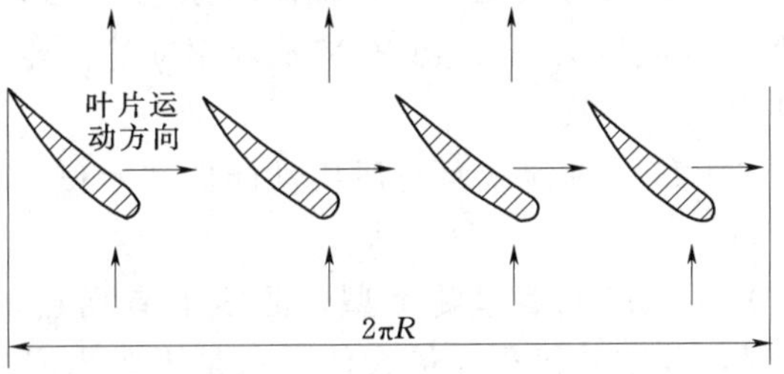

图 9-21　直列叶栅图

如果在某轴流式风机的叶轮上，假想用一定的半径 R 作一圆周截面，将其部分沿圆周展开，就得出一列叶片断面的展开图，称为叶栅图。如图 9-21 所示。当叶轮旋转运动时，叶片向右运动，产生升力，各叶片上侧的气体压力升高而将气体推走；下侧因压力下降而将气体吸入，上下两侧的压强差就是轴流风机产生的风压。

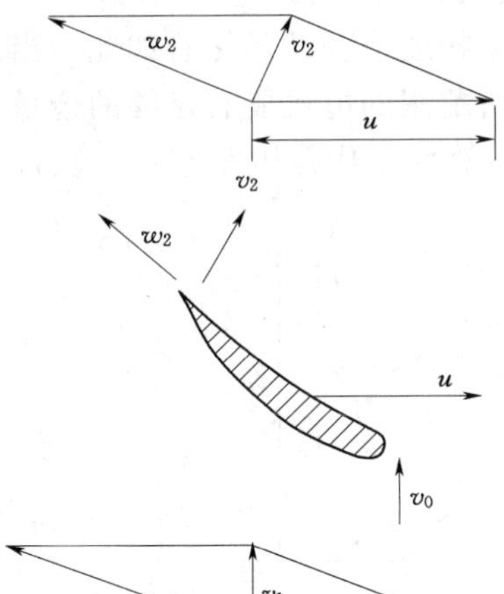

图 9-22　气流质点通过叶栅的运动情况

显然，叶片的安装角愈大叶片上下两侧的压强差就愈大，泵或风机产生的扬程或压头也愈大。可见，调节叶片安装角度，就可以改变轴流式泵或风机的性能。从离心式泵与风机基本方程推导过程可知，不论叶片形状如何，方程的形式仅与流体在叶片进、出口处的动量矩有关，也即不管叶轮内部的流体流动情况怎样，能量的传递都决定于进、出口速度三角形。

轴流式泵与风机理论压头方程式为

$$H_T=\frac{1}{g}(u_2 v_{u2}-u_1 v_{u1})$$

图 9-22 所示为流体质点流过轴流式泵或风机叶栅的运动情况，即质点流径叶栅的进、出口速度三角形。

由于叶栅是按同一半径截取的，所以具有相同的圆周速度即

$$u_1=u_2=u$$

则

$$H_T=\frac{u}{g}(v_{u2}-v_{u1})$$

如图 9-22 所示，在设计工况下 $v_{u1}=0$，则

$$H_T=\frac{u}{g}v_{u2} \tag{9-45}$$

从式（9-45）可以看出，在叶梢处产生的压头将大于叶根处的压头。这就会使风机出风侧产生由于压差而引起的旋涡运动，从而使能量损失增加，效率下降。针对这种情况，叶片常制成扭曲形状，使之在不同半径处具有不同的安装角，从而使叶片不同半径处具有不同的 v_{u2} 值，来保证 uv_{u2} 乘积近似不变，这样就能使整个叶片各截面的压头趋于平衡，避免旋涡运动发生。

二、轴流式泵与风机性能曲线的特点

和离心式泵与风机一样，轴流式泵与风机的性能曲线也是指在一定转速下，流量 q_V 与扬程 H（或压头 p）、功率 N 及效率 η 等性能参数之间的内在关系。性能曲线也是根据实测获得的。

图 9-23 为轴流式泵与风机性能曲线示例，从中可以看出，轴流式泵与风机的性能有如下特点：

（1）q_V—H 曲线呈陡降型，曲线上有拐点。扬程随流量的减小而剧烈增大，当流量 $q_V=0$ 时，其空转扬程达最大值。这是因为当流量比较小时，在叶片的进出口处产生二次回流现象，部分从叶轮中流出的流体又重新回到叶轮中去被二次加压，使压头增大。同时，由于二次回流的反向冲击造成的水力损失，致使机器效率急剧下降。因此，轴流式泵或风机在运行过程中适宜在较大的流量下工作。

（2）q_V—N 曲线也呈陡降曲线。机器所需的轴功率随流量的减少而迅速增加。当流量 $q_V=0$ 时，功率 N 达到最大值。此值要比最高效率工况时所需的功率大 1.2～1.4 倍。因此，与离心式泵与风机相反，轴流式泵或风机应当在各路畅通下开动。尽管如此，当启动与停机时，总是会经过最低流量的，所以轴流泵或风机所配用的电机要有足够的余量。

（3）q_V—η 曲线呈驼峰型。这表明轴流式泵或风机的高效率工作范围很窄。一般都不

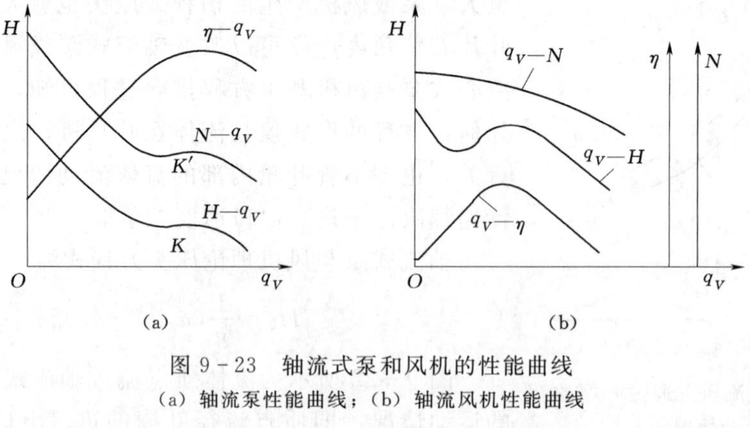

图 9-23　轴流式泵和风机的性能曲线

（a）轴流泵性能曲线；（b）轴流风机性能曲线

设置调节阀门来调节流量，而采用调节叶片安装角度或改变机器转速的方法来调节流量。

本 章 小 结

本章通过分析流体在叶轮中的运动，对流动性质进行三个理想化的假设（恒定流，叶片数无限多，无限薄，理想流体），根据动量距定律可得到欧拉方程，从该方程看出，流体所获得的理论扬程仅与流体在叶片进出口处的速度三角形有关，与流动过程无关，并且与输送的流体的种类无关，但实际流体，实际叶轮与假想存在很大的出入，叶轮的叶片数有限，存在着轴向涡流的影响，流体进入机内后产生水力损失，容积损失，机械损失，而这些损失不能用分析方法精确的计算，故在反映性能参数的相互关系时，只能用实验的方法直接测出；但从理论上对这些损失进行研究并将其分类整理，作出定性分析，可以找出减少损失的途径。

水泵工作时，叶轮入口某处的最低压强如果降低到被吸液体温度下的汽化压强时，泵壳内即发气穴和汽蚀现象，汽蚀对泵的运行和性能会产生影响，当汽蚀尚不严重时，影响不大；如果汽蚀持续发生，严重时，会停止出水，水泵空转，因此泵在运行中应严格防止汽蚀的产生。由于产生汽蚀的原因不外是泵的几何安装高度（水泵轴线距吸水池最低水位的高度）过大，安装地点的大气压较低，所输送液体温度过高，故在安装时应遵守 $H_g<[H_g]\leqslant[H_s]-\left(\frac{v_s^2}{2g}+\sum h_w\right)$，计算中应注意必须以泵在运行中可能出现的最大流量为准，当运行条件与测定条件不符时，应对样本上规定的 $[H_s]$ 值进行修正。除此之外，水泵的安装高度也可由汽蚀余量 Δh（泵进口处单位重量液体所具有超过饱和蒸汽压力的富裕能量）来确定。为确保安全，规定了必须汽蚀余量 $[\Delta h]$（$\Delta h\geqslant[\Delta h]$），它与泵的允许几何安装高度之间的关系：$[H_g]=\frac{p_0-p_v}{\rho g}-\sum h_w-[\Delta h]$。

泵或风机的相似律表明了同一系列相似机器的相似工况之间的相似关系。同一系列中，它们之间的流体力学性质遵循力学相似原理（即几何相似、运动相似、动力相似），在相似工况下原型与模型之间流量、扬程和功率关系称为相似律。相似律除用于设计泵或风机外，对于从事本专业的来说，更重要的还在于用来作为运行、调节和选用型号等的理论根据和实用工具。非相似泵或风机的比较基础——比转数，它表明不同类型泵或风机其主要性能参数流量、压力、转速之间的综合特性。其实用意义在于，它的大小反映了某相似系列泵或风机的性能参数方面的特点，也反映了叶轮的几何形状，和性能曲线的变化趋势。

本章重点掌握离心式泵与风机扬程的计算以及性能曲线的变化规律；泵的汽蚀现象，如何防止汽蚀的发生，相似律与比转数。熟悉轴流式泵与风机的基本构造以及工作原理。能够对离心式泵与风机的性能曲线定性分析，理解离心式泵与风机的基本方程式。

习 题

9-1 有一转速为 1480rpm 的水泵，理论流量 $q_V=0.0833\text{m}^3/\text{s}$，叶轮外径 $D_2=$

360mm，叶轮出口有效面积 $A=0.023m^2$，叶片出口安装角 $\beta_2=30°$，试作出口速度三角形。假设流体进入叶片前没有预旋运动，即 $v_{u1}=0$。试计算此泵的理论压头 $H_{T\infty}$。设涡流修正系数 $K=0.77$，那么 H_T 又为多少？

9-2　已知 4—68 型风机在转速 $n=1500$r/min 时无因次工况点如下表所示：4—68 型风机无因次性能表（测试条件：$t=20$℃，$p=101325$Pa）

参数名称＼无因次参数＼测点	1	2	3	4	5	6	7
$\overline{q_V}$	0.165	0.185	0.205	0.225	0.245	0.265	0.285
$\overline{p}$	0.498	0.487	0.472	0.450	0.422	0.388	0.350
$\overline{N}$	0.094	0.100	0.104	0.109	0.112	0.116	0.118

求：(1) 各工况点的全压效率；

(2) 绘制无因次性能曲线；

(3) 找出最高效率点的性能参数。

9-3　根据上题无因次性能表，绘出 4—68No5 号风机 $n=2900$r/min 下的性能曲线 $\overline{q_V}-\overline{p}$、$\overline{q_V}-\overline{N}$ 及 $\overline{q_V}-\eta$。（No5 号风机 $D_2=0.5$m）写出铭牌参数。

9-4　利用 4—68No5 号风机输送 60℃空气，转速为 1450r/min。求此条件下风机最高效率点上的性能参数，并计算该机的比转数 n_s 值。

9-5　现有 KZG—13 型锅炉引风机一台，铭牌上的参数为 $n_0=960$r/min，$p_0=14mmH_2O$，$q_{V0}=12000m^3/h$，$\eta=65\%$，配用电机功率 15kW，三角皮带传动，传动效率 $\eta_t=98\%$，今用此引风机输送温度为 20℃的清洁空气，n 不变，求在这种实际情况下风机的性能参数，并校核配用电机功率能否满足要求。

9-6　某离心式水泵的输水量 $q_V=5$L/s，水泵进水口直径 $D=40$mm，经计算，吸水管的水头损失为 $1.25mH_2O$，铭牌上允许吸上真空高度 $H_g=6.7$m，输送水温 50℃的清水，当地海拔为 1000m，试确定水泵最大安装高度 H_g。

9-7　在产品试制中，一台模型离心泵的尺寸为实际泵的 1/4，在转速 $n=750$r/min 时进行试验。此时量出模型的设计工况出水量 $q_{Vm}=11$L/s，扬程为 $H_m=0.8$m，如果模型泵与实际泵的效率相等，试求：实际水泵在 $n=960$r/min 时的设计工况流量和扬程式。

9-8　某一单吸单级泵，流量 $q_V=45m^3/s$，扬程为 $H=33.5$m，转速 $n=2900$r/min，试求其比转数 n_s 为多少？如该泵为双吸式，则其比转速应为多少？当该泵设计成八级泵，则比转数又为多少？

9-9　有一泵装置的已知条件如下：$q_V=0.12m^3/s$，吸入管径 $D=0.25$m，水温为 40℃（容重 $\rho=992kg/m^3$），$[H_s]=5$m，吸水面标高 102m，水面为大气压，吸入管段阻力为 0.79m，试求：泵轴标高最高为多少？如该泵装在昆明地区，海拔为 1800m，泵的安装位置标高应为多少？若此泵输送水温不变，地区仍为海拔 1800m，但采用一凝结水泵，制造厂提供的临界汽蚀量为 $\Delta h_{min}=1.9$m，凝结水箱内的压强为 9kPa，泵的安装位置有何限制。

第十章　泵与风机的运行调节

知识目标：

- 理解离心式泵与风机工作点的意义
- 掌握泵与风机的联合工作的特点
- 掌握泵与风机运行工况调节的方法
- 熟悉泵与风机在启动、运行中应注意的事项
- 掌握离心泵与风机在工作工程中常见的不稳定情况的原因和避免措施

能力目标：

- 能够根据实际工程条件选择泵与风机的工况调节方法
- 能够计算转速调节时泵与风机的相关参数
- 能够计算泵与风机联合运行时其工作参数
- 能够根据实际工作需要合理选择泵与风机的类型和型号

泵与风机的工作点经常因实际需要进行调节。本章将围绕泵与风机的运行调节进行阐述。泵与风机的调节方法有节流调节、导流器调节、动叶调节、旁路调节、液位调节和转速调节等方法，而运用转速调节时又有变频器、液力耦合器等调速设备。如果调节不当就可能出现汽蚀、抢风及喘振等不稳定情况。为了能使泵与风机在工作时处于高效率区，必须合理地选择泵与风机的参数和配套设施。

第一节　泵与风机的工作点

泵与风机的性能曲线，只能说明泵与风机自身的性能，但泵与风机在管路中工作时，不仅取决于其本身的性能，而且还取决于管路系统的性能，即管路特性曲线，由这两条曲线的交点来决定泵与风机在管路系统中的运行工况。

一、泵的工作点

若将某一转速下泵性能曲线和管路性能曲线接同一比例绘于同一坐标图上，如图 10-1 所示，则两条曲线相交于一点，M 点就是泵的工作点。因为泵在此交点上工作时，所产生的能量恰好等于管路系统输送这些流量所需要的能量，达到了供求平衡。若泵不在 M 点而在 A 点工作，此时流量为 q_{VA}，泵产生的能量为 H_A，而管路在此流量下所需要的能量为

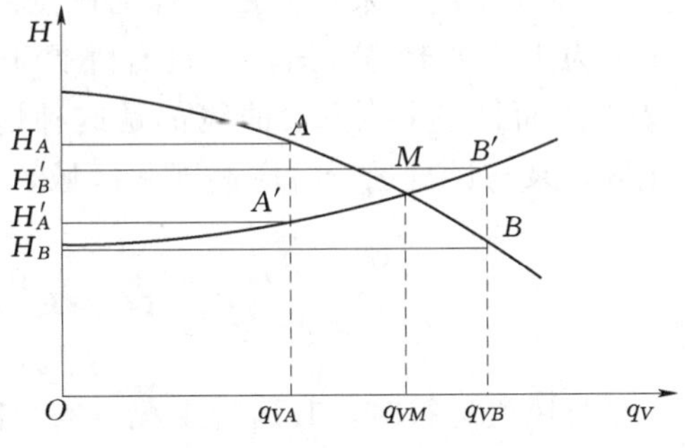

图 10-1　泵的工作点

$H_{A'}$，由于 $H_A > H_{A'}$，供给的能量多于需求，剩余的能量必使管内流体加速，流量增大，直到工作点移至 M 点才能达到能量的供需平衡状态。反之，若泵在 B 点工作，则出现能量供不应求，使流量减少，工作点又向 M 点移动，直到 M 点才达到能量供需平衡。因此，泵在 M 点运行时，系统本身能自动保持能量的供求平衡，而且泵在交点处工作是稳定的。

二、风机的工作点

风机的工作点，如图 10－2 所示，流体在管路中流动时，都是依靠静压来克服管路阻力的，尽管风机输送的是气体，并有压缩性，导致流速变化较大，但克服阻力仍靠静压，因此其工作点是由静压性能曲线 $q_V - p_{st}$ 与管路特性曲线 $q_V - p$ 的交点 M 来决定的。

若在出口管路上装设扩散器，则可将一部分风机出口动压转变为静压，此静压也可用来克服管路阻力，从而提高风机的经济性。此时，风机的工作点还可用风机性能曲线 $q_V - p$ 与管路性能曲线的交点。

当风机性能曲线与管路特性曲线无交点时，则说明这种风机的性能过高或过低，不能适应整个装置的要求。

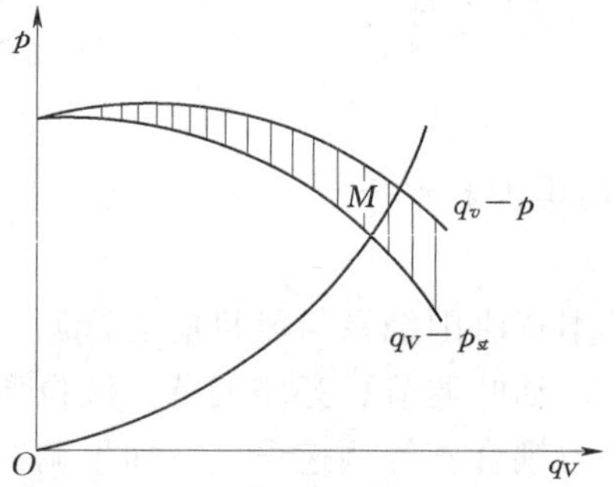

图 10－2　风机的工作点

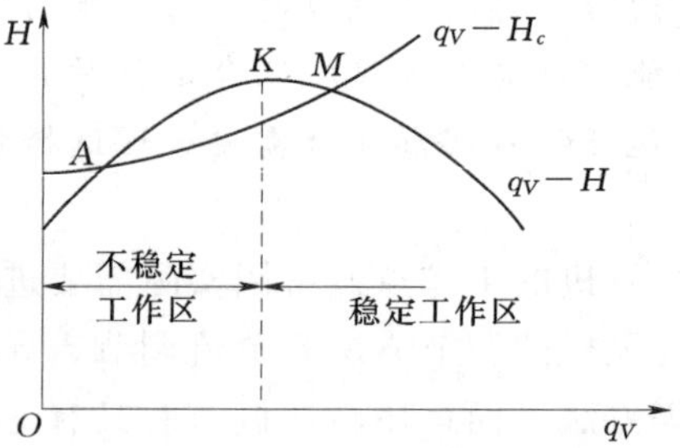

图 10－3　泵与风机的稳定工作

三、泵与风机工作点的稳定性

某些泵或风机具有驼峰形的性能曲线，如图 10－3 所示，K 为性能曲线的最高点。若泵或风机在性能曲线的下降区段工作，如在 M 点工作，则运行是稳定的。

若工作点处于泵或风机性能曲线的上升区段工作，如 A 点是不稳定的。这是因为 A 点上的能量平衡是暂时的，一旦由于某种原因使工作点离开了 A 点，这种平衡就被破坏了。假若工作点离开 A 点向右移动，则能量供大于求，流量增加，直到越过顶峰，在下降段 M 点才稳定下来；反之，若工作点左移，则能量供不应求，使流量减小，直到流量等于零为止。由上述可知，一旦有外界干扰，工作点离开 A 点之后再也不会回到 A 点。不仅 A 点而且整个上升段曲线都是这种情况，因此泵与风机性能曲线的上升段是不稳定工作区，泵与风机运行时应避开此区域。

第二节　运行工况的调节

泵与风机运行时，其运行工况点需要随着主机负荷的变化而改变。这种实现泵与风机运行工况点改变的过程称为运行工况调节。由于运行工况点是由泵与风机的性能曲线和管路性能曲线的交点所确定的，因此，只要设法改变这两条曲线之一的形状或位置，则均可改变其运行工况点，从而达到调节的目的。叶片式泵与风机的运行工况调节方式可分为非变速调节和变速调节两大类。本节将主要阐述这工况调节方式中常用调节方式的工作原理、优缺点及适用范围。

一、节流调节

节流调节是指在维持泵与风机转速不变的情况下，通过改变装在管路上的阀门或挡板等节流部件的开度来改变管路系统的流量，从而改变运行工况点而达到调节目的的调节方式。节流调节又可分为出口端节流调节和进口端节流调节两种方式。

（一）出口端节流调节

出口端节流调节就是将调节阀装在泵与风机的出口端管路上，改变调节阀的开度可进行工况调节。如图 10－4 所示，曲线Ⅰ为调节阀全开时管路的性能曲线，此时工作点为 M。若使流量减小，将调节阀关小，管路局部阻力系数增加，管路曲线变为Ⅱ，工作点移到 A，以满足流量 $q_V=q_{VA}$ 的要求。但在 $q_V=q_{VA}$ 时管路所需要的能量仅为 H_B 就够了，而此时泵或风机所产生的能量 $H_A>H_B$，多余的能量 ΔH 完全消耗在调节阀产生额外的节流损失上。可见这种调节本身是不经济的，而且只能向小于设计流量的单方向调节。尽管如此，这种调节方式毕竟不需要复杂的调节设备，而且调节简单可靠，在中、小型离心泵系统中得到了普遍的应用。

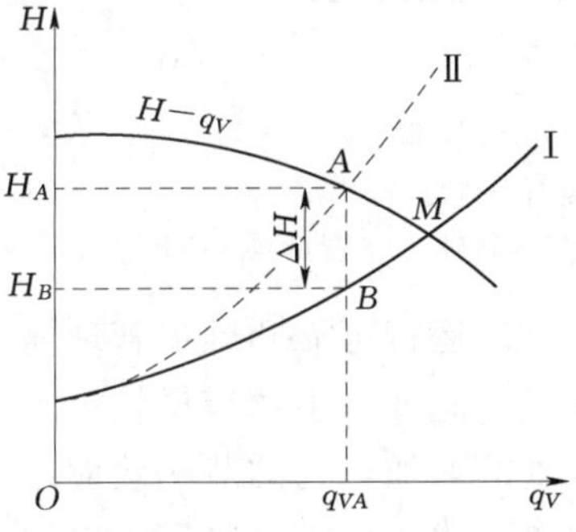

图 10－4　出口端节流调节

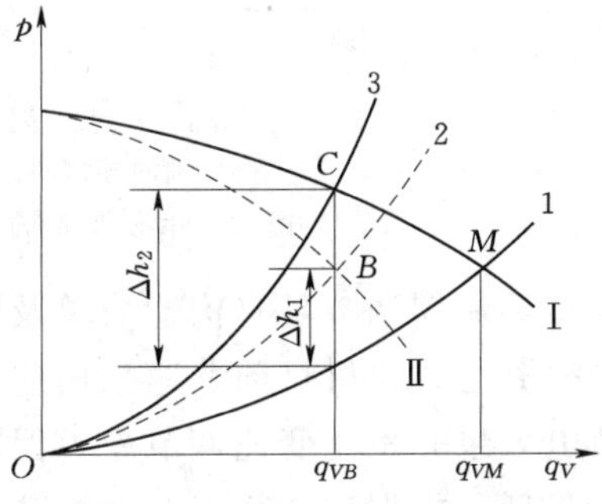

图 10－5　入口端节流调节

（二）入口端节流调节

这种方法是通过改变入口挡板开度或阀门来调节流量，与出口调节比较，当入口挡板或阀门关小时，不仅管路曲线变陡，而且风机性能曲线也变陡，这是因为入口节流后，风机入口前压力降低，风机性能曲线形状当然也要受到影响，如图 10－5 所示。为减小流量，用入口端节流调节可将工作点 M 移至点 B，此时节流损失为 Δh_1；若用出口调节，则工作点移到 C 点，节流损失为 Δh_2。比较两者：$\Delta h_1<\Delta h_2$，可见入口节流调节比出口节流调节要经济些。但是，对于水泵来说，如果采用入口节流调节会使泵进口压力降低，泵很容易发生汽蚀。所以泵一般不采用入口端节流调节。

综上所述，一般情况下，水泵多采用出口端节流调节，而风机多采用入口端节流调节。

二、入口导流器调节

这是离心风机中广泛采用的一种调节方法。它是通过改变风机入口导流器的装置角使风机性能曲线形状改变来实现调节的。在离心式风机叶轮前的入口附近，设置一组可调节转角的静导叶（又称为前导叶、入口导叶或入口导流器），并把它和进气箱一起视为离心式风机的一个组成部分。通过改变静导叶的角度以实现风机运行时的流量调节方式称为入口导叶调节。

风机最常用的入口导流器有轴向导流器和径向导流器两种型式。如图 10-6（a）为轴向导流器。轴向导流器是由若干个扇形叶片构成，安装在风机进口，叶片上有可沿叶片轴线转动的转轴，在调节连杆机构作用下叶片可统一绕叶片轴转动，以改变扇形叶片的装置角，改变叶轮入口流速方向，从而改变风机全压和流量。图 10-6（b）为径向导流器，也称简易导流器。简易导流器是由多片导流叶片构成的叶栅，导流叶栅安装在风机进口管道上，在管道截面上叶片并列排放，并可绕叶片轴线摆动，按叶栅上叶片开度大小，进行风量和风压的调节。

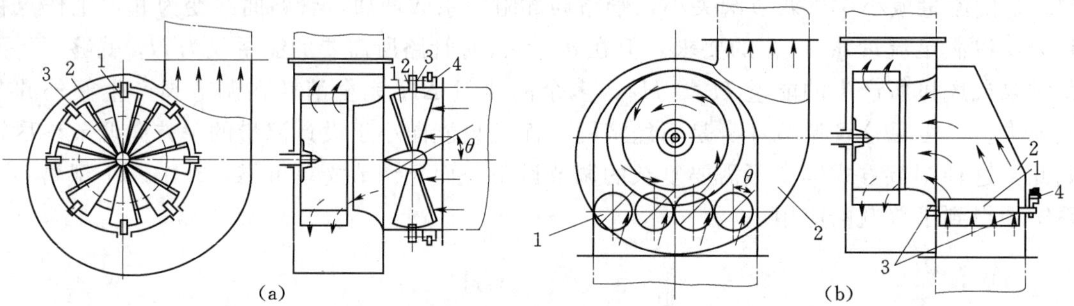

图 10-6　离心风机的入口导流器

（a）轴向导流器结构；（b）径向导流器结构

1—入口导叶；2—叶轮进口风筒；3—入口导叶转轴；4—导叶操作机构

由于入口导流器调节具有构造简单及装置尺寸小、运行可靠和维护管理简便、初投资低等优点，故离心式风机目前普遍采用这种调节方式。此外，当调节量较小时，入口导流器调节的节电效果并不比变速调节差，但随着调节量的增加，它的节流效应逐渐增强，调节效率不断降低。根据这一特点，对调节范围大的离心式风机，可采用入口导流器和双速电机的联合调节方式，以使得在整个调节范围内都具有较高的调节经济性。因此，目前火力发电厂大型机组的离心式送、引风机已较普遍地采用了这种联合调节方式。

三、动叶调节

大型轴流式、混流式泵与风机在运行中，采用调整叶轮叶片（即动叶）安装角的办法来适应负荷变化的调节方式称为动叶调节。

（一）动叶调节的工作原理

图 10-7 为动叶可调轴流泵性能曲线，它们反映了动叶安装角度改变时，泵流量、功率和效率的变化情况。

图 10-8 所示为轴流风机性能曲线的等效曲线形状类似一簇椭圆线，其长轴方向与管路性能曲线方向相一致。等效率曲线在较大的工作区域内与管路性能曲线相互近乎平行，即在工作点变化的较大范围内，效率变化比较小，这就可以在较大范围内使轴流风机保持在较高效率下工作，从而大大拓宽了轴流风机高效区的工作范围。与动叶调节相比较，入

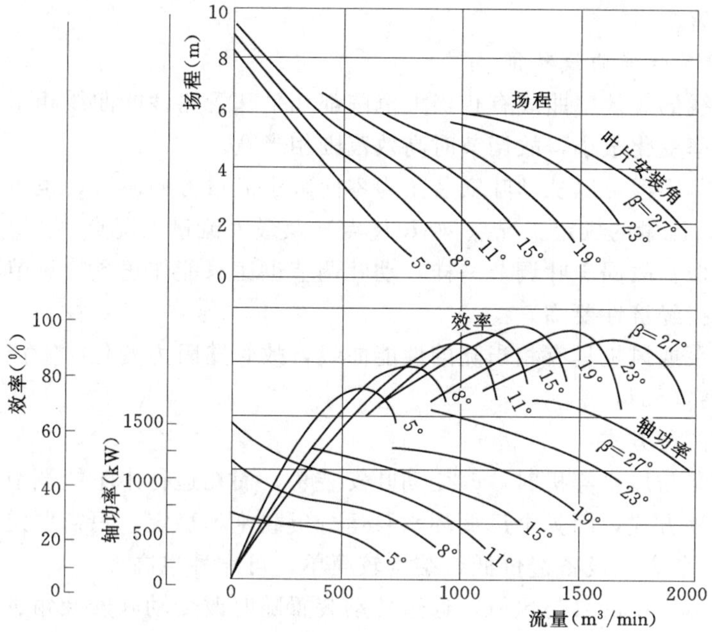

图 10-7　动叶调节时轴流泵性能曲线

口导流器调节的离心风机性能曲线的等效曲线也类似一簇椭圆线，但其长轴方向与管路性能曲线方向相垂直，因而其高效区就比较窄。

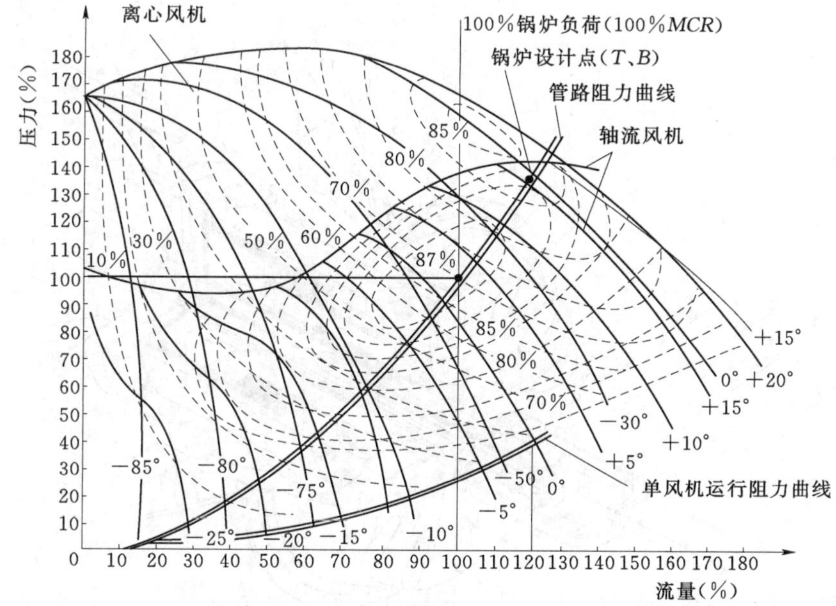

图 10-8　动叶可调轴流风机与入口导流器调节的离心风机性能曲线比较图

将动叶可调轴流风机和入口导流器调节的离心风机的性能曲线对照比较，图 10-8 中粗实线是轴流风机的性能曲线，虚线是离心风机的性能曲线。由此可见，若在同样负荷变化范围内，动叶可调的轴流风机工况点大部分落在高效区内，而入口导流器调节的离心风机效率下降很显著。

（二）动叶调节性能曲线特征

（1）性能曲线的等效率曲线有相当大范围都几乎和管路性能曲线相平行，这意味着在调节过程中其效率变化很小，故调节时高效范围相当宽。

（2）动叶调节不但可以从动叶安装角为零向减小流量方向调节，也可以向增大流量方向调节。而100%流量的额定工况点（*MCR* 点）及最大流量工况点（*TB* 点）的选择原则与静叶调节时相似。故同静叶调节一样，动叶调节也比只能作正预旋调节的离心式风机入口导叶调节的运行经济性要高。

（3）轴流式泵或风机具有相当陡的性能曲线，故管路阻力变化时，流量变化很小。

（三）动叶调节机构

动叶调节有两种方式：

第一种，在泵与风机停机时，改变动叶安装角，而在运行中不能调节。目前火电厂轴流泵大多采用这种方式，因为电厂循环水泵运行负载基本稳定，只需要定期调节（如季度调节等）。停机调节方式设备造价低，结构较简单，可靠性也高。

第二种是在运行中的泵与风机，通过传动装置随时改变动叶安装角进行调节，这种调节方式在现有的大型动叶可调轴流泵与风机中应用比较普遍。其传动方式有机械式和液压式两种。机械式传动装置靠转换器实现转动与移动转换，液压式传动装置靠活塞与伺服油缸之间实现转动与移动转换。

沈阳鼓风机厂生产的ASN型轴流风机动叶调节机构如图10-9所示。

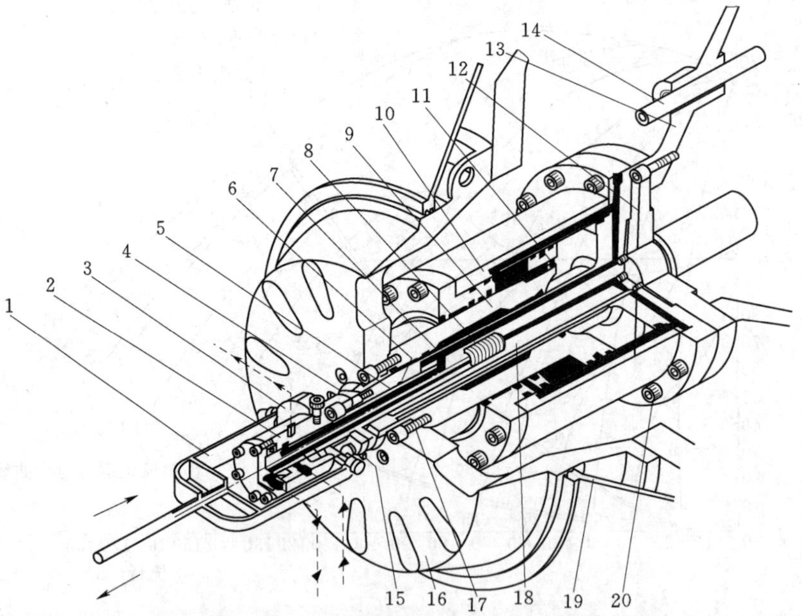

图10-9 ASN型轴流风机液压动叶调节装置

1—拉叉；2—调节阀轴承座；3—传动板；4，15，17，20—螺钉；5—调节阀；6，7—切口通道；8—弹簧；9—差动活塞；10—液压油缸；11—喷嘴；12—支持轴颈；13—调节圆盘；14—导柱；16—支持轴盖；18—活塞内芯；19—圆盘液压动叶调节装置主要包括差动活塞 9、支持轴颈 12、调节圆盘 13、液压油缸 10 和活塞内芯 18 等部件。液压油缸在平衡位置时，切口通道 6 有较小的通路，来自油泵的压力油流入活塞的左侧，然后经过喷嘴 11 节流，再流过切口通道 6 使油压节流至大气压力。所以，液压缸在平衡位置时，活塞右侧的油压虽低，但油压作用的液压缸面积大；活塞左侧的油压虽高，但油压作用液压缸的面积小。因此，液压缸两端的总压力大小相等，方向相反，处于平衡状态。

锅炉在变工况运行时，若需要增加负荷，在伺服马达的驱动下拉叉 1 向左移动。拉叉通过传动板 3 使调节阀 5 一起向左移动。这时切口通道 6 开大，结果活塞 9 右侧的油压下降，液压油缸 10 向左移动，动叶片的安装角增大，满足锅炉负荷增大的需要。在液压油缸 10 向左移动时，切口通道 6 又关小，活塞 9 右侧的油压又开始升高，液压油缸又处于平衡状态。

如果需要减小负荷时，即关小动叶片的安装角，则拉叉 1 向相反方向移动，调节阀 5 向右移动，切口通道 6 将关闭，液压油缸无回油。此时，活塞 9 两侧的油压相等，但由于活塞两侧液压油缸的面积不等，所以液压油缸 10 向右移动，动叶片安装角关小。为了保证液压油缸左、右移动速度相等，此时切口通道 7 打开，压力油通过 7 流入液压油缸活塞的右侧。同时，活塞左侧的油通过疏油孔流出。在液压油缸 10 向右移动时，切口通道 6 重新又打开，而切口通道 7 重新关闭，反馈至原来的状态，液压缸又处于新的平衡状态。

在整个液压调节装置中，差动活塞 9、液压油缸 10、支持轴颈 12、调节圆盘 13 及导柱 14、调节阀 5 一起随叶轮旋转。同时，调节阀 5、液压油缸 10、支持轴颈 12、调节圆盘 13 还作轴向的左右移动。

这种调节机构灵敏度高，并在叶轮运转中自动进行，叶片安装角的调节范围为 15°～55°，根据需要可在 20s、40s 和 100s 内完成调节。此种调节方法可使轴流风机运行效率保持在 83％～88％，节能效果比较显著。

（四）动叶调节的适用场合

轴流式、混流式泵与风机的动叶调节是泵与风机非变速调节中调节效率最高的调节方式，但与其他非变速调节方式相比，初期投资较高，维护量大。经技术经济分析与比较知，该方式适用于容量大、调节范围宽的场合。因此，目前火力发电厂越来越多的大型机组的送、引风机和循环水泵均采用了轴流式、混流式的动叶调节方式。此外，采用动叶调节对大型泵与风机的启动、停机也是有利的。

四、液位调节

液位调节又称汽蚀调节就是利用水泵系统中吸水箱内水位的升降来调节流量。由于水泵入口液柱高度（压力）降低，泵内发生汽蚀，使水泵的性能曲线突然下降。不同的入口液位高度有相应的汽蚀性能曲线，它们与管路性能曲线之间的交点即为一系列对应的工作点。

如图 10－10 所示，凝结水泵输送的是饱和液体，为使泵不发生汽蚀，必须有一定的倒灌高度。汽轮机负载正常时，热水井水位一定，水泵不发生汽蚀，此时水泵工作点为 M。当汽轮机负载减小，使凝结水量小于水泵排水量时，热水井中水位下降，水泵入口压力降低，发生汽蚀，于是水泵的工作点自动从 M 点移动至 M_1 点，水泵流量减小为 q_{V1}。

如此时汽轮机负载继续减小，则热水井中水位继续下降，工作点移至 M_2，流量减少为 q_{V2}。不同的倒灌高度对应着不同的工作点，自行达到了调节流量的目的，这就是液位调节的基本原理。这种调节是与机组负载变化自行进行的同方向调节，正适应机组负载变化的要求。图 10-10 中的虚线表示水泵在不同倒灌高度时的汽蚀性能曲线。

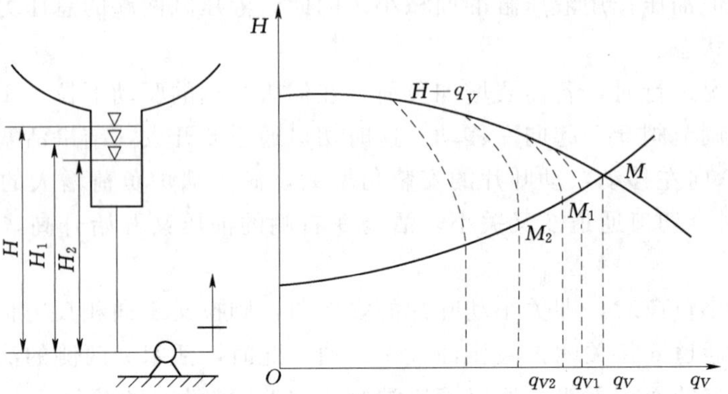

图 10-10　水泵液位调节

液位调节要求水泵的性能曲线 $H—q_V$ 与管路性能曲线都比较平坦。此外，如果汽轮机负荷经常变化，特别是长期低负荷运行时，这种调节汽蚀频繁发生，对泵工作不利。为此，在泵的出口和入口之间设置再循环管，打开再循环门，使泵出口水的一部分再回到泵入口，以提高水泵的倒灌高度。

液位调节时，水泵叶轮容易损坏，因此必须采用抗汽蚀材料。

液位调节能自动进行，方便自如，因而火力发电厂凝结水泵和部分疏水泵中被普遍采用。

五、旁通调节

泵与风机旁通调节又称为回流调节，是指通过改变分流管路上阀门的开度来改变泵与风机出口输出流量的调节方式亦称回流调节。图 10-11 所示为某泵的旁通调节布置示意图。

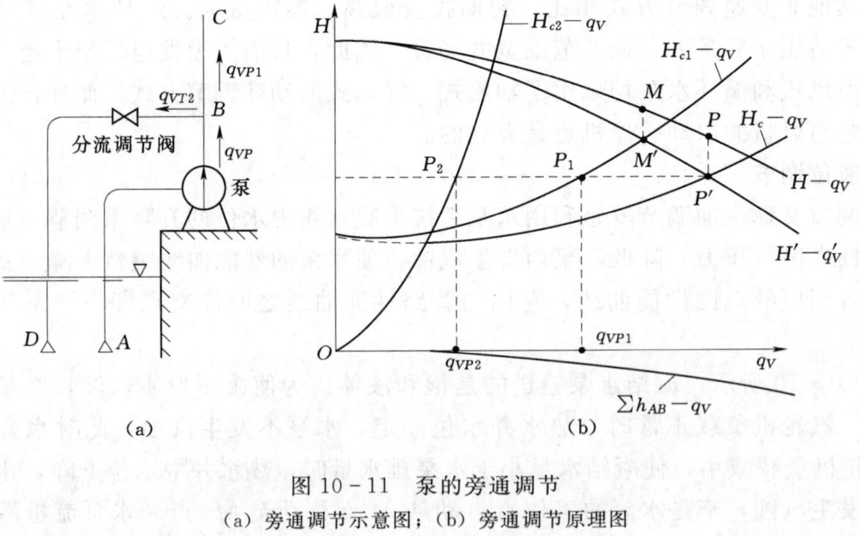

图 10-11　泵的旁通调节

(a) 旁通调节示意图；(b) 旁通调节原理图

图 10－11（b）所示为旁通调节原理图。当采用旁通调节时，泵本身的性能曲线不变。为了便于分析研究，这里把管段 AB 作为泵的组成部分，则泵的性能曲线 $H—q_V$ 变为 $H'—q_V'$（在 $H—q_V$ 曲线上每一个 q_V 对应的 H 减去 $\sum h_{AB}$ 即可得 $H'—q_V'$）；泵的管路性能曲线 $H_c—q_V$，可由输出管路 BC 的性能曲线 $H_{c1}—q_V$ 和分流管路 BD 的性能曲 $H_{c2}—q_V$，在相同的装置扬程 H_c 下流量 q_V 相加而得到。其中输出管路 BC 的性能曲线 $H_{c1}—q_V$，是指分流管路阀门全关时的管路性能曲线；而分流管路 BD 的性能曲线 $H_{c2}—q_V$，是指分流管路阀门全开时的管路性能曲线。曲线 $H'—q_V'$ 与曲线 $H_c—q_V$ 的交点 P' 为泵分流调节时的运行工况点。从图 10－10（b）可以看出，分流调节时运行工况点的变化范围是：沿性能曲线 $H'—q_V'$ 从分流管路阀门全关时的 M' 点到分流管路阀门全开时的 P' 点。而泵不包括管段 AB 时的运行工况点为 P。自 P' 点引水平线与曲线 $H_{c1}—q_V$、$H_{c2}—q_V$ 分别交于 P_1 点和 P_2 点，则实际流经输出管路 BC 的输出流量为 q_{VP1}，流经分流管路 BD 的分流流量为 q_{VP2}，这时水泵可用的有效功率为：与节流调节比较，离心式泵与风机的分流调节的经济性较差，而轴流式泵与风机的分流调节要经济些。分流调节虽然不经济，但在某些场合下仍有采用，如轴流式水泵在既未采用动叶调节，又未采用变速调节时，采用分流调节无论从安全可靠性还是从经济性方面，都比采用节流调节要好。此外，锅炉给水泵为防止在小流量区可能发生汽蚀，也需要通过调节设置在再循环管路上的阀门开度进行分流调节；同理，电厂凝结水泵也可采用旁通管路上的阀门开度进行分流调节。

六、变速调节

变速调节是指在管路性能曲线不变的情况下，通过改变转速来改变泵与风机的性能曲线，从而改变其运行工况点的调节方式。

改变泵与风机转速可以改变泵与风机的性能曲线，在管路曲线保持不变情况下，使工作点改变，这种调节方式称为变速调节。如图 10－12 所示，当泵与风机的转速升高时，泵与风机性能曲线上移，工作点上移，流量增加；反之，泵或风机转速下降时，其性能曲线下移，工作点下移，流量减小，从而实现泵或风机的调节。

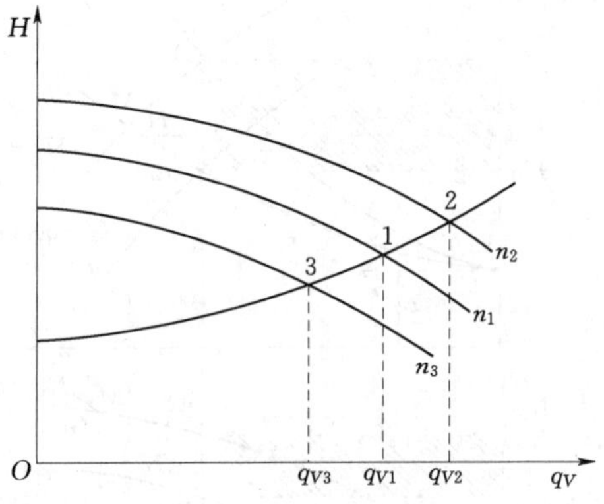

图 10－12 泵与风机变速调节

如图 10－13 所示，M 点为水泵原工作点，A 点为节流调节后工作点，B 点为变速调节后工作点。由此可见 A 点的轴功率为

$$
\begin{aligned}
N_A &= \rho g q_{V1}\frac{H_A}{\eta} \\
&= \rho g q_{V1}\frac{(H_B+\Delta H)}{\eta} \\
&= \rho g q_{V1}(H_B+\Delta H)+\rho g q_{V1}(H_B+\Delta H)\left(\frac{1}{\eta}-1\right)
\end{aligned}
\tag{10-1}
$$

式（10－1）表示 A 点的轴功率等于 B 点轴功率与阀门节流损失功率（式中第一令括号的乘积）之和再加上泵损失的功率（式中“＋”号之后一项）。B 点的轴功率为

$$N_B = \rho g q_{V1}\frac{H_B}{\eta}$$

$$= \rho g q_{V1} H_B + \rho g q_{V1} H_B\left(\frac{1}{\eta}-1\right) \tag{10-2}$$

比较两种调节方法，可见变速调节节省的功率为

$$\Delta N = N_A - N_B = \rho g q_{V1}\frac{\Delta H}{\eta} \tag{10-3}$$

如果不考虑水泵效率 η 的影响，则变速调节节约的能量为图 10-13 中的阴影面积。对于风机的工况调节，由于其管路性能曲线为经过坐标原点的二次方抛物线，工况点上流量、全压和功率分别与转速的一、二、三次方成比例，如果采用变速调节，将流量 q_V 由 100%减为 50%，只需使转速由 100%降为 50%，轴功率则由 100%减少为 12.5%。如果采用节流调节，即使将阀门完全关闭，轴功率大约也只能减少到全开时的 45%～65%。

变速调节由于不存在节流损失，所以它调节效率高。同时，由于转速变化时，效率曲线亦同时平行移动，所以运行效率变动不大，因此它运行效率亦是高的。

应该指出，变速调节的实际节能效果尽管受到上述诸多因素的制约，但与非变速调节比较，变速调节的主要优点是大大减少了附加的节流损失，在很大变工况范围内能够使泵与风机保持较高的运行效率。因此，现代高参数、大容量电站机组的泵与风机常采用变速调节方式，以提高机组的运行经济性；但由于变速传动装置或可变速原动机投资昂贵，故一般小型机组很少采用。

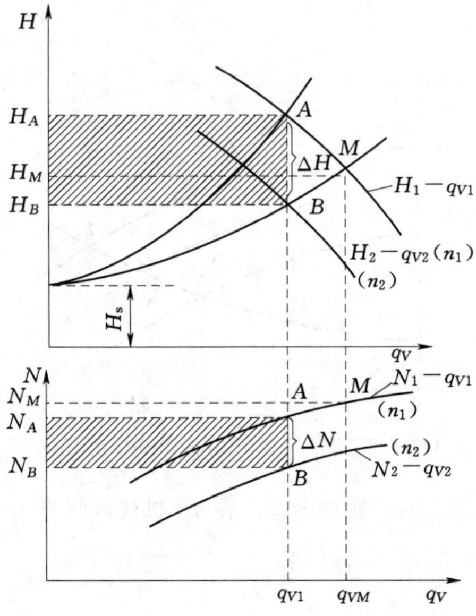

图 10-13　泵变速调节与节流调节节能效果比较

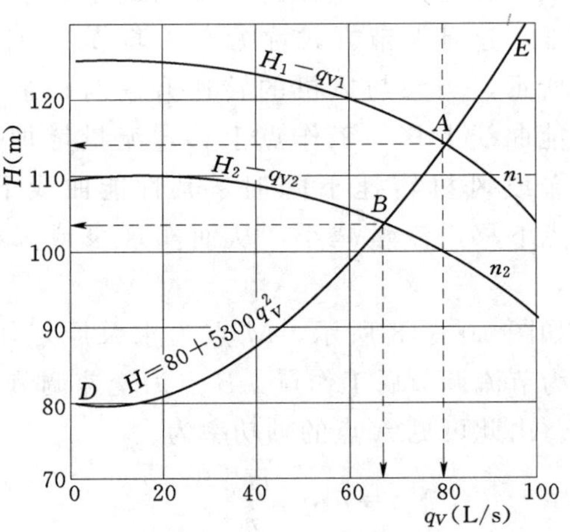

图 10-14

【例 10-1】　在转速 $n_1=960\ \frac{r}{min}$时，10SN5X3 型凝结水泵的 H_1-q_{V1} 性能曲线绘于图 10-14 中。试求当该泵的转速降低到 $n_2=900\ \frac{r}{min}$运行时，管路系统中流量减少了多

少？管路性能曲线方程式 $H=80+5300q_V^2$。

解： 首先绘出管路性能曲线。根据其方程式 $H=80+5300q_V^2$，算出各个选定流量下管系所需的总能量。方程式中的流量单位是 m^3/s，图 10-14 中的流量单位是 L/s，应该把它换算成 m^3/s 才能代入方程式中计算。计算的数值如下表：

q_v	(L/s)	0	20	40	60	80	100
	(m^3/s)	0	0.02	0.04	0.06	0.08	0.1
H	(mH_2O)	80	82.12	88.48	99.08	113.92	133

把计算的数值点绘在图 10-14 中，得出管路性能曲线。然后由已知的 H_1—q_{V1} 性能曲线上的各点数值，按照比例定律求出转速为 $n_2=900\ \frac{r}{min}$ 时各对应工况相似点的数值。其换算关系为

$$q_{V2}=q_{V1}\frac{n_2}{n_1}=q_{V1}\frac{900}{960}=0.92q_{V1}\left(\frac{L}{s}\right)$$

$$H_2=H_1\left(\frac{n_2}{n_1}\right)^2=H_1\left(\frac{900}{960}\right)^2=0.86H_1(\mathrm{m})$$

性能换算的结果如下：

$n_1=960$r/min	q_{V1}(L/s)	0	20	40	60	80	100
	H_1(mH_2O)	125	125	123	120	114	104
$n_2=900$r/min	q_{V2}(L/s)	0	18.8	37.6	56.3	75	93.8
	H_2(mH_2O)	109.9	109.9	108.1	105.5	100.2	91.4

根据 H_2、q_{V2} 做出 H_2—q_{V2} 的性能曲线，由此可知该泵向管道输送的流量为

$n_1=960$r/min 时，$q_{V1}=80$L/s；

$n_2=900$r/min 时，$q_{V2}=67$L/s。

流量减少的百分数为

$$\frac{q_{V1}-q_{V2}}{q_{V1}}\times100\%=\frac{80-67}{80}\times100\%=16.3\%$$

【例 10-2】 设有一台水泵，当转速 $n=1450$r/min 时，其参数列于下表。

q_V(L/s)	0	2	4	6	8	10	12	14
H(m)	11	10.8	10.5	10	9.2	8.4	7.4	6
η(%)	0	15	30	45	60	65	55	30

管路的特性系数 $K=0.024s^2/m^5$，几何扬水高度 $H_z=6$m，上下两水池水面均为方法大气压。求：

(1) 泵装置在运行时的工作参数。

(2) 当采用改变泵转速时流量变为 6L/s，泵的转速应为多少？相应的其他参数是若干？

(3) 如以节流阀调节流量，使 $q_V=6\text{L/s}$，有关工作参数是多少？

解：(1) 将表中在 $n=1450\text{rpm}$ 的参数绘成 $q_V—H$ 曲线与 $q_V—\eta$ 曲线如图 10－14 所示。由题目已知条件可得管路系统特性方程为

$$H=H_z+Kq_V^2=6+0.024q_V^2$$

用适当的流量代入此式可得如下表的数据。据此将管路性能曲线绘于图 10－15 上，如 CE。$q_V—H$ 与 CE 的交点即为工作点 A。从图 10－15 上可以查的该泵的工作参数为

q_V(L/s)	0	2	4	6	8	10	12
H(m)	6	6.1	6.38	6.86	7.54	8.4	9.46

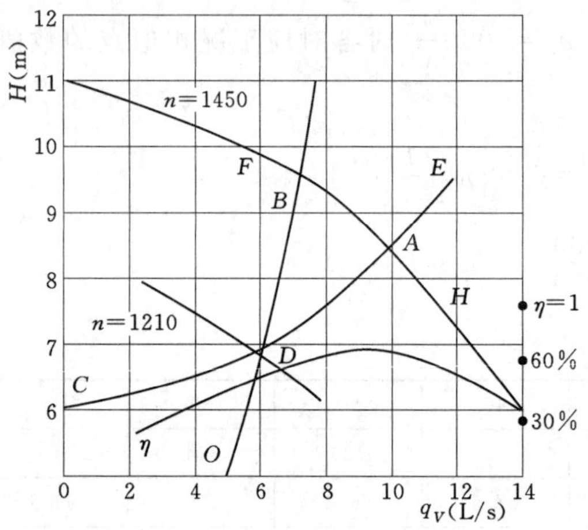

图 10－15

$$q_V=10\text{L/s}$$
$$H=8.4\text{m}$$
$$\eta=65\%$$

所需的轴功率计算如下：

$$N=\frac{rq_VH}{\eta}=\frac{9.807\times\frac{10}{1000}\times8.4}{0.65}=1.28(\text{kW})$$

(2) 改变泵转速将流量减少到 6L/s 时，因管路性能曲线未变，故可在性能曲线上的 D 点查得 $H_D=6.86\text{m}$。

对于 $q_V—H$ 曲线上的相似工况点应同时满足下式

$$\frac{H}{H_D}=\left(\frac{n}{n_D}\right)^2=\left(\frac{q_V}{q_{VD}}\right)^2$$

或

$$\frac{H}{q_V^2}=\frac{H_D}{q_{VD}^2}=K_D=\text{常数}$$

根据已知条件 $q_{VD}=6\text{L/s}$、$H_D=6.86\text{m}$，代入上式可得出

$$K_D=\frac{H}{q_V^2}=0.191$$

此式说明所有 $K_D=0.191$ 的点所代表的工况点都是相似的。将适当的 q_V 值代入此式后计算出相应的 H 值的结果列于下表，据此绘出与 D 点相似的工况点曲线，如列图 10－15 上的 OB 所示。

q_V(L/s)	0	2	4	6	7	8	10
H(m)	0	0.76	3.06	6.86	9.36	12.22	19.1

OB 与 $n=1450\text{r/min}$ 的 $q_V—H$ 曲线相交于 B 点，查图 10－15 可得出 $q_{VB}=7.1\text{L/s}$，$H_B=9.5\text{m}$。最后计算工作点为 D 的泵的转速 n_D：

$$n_D=n\frac{q_{VD}}{q_{VB}}=1450\times\frac{6}{7.1}\approx1210(\text{r/min})$$

D 点的效率与 B 点效率相同，查图 10－15 可得

$$\eta_D=\eta_B=52\%$$

轴功率可按下式算出

$$N_D=\frac{rq_{VD}H_D}{\eta_D}=\frac{9.807\times\frac{6}{1000}\times 6.86}{0.52}=0.78(\text{kW})$$

（3）用节流阀调节流量时，泵的性能曲线不变，工作点应位于例图上的 F 点，查图 10－15 可得

$$q_{VF}=6\text{L/s}$$
$$H_F=10\text{m}$$
$$\eta_F=45\%$$

计算轴功率

$$N_F=\frac{rq_{VF}H_F}{\eta_F}=\frac{9.807\times\frac{6}{1000}\times 10}{0.45}=1.31(\text{kW})$$

根据以上计算可以看出采用节流方法调节时有额外损失 $N_F-H_D=10-6.86=3.14\text{m}$，轴功率要比改变泵转速时多消耗 1.31/0.78＝1.68 倍。

第三节　泵与风机的联合运行

一、并联工作

并联工作指两台或两台以上的泵或风机向同一压力管路输送流体的工作方式。并联的目的是在压头相同时增加流量。

并联工作应用场合：

（1）当扩建机组，相应的需要流量增大，而对原有的泵与风机仍可以使用时。

（2）电厂中为了避免一台泵或风机的事故影响主机主炉停运时。

（3）由于外界负荷变化很大，流量变化幅度相应很大，为了发挥泵与风机的经济效果，使其能高效率范围内工作，往往采用两台或数台并联工作，以增减运行台数来适应外界负荷变化的要求时，采用同性能（同型号）泵并联工作。

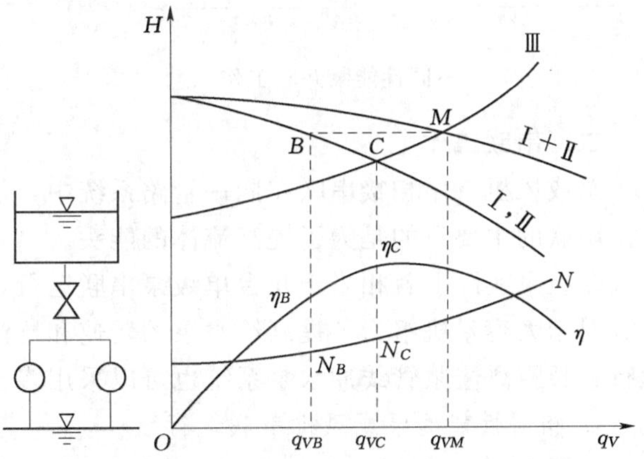

图 10－16　相同性能泵并联工作

如图 10－16 所示。曲线Ⅰ、Ⅱ为两台相同泵的性能曲线，Ⅲ为管路性能曲线，根据并联工作特点，两台泵并联工作时合成性能曲线应由两台泵的性能曲线在同一扬程下的流量叠加而成，见图Ⅰ＋Ⅱ曲线。并联工作时合成工作点为管路性能曲线和泵的合成性能曲线的交

点 M。过 M 作水平线交Ⅰ、Ⅱ曲线于 B 点，B 即为两台泵在并联时各自的工作点。管路性能曲线Ⅲ与泵的性能曲线Ⅰ或Ⅱ的交点 C 为每一台泵在此系统中单独工作时的工作点。从 M、B、C 三个工作点可以看出并联工作后的效果如下：

（1）两台泵并联时总流量为每台泵流量之和，即 $q_C=2q_{VB}$，每台泵产生的扬程与总扬程相等，两台相同性能泵并联工作扬程相等，即 $H_M=H_B$。

（2）并联后泵总流量比一台泵单独运行时流量增加了，即 $H_M>H_C$，但并联时每台泵的流量却比它自己单独运行时的流量减少了，即 $q_{VB}<q_{VC}$，所以并联后泵总流量小于两台泵分别单独运行时流量之和。可以类推知，并联泵台数越多，总流量越大，但流量的增加比例越小。此外，管路性能曲线越陡，并联后泵总流量增加得越少。

不同性能泵并联时，最好它们的性能曲线不要相差太大，这样并联工作的效果较好。如图 10-17 所示，Ⅰ、Ⅱ为两台不同性能泵各自的性能曲线，这两台泵并联后合成性能曲线只有在 A 点的右侧才能正常工作。图 10-18 是一台具有驼峰状性能曲线的泵Ⅰ与一台性能稳定的泵Ⅱ并联工作。由图 10-17 可见，并联后台成性能曲线Ⅰ＋Ⅱ也具有驼峰形状，其中只有 M_2 点右侧的工作区域泵的工作才是稳定的，在 M_2 点左侧工作时，第 1 台泵就可能出现不稳定现象，这是因为此时第 1 台泵可能出现两个工作点。具有驼峰状性能曲线的泵并联运行时，必须把合成工作点限制在稳定工作区内，风机的并联工作情况也与上述相同，不再赘述。

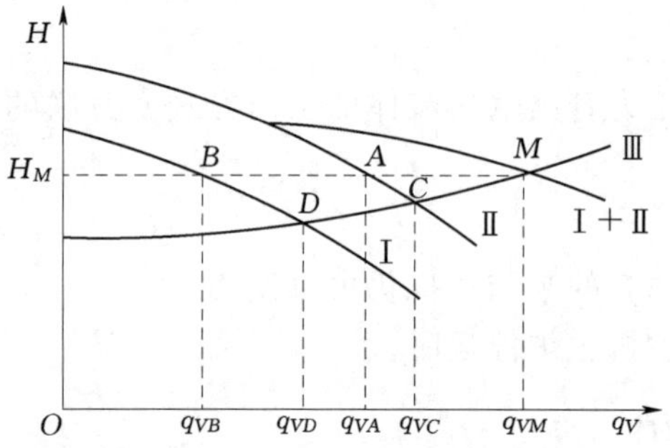

图 10-17　不同性能泵并联工作

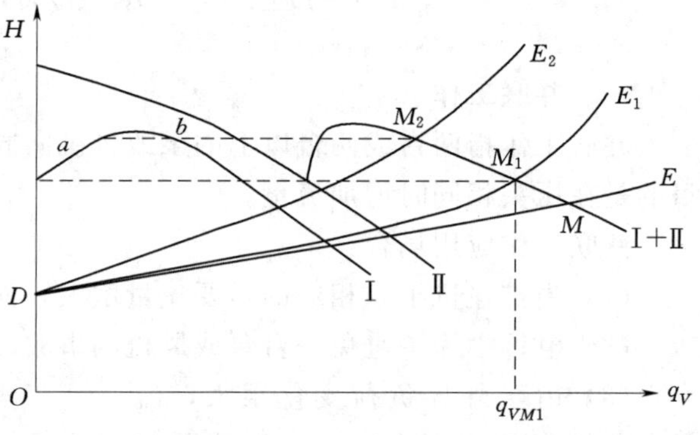

图 10-18　不稳定性能泵并联

二、串联工作

泵或风机首尾相接串联在同一管路系统中，依次传送同一流体的工作方式称为串联工作。串联的主要目的是为了提高流体的能头。

多级泵实际上就相当于几台单级泵串联运行，因此要提高其扬程，一般可以采用多级泵。对于大容量机组为了提高给水泵的转速和抗汽蚀性能，有时采用前置泵与给水泵串联运行；长距离渣浆管线冲水泵系统也可以采用多台泵串联工作。

1. 相同性能的泵或风机串联运行

如图 10-19 所示，Ⅰ、Ⅱ两台性能相同的泵串联在同一管路系统中运行，串联运行泵系统的特点是，经过每台泵的流量是相同的，而扬程却是依次提高，因此泵串联运行时总性能曲线Ⅰ＋Ⅱ是在同一流量下将两泵性能曲线对应工况点的扬程相叠加而成。

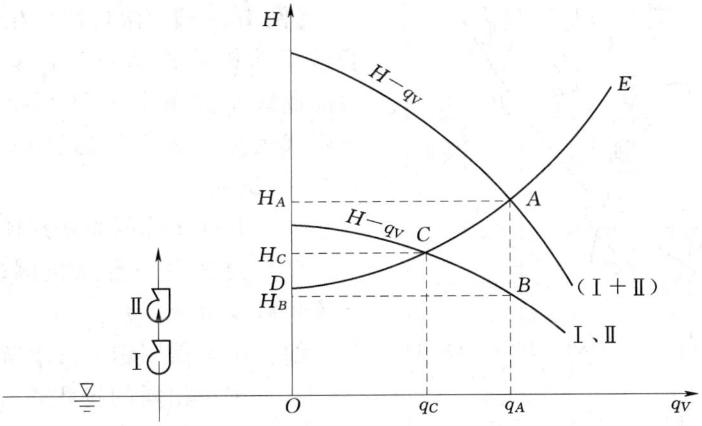

图 10-19　同性能的泵串联运行

在图 10-19 中，A 点为泵串联后总的运行工作点，B 点为串联时每台泵的运行工况点，C 点为一台泵单独在该管路系统运行时的工作点。比较 A、B、C 三个工况点可分析串联泵的工作效果：

(1) 总流量与串联工作的每台泵的流量相等，即 $q_{VA}=q_{VB}$。

(2) 总扬程为串联工作时每台泵扬程之和，即 $H_A=2H_B$。

(3) 与一台泵单独在该系统中运行比较，串联后总流量和总扬程都增加了，而每台泵串联运行时的扬程比它单独运行时的扬程降低了。串联台数越多，每台泵与它单独运行时相比，扬程下降也越多。

(4) 管路性能曲线越陡峭，串联后扬程增加得越明显。

(5) 串联运行时泵的压力逐级升高，要求工作在后面的泵的强度要高，避免泵受损坏。

2. 不同性能泵串联运行

如图 10-20 所示，两台不同性能的泵Ⅰ和Ⅱ串联运行在同一管路系统中，DE 为管路性能曲线。

两台泵性能不同，串联运行时的有效范围缩小了。如图 10-20 所示，如果泵串联后的工作点在 A'点及 A'点的右侧，则第Ⅰ台泵已经不产生扬程，反而成为第Ⅱ台泵的阻力。此时如果第Ⅰ台泵处于第Ⅱ台泵之前还有可能使第Ⅱ台泵产生汽蚀。所以不同性能泵串联工作时其工作范围只能限制在 A'点的左侧。

在选择泵串联运行方式时，应尽量避免性能差别太大的泵参与串联运行。

风机串联运行规律与泵串联相接近，在此不再赘述。

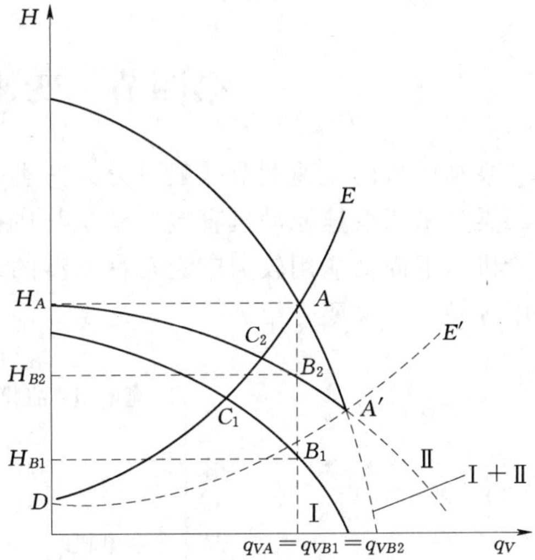

图 10-20　不同性能泵串联运行

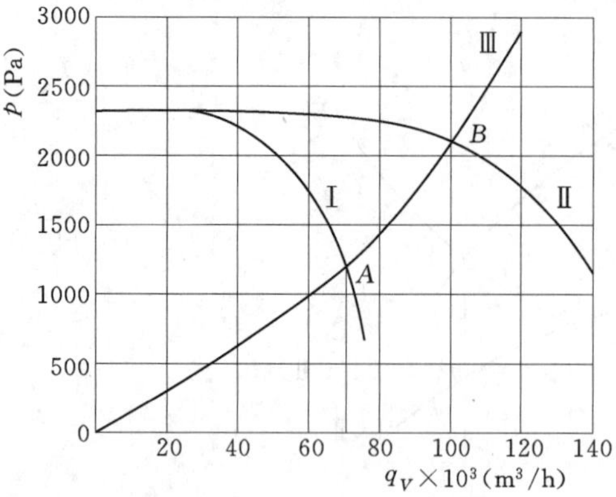

图 10-21

【例 10-3】 两台性能相同的离心风机并联运行向锅炉输送空气，单台风机的 q_V—p 性能曲线Ⅰ如图 10-21 所示，管路特性曲线方程式为 $p_C=2.6q_V^2$（式中 q_V 的单位以 m^3/s 计算）。试问：

(1) 并联工作时总送风流量是多少？

(2) 当其中一台风机因事故停机后，送风流量减少百分之几？

解： 本题需用作图法求解。

(1) 按在相同的扬程下流量相加的原则，由单台风机的 q_V—p 性能曲线Ⅰ，作出并联的性能曲线Ⅱ。

(2) 在风机的性能曲线图中，以相同的比例尺绘画出管路特性曲线：由 $p_C=2.6q_V^2$ 算出各选定流量 q_V 下所需的全压 p_C，并将图中的流量单位 m^3/h 换算成 m^3/s 代入管路特性方程。

q_V	m^3/h	20×10^3	40×10^3	60×10^3	80×10^3	100×10^3	120×10^3	140×10^3
	m^3/s	5.56	11.11	16.67	22.22	27.78	33.33	38.89
p_C	Pa	80	320	723	1284	2006	2888	3923

根据上述数值在风机曲线图上作出管路特性曲线Ⅲ。

(3) 从图上查出并联工作点 B 点的送风流量 $q_{VB}=100\times10^3 m^3/h$ 左右。

一台停止工作、一台工作时，工作点 A 点的送风量为 $q_{VA}=70\times10^3 m^3/h$ 左右，风量减少为 $\frac{q_{VB}-q_{VA}}{q_{VB}}=\frac{100-30}{100}=70\%$左右。

第四节　变速调节的变速方式

泵与风机的变速调节一般可分为三类：第一类是定速电动机经传动装置的变速调节；第二类是采用变速原动机直接驱动泵与风机的变速调节；第三类是采用变速运行的给水泵汽轮机。下面对应用较为广泛几种典型的泵与风机的变速调节方式的工作原理、特性及其应用等做一些简要介绍。

变速调节方法
- 定速电机
  - 液力耦合器
  - 油膜滑差离合器
  - 电磁转差离合器
- 变速电机
  - 变压调速
  - 绕线式异步电动机串电阻调速
  - 鼠笼式异步电动机的变极调速
  - 绕线式异步电动机的串级调速
  - 异步电动机的变频调速
- 汽轮机驱动

一、定速电动机经传动装置的变速调节

（一）液力偶合器的变速调节

1. 液力耦合器工作原理

液力偶合器是一种以液体（多数为油）为工作介质，利用液体动能传递能量的一种叶片式传动机械，又称液力联轴器或液体动力传动装置（The Hydrokinetic Drive 简写为HKD）。按其应用场合的不同可分为普通型（标准型、离合型）、限矩型（安全型）、牵引型和调速型四类。用于泵与风机调速节能的为调速型，故本书讨论的仅限于调速型液力偶合器。

调速型液力偶合器（以下均简称为液力偶合器）主要由泵轮 1 和涡轮 2 及旋转外套 3（勺管室）、勺管 5 组成，如图 10－22 所示。泵轮与涡轮均为具有径向直叶片的工作轮，泵轮与主动轴（n_1）固定连接，涡轮与从动轴（n_2）固定连接；主动轴和从动轴又分别与电动机及泵与风机连接。泵轮与涡轮之间无固体的部件联系，为相对布置，两者端面之间保持一定的间隙。由泵轮的内腔 P 和涡轮内腔 T 共同形成的圆环状的空腔称为工作腔，见图 10－22（a）。工作腔的轴面（即包含轴心线的截面）投影称为循环圆，如图 10－22（a）中箭头所示。若在工作腔内充以油等工作介质，则当主动轴带着泵轮高速旋转时，泵轮上的叶片将驱动工作油高速旋转，对工作油做功，使油获得能量（旋转动能）。同时，高速旋转的工作油在惯性离心力的作用下，被甩向泵轮的外圆周侧，形成高速的油流，在出口处以径向相对速度与泵轮出口圆周速度组合成合速度，冲入涡轮的进口径向流道，并沿着径向流道由工作油动量矩的改变去推动涡轮旋转。在涡轮出口处又以径向相对速度与涡轮出口圆周速度组合成合速度，进入泵轮的进口径向流道，重新在泵轮中获取能量。如此周而复始，形成了工作油在泵轮和涡轮两者之间的循环流动圆。这样，泵轮把原动机的机械能转变为工作油的动能和压力势能，进入涡轮中的工作油的机械能在涡轮中又转化为输出轴的机械能传递给泵与风机，从而实现了电动机轴功率的柔性传递。

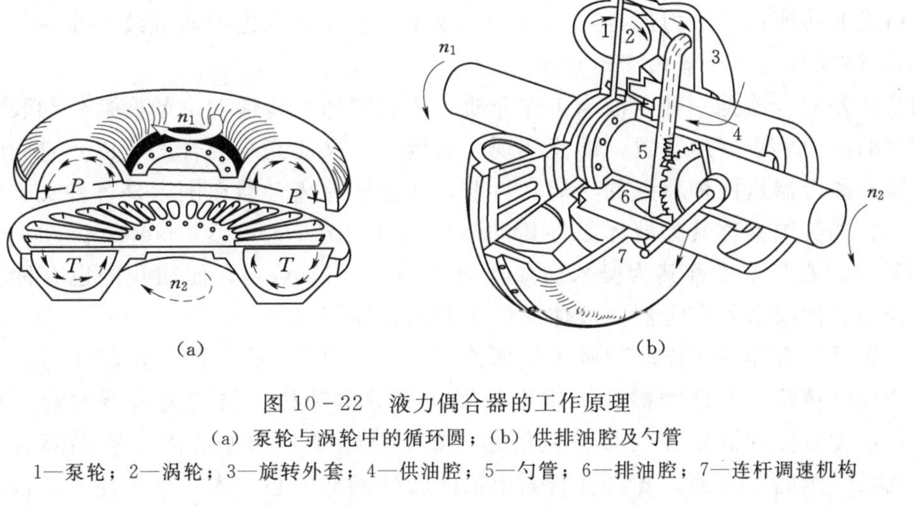

图 10－22　液力偶合器的工作原理

（a）泵轮与涡轮中的循环圆；（b）供排油腔及勺管

1—泵轮；2—涡轮；3—旋转外套；4—供油腔；5—勺管；6—排油腔；7—连杆调速机构

若改变工作腔中工作油的充满度，亦即改变循环圆内的循环油量，就可改变液力偶合器所传递的转矩和输出轴的转速，从而实现了电动机在定速的情况下对泵与风机的无级变

速。工作油油量的变化是通过一根可移动的勺管（导流管）位置的改变实现的。图 10-22（b）所示的勺管 5 可以把管口以下的循环油抽走，即从图 10-22（b）看，勺管往上推移时，在旋转外套 3 中的油将被勺管抽吸，使工作腔中的工作油量减少，涡轮减速，从而使泵与风机减速。反之，当勺管往下移时，泵与风机将升速。

2. 液力耦合器在泵与风机调速中的应用

叶片式泵与风机由于采用液力偶合器的变速调节比节流调节具有显著的节能效果。因此，目前在国内已广泛应用调速型液力偶合器作为泵与风机的调速装置，尤其在火力发电厂、矿山、钢铁厂、炼油厂等企业应用得最为广泛。

（1）液力偶合器的优点：

1）无级调速：在输入转速不变的情况下，可以输出连续、无级变化的转速。

2）工作平稳：可以平稳的启动、加速、减速、停止。

3）空载启动：电动机能空载或轻载启动，故可选用最经济的电动机及电控设备，降低启动电流，节约电能。

4）隔离振动：液力偶合器的泵轮与涡轮之间没有机械联系、转矩通过工作液体传递，是柔性连接。当主动轴有周期性振动（如扭振）时，不会传到从动轴上，具有良好的隔振效果，能减缓冲击负荷，延长电动机及泵与风机的机械寿命。

5）过载保护：由于液力偶合器是柔性传动，其泵轮与涡轮之间有转速差，故当从动轴阻力矩突然增加时，转差就增大，甚至制动，而原动机仍能继续运转，而不致烧毁；泵与风机也可受到保护。

（2）液力偶合器的缺点：在电动机额定转速较低的场合，在要求同样的转矩而采用较小的转速时，液力偶合器的工作腔直径将加大，即液力偶合器的尺寸和重量将相应增加，这不但增加了造价，而且还会使液力偶合器调速的延迟时间增加，不适应处理紧急事故的要求；对于大功率的液力偶合器，除本体外还要有一套诸如供油泵、冷却器、油箱等辅助设备与管路系统，使设备复杂化；在运转中随着负载的变化，转速比也相应变化，因此不可能有精确的转速比，液力偶合器一旦产生故障，泵与风机也不能继续工作。

（二）油膜转差离合器的变速调节

油膜转差离合器是一种以油为工作介质，依靠摩擦力传递功率的变速传动装置。它是一种新型的液力无级变速装置，即能实现无级调速，又能完全离合。所以，它同时具有无级变速器和离合器这两种装置的功能。目前，油膜转差离合器在国内外各种文献中的名称尚未统一。如美国常称其为液体黏性传动装置（Hydroviscous Variable Speed Drives，简写为 HVD）；在日本多称其为奥米加离合器（Omega Drives）；而在我国也有称其为液力调速离合器、油膜滑差离合器或液体黏性调速离合器等。

油膜转差离合器的工作原理及主要部件如图 10-23 所示。其主要部件为若干主动和从动的圆板摩擦片。主动摩擦片固定在与原动机输出轴相连接的离合器的输入轴（主动轴）上；从动摩擦片固定在与泵与风机输入轴（从动轴）相连的离合器端部的密封转鼓内。由油泵供给的压力油，经离合器输出轴的转鼓端部中心导入，把油注入转鼓内的主从摩擦片之间，使主从摩擦片之间充满工作油。当原动机驱动油膜转差离合器的输入轴旋转时，固定于其上的主动摩擦片也以相同的转速旋转。当主从摩擦片之间产生相对运动时，

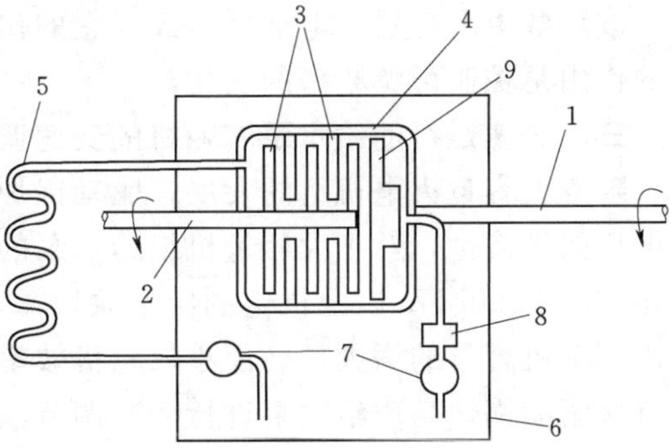

图 10-23　油膜转差离合器的工作原理
1—从动轴；2—主动轴；3—圆板摩擦片；4—转鼓；5—热交换器；6—油箱；7—泵；8—阀门；9—控制活塞

主从摩擦片之间的工作油各层之间也将产生内摩擦阻力，这个内摩擦阻力将带动从动摩擦片及泵与风机的输入轴旋转。通常，主动摩擦片与从动摩擦片之间总是存在一定的相对转速差，于是离合器的输入轴和输出轴之间也有一定的转速差。在从动摩擦片的右侧装有一个控制活塞，可通过控制油泵输出油压的变化，使活塞沿轴向产生微小的移动，使主从摩擦片间的油膜间隙的大小发生变化。由流体力学的牛顿内摩擦力定律得知，摩擦片所传递转矩的大小与主从摩擦片间的转速差及油膜间隙的大小有关。于是通过改变油泵的输出油压，来控制活塞的轴向位置，亦即改变主从摩擦片之间的油膜间隙，就可改变离合器所传递的转矩和离合器主从从摩擦片之间的转速差，实现离合器无级变速的目的。

这种离合器与液力耦合器相比，具有传动效率高、控制反应快、成本低、过载保护等优点。

二、变速电动机直接驱动泵与风机的变速调节

（一）鼠笼式异步电动机的变极调速

异步电动机在正常运行时，一般转差率很小，在电源频率不变的情况下，通过改变电动机绕组的磁极对数，即可改变异步电动机的转速，从而实现变极调速。

大中型异步电动机采用变极调速时，一般为双速电动机；三速或四速电动机仅在小型异步电动机中应用。双速电动机改变磁极对数有两种方式：一种是在电动机定子槽内嵌置两套不同极对数的独立绕组，称为双绕组或分离绕组电动机；另一种在电动机定子槽内只嵌置一套绕组，通过改变定子绕组接线方式变极，称为单绕组电动机。变极调速通常只用于鼠笼式异步电动机，不用于绕线式电动机。这是因为鼠笼式异步电动机转子的极对数随着定子的极对数而变，所以变极时只要改变定子绕组的极对数即可。而绕线式电动机变极时必须同时改变定子绕组和转子绕组的极对数，这在变极时就要复杂多了。

（二）鼠笼式异步电动机的变频调速

由异步电动机的转速公式可知，若极对数一定而转差率又变化很小时，其转速基本上与电源频率成正比。基于这一原理，可用改变电源频率实现变速调节。

变频器一般可分为交—直—交变频器和交—交变频器两类。

交—直—交变频器的变频过程是：先将工频交流电经整流器整流成直流电，然后再把直流电经逆变器变成频率可调的交流电。

交—交变频器的变频过程是：把电网工频交流电直接变为电压和频率可调的交流电。

目前在泵与风机调速节能中用的变频器极大多数都是交—直—交变频器。这是因交—交变频器的输出最高频率只能达到工频电源频率 1/3～1/2，因此，它只适用于低转速、大功率的拖动系统。

波环节由电容器或电抗器组成，它的作用是对整直后的电压或电流进行滤波。控制回路的作用是控制可调频率的变化。

三、变速运行的给水泵汽轮机的变速调节

随着大容量火电机组的发展，驱动锅炉高压给水泵的功率也随之增加，为了提高火力发电厂的经济性，对于大容量机组给水泵的原动机的选择，目前国内、外一般认为单机容量在 250～300MW 以上机组的给水泵以采用小汽轮机直接驱动变速调节为佳。因为现代给水泵单机容量的增大，已使小汽轮机效率几乎与主机相等，在这种情况下，采用小汽轮机直接驱动锅炉高压给水泵进行变速调节已成为最佳的调节方案。

采用小汽轮机直接驱动进行变速调节，具有以下特点：

(1) 增大了单元机组输出电量，大约为发电量 3%～4%，即降低了厂用电量。

(2) 不需要升速齿轮和液力偶合器，故不存在设备的传动损失。

(3) 提高了给水泵运行的稳定性，即当电网频率变化时，给水泵运行转速不受影响。

第五节 泵与风机的工作稳定性

泵与风机在非稳定工况下运行时将产生几种重要的非稳定现象，如汽蚀、喘振、旋转脱流等，这几种现象的产生将使泵与风机运行性能恶化，因此必须引起特别重视。

一、风机的旋转脱流

(一) 脱流

脱流如图 10-24 所示。流体绕流叶型流动，在零冲角下，流体只受叶型表面摩擦阻力影响。随着冲角增大，开始在叶型后缘附近产生旋涡，此后流体在叶型上表面分离，并且分离点 A 逐渐向前移动。在此过程中，虽然升力增加，但由于尾部旋涡范围逐步扩大，阻力也在增加，而升阻比减小。当冲角增加到某一个临界值时，流体在叶片尾部流动遭到了破坏，升力减小，阻力急剧增加，压力迅速下降，这种现象称为脱流或失速。

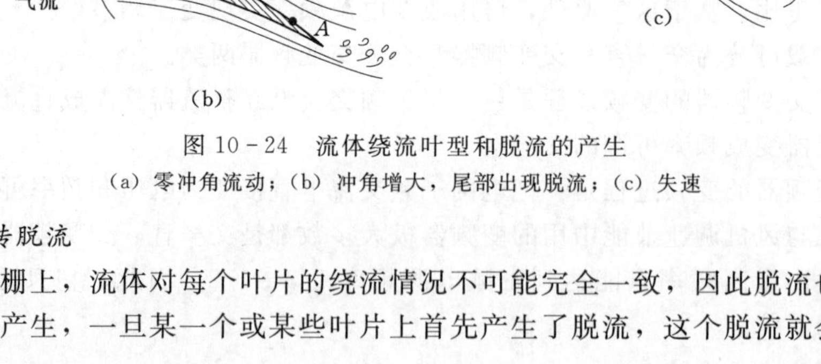

图 10-24 流体绕流叶型和脱流的产生

(a) 零冲角流动；(b) 冲角增大，尾部出现脱流；(c) 失速

(二) 旋转脱流

在叶轮叶栅上，流体对每个叶片的绕流情况不可能完全一致，因此脱流也不可能在每个叶片上同时产生，一旦某一个或某些叶片上首先产生了脱流，这个脱流就会在整个叶栅

上逐个叶片地传播。这种现象称为旋转脱流。如图10-25所示，假定叶道2首先由于脱流产生了阻塞，流体只好分流挤入叶道1和3，使叶道1和3流量增加，并改变了流体原来的流动方向。使叶道1流体冲角减小，处于正常流动；而叶道3流体冲角增大，发生了脱流和阻塞。叶道3阻塞后，流体又向叶道4和2分流，结果又使叶道4发生脱流和阻塞，而叶道2冲角减小，恢复正常流动就这样，叶道2的脱流依次向叶道3、4、…传播，形成了旋转脱流。旋转脱流的传播方向与叶轮转向相反，而传播的角速度小于叶轮旋转角速度（约为30%～80%的转于转速）。旋转脱流会使叶片前后的压力变化，这样使叶片受到交变力的作用。交变力会使叶片产生疲劳，乃至于损坏。同时，如果作用在叶片上的交变力频率接近或等于叶片的固有频率，将使叶片产生共振，使叶片断裂。

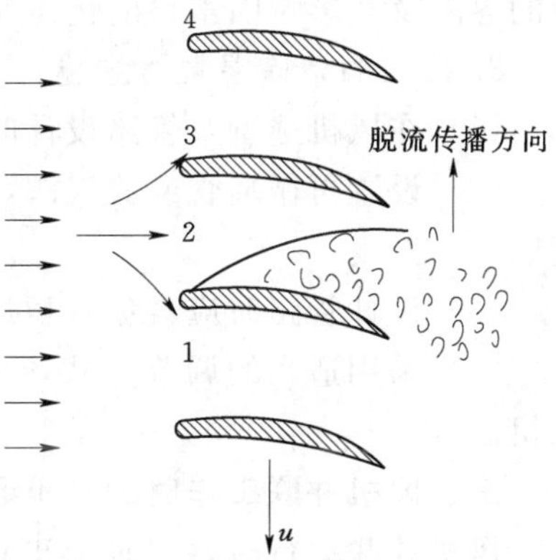

图10-25　动叶旋转脱流的形成

二、风机的喘振

向大容量空间供气时，若风机处于不稳定工作区运行，可能会出现流量、风压的大幅度波动，引起整个系统装置剧烈振动，并伴随着强烈的噪声，这种现象称为喘振。喘振将使风机性能恶化，严重时会使风机系统装置破坏。因此，风机不允许在喘振区工作。

1. 喘振的形成过程

如图10-26所示，风机性能曲线具有驼峰状，同时风机的工作点又在K点以左，而风机的管路系统容积又较大，就有可能产生喘振。对于储气空间大的风机管路系统，压力波在气流中传播需要一段迟延时间。风机在开始工作时，向管路系统输送气体的流量大，而压力低，气流还来不及充满管路系统，这时风机相当于在K点工作，而管道为了适应风机的压力，暂时处于D点。此时，由于风机排风量大于管路输出风量，使风机出口压力升高，风机流量缓慢减小，工作点沿性能曲线向上移至D点，而管道由于风机的压力升高，流量逐渐增加，此时管路与风机的性能曲线无交点，为平衡压力，暂时在K点工作。此时管路输出风量仍小于风机排风量，因而使管路压力略高于风机压力。在管路压力作用下，使气体倒流回风机，风机流量为负值，相当于在B点工作。这时由于管路中气体同时向两个方向流出，使压力很快下降，平衡时风机出口压力也随之下降到B点。当管路中压力略低于风机出口压力时，风机又开始向管路系统输送气体，工作点又跳到E点。风机若继续运行，运行状态将按$EKDBE$封而复始地进行。整个系统压力忽高忽低，流量时正时负，管路的气流随之强烈波动，则产生了喘振现象。

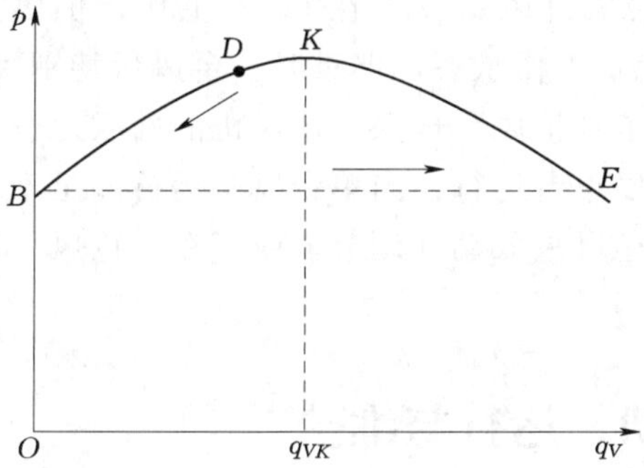

图10-26　喘振的形成

可见，喘振是由风机和管路系统共同决定的，一般喘振之前首先要产生旋转脱流，二者的界限及其影响因素目前仍是研究的课题。

2. 防止和消除喘振的措施

（1）在风机选型及管路设计时应尽量使工作点避开不稳定区。

（2）设置再循环管或放气阀，使通过风机的流量大于 q_{VK}，以防止风机运行落入不稳定区。

（3）设计管路时应避免容积过大的管段，避免促成喘振的客观条件。

（4）采用适当的调节方式，使风机稳定工作区扩大。例如动叶可调和静叶调节轴流风机。

三、风机并联工作时的“抢风”现象

风机并联运行时，有时会出现一台风机流量特别大，而另一台风机流量特别小的现象，若稍加调节则情况可能刚好相反，原来流量大的反而小，如此反复下去，使之不能正常并联运行。这种现象称为“抢风”现象。

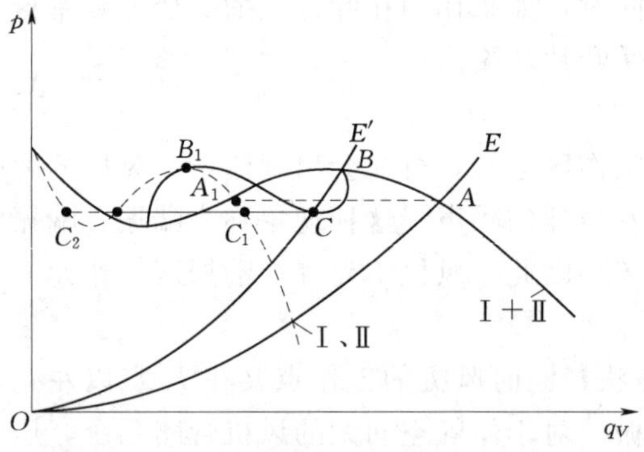

图 10－27　并联风机的“抢风”现象

从风机性能曲线分析，具有马鞍形性能曲线的风机并联运行时，可能出现“抢风”现象，如图 10－27 所示，两台风机并联工作合成工作点若在 A 点，则两台风机工况相同，均在 A_1 点工作，不会发生“抢风”现象。而合成工作点若落在“∽”形区域内，如 B 点，此时两台风机工况点暂时相同，均为 B_1 点。若合成工作点为 C，则两台风机阻力稍有差别或系统风量稍有波动，就可能使一台风机风量较大在 C_1 点工作，仍属于正常工作，而另一台风机风量较小在 C_2 点处于不稳定工作状态，严重时一台风量特别大，而另一台却出现倒流，而且不时地相互倒换，出现了“抢风”现象，使风机的并联运行不稳定，为避免风机的“抢风”现象，在低负荷时可以单台运行，当单台风机运行满足不了需要时，可以再启动第二台参加并联运行。此外，还可采取动叶调节，或者在“抢风”现象发生时开启旁路阀等措施。

第六节　泵与风机的启动、运行与维护

一、泵与风机的启动

（一）泵的启动

1. 启动前的检查

（1）清除工作场地的安全隐患。电气设备、线路，各种联动及控制开关按钮“正常”位置正确。检修后应联系恢复送电或按“送电联系单”的执行程序送电。检查电动机的转向正确（可用电磁旋转磁场指示器检查），有关试验项目已按运行规程要求完成。

（2）泵本体连接紧固部件固定完好无松动，联轴器连接良好，护罩完好，人工盘动转子无卡涩、无摩擦、转动灵活，底部放水旋塞已紧固。

（3）轴封填料完好，密封冷却水、轴承冷却水位畅通，冷油器的冷却水系统进出阀门完好，能进行冷却水调节。

（4）就地和控制盘处的进出口压力表、真空表应齐全完好，声光信号试验正常。

（5）轴承及润滑油检查。滚动轴承油杯油量、滑动轴承油位或油系统及油箱油位正常油质良好。

（6）各种电动机调速机构、定速电动机转动变速机构如液力联轴器已检查正常驱动小汽轮机已全面检查准备就绪。

2. 启动前的操作

（1）充水。泵体内的充水根据泵的吸水方式及系统布置采用不同的方式。对于倒灌进水的泵，用进口阀门直接充水并排除空气。负压吸水的泵，小型泵一般采用灌水法开肩放气旋塞及灌水阀，待放气旋塞连续出水后关闭，灌水过程中盘动转子有利于排尽空气。大型泵可以用真空泵抽空气，观察到排空气管连续出水后表明空气已经排尽，真空泵可继续维持运行，直到水泵启动出水正常后停运。

为了在循环水泵的泵壳和吸水管内形成真空，在中央水泵房一般要附设专门用来抽空气的电动真空泵。靠近汽轮机房就地安装的循环水泵除装有一台电动真空泵外还设有射汽抽气器或射水抽气器，以便将泵内的空气抽出，形成真空使水泵充水。对于高压锅炉给水泵，在其吸入口管的最高点或前置泵连接管的最高点均设有能自动排除空气和气体的装置，以便在启动之前逐步向给水泵充水，排出泵内空气。

（2）密封冷却水。调整两端轴封水量以滴水为宜。运行密封水泵向给水泵及前置泵送密封冷却水。

（3）暖泵。高温泵如给水泵必须进行暖泵操作。冷态启动采用正暖方式，暖水从吸入侧进入，然后从末级导叶排出，或折回双层壳体内外壳之间，再从吸入侧排出。热态启动采用倒暖方式，暖水流程与正暖相反。暖水系统布置因机组不同而异。暖泵按规定程序操作并控制温升率。待泵体上下及螺栓上下、泵壳与螺栓温差以及水温与泵壳温差在规定范围内后，关闭暖泵门。

（4）泵机组各系统殁相关阀门所处位置符合运行规程规定，如出口阀及旁路阀关闭，给水泵再循环阀开启，中间抽头阀均关闭。

（5）润滑油系统。开启油系统管路阀门，投运冷油器油侧或旁路，运行辅助油泵运转正常，油路畅通。

（6）汽动泵小汽轮机按启动程序应进行的启动前准备工作，如汽源切换、暖管、汽轮机各部分的开机前操作等已就绪。

3. 泵的启动

（1）电动离心泵合闸后注意启动电流、返回时间、转速、空载电流和出口压力表读数，检查动静部分有无摩擦、振动和异声，油压、油温、轴承温度及轴向位移是否正常等。油压达规定值后停辅助油泵。

（2）变速泵在空载运行正常后提升转速。

（3）开启泵出口阀。根据给水泵流量增加的情况，逐渐关闭再循环阀。

（4）根据油温升高的情况，及时投运冷油器，调整维持冷油器出口油温在正常范围

（一般为 35～45℃）内，调整电动机风冷却器。

（5）投入泵的连锁及保护。

应注意：启动时不允许水泵出口阀门长时间关闭运行，以免因泵内液体发生汽化，造成泵的部件汽蚀或高温变形损坏。

（二）风机的启动

1. 启动前的准备和检查

常规的启动前的准备和检查工作与水泵相同，除应对工作场所、电源及电气设备、指示表计、轴承冷却水等全面进行检查外，还应对以下方面做仔细检查：

（1）风机轴承、联轴器、调节器按制造厂要求，采用规定的润滑油，保证规定油品，保证油位或供油量。

（2）风机动静部分间隙的检查、大修或新安装后，应使各部分间隙符合要求，并手动盘车数周确认无卡涩、摩擦现象。

（3）关闭风机进口导流器或挡板及出口挡板。

（4）检查风机各部件的紧固情况，避免启动后振动过大造成螺栓松动而引发故障。

2. 启动和停机

（1）完成所有应检查的项目，合闸启动风机。

（2）监视启动电流，检查轴承润滑油流、轴承温度、振动和噪声，一切正常后，即可全开风机出口风门用进口挡板、导流器或动叶调节机构调节风量。如启动后发现上述参数不正常，必须立即停机。

（3）运行检查和注意事项：

1）运行中随时注意风机的振动、振幅和噪声应无异常现象。

2）轴承油位、油流正常，各道轴承润滑良好，冷却水畅通，水压正常，轴承温度和温升在规定值内。

3）定期检查风机和电动机润滑油系统的油压、油温和油量。

4）电动机电流正常，风机转速正常。

5）用进口挡板或寻流器调节风量，风机转速不正常时不能进行调节。

（4）风机的停机：

1）关闭风机进口挡板或导流器，关小出口风门。

2）拉闸断电，使风机停止运行，注意惰走情况。

3）转速为零后，关闭轴承冷却水，但连锁备用的风机冷却水不能中断。

4）停运检修的风机，应切断电源、水源并挂标示牌。

二、泵与风机的运行维护

泵与风机的运行状况对电厂的安全、经济运行十分重要。目前泵与风机在运行中还存在不少问题，如运行效率偏低、振动、磨损等问题。

效率问题：近几年来，低效产品已逐步被较高效率的新产品所取代，并随着各种新型、高效调节装置的使用，运行效率已得到了大大改善。

磨损问题：火力发电厂的引风机设置在除尘器之后，但由于除尘器并不能把烟气中全部固体微粒除去，剩余的固体微粒将随烟气进入引风机，冲击叶片和机壳表面，引起引风机磨损并会沉积在引风机叶片上。由于磨损和积灰是不均匀的，从而破坏了风机的动静平衡，引起风机振动，甚至迫使锅炉停止运行。与引风机比较，制粉系统中的排粉风机的工作条件更差，其磨损也更为严重。

振动问题：泵与风机的振动现象是运行中常见的故障，严重时将危及其安全运行，甚至会影响到整个机组的正常运行。随着机组容量的日趋大型化，其振动问题亦变得尤为突出。鉴于引起泵与风机振动原因的复杂性及易于察觉的特点，通常将泵与风机的振动分为流体流动引起的振动、机械原因引起的振动以及由原动机引起的振动三类。

（一）泵的运行维护、停泵及事故处理

（1）正常运行与维护，泵正常运转后，随时观察和检查泵运行的全面情况，并定时记录各表计的读数。

（2）停泵要注意，离心泵应关闭出口阀后再停泵，给水泵还需开启暖泵系统使其慢慢地冷却，待泵转子停转后再停掉润滑油系统。

（3）常见事故及其处理方法，泵事故及其事故原因繁多，处理方法各异，例如：运行中电动机电掠静电流减小；水泵扬程降低；电动机过热；轴承发热；管路出现水击等。无论什么事故都可以分析出发生原因并寻找到消除事故的方法。

（二）风机的运行维护和事故处理

风机启动除正常要求外，主要防止电动机过载。为此，需注意两个问题：

（1）离心风机应关闭进口挡板，启动轴流风机应适当开启挡板堵动，若动叶可调气，可关闭叶片启动。

（2）对于高温通风机所配电动机的功率是按输送介质正常工作温度（一般不小于200℃）选定的，但风机在启动时气体很难达到这个温度，气体温度越低密度越大，很可能发生机械方面事故，例如；轴承振动、轴承温升过高等。

第七节　泵与风机的选型

一、泵与风机的选型的原则和步骤

1. 选型原则

（1）在选择泵与风机时必须满足工作中需要的最大负荷，其正常工作点应尽可能靠近设计工况点，使泵与风机能长期在高效区运行。

（2）选择的泵与风机性能曲线形状合适，保证在正常工作区不发生汽蚀及其他不稳定现象。

（3）合理确定流量及扬程的裕量，裕量取得过大会使工作点偏离高效率区；裕量取得过小会满足不了工作需要。一般流量裕量为（5%～10%）$q_{V\max}$，扬程（全压）裕量为（10%～15%）$H_{\max}$，比转速取大值。

（4）选择的泵与风机应力图结构简单，体积小，重量轻，设备投资少。

（5）考虑满足其他特殊条件。

2. 选型的步骤

（1）搜集原始资料，针对选型需要，对原来设备进行考察，测量各种参数，获得各种需要的数据，作为选型设计的原始依据。

(2) 设计参数的选择、计算应根据原始数据和实际需要，留出合理的裕量，合理确定计算参数，作为理论依据。

(3) 选型按照设计参数，利用合理的选择方法，先选出同时能满足要求的几种型式，然后对其进行全面的经济技术比较，最后确定一种型式。

(4) 校核。

二、水泵的选型方法

水泵的实际选型中有以下两种方法。

1. 利用“水泵性能表”选择水泵

根据初步确定的泵的类型，在这种型式的水泵性能表中查找与所需要的设计流量和扬程相一致或接近的一种或几种型号泵。若有两种或两种以上都能基本满足要求，再对其进行比较，权衡利弊，最后选定一种。如果在这种型式泵系列中找不到合适的型号则可换一种系列或改选一种比较接近要求的型号，通过改变叶轮直径、改变转速等措施，使之满足生产要求。对选好的泵进行试验，若不满足要求，需另行选择。

2. 利用“水泵型谱”选择水泵

利用“型谱”选泵，首先应根据计算参数求出比转速，确定泵的类型（包括级数），然后在这种类型的型谱上选取最合适的型号，最后在泵样本上细查泵性能曲线，再由管路性能曲线确定泵的工作点，如果效率满足要求，即可选定，否则按上述步骤重选。

三、风机的选型方法

风机选型有三种方法。无论哪种方法首先都涉及到参数换算问题。因为风机设计规范中的工作参数是按标准入口状态确定的，而风机实际工作参数和大气条件是在变化的，因此在选型之前应将实际参数换算为标准参数。

一般通风机按下式换算

全压：
$$p_{20}=p\frac{101325}{p_{amb}}\frac{273+t}{293} \tag{10-4}$$

轴功率：
$$N_{20}=N\frac{101325}{p_{amb}}\frac{273+t}{293} \tag{10-5}$$

引风机按下式换算

全压：
$$p_{165}=p\frac{101325}{p_{amb}}\frac{273+t}{438} \tag{10-6}$$

轴功率：
$$N_{165}=N\frac{101325}{p_{amb}}\frac{273+t}{438} \tag{10-7}$$

上各式中：p_{20}，N_{20}为通风机在一般工作条件下的全压和功率折成通风机进口设计标准状态（$p_0=101.325$kPa，$t_0=20$℃）下相当的全压（Pa）和功率（kW）；p_{165}，N_{165}为引风机在其工作条件下的全压和功率折成引风机进口设计标准状态（$p_0=101.325$kPa，$t_0=165$℃）下相当的全压（Pa）和功率（kW）；p_{amb}为在使用条件下的当地大气压，Pa；t为在使用条件下风机进口气流温度，℃。

1. 利用“风机性能表”选择风机

具体作法如同用水泵性能表选择水泵，不再重复。

2. 利用“风机性能选择曲线”选择风机

风机性能选择曲线是把同系列而不同规格的风机的全压、功率、转速与流量的关系表示在同一张对数坐标图上所构成的曲线。如图 10－28 所示为 4—13.2 型风机性能选择曲线，图中有叶轮直径 D_2、转速和风机轴功率 N 三组等值线和一系列高效率工作区的性能曲线。

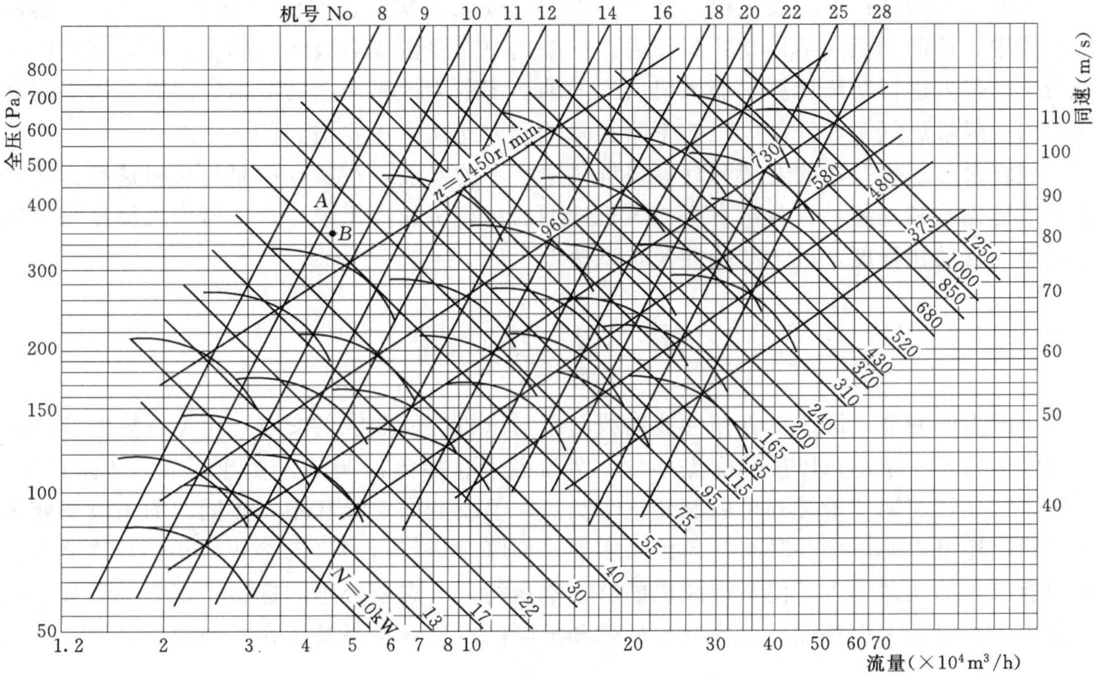

图 10－28　4—13.2（4—73）型风机性能选择曲线

（进口温度 20℃，进口压力 101325 Pa，介质密度 1.2kg/m³；轴向导流器、导叶片全开）

按选择曲线选择风机时，选择步骤如下：

第一步，根据风机实际运行是否为联合工作，由此来确定单台风机工作参数。

第二步，按合理的富裕量确定风机选型参数，并换算成标准状态下的选型参数。

第三步，按选型参数算出风机比转速 n_s，确定风机选择曲线系列。

第四步，根据选型参数查取选择曲线，在 $p—q_V$ 坐标图上由选择参数确定的交点所对应的型号即为所选风机，包括机号（直径 D_2）、转速和功率。若流量和全压交点不在性能曲线上，假如交点在 1 点，则沿该点的等流量线（保证流量要求）向上查找，找到与之接近的两条性能曲线并与等流量线相交的 2 点和 3 点，这两条性能曲线所对应的型号即为所选的两个参考的型号。在两性能曲线最高效率点上即可查到对应的机号（D_2）、转速和功率。

第五步，对所选型号的风机进行技术经济综合比较，最后选定一种。

3. 利用风机的无因次性能曲线选择风机

利用风机的无因次性能曲线选择风机，选择步骤如下：

第一步，根据换算后的性能参数和转速求出风机比转速 n_s。

第二步，根据生产实际需要和限制，查与 n_s 相近的几种类型风机的无因次性能曲线，得到 n_s 对应的无因次性能参数$\overline{q_V}$、$\overline{p}$、$\overline{N}$及 η。

第三步，综合比较选出一种最合适的类型。

第四步，根据无因次参数、转速和风机选择参数求出所选风机的叶轮直径 D_2。

第五步，按选定类型风机的空气动力学图上的比例，计算出该风机各部分结构尺寸。

需要说明的是：离心通风机的空气动力学图或无因次特性曲线（见附录Ⅰ），一般都是不带进气箱的单吸入结构型式制作的。如果用户需要做成双吸入结构型式时，则应以风量的 1/2 代入进行初步计算，而风机所需的轴功率则为计算功率的 2 倍。同时，由于双吸式结构一般带进气箱，致使风机效率略有降低，因此功率还要增大些。

随着泵与风机技术的发展和计算机等科学技术的发展，在实际中泵与风机选型方法也在不断地完善和发展，目前已有泵与风机选型的计算机软件系统，这样可大大提高泵与风机选型的自动化程度、科学准确性及选型速度。

本章小结

工况点的调节，即改变管路性能曲线与泵与风机性能曲线的交点，可见只要调节这两条曲线的任意一条都可以使此交点移位。节流调节、导流器调节、动叶调节、旁路调节、液位调节和转速调节最终都可以改变这个交点，但改变的曲线却不尽相同。为了改变能头或流量，还可以通过串并联泵与风机来实现，但联合运行后的流动参数的特征与管路性能曲线有很大的关系。为了使泵与风机能够正常运行，一定要合理的选型，正确的调节，以免发生不稳定的工作状况，从而减小故障和危险的发生，提高其工作时的效率。

习题

10－1 某电厂水泵采用节流调节，若节流后泵的流量为 780t/h，阀门前后的压强差 $\Delta p=980700\text{Pa}$，此时泵的运行效率 $\eta=0.75$，求节流损失的轴功率。若水的密度 $\rho=1000\text{kg/m}^3$，每度（千瓦时）电费为 0.4 元，求采用节流调节每年多耗的电费（1 年＝360 天）。

10－2 已知某离心泵在转速为 $n=1050\text{r/min}$ 时的参数为：

$q_V(\text{m}^3/\text{h})$	0	7.2	14.4	21.6	28.8	36	43.2	50.4
$H(\text{m})$	11.0	10.8	10.5	10.0	9.2	8.4	7.4	6.0
$\eta(\%)$	0	15	30	45	60	65	55	30

将此泵安装在静扬程 $H_{st}=6\text{m}$ 的管路系统中，已知管路的特性系数 $K=0.00185\text{h}^2/\text{m}^5$，试用图解法求运行工况点的参数？

10－3 上题中如果使流量降低 20%，试确定这时的水泵转速应为多少？设综合阻力系数不变。

10－4 同 10－2 题的抽水系统，若用出口阀调节，将流量调小为 6L/s，则其相应的效率和轴功率将为多少？

10-5　将10-2题中所列特性相同的两台泵并联运行，试用图解法求其工况点的特性参数。设管网特性不变。

10-6　某离心水泵在管路上工作，已知管网特性方程为：$H=20+0.002q_V^2$（q_V 单位为 L/s）。泵的扬程曲线如图10-29所示，问该泵在管路中的供水量为多少？如并联上一台特性相同的泵一起运行时，其供水量增加了多少？

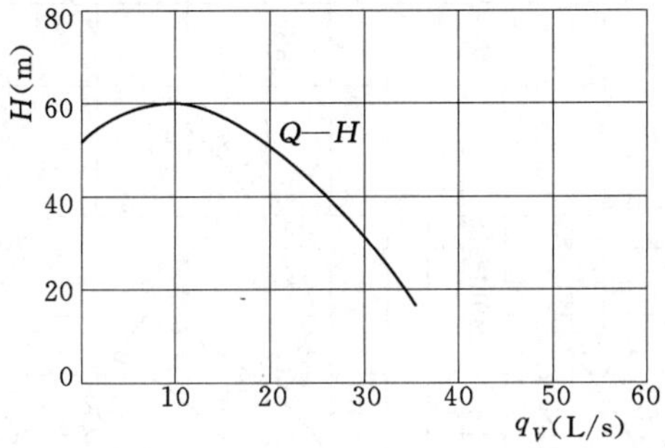

图10-29　某水泵特性曲线

附录Ⅰ 泵系列型谱及风机性能选择曲线

一、Sh型泵系列型谱（见图Ⅰ-1）

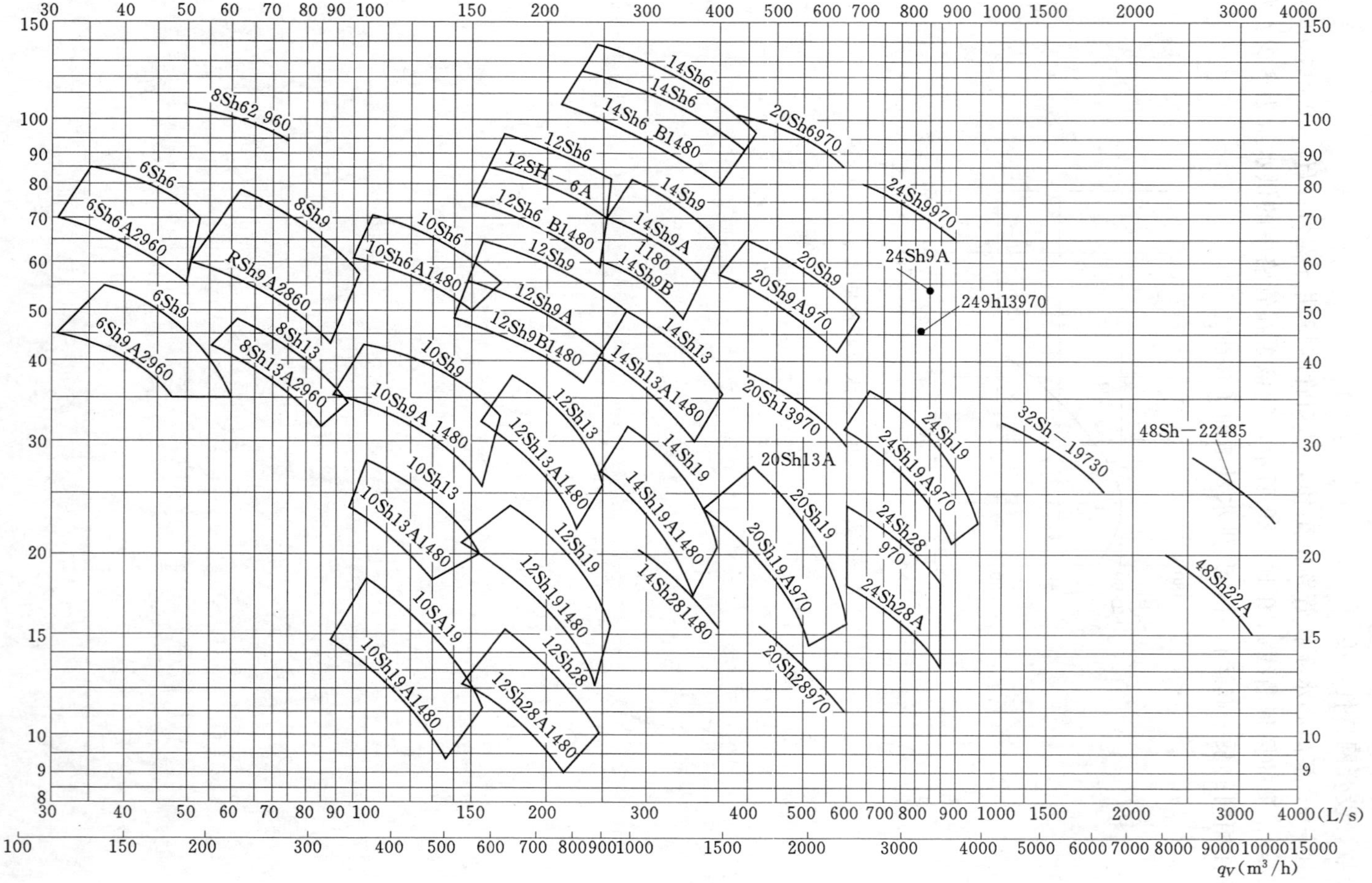

图Ⅰ-1 Sh型泵系列型谱

二、IS型单级单吸离心泵系列型谱（见图Ⅰ-2）

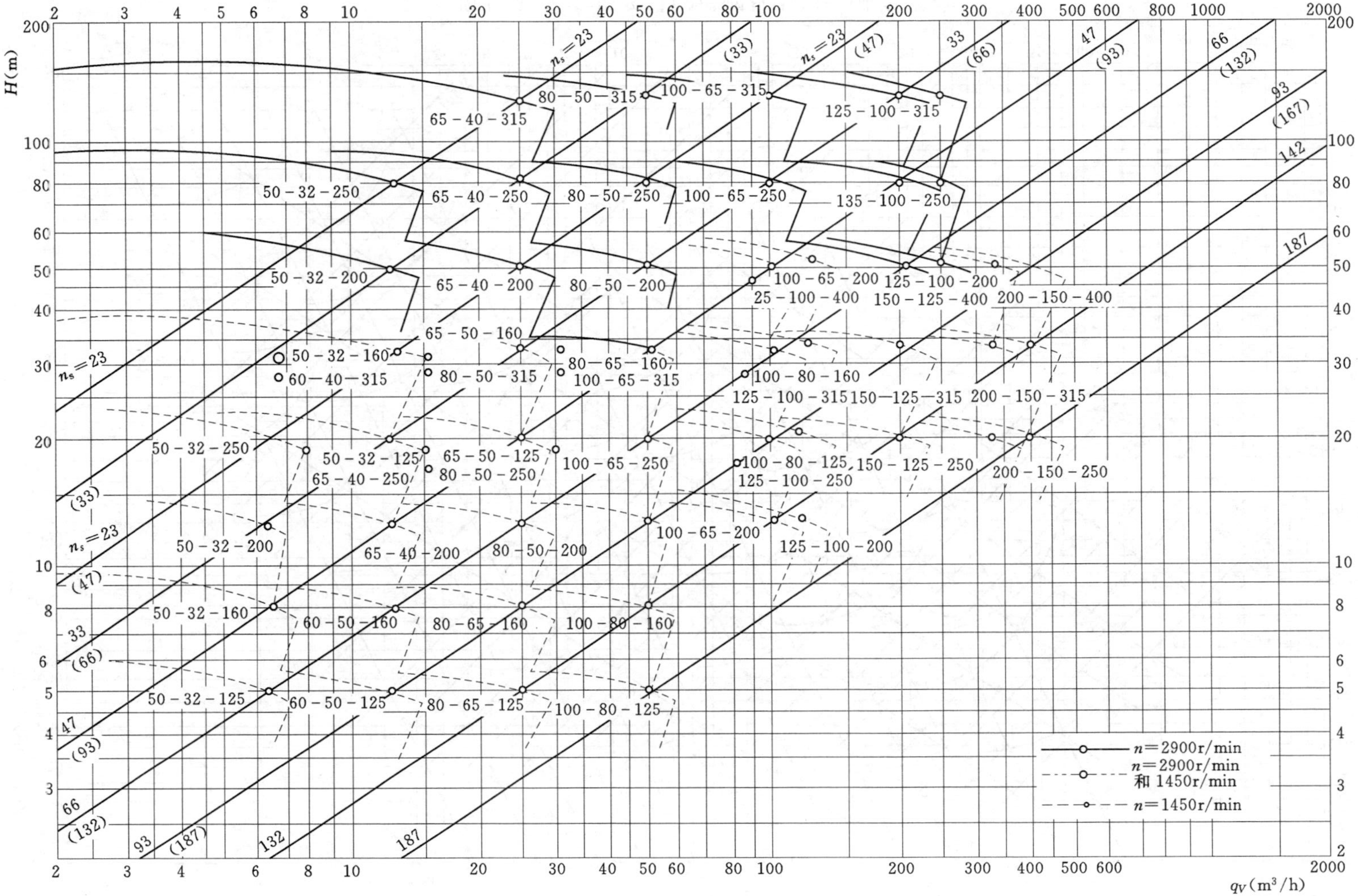

图Ⅰ-2　IS型单级单吸离心泵系列型谱

三、G4—13.2—11 型送风机性能选择曲线（见图 I-3）

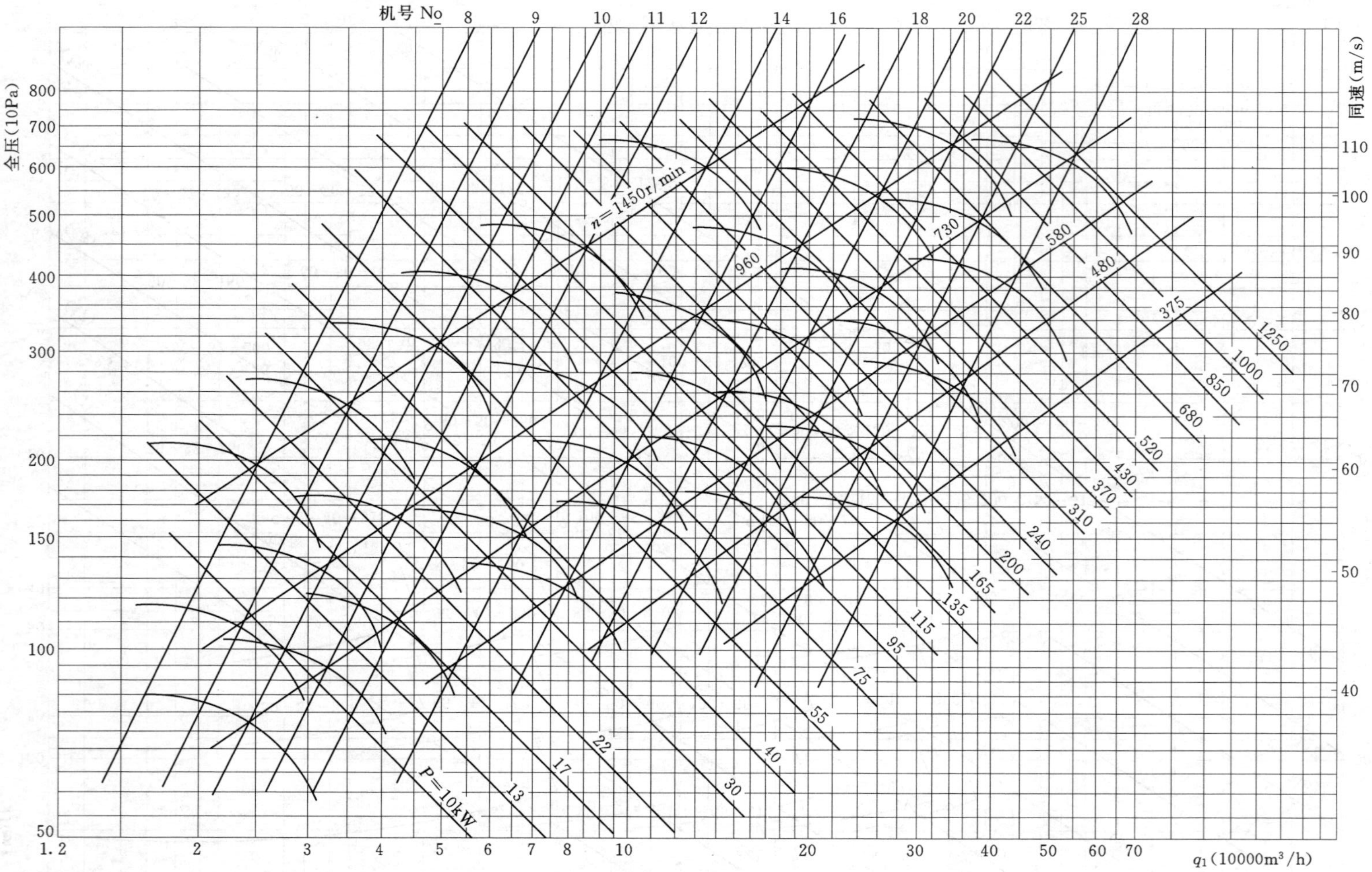

图 I-3　G4—13.2—11 型送风机性能选择曲线

（进口温度 20℃，进口压强 101325Pa，介质密度 1.2kg/m³）

四、Y4—13.2（73）—11 型风机性能选择曲线（见图Ⅰ-4）

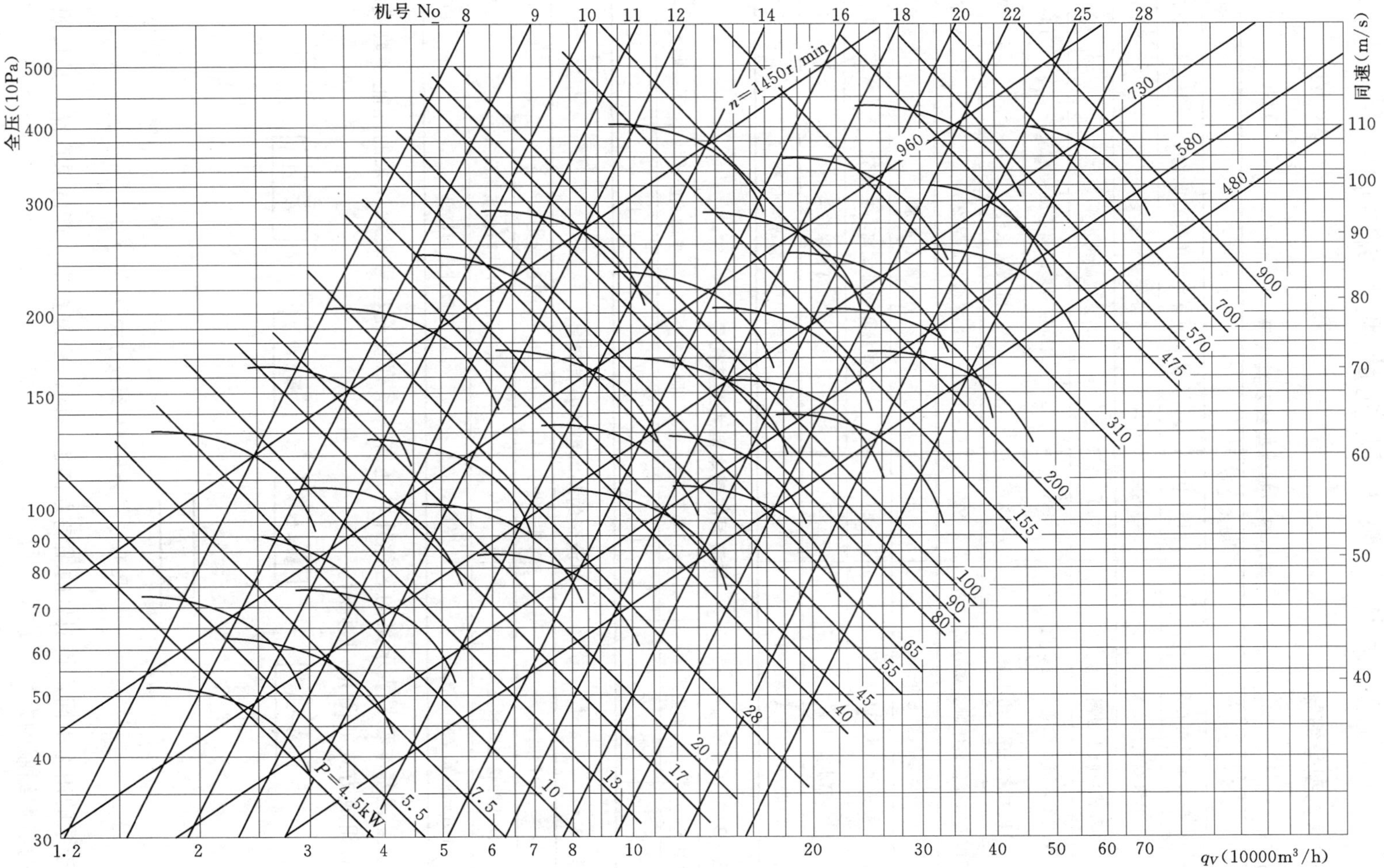

图Ⅰ-4　Y4—13.2（73）—11 型送风机性能选择曲线

（进口温度 200℃；进口压强 101325Pa；介质密度 0.745kg/m³）

附录Ⅱ　泵与风机的型号编制

一、泵的型号编制

表Ⅱ-1　　**离心泵的基本型式及其代号**

泵的型式	型式代号	泵的型式	型式代号
单级单吸离心泵	IS・B	大型立式单级单吸离心水泵	沅江
单级双吸离心泵	S・SH	卧式凝结水泵	NB
节段式单吸多级离心泵	D	立式凝结水泵	NL
节段式多级离心泵首级为双吸	DS	立式筒袋型多级离心凝结水泵	LDTN
节段式多级锅炉给水泵	DG	卧式疏水泵	NW
圆筒形双壳体多级卧式离心泵	YG	单吸离心油泵	Y
中开式多级离心泵	DK	筒式离心油泵	YT
前置泵（离心泵）	GQ	单级单吸卧式离心灰渣泵	PH
热水循环泵	R	长轴离心深井泵	JC
大型单级双吸中开式离心泵	湘江	单级单吸耐腐蚀离心泵	IH

表Ⅱ-2　　**轴流泵的基本型式及其代号**

泵的型式	轴流式	立式	卧式	半调式叶片	全调式叶片
型式代号	Z	L	W	B	Q

表Ⅱ-3　　**斜流泵的基本型式及其代号**

泵的型式	型式代号	泵的型式	型式代号
闭式叶轮立式斜流泵	HB	立式半调节叶片蜗壳式斜流泵	HLWB
半开式叶轮立式斜流泵	HK	单吸卧式斜流泵	FB

除了上述基本型号表示泵的名称外，还有一系列补充型号表示该泵的性能参数或结构特点，其组成方式如图Ⅱ-1所示。

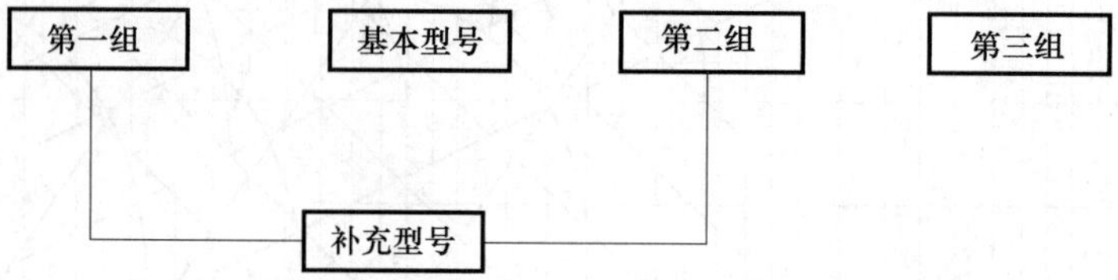

图Ⅱ-1　补充型号组成方式

由于泵的用途不同，其型号的编制方法也不同。引进技术生产的泵产品，是按照其各自国家的习惯编制的。

对泵型号编制举例如下：

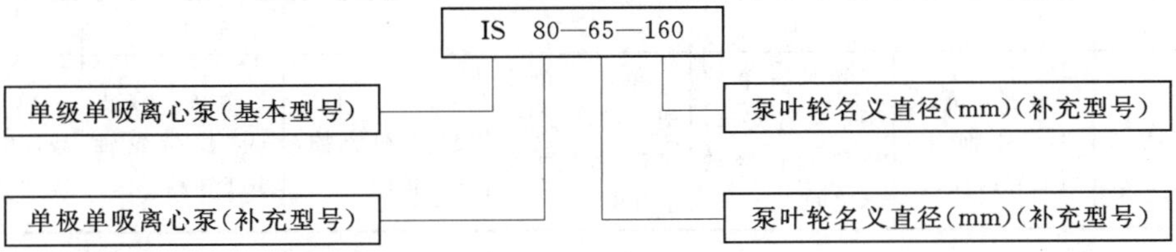

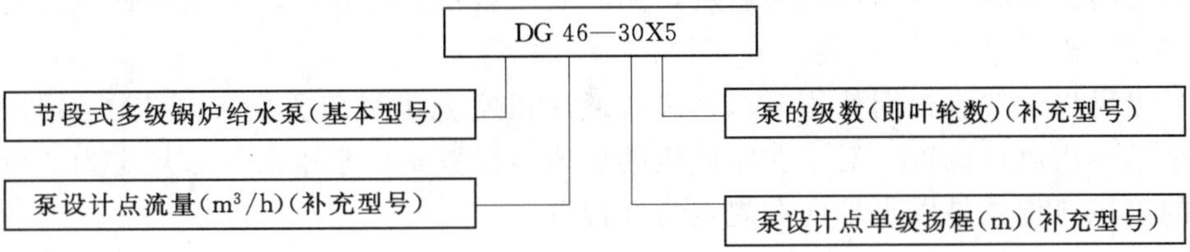

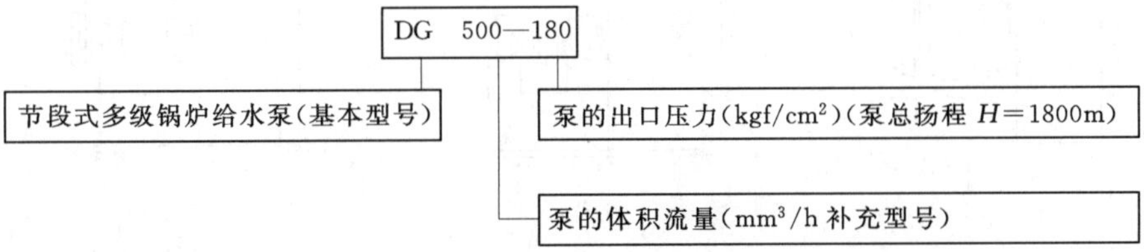

二、风机的型号编制

离心通风机的型号编制包括：名称、型号、机号、传动方式、旋转方向和出风口位置等六部分内容组成。

(1) 名称：指通风机的用途，如 G 表示锅炉送风机，Y 表示锅炉引风机，M 表示煤粉风机等。

(2) 型号：由基本型号和补充型号组成，其型式如下：

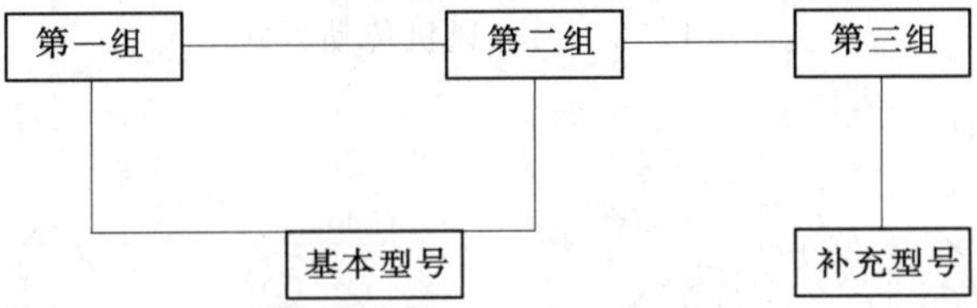

基本型号第一组数字表示压力系数乘以 10 以后取整数。第二组数字表示比转速取整数的值。补充型号第三组数字由两位数组成。第一位数字表示风机的进气方式的代号，0 表示双吸风机；1 表示单吸风机；2 表示两级串联风机。第二位数字表示设计的顺序号。

(3) 机号：用通风机叶轮直径的分米 (dm) 数表示，数字前冠以 No。

(4) 传动方式：风机传动方式有 6 种，分别以大写字母 A、B、C、D、E、F 表示，见表Ⅱ-4 及图Ⅱ-2 所示。

表Ⅱ-4　　离心风机传动方式及结构特点

传动方式	A	B	C	D	E	F
结构特点	单吸，单支架，无轴承，与电动机直联	单吸，单支架，悬臂支撑，皮带轮在两轴承之间	单吸，单支架，悬臂支撑，皮带轮在两轴承外侧	单吸，单支架，悬臂支撑，轴承传动	单吸，双支架，皮带轮轴承在外侧	单吸，双支架，联轴器传动

（5）旋转方向：离心通风机根据旋转方向不同分为左旋、右旋两种。从原动机一端正视，叶轮旋转为顺时针方向的称为右旋，用“右”表示；叶轮旋转为逆时针方向的称为左旋，用“左”表示。

（6）出风口位置：根据使用要求，离心通风机蜗壳出风口方向，规定了如图Ⅱ-3所示的8个基本出风口位置，对于右转风机的出风口位置是以水平向左方规定为0位置，左转风机的出风口位置是以水平向右规定为0位置。

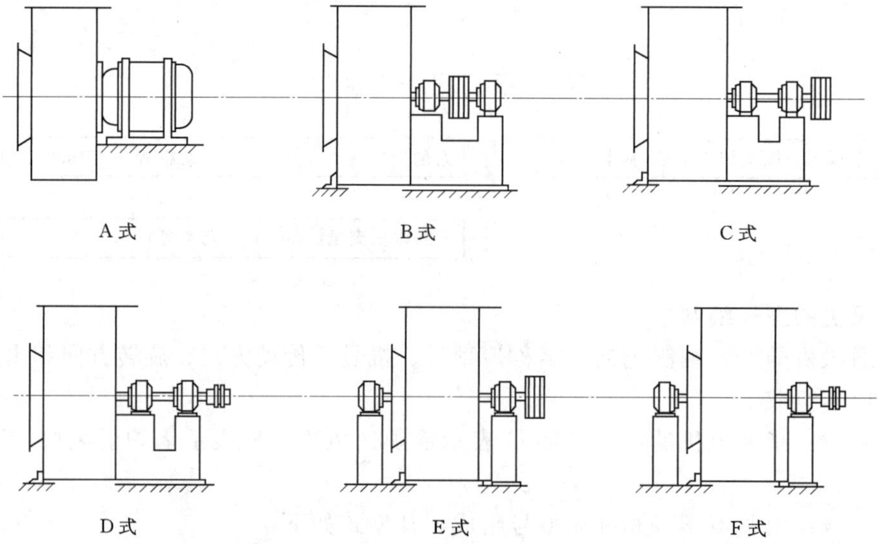

图Ⅱ-2　离心风机传动方式

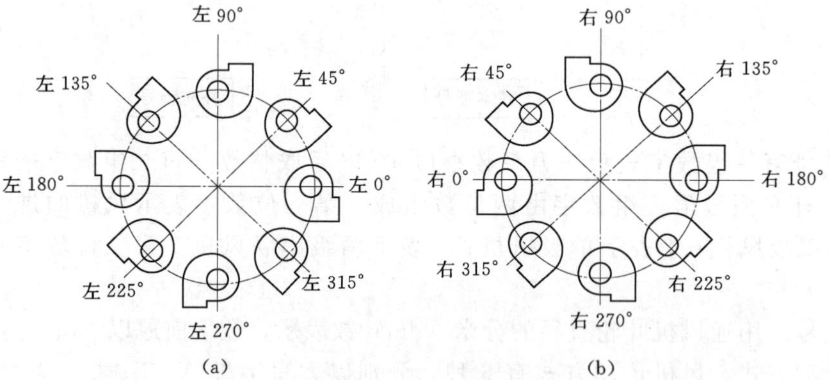

图Ⅱ-3　出风口位置

（a）左转风机；（b）右转风机

以上 6 部分的排列顺序如下：

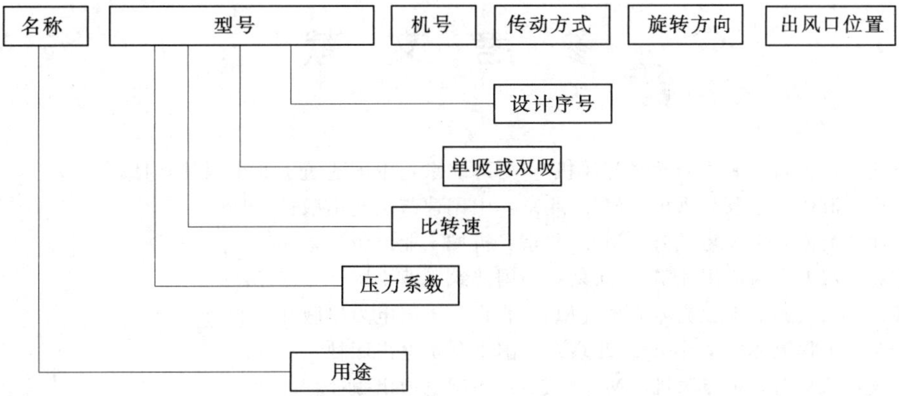

示例：

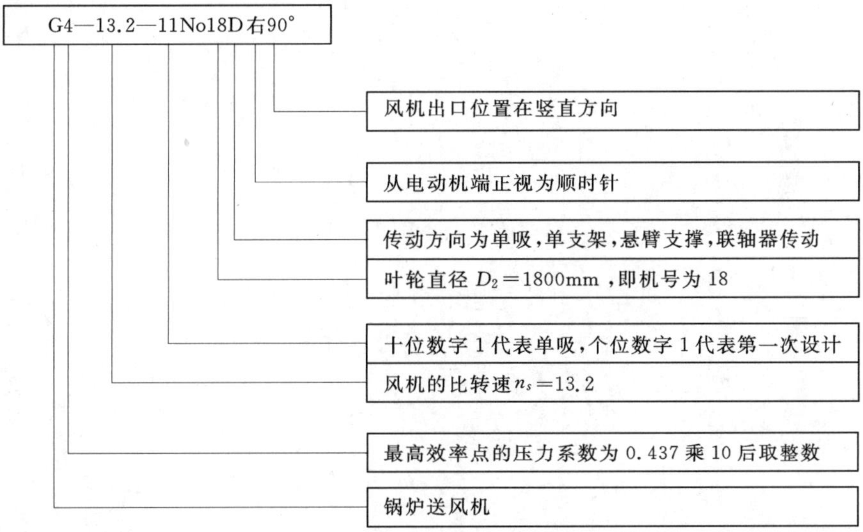

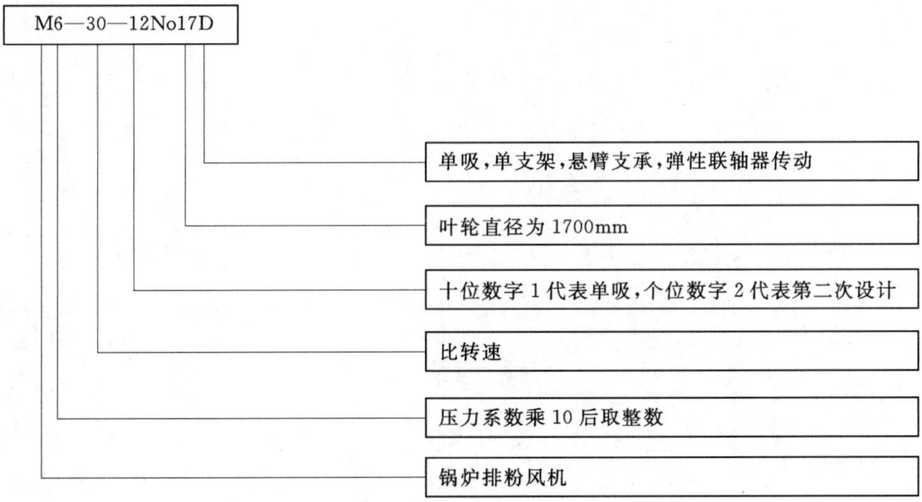

参 考 文 献

［1］ 蔡增基，龙天渝．流体力学泵与风机［M］．北京：中国建筑工业出版社，1999．
［2］ 许玉望．流体力学泵与风机［M］．北京：中国建筑工业出版社，1995．
［3］ 白扩社．流体力学泵与风机［M］．北京：机械工业出版社，2005．
［4］ 陶竹君．水力学与应用［M］．北京：中国建筑工业出版社，2005．
［5］ 周云龙，洪文鹏．工程流体力学［M］．北京：中国电力出版社，2004．
［6］ 杨小龙．工程流体力学［M］．北京：中国水利水电出版社，2010．
［7］ 杨诗成，王喜魁．泵与风机［M］．北京：中国电力出版社，2002．
［8］ 姜乃昌．水泵与水泵站．4版．北京：中国建筑工业出版社，2002．
［9］ 安连锁．泵与风机［M］．北京：中国电力出版社，2001．